Lehrbuch

der

Geometrie

von

F. Wolff.

Erster Theil.

Ebene Elementar-Geometrie, Trigonometrie, Theilungslehre.

Achte Auflage.

Mit sieben Kupfertafeln.

Berlin.
Druck und Verlag von Georg Reimer.
1870.

Inhalt.

Erster Abschnitt.
Die ebene Elementar-Geometrie.

Zweiter Abschnitt.
Trigonometrie.

Dritter Abschnitt.

Theilungslehre.

Erster Abschnitt.

Die ebene Elementar-Geometrie.

Einleitung.

§. 1.

Raum ist ein einfacher Begriff. Der Raum ist unendlich, stetig und theilbar.

Der Raum ist unendlich, weil die Annahme, er sei begränzt, im Widerspruch mit sich selbst steht; es kann nämlich außerhalb einer irgendwo angenommenen Gränze des Raums nichts Anderes gedacht werden, als Raum oder Raum Voraussetzendes.

§. 2.

Jeder Theil des Raums heißt ein geometrischer Körper, schlechthin ein Körper. Die Gränzen der Körper heißen Flächen, die Gränzen der Flächen Linien, die Gränzen der Linien Punkte.

Körper, Flächen, Linien und Punkte können indeß auch für sich bestehend gedacht werden. So kann man sich z. B. eine Fläche vorstellen, ohne zugleich einen Körper zu denken, den sie begränzt.

Körper sind theilbar, und jeder Theil eines Körpers ist selbst ein Körper. Darin liegt, daß Körper ins Unendliche theilbar sind. Dasselbe gilt von Flächen und Linien.

Und da jeder Theil eines Körpers selbst ein Körper ist, jeder Theil einer Fläche eine Fläche, jeder Theil einer Linie eine Linie, so dürfen Körper nur aus Körpern zusammengesetzt betrachtet werden, Flächen aus Flächen, Linien aus Linien; und niemals können Körper hervorgehen durch Zusammensetzung von Flächen, oder Linien durch Zusammensetzung von Punkten.

Geometrische Körper, Flächen, Linien und Punkte sind für sich bestehend in der Wirklichkeit nicht darstellbar, sondern nur Gegenstände der Vorstellung. In der Wirklichkeit haben wir physische Körper, und in ihren Begränzungen Flächen. Sehr schmale Flächen und sehr dünne Körper gelten in den Anwendungen als Linien, sehr kleine Flächen und sehr kleine Körper als Punkte.

§. 3.

Eine Linie ist entweder gerade oder krumm, eine Fläche eben oder krumm. Dies sind einfache Begriffe. Eine ebene Fläche wird schlechthin eine Ebene genannt.

Jeder von den beiden Begriffen gerade und krumm ist in dem anderen begründet. Daher kann man keinen dieser Begriffe einzeln haben oder erklären wollen. Wenn alles in der Welt gerade wäre, so würden wir nichts vom Krummen wissen, aber auch nichts vom Geraden; denn das Gerade würde alsdann ohne den dazu nöthigen Gegensatz nicht als etwas Besonderes bemerkt werden. Indem es Gerades giebt und Krummes, tritt Jedes als etwas Besonderes hervor im Gegensatz zum Anderen. Gleiche Bewandniß hat es z. B. mit den Begriffen dunkel und hell, naß und trocken, Ruhe und Bewegung, Stille und Geräusch.

Als Kennzeichen einer Ebene kann man angeben, daß die gerade Verbindungslinie jeder zwei Punkte derselben ganz in sie fällt; oder daß eine gerade Linie, welche zwei Punkte mit der Ebene gemeinschaftlich hat, dieselbe mit allen ihren Punkten berührt.

Hierauf beruht das bekannte Verfahren, welches Techniker anwenden, um zu prüfen, ob eine Fläche eine Ebene sei. Sie bringen nämlich die geradlinige Kante eines Lineals in verschiedenen Richtungen gegen die Fläche, und sehen zu, ob die Kante jedesmal die Fläche vollständig berührt. So lange dies nicht geschieht, ist die Fläche keine Ebene.

§. 4.

Körper, Flächen und Linien heißen **Raumgrößen**.

Ein Punkt ist keine Größe, weil er weder der Vermehrung noch der Verminderung fähig ist. Dessen ungeachtet pflegt man, der Kürze wegen, unter Raumgrößen im Allgemeinen auch Punkte zu verstehen.

§. 5.

Die Wissenschaft von den Raumgrößen heißt **Geometrie**.

Die Gesetze, welche die Geometrie für geometrische Körper aufstellt, gelten ohne Weiteres für physische Körper.

Obgleich die Geometrie sich zuvörderst mit Gegenständen beschäftigt, welche bloß der Vorstellung angehören, so hat sie doch das größte praktische Interesse, und ist lediglich aus dem praktischen Bedürfniß hervorgegangen. Sie abstrahirt von der Materie, weil sie von Sachen handelt, welche von der Materie nicht abhängen.

§. 6.

Die Geometrie wird abgetheilt in **niedere** oder **Elementar-Geometrie** und in **höhere** Geometrie. Die niedere Geometrie umfaßt die geraden Linien, die Ebenen, die Körper, welche durch Ebenen begränzt sind, und eine krumme Linie (die Kreislinie), die von ihr abhängigen Flächen, und die Körper, welche diese Flächen zu Gränzen haben. Die höhere Geometrie umfaßt die übrigen krummen Linien, krummen Flächen und krummen Körper.

Außerdem theilt man die Geometrie in **ebene** Geometrie und **körperliche** Geometrie. Die ebene Geometrie beschäftigt sich mit Raumgrößen, welche in einer Ebene gedacht werden können; die körperliche Geometrie mit solchen, welche nicht in einer Ebene gedacht werden oder sich denken lassen.

Die nachfolgenden Kapitel enthalten die ebene Elementar-Geometrie. Alle gleichzeitig vorkommenden Linien und Punkte sind daher in einer Ebene zu denken, wenn dies auch nicht ausdrücklich verlangt sein sollte.

§. 7.

Punkte deutet man auf dem Papier u. s. w. durch Tupfchen an, Linien durch Striche. Man bezeichnet Punkte durch Buchstaben. Hier werden dazu die des großen lateinischen Alphabets gebraucht.

Zur Bezeichnung der Gleichheit, der Summen u. s. w. von Raumgrößen bedient man sich der in der Zahlenlehre üblichen Zeichen.

Erstes Kapitel.

Von den geraden Linien.

§. 8.

Eine gerade Linie kann begränzt gedacht werden, d. h. von einem Punkte bis zu einem andern reichend, oder man kann sie denken einerseits begränzt und sich andererseits ins Unendliche erstreckend, oder sie kann ohne alle Begränzung gedacht werden, und im letzten Fall sagt man schlechthin, die Linie sei unendlich.

§. 9.

Durch einen und denselben Punkt sind unendlich viele gerade Linien denkbar, jede in einer anderen Lage.

§. 10.

Alle geraden Linien, von denen jede durch dieselben zwei Punkte geht, fallen in eine einzige zusammen, so daß alle dieselbe Lage haben.

§. 11.

Die Lage einer geraden Linie bestimmt sich daher durch zwei Punkte, durch welche sie geht.

Und man bezeichnet eine gerade Linie dadurch, daß man zwei ihrer Punkte bezeichnet, wozu man gern ihre Endpunkte wählt, wenn sie begränzt ist.

§. 12.

Gehen zwei Linien über einander weg, so sagt man von ihnen, sie schneiden sich, und nennt den Punkt, welchen sie da, wo sie über einander weggehen, gemeinschaftlich haben, ihren **Durchschnittspunkt**. Von zweien begränzten geraden Linien, welche in einer Ebene sich befinden, und nicht über einander weggehen, doch über einander weggehen würden, wenn man sie verlängerte, sagt man ebenfalls, daß sie sich schneiden. Solche Linien heißen auch **convergirende** oder **divergirende** Linien; und man sagt, sie convergiren auf der Seite, wo sie zusammengehen, und divergiren auf der, wo sie aus einander laufen. Ist in der Folge von sich schneidenden geraden Linien im Allgemeinen die Rede, so sind auch convergirende Linien zu verstehen.

Zwei gerade Linien, welche in einer Ebene sich befinden, und so liegen, daß sie sich nicht schneiden, noch in einander fallen, selbst wenn sie unendlich gedacht werden, heißen **Parallel-Linien**.

Stellt man sich zwei unendliche gerade Linien in einer Ebene vor, so sind überhaupt drei Fälle möglich, entweder die Linien fallen in einander oder sie schneiden sich oder sie sind parallel.

Das Zeichen des Parallelseins ist:

$$\nparallel$$

und um anzudeuten, daß zwei Linien AB und CD parallel sind, schreibt man:

$$AB \nparallel CD.$$

§. 13. Grundsatz.

Schneiden sich zwei gerade Linien, so giebt es keine dritte, welche parallel ist, mit einer jeden von ihnen.

Ein Grundsatz ist ein Satz, dessen Wahrheit aus den Begriffen ohne weitere Vermittelung einleuchtet, oder kann oder muß zugegeben werden.

§. 14. Lehrsatz.

Schneidet eine gerade Linie die eine von zwei parallelen Linien, so schneidet sie auch die andere.

Beweis. Denn schnitte sie die andere nicht, so wäre diese andere Linie parallel mit einer jeden von den beiden sich schneidenden Linien.

§. 15. Lehrsatz.

Ist eine gerade Linie parallel mit der einen von zwei parallelen Linien, so ist sie es auch mit der anderen.

Beweis. Denn schnitte sie die andere, so müßte sie nach dem vorigen Paragraph auch die erstere schneiden.

§. 16. Lehrsatz.

Sind zwei gerade Linien parallel mit einer dritten geraden Linie, so sind sie es unter sich.

Beweis. Denn da die erste von ihnen parallel ist mit der dritten, und auch die zweite, so ist die zweite parallel mit der einen von zwei parallelen Linien, nämlich mit der dritten, also auch mit der anderen, welches die erste ist.

Ein Lehrsatz wird durch einen Beweis dargethan. Bei Lehrsätzen muß man die Voraussetzungen von den Behauptungen unterscheiden. Der Beweis ist die Vermittelung, vermöge deren das Zutreffen der Behauptung in Folge der Voraussetzung, d. h. die Wahrheit des Satzes erhellet. Ein Beweis heißt direkt, wenn geradezu aus der Voraussetzung die Behauptung abgeleitet wird; indirect, wenn man zeigt, es sei unmöglich, daß die Behauptung nicht in Erfüllung gehe. Zu einem indirecten Beweis ist erforderlich, daß man alle Fälle beachte, welche eintreten können, und darlege, alle die führen auf Widersprüche, welche nicht mit der Behauptung zusammenfallen.

Sämmtliche Voraussetzungen eines Lehrsatzes müssen zum Beweise sich als nothwendig ergeben, sonst läge Ueberflüssiges in der Voraussetzung, was zu vermeiden ist.

§. 17.

Zwei gerade Linien AB und AC (Fig. 1), welche von demselben Punkt A ausgehen, heißen, wenn bloß die Lage der Linien zu einander beachtet wird, ein Winkel.

Jede der Linien, welche einen Winkel bilden, heißt ein Schenkel dieses Winkels, und der Punkt, von dem beide ausgehen, die Spitze oder der Scheitelpunkt.

Die über B und C hinaus unendlich gedachten Schenkel theilen die Ebene, in welcher der Winkel sich befindet, in zwei Theile; jeder dieser Theile heißt eine Winkelebene. Die Schenkel werden jedesmal entweder als die Begränzungen der einen, oder als die Begränzungen der anderen Winkelebene angesehen, und insofern auf doppelte Weise als Winkel betrachtet.

Häufig wird ein Winkel erklärt als die Neigung oder die Abweichung zweier sich schneidenden Linien. Diese Erklärung zielt weniger auf den Winkel als auf das Maaß desselben, wovon erst später, zu Anfang des dreizehnten Kapitels, die Rede ist.

§. 18.

Winkel, welche sich decken können, nennt man gleich.

§. 19.

Liegen zwei Winkel so neben einander, daß die Scheitelpunkte sich decken und ein Schenkel des einen in einem Schenkel des anderen liegt, so heißt der Winkel, welchen die anderen Schenkel bilden, die Summe jener beiden Winkel. Dabei ist der Winkel gemeint, in dessen Winkelebene sich die in einander liegenden Schenkel befinden.

Ein Winkel heißt größer als ein anderer, wenn es einen dritten Winkel giebt, so, daß die Summe des anderen und des dritten Winkels der erste Winkel ist.

Die Begriffe: Differenz zweier Winkel, das nfache eines Winkels, der nte Theil eines Winkels ergeben sich nun von selbst.

§. 20.

Ein Winkel, dessen Schenkel eine gerade Linie bilden, heißt ein gestreckter Winkel.

Jeder Winkel, welcher größer ist als ein gestreckter Winkel, heißt ein erhabener, jeder, welcher kleiner ist, ein hohler Winkel.

§. 21. Lehrsatz.

Alle gestreckten Winkel sind einander gleich.

Beweis. Denn gerade Linien decken sich.

§. 22.

Man bezeichnet einen Winkel durch drei Buchstaben, von welchen einer an die Spitze und an einem anderen Punkt eines jeden Schenkels einer gesetzt wird. Diese drei Buchstaben spricht und schreibt man jedesmal so, daß der an der Spitze stehende in die Mitte kommt. Beim Schreiben setzt man ihnen noch das Winkelzeichen:

$$\angle$$

vor, wenn sie auch etwas Anderes als einen Winkel bezeichnen könnten.

Bilden zwei Linien AB und AC, Fig. 1, keinen gestreckten Winkel, so bezeichnet $\angle$BAC sowohl den hohlen, als den erhabenen Winkel, welcher von den Linien gebildet wird. Um diese Zweideutigkeit zu vermeiden, ist man übereingekommen, jedesmal den hohlen Winkel zu verstehen, und es ausdrücklich zu sagen, wenn der erhabene gemeint ist.

Einfacher bezeichnet man einen Winkel dadurch, daß man einen Buchstab des kleinen griechischen Alphabets in seine Winkelebene nahe der Spitze setzt. Bei dieser Bezeichnung findet keine Zweideutigkeit Statt.

§. 23. Lehrsatz.

Geben zwei Winkel α und β, jeder zu einem dritten γ addirt, gleiche Summen, so sind die Winkel α und β einander gleich.

Beweis. Es sei Fig. 2 der Winkel BAD gleich dem Winkel FEH. Legt man diese gleichen Winkel auf einander, so werden, weil der Winkel BAC einerlei mit dem Winkel FEG ist, auch die Schenkel AC und EG sich decken. Dann decken sich aber die Winkel α und β.

§. 24. Zusatz.

Und ist ein Winkel $\alpha+\gamma$ gleich einem Winkel $\beta+\delta$, dabei der Winkel γ gleich dem Winkel δ, so ist auch der

Winkel α dem Winkel β gleich; ist aber γ größer als δ, so ist α kleiner als β; u. dgl. m.

§. 25.

Zwei Winkel, welche einen Schenkel gemeinschaftlich haben, und deren nicht gemeinschaftliche Schenkel eine gerade Linie bilden, heißen Nebenwinkel.

Sind Nebenwinkel gleich, so heißt jeder von ihnen ein rechter Winkel, sind sie ungleich, so heißt der größere ein stumpfer, der kleinere ein spitzer Winkel.

Jeder Schenkel eines rechten Winkels heißt in Beziehung auf den anderen Schenkel eine Normale.

Man sagt, eine Linie stehe normal auf einer anderen Linie, wenn sie rechte Winkel mit ihr bildet. Bildet eine Linie keine rechten Winkel mit einer anderen Linie, die sie schneidet, so sagt man, sie stehe schief auf ihr.

Wird durch einen Punkt A, welcher in einer geraden Linie CD sich befindet, eine Linie AB gedacht, welche normal steht auf der Linie CD, so sagt man: es werde auf der Linie CD in dem Punkt A eine Normale errichtet. Wird durch einen Punkt A, welcher nicht in einer geraden Linie CD, noch in deren Verlängerung sich befindet, eine Linie AB gedacht, welche normal steht auf der Linie CD, oder auf deren Verlängerung, so sagt man, es werde von dem Punkt A eine Normale auf die Linie CD gefällt.

Ein rechter Winkel wird durch

R

bezeichnet.

§. 26. Lehrsatz.

Alle rechten Winkel sind einander gleich.

Beweis. Denn sie sind die Hälften von gestreckten Winkeln, und diese sind gleich.

§. 27.

Ein stumpfer Winkel ist größer als ein rechter Winkel, ein spitzer kleiner, denn der stumpfe ist der Erklärung gemäß größer als die Hälfte des gestreckten Winkels, und der spitze kleiner.

§. 28.

Zwei Winkel, welche den Scheitelpunkt gemeinschaftlich haben, und so liegen, daß die Schenkel des einen als die Verlängerungen der Schenkel des anderen erscheinen, heißen Scheitelwinkel oder Vertikalwinkel.

§. 29. Lehrsatz.

Scheitelwinkel sind einander gleich.

Beweis. Denn jeder der Scheitelwinkel α und β Fig. 3 ergänzt den Winkel γ zu einem gestreckten Winkel, und daraus folgt nach §. 23 ihre Gleichheit.

§. 30.

Sind zwei in einer Ebene liegende Linien AB und CD, Fig. 4, von einer dritten EF durchschnitten, so bilden sie mit dieser acht hohle Winkel α, β, γ, δ, ε, φ, λ, μ. Die Winkel α, β, λ, μ wollen wir außerhalb liegende Winkel nennen, die übrigen γ, δ, ε, φ innerhalb liegende.

Ein außerhalb liegender Winkel und ein innerhalb liegender, deren Winkelebenen auf derselben Seite der durchschneidenden Linie sich befinden, und welche nicht Nebenwinkel sind, heißen Gegenwinkel. Solche sind α und ε, β und φ, γ und λ, δ und μ.

Zwei außerhalb liegende Winkel, deren Winkelebenen nicht auf derselben Seite der durchschneidenden Linie liegen, und die nicht Nebenwinkel sind, heißen äußere Wechselwinkel. Solche sind α und μ, β und λ.

Zwei innerhalb liegende Winkel, deren Winkelebenen nicht auf einer Seite der durchschneidenden Linie sich befinden, und die nicht Nebenwinkel sind, heißen innere Wechselwinkel. Solche sind γ und φ, δ und ε.

Zwei außerhalb liegende Winkel, welche auf derselben Seite der durchschneidenden Linie liegen, heißen äußere Winkel. Solche sind α und λ, β und μ.

Zwei innerhalb liegende Winkel, welche auf derselben Seite der durchschneidenden Linie liegen, heißen innere Winkel. Solche sind γ und ε, δ und φ.

§. 31. Lehrsätze.

1) Sind die Winkel eines Paars der Gegenwinkel einander gleich, so sind die eines jeden Paars einander gleich.

Beweis. Es sei Fig. 4 etwa α gleich ε. Dann ist, weil $\alpha+\beta$ gleich $\varepsilon+\varphi$ ist, nach §. 24, β gleich φ; und weil $\alpha+\gamma$ gleich $\varepsilon+\lambda$ ist, γ gleich λ; endlich, da δ gleich α, und μ gleich ε ist, auch δ gleich μ.

2) Sind die Winkel eines Paars der äußeren oder der inneren Wechselwinkel einander gleich, so sind die eines jeden Paars der äußeren und der inneren Wechselwinkel einander gleich.

Beweis. Es sei Fig. 4 etwa γ gleich φ. Dann ist, da $\gamma+\delta$ gleich $\varepsilon+\varphi$ ist, auch δ gleich ε; und, da $\gamma+\alpha$

gleich $\varphi+\mu$ ist, auch α gleich μ; endlich, da β gleich γ ist, und λ gleich φ, auch β gleich λ.

3) Ist die Summe eines Paars der äußeren oder der inneren Winkel gleich einem gestreckten Winkel, so ist die Summe eines jeden Paars der äußeren und der inneren Winkel gleich einem gestreckten Winkel.

Beweis. Es sei Fig. 4 etwa $\alpha+\lambda$ gleich einem gestreckten Winkel. Dann ist, da $\alpha+\beta+\lambda+\mu$ gleich zweien gestreckten Winkeln ist, $\beta+\mu$ gleich einem gestreckten Winkel; da ferner $\alpha+\gamma+\varepsilon+\lambda$ zwei gestreckte Winkel beträgt, $\gamma+\varepsilon$ gleich einem; endlich macht, da δ gleich α, und φ gleich λ ist, auch $\delta+\varphi$ einen gestreckten Winkel aus.

§. 32. Lehrsätze.

1) Sind die Gegenwinkel gleich, so sind auch die äußeren und die inneren Wechselwinkel gleich, und die Summe der äußeren Winkel sowohl, als die der inneren, ist gleich einem gestreckten Winkel.

Beweis. Es sei Fig. 4 etwa α gleich ε. Dann ist, weil ε gleich μ ist, auch α gleich μ; und da $\varepsilon+\lambda$ einen gestreckten Winkel ausmacht, auch $\alpha+\lambda$ gleich einem gestreckten Winkel. Aus §. 31. 2) folgt nun, daß die Winkel eines jeden Paars der äußeren und der inneren Wechselwinkel einander gleich sind, und aus §. 31. 3), daß die Summe eines jeden Paars der äußeren und der inneren Winkel gleich ist einem gestreckten Winkel.

2) Sind die Wechselwinkel gleich, so sind auch die Gegenwinkel gleich, und die Summe eines jeden Paars der äußeren und der inneren Winkel ist gleich einem gestreckten Winkel.

Beweis. Es sei Fig. 4 etwa α gleich μ. Dann ist, weil μ gleich ε ist, auch α gleich ε; und es folgt aus 1), daß die Summe eines jeden Paars der äußeren und der inneren Winkel gleich ist einem gestreckten Winkel.

3) Ist die Summe der äußeren oder der inneren Winkel gleich einem gestreckten Winkel, so sind die Gegenwinkel gleich und auch die Wechselwinkel.

Beweis. Es sei Fig. 4 etwa $\alpha+\lambda$ gleich einem gestreckten Winkel. Dann ist, da auch $\varepsilon+\lambda$ gleich einem gestreckten Winkel ist, der Winkel α gleich dem Winkel ε, und die Gleichheit der Wechselwinkel folgt nach 1).

§. 33. Lehrsatz.

Sind die Gegenwinkel gleich, so sind die durchschnittenen Linien parallel.

Beweis. Es sei Fig. 4 etwa α gleich ε; dann ist μ gleich α, und δ gleich ε. Man denke den rechts von der Linie EF liegenden Theil der Figur abgesondert, in die Lage Fig. 5 gebracht, und dann so auf den links von der Linie EF befindlichen Theil gelegt, daß QN und NQ kommt. Dabei fällt, weil μ gleich α ist, die Linie ND in QA, und weil δ gleich ε ist, die Linie QB in NC. Wollte man nun annehmen, die Linien AB und CD schnitten sich auf der einen Seite der sie durchschneidenden Linie EF, so müßten sie sich auch auf der andern Seite schneiden, welches dem Begriff der geraden Linie zuwider ist. Die durchschnittenen Linien sind daher parallel.

Auf diesen Satz ist das bekannte Verfahren gegründet, auf dem Reißbrett vermittelst der Reißschiene parallele Linien zu zeichnen; auch das Zeichnen paralleler Linien vermittelst eines verschiebbaren Dreiecks.

§. 34. Lehrsatz.

Sind die Wechselwinkel gleich, oder ist die Summe der äußeren oder der inneren Winkel gleich einem gestreckten Winkel, so sind die durchschnittenen Linien parallel.

Beweis. Denn alsdann sind die Gegenwinkel gleich.

§. 35. Lehrsatz.

Bei parallelen Linien sind die Gegenwinkel gleich.

Beweis. Es seien Fig. 6 die Linien AB und CD parallel. Wollte man annehmen, die Winkel α und β wären nicht gleich, so würde durch den Punkt N eine Linie GH sich denken lassen, so, daß der Winkel ENH gleich wäre dem Winkel β, und diese Linie GH würde, wegen der Ungleichheit der Winkel α und ENH ($= \beta$), nicht mit der Linie AB zusammenfallen können. Nach §. 33 wäre aber GH parallel mit CD, so daß CD parallel sein müßte mit jeder der beiden sich schneidenden Linien AB und GH, welches nicht möglich ist. Deshalb können die Gegenwinkel nicht ungleich sein.

Unterscheiden sich zwei Sätze nur insofern, als die Voraussetzung im einen die Behauptung des anderen ist, und die Behauptung des einen die Voraussetzung im anderen, so heißt jeder dieser Sätze der umgekehrte des anderen; z. B. §. 33 und §. 35. Von solchen Sätzen muß jeder bewiesen werden, denn es kommt vor, daß der eine gilt, der umgekehrte nicht, oder nur mit Einschränkung. Der allgemeine Zusammenhang liegt in Folgendem: wenn unter Bedingungen A andere Bedingungen B eintreten, so ist es möglich, daß unter anderen Bedingungen A' dieselben Bedingungen B eintreten; und dann darf offenbar unter den Bedingungen B nicht gerade auf A zurückgeschlossen werden. Finden ausschließlich nur unter den Bedingungen A die B Statt, so ist umgekehrt von B auf A zu schließen; oder läßt sich aus A auf B schließen, zugleich umgekehrt aus B auf A, so gehören A und B ausschließlich zusammen, finden stets gleichzeitig Statt.

§. 36.

Bei parallelen Linien sind daher auch die Wechselwinkel gleich, und die Summe der äußeren und die der inneren Winkel ist gleich einem gestreckten Winkel.

§. 37. Lehrsatz.

Stehen zwei Linien normal auf einer dritten Linie, so sind sie parallel.

Beweis. Denn ihre Gegenwinkel sind gleich.

§. 38. Lehrsatz.

Sind zwei Linien parallel, und ist die eine normal auf einer dritten Linie, so ist es auch die andere.

Beweis. Denn bei parallelen Linien sind die Gegenwinkel gleich.

§. 39. Lehrsatz.

Alle Normalen, welche von demselben Punkt auf eine Linie hin gefällt werden, fallen in einander.

Beweis. Denn fielen zwei nicht in einander, so müßten sie parallel sein nach §. 37, welches sich widerspricht.

§. 40. Lehrsatz.

Alle Normalen, welche man in demselben Punkt auf einer geraden Linie errichtet, fallen in einander.

Beweis. Denn rechte Winkel decken sich.

§. 41. Lehrsatz.

Wird auf jedem Schenkel eines nicht gestreckten Winkels in einem beliebigen Punkt eine Normale errichtet, so schneiden sich die Normalen.

Beweis. Wollte man annehmen, die Normalen wären parallel, so würde der eine Schenkel des nicht gestreckten Winkels (beliebig welcher), da er die auf ihm stehende Normale schneidet, auch die mit dieser parallele Normale des anderen Schenkels schneiden müssen, und zwar unter einem rechten Winkel, weil bei parallelen Linien die Gegenwinkel gleich sind. Dann wären aber beide Schenkel des nicht gestreckten Winkels auf der Normale des anderen Schenkels normal, und müßten nach §. 39 in einander fallen, welches gegen die Voraussetzung ist.

§. 42. Lehrsatz.

Schneiden sich zwei Linien ohne auf einander normal zu stehen, und wird in ihrem Durchschnittspunkt eine Normale auf der einen errichtet, so fällt sie in die Winkelebene des stumpfen Winkels.

Beweis. Denn fiele sie in die Winkelebene des spitzen Winkels, so müßte der spitze Winkel größer als ein rechter sein, und fiele sie in die andere Linie, so könnte sie nicht normal stehen auf der ersteren.

§. 43. Lehrsatz.

Alle Linien, welche durch denselben Punkt gehen, parallel mit einer geraden Linie, fallen in einander.

Beweis. Denn schnitten sie sich, so müßte diese Linie parallel sein mit mehreren sich schneidenden Linien, welches nicht möglich ist.

§. 44. Lehrsatz.

Sind die Schenkel eines Winkels einzeln parallel mit den Schenkeln eines zweiten Winkels, so sind die Winkel entweder einander gleich, oder ihre Summe macht einen gestreckten Winkel aus.

Beweis. Es sei, Fig. 7, der Schenkel AB parallel mit dem Schenkel DE, der Schenkel BC parallel mit dem Schenkel EF; dann ist jeder der Winkel α und β, als Gegenwinkel, dem Winkel γ gleich, folglich α gleich β. Sind aber, Fig. 8, die Schenkel AB und DE parallel, auch die Schenkel BC und EF, so sind die Winkel β und γ gleich, als Gegenwinkel, und die Winkel α und γ machen, als innere Winkel, zusammengenommen einen gestreckten Winkel aus; deshalb beträgt die Summe der Winkel α und β einen gestreckten Winkel.

Man wird nun überblicken, daß die Winkel gleich sind, wenn beide Schenkel des einen Winkels gleiche Richtung haben mit denen des anderen, oder beide die entgegengesetzte Richtung von denen des anderen; und daß die Winkel sich zu einem gestreckten Winkel ergänzen, wenn ihre einen Schenkel gleich, und ihre anderen entgegengesetzt gerichtet sind.

§. 45. Lehrsatz.

Stehen Fig. 9 zwei sich schneidende Linien EF und GH beziehlich normal auf zweien anderen sich schneidenden Linien AB und CD, so sind die Winkel, welche die einen bilden, gleich denen, welche die anderen bilden.

Beweis. Durch den Durchschnittspunkt N der einen von den sich schneidenden Linien lege man KL parallel EF und SV parallel GH. Jeder von den Winkeln DNB und SNK wird durch den Winkel KND zu einem rechten ergänzt. Deshalb ist DNB gleich SNK. Nach dem vorigen Paragraph ist SNK gleich GQE. Also ist DNB gleich GQE, und daraus erhellet das Gesetz.

Stehen daher die Schenkel eines Winkels normal auf den Schenkeln eines anderen Winkels, so sind entweder die Winkel gleich, oder sie ergänzen sich zu einem gestreckten Winkel.

§. 46. Lehrsätze.

1) Die Halbirungslinien zweier Nebenwinkel stehen auf einander normal.

Beweis. Denn ist Fig. 10 $\alpha+\beta=2R$, so ist $\frac{1}{2}\alpha+\frac{1}{2}\beta=R$.

2) Halbirt EF Fig. 10 den Winkel α und steht GH im Scheitelpunkt N normal auf EF, so halbirt GH den Winkel β.

Beweis. Nach 1) steht die Halbirungslinie von β in N normal auf EF. Deshalb fällt GH mit ihr zusammen.

§. 47.

Uebungen und Praktisches.

1) Wann sagt man, daß zwei gerade Linien sich schneiden, daß sie convergiren, divergiren, parallel sind? Wie wird bezeichnet, daß zwei Linien AB und CD parallel sind?
2) Was ist ein Winkel? Was sind die Schenkel, die Spitze, die Winkelebene eines Winkels? Wann heißen Winkel gleich? Was ist die Summe, die Differenz zweier Winkel? Wann heißt ein Winkel gestreckt, erhaben, hohl? Was sind Nebenwinkel? Was ist ein rechter, ein stumpfer, ein spitzer Winkel? Wie wird ein Winkel bezeichnet?
3) Was ist eine Normale? Was heißt es, eine Normale errichten, eine Normale fällen? Wann sagt man, eine Linie stehe auf einer andern schief?
4) Was sind Scheitelwinkel, und welches Gesetz gilt für sie?
5) Was sind außerhalb liegende Winkel, innerhalb liegende, Gegenwinkel, äußere und innere Wechselwinkel, äußere und innere Winkel? In welcher Abhängigkeit stehen diese Winkel von einander? Wie müssen diese Winkel beschaffen sein, damit die durchschnittenen Linien parallel seien; und umgekehrt, wie sind bei parallelen Linien jene Winkel beschaffen?

Zweites Kapitel.

Von den Dreiecken.

§. 48.

Eine von n geraden Linien begränzte Ebene heißt ein neck, jede der begränzenden Linien heißt eine Seite, jeder Punkt, in welchem zwei Seiten zusammenstoßen, eine Ecke, und die Summe der Seiten der **Umfang** des necks. Eine von mehr als vier Linien begränzte Ebene heißt auch ein **Vieleck**.

Die Anzahl der Ecken eines necks ist der Anzahl der Seiten gleich.

Der hohle Winkel, welcher sich bildet, wenn man eine Seite eines Dreiecks verlängert, wird ein **äußerer Winkel** des Dreiecks genannt. Jeder von den beiden Winkeln des Dreiecks, welche nicht Nebenwinkel zu dem äußeren Winkel sind, heißt ein **gegenüberliegender** Winkel dieses äußeren Winkels.

§. 49. Lehrsatz.

Jeder äußere Winkel eines Dreiecks ist gleich der Summe seiner beiden gegenüberliegenden Winkel.

Beweis. Es werde, Fig. 11, die Linie CD parallel mit AB gedacht. Der Winkel DCE ist alsdann gleich dem Winkel β, denn diese Winkel sind Gegenwinkel zu den parallelen Linien AB und CD, sobald man AC als durchschneidende Linie betrachtet; und der Winkel BCD ist dem Winkel γ gleich, denn diese Winkel sind innere Wechselwinkel zu den parallelen Linien AB und CD, wenn man BC als durchschneidende Linie ansieht. Daher ist α gleich $\beta+\gamma$.

§. 50.

Und weil der äußere Winkel eines Dreiecks gleich ist der Summe seiner gegenüberstehenden Winkel, so ist er größer als jeder einzelne derselben.

§. 51. Lehrsatz.

Die Summe der drei Winkel eines jeden Dreiecks ist gleich einem gestreckten Winkel.

Beweis. Da ein äußerer Winkel gleich der Summe seiner beiden gegenüberstehenden ist, so wird die Summe aller Winkel eines Dreiecks erhalten in der Summe eines äußeren Winkels und seines Nebenwinkels, und diese ist ein gestreckter Winkel.

§. 52.

Die Summe zweier Winkel eines Dreiecks ist daher kleiner als ein gestreckter Winkel. Daraus folgt weiter, daß ein Dreieck nie mehr als einen rechten oder stumpfen Winkel haben kann, also immer zwei spitze Winkel enthält.

Hat ein Dreieck einen rechten Winkel, so heißt es ein **rechtwinkliges** Dreieck, hat es einen stumpfen Winkel, so heißt es **stumpfwinklig**, hat es lauter spitze Winkel, so heißt es ein **spitzwinkliges** Dreieck.

Die Seite eines rechtwinkligen Dreiecks, welche dem rechten Winkel gegenübersteht, heißt die Hypotenuse, jede der beiden anderen Seiten eine Kathete.

§. 53.

1) Sind zwei Linien von einer dritten durchschnitten und ist die Summe eines Paars der inneren Winkel kleiner als zwei rechte Winkel, so schneiden sich die durchschnittenen Linien, und zwar auf der Seite der durchschneidenden Linie, auf welcher jenes Paar der inneren Winkel liegt.

Beweis. Es sei, Fig. 4, $\delta+\varphi<2R$. Wollte man annehmen, die Linien AB und CD wären parallel, so hätte man nach §. 36 $\delta+\varphi=2R$, welches gegen die Voraussetzung ist; daher schneiden sich die Linien. Wollte man annehmen, es schnitten sich die Theile QA und NC, so hätte man nach dem vorigen Paragraph $\gamma+\varepsilon<2R$. Aus $\gamma+\delta+\varepsilon+\varphi=4R$, und $\delta+\varphi<2R$, folgt aber $\gamma+\varepsilon>2R$. Daher schneiden sich die Theile QB und ND.

2) Sind zwei Linien von einer dritten durchschnitten, und ist bei einem Paar der Gegenwinkel der außerhalb liegende größer als der innerhalb liegende, so schneiden sich die durchschnittenen Linien.

Beweis. Es sei, Fig. 4, $\beta>\varphi$. Es ist $\delta+\beta=2R$ und da $\beta>\varphi$, so folgt $\delta+\varphi<2R$, und es erhellet der Satz aus 1). U. m. dgl.

§. 54.

Steht eine Linie schief auf einer anderen, und wird von irgend einem Punkt der schief stehenden Linie eine Normale auf die andere Linie gedacht, so fällt diese Normale in die Winkelebene des spitzen Winkels.

Beweis. Denn wollte man annehmen, sie fiele in die Winkelebene des stumpfen Winkels, so würde auf der Seite, wo die schiefstehende Linie und die Normale sich schneiden, ein Dreieck entstehen, welches einen stumpfen und einen rechten Winkel enthielte. Das streitet aber gegen §. 52. Und wollte man annehmen, die Normale fiele in die schiefstehende Linie, so könnte sie nicht normal stehen auf der anderen.

§. 55.

Raumgrößen, welche sich nicht von einander unterscheiden, nennt man congruent.

Congruente necke können immer dergestalt auf einander gelegt werden, daß sie sich decken, und umgekehrt, necke, welche sich so auf einander legen lassen, daß sie sich decken, sind congruent.

Das Zeichen der Congruenz ist

$\cong$

Sind zwei necke congruent, so sind die Seiten und Winkel des einen einzeln gleich den Seiten und Winkeln des anderen. Und umgekehrt, zwei necke sind congruent, wenn die Seiten und die Winkel des einen einzeln gleich sind den Seiten und den Winkeln des anderen, und die Lage der Seiten und Winkel zu einander in beiden Figuren dieselbe ist.

Damit man auf die Congruenz von Figuren schließen dürfe, ist nicht zu wissen erforderlich, daß alle Seiten und Winkel übereinstimmen; es reicht eine geringere Anzahl aus. Die verschiedenen Fälle, in welchen gewisse Seiten und Winkel die Congruenz bedingen, bilden die Congruenzsätze. Sie werden von den Dreiecken, der Wichtigkeit halber, vollständig aufgeführt.

§. 56. Lehrsatz.

Dreiecke sind congruent, wenn zwei Seiten des einen einzeln gleich sind zweien Seiten des anderen, und wenn die Winkel gleich sind, welche von diesen Seiten gebildet werden.

Beweis. Es sei Fig. 12 die Seite AB gleich der Seite DE, die Seite AC gleich der Seite DF, und der Winkel α gleich dem Winkel β. — Man denke das Dreieck ABC so auf das andere DEF gelegt, daß die Seite AC in die ihr gleiche DF kommt, alsdann werden, weil die Winkel α und β gleich sind, auch die gleichen Seiten AB und DE in einander fallen, und die Dreiecke sich decken.

§. 57. Lehrsatz.

Dreiecke sind congruent, wenn sie eine Seite gleich haben und zwei Winkel, welche in dem einen Dreieck liegen, wie in dem anderen.

Beweis. 1) Es sei Fig. 12 die Seite AC gleich der Seite DF, der Winkel α gleich dem Winkel β, und der Winkel γ gleich dem Winkel δ. — Man denke das Dreieck ABC so auf das Dreieck DEF gelegt, daß die Seite AC in die ihr gleiche DF kommt; dabei wird, weil α gleich β ist, die Seite AB der Richtung nach in DE fallen, und weil γ gleich δ ist, die Seite CB in FE; dann decken sich aber die Dreiecke.

2) Es sei AC gleich DF, der Winkel α gleich dem Winkel β, und der Winkel ε gleich dem Winkel φ. — Da die Summe der drei Winkel jedes Dreiecks gleich einem gestreckten Winkel ist, folgt, daß der Winkel γ gleich dem Winkel δ ist, und die Dreiecke sind congruent wie vorher.

Anders können die Winkel aber nicht liegen, als entweder beide an der in beiden Dreiecken gleichen Seite, oder der eine daran, und der andere ihr gegenüber.

§. 58. Lehrsatz.

Sind zwei Seiten eines Dreiecks einander gleich, so sind die Winkel gleich, welche diesen Seiten gegenüberstehen.

Beweis. Es sei Fig. 13 die Seite AB gleich der Seite BC. Wird das Dreieck ABC noch einmal gedacht, aber in der Lage Fig. 14, so werden auch in dieser Lage die beiden Dreiecke sich decken nach §. 56: denn es ist AB Fig. 13 gleich CB Fig. 14, CB Fig. 13 gleich AB Fig. 14, und der Winkel ABC Fig. 13 gleich dem Winkel CBA Fig. 14. Dann decken sich aber die Winkel α und β.

§. 59. Lehrsatz.

Sind zwei Winkel eines Dreiecks einander gleich, so sind die Seiten gleich, welche diesen Winkeln gegenüberstehen.

Beweis. Es sei Fig. 13 der Winkel α gleich dem Winkel β. — Wird das Dreieck ABC noch einmal gedacht in der Lage Fig. 14, so werden nach §. 57 auch in dieser Lage die Dreiecke sich decken, so daß AB gleich BC ist.

§. 60. Lehrsatz.

Sind die drei Seiten eines Dreiecks einander gleich, so sind die drei Winkel einander gleich.

Beweis. Denn ist Fig. 12 die Seite AB gleich der Seite BC, so ist der Winkel α gleich dem Winkel γ; und ist zugleich AB gleich AC, so ist auch ε gleich γ; dann sind aber die drei Winkel einander gleich.

§. 61. Lehrsatz.

Sind die drei Winkel eines Dreiecks einander gleich, so sind die drei Seiten einander gleich.

Beweis. Denn ist Fig. 12 der Winkel α gleich dem Winkel γ, so ist die Seite AB gleich der Seite BC; und ist zugleich α gleich ε, so ist auch AC gleich BC, und dann sind die drei Seiten einander gleich.

§. 62.

Ein Dreieck heißt gleichschenklig, wenn zwei Seiten desselben einander gleich sind, gleichseitig, wenn alle drei Seiten einander gleich sind, ungleichseitig, wenn keine Seite einer anderen gleich ist. Sind alle Winkel eines Dreiecks einander gleich, so heißt es gleichwinklig; ist kein Winkel einem anderen gleich, so heißt es ungleichwinklig.

Ein gleichseitiges Dreieck ist gleichwinklig, und umgekehrt, ein gleichwinkliges Dreieck gleichseitig.

§. 63.

Liegen congruente Dreiecke so auf einander, daß sie sich decken, so liegen sich deckenden Seiten sich deckende Winkel gegenüber, und umgekehrt, sich deckenden Winkeln sich deckende Seiten. Sind daher Fig. 12 die beiden Dreiecke ABC und DEF congruent, und weiß man, daß der Winkel γ gleich ist dem Winkel β, so sind die beiden Seiten AB und EF einander gleich; weiß man dagegen, daß die Seite BC gleich der Seite DF ist, so sind die Winkel α und φ einander gleich. Ueberhaupt stehen in congruenten Dreiecken gleichen Winkeln gleiche Seiten gegenüber, und umgekehrt, gleichen Seiten gleiche Winkel, welches, wegen der vorangegangenen Paragraphen, auch dann noch der Fall ist, wenn die Dreiecke gleichschenklig sind, oder gleichseitig.

§. 64. Lehrsatz.

Sind zwei Seiten eines Dreiecks ungleich, so sind die ihnen gegenüberstehenden Winkel ungleich, und zwar steht der größeren Seite der größere Winkel gegenüber.

Beweis. Es sei Fig. 15 die Seite AB größer als die Seite AC. — Auf der Seite AB werde ein Stück AN genommen, gleich der Seite AC. Der Winkel ANC ist dann, als äußerer Winkel des Dreiecks CNB, größer als sein gegenüberliegender Winkel β. Das Dreieck CAN ist gleichschenklig, deshalb ist der Winkel ACN gleich dem Winkel ANC, also auch der Winkel ACN größer als β. Und da endlich α größer ist als der Winkel ACN, so ist α um so mehr größer als β.

§. 65. Lehrsatz.

Sind zwei Winkel eines Dreiecks ungleich, so sind die Seiten ungleich, welche diesen Winkeln gegenüberstehen, und zwar steht dem größeren Winkel die größere Seite gegenüber.

Beweis. Es sei Fig. 15 der Winkel α größer als der Winkel β. Wollte man annehmen, die Seiten AB und AC wären einander gleich, so müßten die ihnen gegenüberstehenden Winkel α und β gleich sein; und wollte man annehmen, die Seite AC wäre größer als die Seite AB, so müßte nach dem vorigen Paragraph der Winkel β größer sein als α: beides widerspricht der Voraussetzung, daß α größer als β ist, deshalb kann nur die Seite AB größer sein als die Seite AC.

§. 66.

Das ungleichseitige Dreieck ist daher ungleichwinklig, und das ungleichwinklige Dreieck ungleichseitig.

Im ungleichseitigen Dreieck steht der größten Seite der größte Winkel gegenüber, und umgekehrt, dem größten Winkel die größte Seite. Im rechtwinkligen Dreieck ist die Hypotenuse die größte Seite, und im stumpfwinkligen Dreieck ist die Seite die größeste, welche dem stumpfen Winkel gegenübersteht.

An der größten Seite eines ungleichseitigen Dreiecks liegen jedesmal spitze Winkel. Die Winkel, welche an der dritten Seite eines gleichschenkligen Dreiecks liegen, sind spitz. Alle Winkel eines gleichseitigen Dreiecks sind spitz.

§. 67. Lehrsatz.

Werden von einem Punkt A, Fig. 16, außerhalb einer geraden Linie BC, mehrere gerade Linien AD, AE, AF, AG nach der Linie BC gezogen, von welchen die eine AD normal steht auf BC, so ist diese Normale von allen jenen Linien die kürzeste, und jede von den übrigen Linien ist größer als jede von denen, welche zwischen ihr und der Normale sich befinden.

Beweis. Die Normale ist die kürzeste Linie, weil jede der übrigen Linien Hypotenuse eines rechtwinkligen Dreiecks ist, welches die Normale zur einen Kathete hat. — Die Winkel AEG, AFG sind als äußere Winkel größer als der rechte Winkel ADE, die Dreiecke AEF, AEG, AFG also stumpfwinklig, und deshalb ist AF größer als AE, AG größer als AE, und zugleich AG größer als AF.

§. 68. Lehrsatz.

Ist Fig. 16 AD normal auf BC, und ist AF größer als AE, so ist auch DF größer als DE.

Beweis. Wollte man annehmen, es sei DF gleich DE, so müßten die Dreiecke ADE und ADF congruent sein, also AE und AF einander gleich; wollte man annehmen, es sei DE größer als DF, so müßte nach dem vorigen Paragraph AE größer sein als AF; beides wäre gegen die Voraussetzung, deshalb kann nur DF größer sein als DE.

§. 69.

Die kürzeste Linie, welche von einem Punkt nach einer geraden Linie hin gezogen werden kann, heißt die Entfernung, oder der normale Abstand des Punktes von der geraden Linie.

§. 70. Lehrsatz.

Die Summe zweier Seiten eines Dreiecks ist größer als die dritte Seite.

Beweis. Es sei Fig. 17 BN gleich BA gemacht. Dann ist der Winkel BNA gleich dem Winkel BAN, der Winkel NAC also größer als ANC, und deshalb in dem Dreieck ANC die Seite NC größer als AC, d. h. AB+BC größer als AC.

Die Differenz zweier Seiten eines Dreiecks ist daher kleiner als die dritte Seite.

§. 71. Lehrsatz.

Dreiecke sind congruent, wenn die drei Seiten des einen einzeln gleich sind mit den drei Seiten des anderen.

Beweis. Es braucht nur gezeigt zu werden, daß solche Dreiecke einen Winkel gleich haben, denn alsdann folgt ihre Congruenz aus §. 56.

Es sei Fig. 12 die Seite DE gleich der Seite AB, EF gleich BC, und DF gleich AC. Sind nun die Dreiecke ungleichseitig, so lege man sie mit ihren größten Seiten, an welchen spitze Winkel sich befinden, neben einander, wie Fig. 18 es darstellt. Die Dreiecke BCE und BAE sind gleichschenklig; deshalb ist der Winkel CBE gleich dem Winkel CEB, und der Winkel ABE gleich dem Winkel AEB; dann aber der Winkel ABC gleich dem Winkel DEF. — Sind die Dreiecke ABC und DEF gleichschenklig, so lege man sie mit den dritten Seiten neben einander, sind sie gleichseitig mit irgend zwei Seiten, uns es folgt wie zuerst, daß die Dreiecke die Winkel gleich haben, welche den an einanderliegenden Seiten gegenüberstehen.

§. 72. Lehrsatz.

Dreiecke sind congruent, wenn zwei Seiten des einen einzeln gleich sind zweien Seiten des anderen, wenn die Winkel gleich sind, welche den einen dieser Seiten gegenüberliegen, und wenn die Summe der Winkel, welche den anderen gegenüberstehen, mehr oder weniger beträgt als einen gestreckten Winkel.

Beweis. Es sei Fig. 12 AB gleich DE, BC gleich EF, α gleich β, und $\gamma+\delta$ sei mehr oder weniger als ein gestreckter Winkel. — Man lege das Dreieck ABC so auf das Dreieck DEF, daß die Seite AB in die ihr gleiche DE kommt; dann muß, weil α gleich β ist, die Seite AC der Richtung nach in DF fallen; es bleibt aber vorläufig unbestimmt, ob der Punkt C in den Punkt F fällt, oder vor F, oder über F hinaus. Wollte man annehmen, der Punkt C fiele vor F, etwa wie Fig. 19 es darstellt, so würde, da BC gleich FE ist, der Winkel ECF gleich dem Winkel δ sein, und die Summe der Winkel γ und δ einen gestreckten Winkel betragen; dies streitet gegen die Voraussetzung, und deshalb kann der Punkt C nicht vor F fallen. Wollte man annehmen, der Punkt C fiele über F hinaus, wie in Fig. 20, so müßte, weil EF gleich BC ist, der Winkel EFC gleich γ sein, und dann machte die Summe der Winkel δ und γ einen gestreckten Winkel aus. Der Punkt C kann daher auch nicht über

F hinaus fallen. Demnach liegt C in F, und die Dreiecke decken sich.

§. 73. Zusätze.

1) Dreiecke sind congruent, wenn zwei Seiten des einen einzeln gleich sind zweien Seiten des anderen, und wenn die Winkel gleich sind, welche den größeren dieser Seiten gegenüberliegen.

Die Winkel, welche den kleineren dieser Seiten gegenüberliegen, sind spitze Winkel, ihre Summe ist also kleiner als der gestreckte Winkel, und der Satz folgt aus dem vorigen Paragraph. Wollte man nämlich annehmen, einer von den Winkeln, welche den kleineren Seiten gegenüberstehen, sei ein rechter oder ein stumpfer Winkel, so müßte der Winkel, welcher der größeren Seite gegenübersteht, größer sein als ein rechter, oder als jener stumpfe Winkel, welches nicht sein kann, weil jedes Dreieck zwei spitze Winkel hat.

2) Rechtwinklige Dreiecke sind congruent, wenn sie die Hypotenuse und eine Kathete gleich haben.

Denn da rechte Winkel einander gleich sind, und die Hypotenuse die größte Seite im rechtwinkligen Dreieck ist, so haben solche Dreiecke zwei Seiten beziehlich gleich, und den Winkel, welcher der größeren von diesen Seiten gegenübersteht.

§. 74. Lehrsatz.

Geht von einer Ecke eines Dreiecks eine Linie nach der gegenüberstehenden Seite, und finden zwei von den folgenden vier Bedingungen Statt, so finden auch die beiden anderen Statt:

1) Gleichheit der Seiten, welche den durch jene Linien getheilten Winkel bilden,
2) Gleichheit der Stücke, in welche die dritte Seite getheilt wird,
3) Gleichheit der Winkel, in welche der getheilte Winkel getheilt ist,
4) Gleichheit der Winkel, die jene Linie mit der dritten Seite bilden.

Beweis. Bei Fig. 21 sind die Bedingungen:

1) $AB = AC$
2) $BN = NC$
3) $\alpha = \beta$
4) $\gamma = \delta$

Es fällt in die Augen, daß alle vier Bedingungen Statt finden, sobald die beiden Dreiecke ABN und ACN congruent sind. Um also den Satz zu erweisen, wird man nur nöthig haben, aus je zweien der Bedingungen die Congruenz der Dreiecke abzuleiten.

Sind nun die Bedingungen unter 1) und 2) gegeben, so haben die Dreiecke, da die Linie AN in beiden liegt, die drei Seiten beziehlich gleich, und es folgt ihre Congruenz aus dem dritten Congruenz-Satz.

Finden die Bedingungen unter 1) und 3) Statt, so haben die Dreiecke, da AN in beiden liegt, zwei Seiten beziehlich gleich und den von diesen gebildeten Winkel; sie sind also congruent nach dem ersten Satz von der Congruenz der Dreiecke.

Finden die Bedingungen 1) und 4) Statt, so sind die Winkel γ und δ rechte Winkel, die Dreiecke also rechtwinklig, und haben die Hypotenuse und eine Kathete gleich. Ihre Congruenz folgt daher aus §. 73 2).

Sind die Bedingungen 2) und 3) vorausgesetzt, so haben die Dreiecke zwei Seiten beziehlich gleich und die Winkel, welche den einen dieser Seiten gegenüberliegen; und weil die Winkel ABC und ACB, als Winkel des Dreiecks ABC, zusammengenommen kleiner sind als ein gestreckter Winkel, so ist noch die Summe der Winkel, welche den anderen Seiten gegenüberliegen, kleiner als ein gestreckter Winkel; und es folgt die Congruenz der Dreiecke nach dem vierten Congruenz-Satz.

Finden die Bedingungen 2) und 4) Statt, so haben die Dreiecke zwei Seiten beziehlich gleich und den von ihnen gebildeten Winkel, und sie sind congruent nach dem ersten Congruenz-Satz.

Finden endlich die Bedingungen 3) und 4) Statt, so haben die Dreiecke eine Seite gleich und zwei Winkel, welche in dem einen Dreieck liegen, wie in dem anderen, und sie sind congruent nach dem zweiten Congruenz-Satz.

§. 75. Lehrsatz.

Wird auf der Mitte der dritten Seite eines gleichschenkligen Dreiecks eine Normale errichtet, so geht sie durch die gegenüberstehende Ecke.

Beweis. Es sei Fig. 21 die Seite AB gleich der Seite AC, und N die Mitte der dritten Seite BC. Man denke die Linie AN; sie steht nach dem vorigen Paragraph normal auf BC, denn es finden die beiden Bedingungen unter 1) und 2) Statt. Da aber alle Linien, welche in dem Punkt N auf der Seite BC normal stehen, zusammenfallen, so muß eine in N auf BC errichtete Normale mit NA zusammenfallen, also durch A gehen.

§. 76. Lehrsatz.

Sind zwei Seiten zweier Dreiecke einzeln einander gleich, die von ihnen gebildeten Winkel aber ungleich, so sind die dritten Seiten ungleich, und zwar enthält das Dreieck die größere, welches den größeren Winkel hat.

Es sei Fig. 12 die Seite AB gleich der Seite DE, die Seite BC gleich EF, der Winkel φ aber größer als ε. Legt man die Dreiecke so auf einander, daß die gleichen Seiten AB und DE sich decken, so muß eine der Lagen Fig. 22, 23, 24 eintreten. Bei Fig. 22 ersieht sich sogleich, daß DF größer als AC ist. Bei der Lage Fig. 23 ist der Winkel ϱ größer als σ; σ gleich λ, weil das Dreieck CBF gleichschenklig ist; folglich ϱ größer als λ, und um so mehr ϱ größer als μ; daraus folgt aber, daß die Seite DF größer ist als die Seite AC. Bei der Lage Fig. 24 ist ϱ als äußerer Winkel größer als σ, also auch größer als λ, welcher Winkel gleich σ ist, da BC gleich EF; und weil λ als äußerer Winkel größer ist als μ, so ist um so mehr ϱ größer als μ, woraus wieder folgt, daß DF größer ist als AC.

§. 77. Lehrsatz.

Haben zwei Dreiecke zwei Seiten beziehlich gleich, die dritten Seiten aber ungleich, so sind die Winkel ungleich, welche diesen dritten Seiten gegenüberstehen, und zwar befindet sich in dem Dreieck der größere Winkel, welches die größere Seite hat.

Beweis. Denn wollte man annehmen, die Winkel wären gleich, so müßten die Dreiecke nach dem ersten Congruenz-Satz congruent sein, welches nicht möglich ist; und wollte man annehmen, das Dreieck, welches die kleinere dritte Seite hat, hätte den größeren Winkel, so müßte nach dem vorigen Paragraph gerade diese kleinere Seite die größere sein, welches sich widerspricht; daher kann nur das Dreieck den größeren Winkel enthalten, welches die größere dritte Seite hat.

§. 78. Lehrsatz.

Haben zwei rechtwinklige Dreiecke die Hypotenusen gleich, die einen Katheten aber ungleich, so sind auch die anderen Katheten ungleich, und zwar befindet sich in dem Dreieck von diesen anderen Katheten die kleinere, welches von den ersteren Katheten die größere hat; auch sind die spitzen Winkel ungleich, welche an diesen ungleichen Katheten liegen, und zwar liegt an der größeren Kathete der kleinere Winkel.

Beweis. Es mögen Fig. 25 die bei B und F rechtwinkligen Dreiecke mit ihren gleichen Hypotenusen neben einander gelegt, und es mag die Kathete DF größer sein als die Kathete AB. — Der Winkel ABF ist größer als der Winkel DFB, und weil die Winkel bei B und F als rechte Winkel einander gleich sind, so ist der Winkel CBF kleiner, als der Winkel EFB, woraus sich ergiebt, daß die Kathete EF kleiner ist als BC. Legt man, um noch die Ungleichheit der spitzen Winkel zu erweisen, die Dreiecke mit ihren rechten Winkeln auf einander, so daß die Katheten BC und EF in einander fallen, so müssen sie die Lage Fig. 26 annehmen, weil BC größer als EF, und DF größer als AB ist; und es folgt sogleich, daß δ als äußerer Winkel größer ist als γ, und α größer als β.

§. 79. Lehrsatz.

Haben zwei rechtwinklige Dreiecke die Hypotenusen gleich, die einen spitzen Winkel aber ungleich, so sind die anderen spitzen Winkel ungleich; auch sind es die Katheten, welche an diesen spitzen Winkeln liegen, und zwar liegt die größere an dem kleineren Winkel.

Beweis. Daß die anderen spitzen Winkel ungleich sind, ersieht sich sogleich. Wollte man annehmen, die an den ungleichen Winkeln liegenden Katheten wären gleich, so müßten die Dreiecke congruent sein nach §. 73 2), welches nicht möglich ist; und wollte man annehmen, an dem größeren Winkel läge die größere Kathete, so stieße man auf einen Widerspruch gegen den vorigen Paragraph; es muß daher alles so sein, wie es im Lehrsatz ausgesprochen wurde.

§. 80. Lehrsatz.

Haben zwei rechtwinklige Dreiecke die einen Katheten gleich, die an ihnen liegenden spitzen Winkel aber ungleich, so sind auch die Hypotenusen und die anderen Katheten ungleich, und zwar findet sich in dem Dreieck die größere Hypotenuse und die größere andere Kathete, welches den größeren Winkel hat.

Man übersieht dies sehr leicht, sobald man die Dreiecke so auf einander gelegt denkt, daß die rechten Winkel und die gleichen Katheten sich decken.

§. 81. Lehrsatz.

Haben zwei rechtwinklige Dreiecke die einen Katheten gleich, die Hypotenusen aber ungleich, so sind die anderen Katheten ungleich, und auch die an den gleichen Katheten liegenden spitzen Winkel, und zwar hat das Dreieck die größere andere Kathete und den größeren Winkel, in welchem die größere Hypotenuse sich findet.

Beweis. Denn wollte man annehmen, die anderen Katheten wären gleich, so müßten die Dreiecke nach dem ersten Congruenz-Satz congruent sein. Das übrige folgt indirekt aus dem vorigen Paragraphen.

§. 82.
Uebungen und Praktisches.

1) Was ist ein Dreieck, ein Viereck, u. s. w. ein Vieleck? Was sind die Seiten, die Ecken eines necks, was ist sein Umfang? Warum ist die Anzahl der Ecken eines necks der Anzahl seiner Seiten gleich? Was ist ein äußerer Winkel eines Dreiecks, ein gegenüberliegender Winkel zu einem äußeren Winkel?
2) Welches Gesetz gilt für den äußeren Winkel eines Dreiecks? welches für die Summe aller Winkel eines Dreiecks? Kann ein Dreieck zwei rechte Winkel enthalten, oder einen rechten und einen stumpfen Winkel? Was ist ein rechtwinkliges, ein stumpfwinkliges, ein spitzwinkliges Dreieck? Was ist eine Hypotenuse, eine Kathete?
3) Wann heißen Raumgrößen congruent? Wie viele Sätze über die Congruenz der Dreiecke sind vorgekommen, und wie lauten sie?
4) Welche Gesetze finden zwischen den Seiten und den ihnen gegenüberstehenden Winkeln eines Dreiecks Statt? Wann heißt ein Dreieck gleichschenklig, gleichseitig?

Drittes Kapitel.

Von den Vierecken.

§. 83.

Jede gerade Linie von einer Ecke eines necks nach einer anderen, die beiden benachbarten ausgeschlossen, heißt eine Diagonale.

§. 84. Lehrsatz.

Die Summe aller Winkel eines necks ist gleich $(n-2) \cdot 2R$.

Beweis. Man denke aus einem der Endpunkte alle Diagonalen gezogen. Sie zerlegen das neck in $n-2$ Dreiecke, und die Summe aller Winkel dieser Dreiecke ist gleich der Summe der Winkel des necks; die Summe aller Winkel der Dreiecke ist aber $(n-2) \cdot 2R$. — Oder man denke aus einem Punkt innerhalb des necks Linien nach allen Ecken gezogen; dadurch entsteht über jeder Seite ein Dreieck, und die Summe aller Winkel dieser n Dreiecke ist $n \cdot 2R$; wird hiervon die Summe der Winkel um jenen Punkt, welche gleich $2 \cdot 2R$ ist, subtrahirt, so erhält man die Summe aller Winkel des necks gleich $(n-2) \cdot 2R$.

Die eben geführten Beweise haben keine allgemeine Giltigkeit, weil nicht jedes neck durch Diagonalen, welche von einer Ecke, oder durch Linien, welche von einem innerhalb des necks angenommenen Punkt ausgehen, sich in Dreiecke zerlegen läßt. Um den Satz allgemein zu erweisen, stelle man sich ein peck vor, und lasse es in ein $(p+1)$eck übergehen dadurch, daß man über der einen Seite ein Dreieck denkt; hat man das Dreieck außerhalb des pecks gedacht, so fällt in die Augen, daß die Summe der Winkel des $(p+1)$ecks um einen gestreckten Winkel größer ist, als die Summe der Winkel des pecks; hat man es innerhalb des pecks gedacht, so ersieht man das Nämliche leicht, wenn man über die neu entstandene Ecke hinaus eine der Seiten, welche diese Ecke bilden, etwas verlängert. Die Summe der Winkel eines $(p+1)$ecks ist also ganz allgemein um einen gestreckten Winkel größer als die Summe der Winkel des pecks. Und weil die Summe der Winkel eines Dreiecks gleich einem gestreckten Winkel oder zweien rechten Winkeln ist, so ist die Summe der Winkel eines jeden Vierecks gleich zwei gestreckten oder vier rechten Winkeln, die Summe aller Winkel eines Fünfecks gleich drei gestreckten oder sechs rechten, die der Winkel eines Sechsecks gleich vier gestreckten oder acht rechten u. s. f., die Summe der Winkel eines necks gleich $(n-2) \cdot 2R$.

§. 85. Lehrsatz.

Vierecke sind congruent, wenn drei Seiten des einen einzeln gleich sind dreien Seiten des anderen, und wenn die Winkel beziehlich gleich sind, welche von diesen Seiten gebildet werden, (worin liegt, daß die Seiten in dem einen Viereck eben so auf einander folgen müssen wie in dem anderen).

Beweis. Es sei Fig. 27 die Seite AD gleich der Seite EH, AB gleich EF, BC gleich FG, der Winkel α gleich dem Winkel γ, und β gleich δ. — Legt man die Vierecke so auf einander, daß die gleichen Seiten AD und EH sich decken, so müssen, da die Winkel α und γ einander gleich sind, die gleichen Seiten AB und EF zusammenfallen, und weil die Winkel β und δ einander gleich sind, auch die gleichen Seiten BC und FG; dann decken sich aber die Vierecke selbst.

§. 86.

Eben so läßt sich erweisen, daß necke congruent sind, wenn sie $n-1$ Seiten und die von ihnen gebildeten Winkel beziehlich gleich haben.

§. 87.

Ein Viereck, in welchem je zwei gegenüberstehende Seiten parallel sind, wird ein Parallelogramm genannt, ein Viereck, in welchem zwei Seiten parallel sind, und zwei nicht, heißt ein Trapez, ein Viereck, welches keine parallelen Seiten hat, ein Trapezoid.

§. 88. Lehrsatz.

Die gegenüberstehenden Seiten eines Parallelogramms sind einander gleich, und auch die gegenüberstehenden Winkel.

Beweis. In dem Parallelogramm ABCD Fig. 28 sei die Diagonale BD gezogen. Die Dreiecke ABD und BCD sind congruent, denn sie haben die Seite BD gleich, ferner die Winkel α und β als Wechselwinkel zu den parallelen Linien BC und AD, und die Winkel γ und δ als Wechselwinkel zu den parallelen Linien AB und CD. In congruenten Dreiecken stehen beziehlich gleichen Winkeln gleiche Seiten gegenüber, und daraus folgt, weil α gleich β ist, daß CD gleich AB, und, weil γ gleich δ ist, daß AD gleich BC ist. Da ferner in congruenten Dreiecken beziehlich gleichen Seiten gleiche Winkel gegenüberstehen, so ist der Winkel BAD gleich dem Winkel BCD, und weil α gleich β ist, und γ gleich δ, auch der Winkel ABC gleich dem Winkel ADC. Einfacher folgt die Gleichheit der gegenüberstehenden Winkel, z. B. der bei A und C, daraus, daß jeder einen der anderen, z. B. den bei D, zu einem gestreckten ergänzt.

§. 89.

Es verdient bemerkt zu werden, daß eine Diagonale ein Parallelogramm in zwei congruente Dreiecke theilt.

Auch folgt leicht aus dem vorigen Paragraphen, daß die Stücke, welche zwei parallele Linien von beliebig vielen anderen parallelen Linien abschneiden, einander gleich sind.

§. 90. Lehrsatz.

Sind die gegenüberstehenden Seiten eines Vierecks einander gleich, so ist es ein Parallelogramm.

Beweis. Es mögen Fig. 28 die Seiten AB und CD einander gleich sein, auch die Seiten BC und AD. — Die beiden Dreiecke ABD und BCD haben die drei Seiten beziehlich gleich, und sind daher congruent. Da AB gleich CD ist, so ist der Winkel β gleich dem Winkel α, und weil diese Winkel innere Wechselwinkel sind zu den Linien AD und BC, so sind diese Linien parallel; ferner sind, weil BC gleich AD ist, die Winkel δ und γ einander gleich, und da sie innere Wechselwinkel sind zu den Linien AB und CD, so sind auch diese Linien parallel; dann ist aber ABCD ein Parallelogramm.

§. 91. Lehrsatz.

Sind zwei Seiten eines Vierecks parallel und gleich, so ist es ein Parallelogramm.

Beweis. Es mögen Fig. 28 die Seiten BC und AD parallel sein und gleich. — Die beiden Dreiecke ADB und DBC sind congruent, weil sie die Seite BD gleich haben, ferner die Seiten AD und BC, und die Winkel α und β, als Wechselwinkel zu den parallelen Linien BC und AD. Da nun BC gleich AD ist, so ist auch $\delta = \gamma$, und daher DC parallel mit AB. Die anderen gegenüberstehenden Seiten des Vierecks sind nach der Voraussetzung parallel, also ist das Viereck ein Parallelogramm.

§. 92. Lehrsatz.

Sind zwei Seiten eines Vierecks parallel, und zwei gegenüberstehende Winkel gleich, so ist das Viereck ein Parallelogramm.

Beweis. Es sei Fig. 28 die Seite BC parallel mit der Seite AD, und der Winkel ABC gleich dem Winkel ADC. — Die Winkel α und β sind als innere Wechselwinkel zu den parallelen Linien BC und AD einander gleich, und da der Winkel ABC gleich dem Winkel ADC ist, so sind auch γ und δ gleich, und dann ist BA parallel mit DC.

§. 93. Lehrsatz.

Sind die gegenüberstehenden Winkel eines Viereck einander gleich, so ist es ein Parallelogramm.

Beweis. Es seien Fig. 29 die Winkel α und β einander gleich, auch die Winkel γ und δ. Dann ist $\alpha+\gamma$ gleich $\beta+\delta$, also jede dieser Summen gleich der Hälfte von der Summe aller Winkel des Vierecks, welche Hälfte ein gestreckter Winkel ist. Die Seiten AD und BC sind deshalb parallel. Und da γ gleich δ ist, so macht auch $\alpha+\delta$ einen gestreckten Winkel aus, und es sind noch AB und DC parallel.

§. 94.

Sind zwei zusammenstoßende Seiten eines Parallelogramms einander gleich, so sind alle Seiten desselben einander gleich; und ist ein Winkel eines Parallelogramms ein rechter Winkel, so ist jeder seiner Winkel ein rechter Winkel. Das erstere folgt daraus, daß die gegenüberstehenden Seiten eines Parallelogramms gleich sind, das andere daraus, daß wenn von zweien parallelen Linien die eine normal ist auf einer dritten, auch die andere auf dieser dritten normal steht.

§. 95.

Ein Parallelogramm, in welchem alle Seiten einander

gleich sind, heißt eine **Raute** oder ein **Rhombus**. Sind alle Winkel eines Parallelogramms rechte Winkel, so heißt es ein **Rechteck**, sind alle Seiten einander gleich und alle Winkel rechte, so wird es ein **Quadrat** genannt. Jedes andere Parallelogramm heißt auch ein **Rhomboid**.

§. 96. Lehrsatz.

Parallelogramme sind congruent, wenn zwei zusammenstoßende Seiten des einen gleich sind zwei zusammenstoßenden Seiten des anderen, und wenn die Winkel gleich sind, welche von diesen Seiten gebildet werden.

Beweis. Denn sind die Vierecke Fig. 27 Parallelogramme, und sind die Seiten AD und EH gleich, ferner die Seiten AB und EF, auch die Winkel α und γ, so sind die Seiten BC und FG ebenfalls gleich, und die Winkel β und δ; dann haben aber die Vierecke drei Seiten beziehlich gleich und die von ihnen gebildeten Winkel, und sind congruent nach § 85.

§. 97.

Rechtecke sind demnach congruent, sobald sie zwei zusammenstoßende Seiten gleich haben, Rauten, wenn sie eine Seite und einen Winkel, und Quadrate, sobald sie eine Seite gleich haben.

§. 98. Lehrsatz.

Jede der Diagonalen eines Parallelogramms theilt die andere Diagonale in zwei gleiche Theile.

Beweis. Es sei ABCD Fig. 30 ein Parallelogramm. — Die Dreiecke BCN und ADN sind congruent, weil sie die Seiten BC und AD gleich haben, auch die Winkel α und β, so wie γ und δ, als Wechselwinkel der parallelen Linien BC und AD. Aus der Congruenz der Dreiecke und der Gleichheit der erwähnten Winkel folgt, daß CN gleich AN ist, und BN gleich DN.

§. 99. Lehrsatz.

Theilt jede Diagonale eines Vierecks die andere in zwei gleiche Theile, so ist das Viereck ein Parallelogramm.

Beweis. Es sei Fig. 30 AN gleich NC, und BN gleich ND. — Die Dreiecke AND und BNC sind congruent, weil sie zwei Seiten und den von ihnen gebildeten Winkel gleich haben. Daher ist BC gleich AD, und α gleich β, also auch BC parallel mit AD. Und sind zwei Seiten eines Vierecks parallel und gleich, so ist es ein Parallelogramm.

§. 100. Lehrsatz.

In jedem Rhombus stehen die Diagonalen normal auf einander.

Beweis. Es sei Fig. 30 ABCD ein Rhombus. — Die beiden Dreiecke BCN und DCN haben die drei Seiten beziehlich gleich, sind daher congruent. Dann sind aber die Winkel BNC und DNC gleich, folglich die Diagonalen normal auf einander.

§. 101. Lehrsatz.

Stehen die Diagonalen eines Parallelogramms auf einander normal, so ist es ein Rhombus.

Beweis. Ist Fig. 30 ABCD ein Parallelogramm, und stehen die Diagonalen normal auf einander, so sind die rechtwinkligen Dreiecke BNC und DNC congruent, und dann ist BC gleich CD, also ABCD ein Rhombus.

§. 102. Lehrsatz.

Die Diagonalen eines Rechtecks sind einander gleich.

Beweis. Denn ist Fig. 30 ABCD ein Rechteck, so ist das rechtwinklige Dreieck ABC congruent dem rechtwinkligen Dreieck ABD, folglich AC gleich BD.

§. 103. Lehrsatz.

Sind die Diagonalen eines Parallelogramms einander gleich, so ist das Parallelogramm ein Rechteck.

Beweis. Es sei Fig. 30 ABCD ein Parallelogramm, und AC gleich BD. — Die Dreiecke ABC und ABD sind congruent, weil sie die drei Seiten gleich haben. Aus der Congruenz der Dreiecke folgt die Gleichheit der Winkel ABC und BAD. Sind aber diese Winkel gleich, so ist jeder ein rechter Winkel, und das Parallelogramm ein Rechteck.

§. 104.

Die Diagonalen eines Quadrats stehen normal auf einander und sind gleich; und umgekehrt ein Parallelogramm ist ein Quadrat, wenn die Diagonalen desselben auf einander normal stehen und gleich sind.

Aus §. 100 und 102, und aus §. 101 und 103.

§. 105. Lehrsatz.

Sind zwei Linien parallel, so sind alle Punkte der einen Linie gleich weit von der anderen entfernt.

Beweis. Denn denkt man aus beliebigen Punkten der einen Linie Normalen auf die andere gefällt, so sind alle diese Normalen mit einander parallel nach §. 37 und alle einander gleich nach §. 89.

§. 106. Lehrsatz.

Sind Fig. 31 die beiden Linien AC und BD parallel und gleich, und wird durch jeden der Punkte C und D eine Linie gedacht parallel mit der Linie AB, so fallen diese Linien in einander.

Beweis. Zöge man die Linie CD, so würde sie parallel werden mit AB. Die Linie, welche durch den Punkt C geht, und parallel ist mit AB, muß nach §. 43 mit CD zusammenfallen, eben so die Linie, welche durch den Punkt D gehend parallel ist mit AB; daher fallen die durch C und D gedachten Linien selbst zusammen.

§. 107.

Uebungen und Praktisches.

1) Was ist eine Diagonale? Wie viele Diagonalen hat ein neck? $\frac{n(n-3)}{2}$.
2) Wie groß ist die Summe aller Winkel eines necks? Wird jede Seite eines necks über einen ihrer Endpunkte hinaus verlängert, so, daß nicht an einer Ecke zwei Verlängerungen erscheinen, und fallen alle Verlängerungen außerhalb des necks, so ist die Summe der äußeren Winkel, welche dabei hervorgehen 2.2R. Warum? Welches Gesetz findet für diese äußeren Winkel Statt, wenn Verlängerungen innerhalb des necks fallen?
3) Zerschneidet man congruente necke auf gleiche Weise, so werden die Theile des einen congruent den Theilen des anderen. Und necke sind congruent, sobald sie aus congruenten Figuren auf gleiche Weise zusammengesetzt worden. Wie läßt sich das zeigen?
4) Wie theilt man die Vierecke ein (§. 87)? Wie wiederum die Parallelogramme?
5) Welches sind die Gesetze, welche für die Seiten und Winkel der Parallelogramme gelten? Wann ist ein Viereck ein Parallelogramm? (vier Sätze). — Ist ein Viereck ein Parallelogramm, wenn es durch eine seiner Diagonalen in zwei congruente Dreiecke zerlegt wird?
6) Wann sind Vierecke congruent? wann Parallelogramme, Rechtecke, Rauten, Quadrate?
7) Was ist von den Diagonalen zu bemerken beim Parallelogramm, bei dem Rhombus, dem Rechteck, dem Quadrat? Und wie lauten die umgekehrten Sätze?
8) Wenn n Punkte gegeben sind, von welchen nicht drei in gerader Linie liegen, wie viele Linien können durch die Punkte gedacht werden? $\frac{n(n-1)}{2}$.

Viertes Kapitel.

Von der Gleichheit.

§. 108.

Flächen nennt man gleich, sobald sie gleiche Größe haben, wenn auch ihre Gestalt noch so verschieden ist. Congruente necke sind daher jedesmal gleich, aber gleiche necke sind nicht jedesmal congruent.

§. 109.

Der normale Abstand einer Ecke eines Dreiecks von der gegenüberstehenden Seite, oder deren Verlängerung, heißt die Höhe des Dreiecks für diese Seite, welche dann Grundlinie genannt wird.

Bei einem Parallelogramm heißt der normale Abstand zweier parallelen Seiten die Höhe, und dann jede dieser Seiten eine Grundlinie.

Bei einem Trapez heißt der normale Abstand der beiden parallelen Seiten die Höhe.

§. 110.

Werden Dreiecke, welche gleiche Höhe haben, mit ihren Grundlinien an eine gerade Linie gelegt, so liegen die diesen Grundlinien gegenüberstehenden Ecken in einer geraden Linie, welche parallel mit jener Linie ist. Und legt man Parallelogramme, welche gleiche Höhe haben, mit ihren Grundlinien an eine gerade Linie, so fallen die diesen Grundlinien gegenüberstehenden Seiten in eine gerade Linie, welche parallel ist mit jener Linie. Dies folgt aus §. 106. Und umgekehrt, liegen Dreiecke, oder Parallelogramme, oder Dreiecke und Parallelogramme in der erwähnten Weise zwischen parallelen Linien, so haben sie gleiche Höhen.

§. 111. Lehrsatz.

Parallelogramme, welche gleiche Grundlinien und gleiche Höhen haben, sind einander gleich.

Beweis. Die Parallelogramme Fig. 32 ABDC und EFHG mögen die Grundlinien AB und EF gleich haben und die zu ihnen gehörigen Höhen. — Man denke die Parallelogramme mit ihren Grundlinien an die gerade Linie MN gelegt. Die den Grundlinien gegenüberstehenden Seiten fallen dabei in eine gerade Linie CH, welche mit MN parallel ist. Die Vierecke ACGE und BDHF sind congruent, denn sie haben die Seiten AC und BD gleich, ferner die Seiten AE und BF (jede dieser Seiten ist zusammengesetzt aus dem

Stück BE und einer der gleichen Grundlinien) und die Seiten EG und FH, auch die von diesen Seiten gebildeten Winkel α und β, γ und δ. Jedes dieser Vierecke erscheint zusammengesetzt aus dem Viereck BDGE und einem der Parallelogramme; deshalb sind die Parallelogramme einander gleich.

§. 112. Lehrsatz.

Haben ein Dreieck und ein Parallelogramm gleiche Grundlinien und gleiche Höhen, so ist das Dreieck die Hälfte des Parallelogramms.

Beweis. Es mögen Fig. 33 die Grundlinien AB und EF einander gleich sein und die zu ihnen gehörigen Höhen. — Das Dreieck EFG werde durch die Linien EH und GH (die erstere parallel mit FG, die andere parallel mit FE) zu dem Parallelogramm EFGH ergänzt. Die Parallelogramme ABCD und EFGH haben gleiche Grundlinien und gleiche Höhen, sind daher einander gleich. Die Diagonale EG theilt das Parallelogramm EFGH in zwei congruente Dreiecke, deshalb ist das Dreieck EFG die Hälfte von diesem Parallelogramm, also auch die Hälfte vom anderen ABCD.

§. 113. Lehrsatz.

Dreiecke, welche gleiche Grundlinien und gleiche Höhen haben, sind einander gleich.

Beweis. Denn jedes ist die Hälfte von einem Parallelogramme, das mit ihnen gleiche Grundlinie und gleiche Höhe hat.

§. 114. Lehrsatz.

Zieht man durch einen beliebigen Punkt einer Diagonale eines Parallelogramms zwei Linien, die eine parallel mit der einen Seite, die andere parallel mit einer an jene stoßenden, so theilen diese Linien das Parallelogramm in vier Parallelogramme, und von den letzteren sind die beiden einander gleich, welche nicht von der Diagonale durchschnitten werden.

Beweis. Es sei Fig. 34 die Linie EF parallel mit der Seite AB, und die Linie HG parallel mit der Seite AD. — Dann ist EF auch parallel mit DC, und HG parallel mit BC. Daraus folgt, daß die Vierecke AHNE, HBFN, NFCG und ENGD Parallelogramme sind. Und da die Dreiecke ABC und ACD einander gleich sind, auch die Dreiecke AHN und ANE, eben so die Dreiecke NFC und NCG, so sind die Parallelogramme HBFN und ENGD einander gleich.

§. 115.

Bildet eine Linie AB Fig. 35 mit einer Linie CD irgend einen Winkel, und ist die Linie BN normal auf CD, so soll das Stück AN die Projection der Linie AB auf der Linie CD genannt werden.

§. 116.

Ist fernerhin gesagt, ein Rechteck sei gebildet aus zweien Linien MN und PQ, so ist damit gemeint, das Rechteck enthalte diese Linien als zusammenstoßende Seiten. Dies Rechteck soll bezeichnet werden durch MN.PQ. Das Quadrat, dessen einzelne Seiten gleich einer Linie AB sind, werden wir vorläufig bezeichnen durch AB^q.

§. 117. Lehrsatz.

Bilden zwei Linien einen spitzen oder einen stumpfen Winkel, so sind die beiden Rechtecke einander gleich, von denen das eine gebildet ist aus der einen Linie und der Projection der anderen auf ihr, das zweite, aus der anderen Linie und der Projection der ersten auf ihr.

Beweis. Es mögen Fig. 36 und Fig. 37, AB und AC die beiden Linien sein; sie bilden in der ersten Figur einen spitzen in der anderen einen stumpfen Winkel. Es sei CD normal auf AB, und BE normal auf AC; dann ist AD die Projection von AC auf AB, und AE die Projection von AB auf AC. Es sei ferner AH normal auf AB, und AH gleich AB, so ist AHLD das Rechteck, welches gebildet ist aus AB und der Projection von AC auf AB; endlich sei noch AG normal auf AC, und dabei AG gleich AC, und es ist AGFE das Rechteck, welches gebildet ist aus AC und der Projection von AB auf AC. — Um zu zeigen, daß die beiden Rechtecke einander gleich sind, denke man die Linien CH und BG. Die Dreiecke CAH und BAG sind congruent; denn es sind die Winkel CAH und BAG gleich, da jeder aus demselben spitzen Winkel und einem rechten zusammengesetzt ist, auch sind die Seiten gleich, welche diese Winkel bilden, weil AH gleich AB und AG gleich AC gemacht wurde. Nimmt man für das Dreieck AHC und für das Rechteck AHLD die Seite AH als Grundlinie, so haben beide gleiche Grundlinien und gleiche Höhen; daher ist das Dreieck AHC die Hälfte von dem Rechteck AHLD. Ebenso haben das Dreieck BAG und das Rechteck AGFE gleiche Grundlinien und gleiche Höhen, sobald man für beide die Seite AG als Grundlinie nimmt; daher ist das Dreieck BAG die Hälfte des Rechtecks AGFE. Die Dreiecke sind aber congruent; also sind die Hälften der Rechtecke gleich, und die Rechtecke selbst.

§. 118. Lehrsatz.

Wird über jeder der Seiten eines rechtwinkligen Dreiecks ein Quadrat gedacht, so ist das Quadrat über der Hypotenuse so groß, wie die beiden Quadrate über den Katheten zusammengenommen.

Beweis. Es sei Fig. 38 BN normal auf AC. Man betrachte jedes der Quadrate über den Katheten als ein Rechteck, welches gebildet ist aus der Kathete und der Projection der Hypotenuse auf ihr (es ist diese Projection der Kathete gleich), und es folgt aus dem vorigen Paragraph, daß das Quadrat BCLH gleich dem Rechteck CDNM ist, und das Quadrat ABGF gleich dem Rechteck AENM. Darin liegt der Satz.

Dieser Satz heißt der Pythagoräische Lehrsatz.

§. 119. Lehrsatz.

Das Quadrat der Seite eines Dreiecks, die einem spitzen Winkel gegenübersteht, ist gleich der Summe der Quadrate der beiden anderen Seiten, vermindert um das doppelte Rechteck, welches gebildet ist aus der einen dieser Seiten und der Projection der anderen auf ihr.

Beweis. Das Dreieck ABC Fig. 39 habe bei B einen spitzen Winkel, die Linie AM sei normal auf BC, die Linie CN normal auf AB, und BQ normal auf AC. Es ist zu zeigen, daß

$$AC^q = AB^q + BC^q - 2BC \cdot BM$$

oder

$$= AB^q + BC^q - 2BA \cdot BN \text{ sei.}$$

Aus §. 117 folgt, daß die mit einerlei römischen Ziffern bezeichneten Rechtecke einander gleich sind. Die Summe der beiden Quadrate über AB und BC ist um die beiden mit III bezeichneten Rechtecke größer, als das Quadrat über AC. Folglich muß man um AC^q zu erhalten, von $AB^q + BC^q$ die beiden mit III bezeichneten Rechtecke subtrahiren, oder, da beide einander gleich sind, das eine zweimal. Das Rechteck BHPM ist aber einerlei mit BC · BM, und das Rechteck BGVN mit BA · BN, weil BH gleich BC, und BG gleich BA ist.

Bei Fig. 40 läßt sich dasselbe erkennen, wenn man die Rechtecke, welche mit denen in Fig. 39 einerlei Buchstaben haben, noch durch dieselben römischen Ziffern bezeichnet und darauf achtet, daß $AC^q = AESQ - CDSQ$ ist. Endlich überzeugt man sich leicht, daß der Satz noch gilt, wenn $\angle ACB = R$ ist.

§. 120. Lehrsatz.

Das Quadrat der Seite eines Dreiecks, die einem stumpfen Winkel gegenübersteht, ist gleich der Summe der Quadrate der beiden anderen Seiten, vermehrt um das doppelte Rechteck, welches gebildet ist aus der einen dieser Seiten und der Projection der anderen auf ihr.

Beweis. Es sei in dem Dreieck ABC Fig. 41 der Winkel ABC stumpf; es sei AM normal auf CM, CN normal auf AN, und BQ normal auf AC. Es ist zu zeigen, daß

$$AC^q = AB^q + BC^q + 2BC \cdot BM$$

oder

$$= AB^q + BC^q + 2BA \cdot BN \text{ sei.}$$

Jedes der Rechtecke CQSD und CMPL sei mit I bezeichnet, jedes der Rechtecke AQSE und ANVF mit II, jedes der Rechtecke BMPH und BNVG mit III. Aus §. 117 folgt, daß die mit einerlei römischen Ziffern bezeichneten Rechtecke einander gleich sind. Die Summe der beiden Quadrate über den Seiten AB und BC ist um die beiden mit III bezeichneten Rechtecke kleiner als das Quadrat über der Seite AC. Folglich muß man, um AC^q zu erhalten, zu $AB^q + BC^q$ die beiden mit III bezeichneten Rechtecke addiren, oder, da beide einander gleich sind, das eine zweimal.

§. 121. Lehrsatz.

Ist das Quadrat einer Seite eines Dreiecks gleich der Summe der Quadrate der beiden anderen Seiten, so ist der ihr gegenüberstehende Winkel ein rechter Winkel.

Beweis. Denn wollte man annehmen, dieser Winkel wäre spitz, so müßte das Quadrat jener Seite gleich sein der Summe der Quadrate der beiden anderen Seiten vermindert um das doppelte Rechteck, das gebildet ist aus der einen dieser Seiten und der Projection der anderen auf ihr; und wollte man annehmen, der Winkel wäre stumpf, so müßte das Quadrat jener Seite gleich sein der Summe der Quadrate der beiden anderen Seiten, vermehrt um das doppelte Rechteck, welches gebildet ist aus der einen dieser Seiten und der Projection der anderen auf ihr. Und da beides der Voraussetzung widerspricht, so kann der ihr gegenüberstehende Winkel nur ein rechter sein.

§. 122. Lehrsatz.

Ist das Quadrat einer Seite eines Dreiecks kleiner als die Summe der Quadrate der beiden anderen Seiten, so steht jener Seite ein spitzer Winkel gegenüber.

Der Beweis wird indirekt geführt, wie der im vorigen Paragraph.

§. 123. Lehrsatz.

Ist das Quadrat einer Seite eines Dreiecks größer als die Summe der Quadrate der beiden anderen Seiten, so steht jener Seite ein stumpfer Winkel gegenüber.

Wird indirekt bewiesen.

§. 124. Lehrsatz.

Die Summe der Quadrate zweier Seiten eines Dreiecks ist gleich dem doppelten Quadrate der Verbindungslinie des Mittelpunkts der dritten Seite mit der gegenüberstehenden Ecke, vermehrt um das halbe Quadrat der dritten Seite.

Beweis. Es sei Fig. 42 N die Mitte von AC. Wir haben zu zeigen, daß

$$AB^q + BC^q = 2BN^q + \tfrac{1}{2}AC^q \text{ ist.}$$

Die Linie BN steht entweder normal auf AC oder schief. Steht sie normal, so ist nach dem Pythagoräischen Lehrsatz

$$AB^q = BN^q + AN^q$$

und $$BC^q = BN^q + NC^q$$

folglich $$AB^q + BC^q = 2BN^q + AN^q + NC^q.$$

Ist aber die Seite eines Quadrats die Hälfte von der Seite eines anderen Quadrats, so ist das erste Quadrat der vierte Theil vom anderen Quadrat, welches man sogleich übersieht, wenn man vier congruente Quadrate so zusammensetzt, wie Fig. 43 es zeigt. Hieraus folgt, daß

$$AN^q + NC^q = \tfrac{1}{2}AC^q$$

und daher ist $$AB^q + BC^q = 2BN^q + \tfrac{1}{2}AC^q.$$

Steht die Linie BN schief auf AC, so denke man die Normale BQ, und es ist nach §. 119

$$AB^q = BN^q + AN^q - 2AN \cdot NQ$$

und nach §. 120 $$BC^q = BN^q + NC^q + 2NC \cdot NQ$$

woraus, weil die Rechtecke $AN \cdot NQ$ und $NC \cdot NQ$ congruent sind, folgt

$$AB^q + BC^q = 2BN^q + \tfrac{1}{2}AC^q.$$

§. 125.

Uebungen und Praktisches.

1) Wann nennt man Flächen gleich?
2) Was ist die Höhe eines Dreiecks, die Grundlinie? Wie viele Höhen und Grundlinien hat ein Dreieck? Was ist die Höhe, was sind die Grundlinien eines Parallelogramms? Was ist die Höhe eines Trapezes?
3) Wann sind Parallelogramme gleich, wann Dreiecke? Wenn ein Dreieck und ein Parallelogramm gleiche Grundlinien und Höhen haben, wie sind sie beschaffen?
4) Haben gleiche Parallelogramme oder gleiche Dreiecke nothwendig gleiche Grundlinien und gleiche Höhen?
5) Wie sind Parallelogramme oder Dreiecke beschaffen, wenn sie gleiche Grundlinien haben, aber ungleiche Höhen, oder wenn sie gleiche Höhen haben, aber ungleiche Grundlinien?

6) Wenn gleiche Parallelogramme oder gleiche Dreiecke gleiche Grundlinien haben, wie sind die Höhen beschaffen? Oder wie die Grundlinien, wenn ihre Höhen gleich sind?
7) Wem ist das Quadrat der Hypotenuse gleich? Wem ist das Quadrat der Seite eines Dreiecks gleich, die einem spitzen Winkel gegenübersteht? Wem ist das Quadrat der Seite eines Dreiecks gleich, die einem stumpfen Winkel gegenübersteht? Gelten diese Sätze umgekehrt? Wie drückt sich die Summe der Quadrate zweier Seiten eines Dreiecks aus?
8) Die Summe der Quadrate der vier Seiten eines Parallelogramms ist gleich der Summe der Quadrate der Diagonalen. — Und die Summe der Quadrate der vier Seiten eines Vierecks ist gleich der Summe der Quadrate der Diagonalen vermehrt um das vierfache Quadrat der Verbindungslinie der Mitten beider Diagonalen. Wie lassen sich diese Sätze erweisen, und inwiefern ist der erste Satz eine Folge des letzten?

Fünftes Kapitel.

Von der Proportionalität der Linien und von der Aehnlichkeit.

§. 126.

Ist eine gerade Linie AB das n fache einer geraden Linie CD, unter n eine ganze Zahl verstanden, so sagt man, die Linie AB kann durch die Linie CD *gemessen* werden, und nennt die Linie CD einen *aliquoten* Theil der Linie AB.

Kann eine gerade Linie AB durch eine gerade Linie CD gemessen werden, so kann sie auch durch jeden aliquoten Theil der Linie CD gemessen werden. Jeder aliquote Theil der Linie CD ist also ein aliquoter Theil der Linie AB.

§. 127.

Es ist nicht nothwendig, daß jede von zwei beliebigen geraden Linien AB und CD gemessen werden kann durch eine dritte beliebige gerade Linie EF. Und da die Linie EF jede Linie repräsentirt, so ist es möglich, daß es gar keine Linie giebt, durch welche jede der Linien AB und CD sich messen ließe.

Giebt es eine Linie, durch welche eine jede von zweien Linien AB und CD sich messen läßt, so sagt man, die Linien AB und CD sind *commensurabel*; giebt es keine Linie, durch welche eine jede der Linien AB und CD gemessen werden kann, so sagt man, die Linien AB und CD sind *incommensurabel*.

Sind zwei Linien commensurabel, so ist immer die eine durch die andere, oder durch einen aliquoten Theil der anderen meßbar. Sind dagegen zwei Linien incommensurabel, so kann keine durch die andere, oder durch einen aliquoten Theil der anderen gemessen werden.

§. 128.

Sind zwei Linien AB und CD commensurabel, kann aber die eine, etwa AB, nicht durch die andere gemessen werden, sondern bleibt, nachdem CD, so oft es angeht, auf AB getragen ist, zuletzt von AB ein Stück übrig, welches kleiner ist als CD, so giebt es immer einen aliquoten Theil von CD, durch welchen dies Stück meßbar ist, und es läßt sich dann durch eine gebrochene Zahl ausdrücken, wie AB aus CD erhalten werden kann.

Und umgekehrt, drückt eine gebrochene Zahl aus, wie eine Linie AB aus einer Linie CD erhalten werden kann, so sind die beiden Linien AB und CD commensurabel.

§. 129.

Sind zwei Linien incommensurabel, so kann nicht vermittelst einer ganzen oder gebrochenen Zahl die eine durch die andere ausgedrückt werden; denn die eine läßt sich nicht aus der anderen oder einem aliquoten Theil der anderen zusammensetzen.

Und umgekehrt, ist eine Linie AB gleich n·CD, und ist n eine irrationale Zahl, so sind die Linien AB und CD incommensurabel; denn wären sie commensurabel, so müßte n eine ganze oder eine gebrochene Zahl sein.

§. 130.

Sind AB und CD zwei Linien, und ist AB gleich n·CD, wobei n irgend eine ganze, gebrochene oder irrationale Zahl sein mag, so nennt man die Linie CD die **Einheit**, die Zahl n das **Maaß** der Linie AB für diese Einheit, und den Ausdruck n·CD die **Abmessung** der Linie AB.

In der Anwendung nennt man gewöhnlich CD das Maaß, und sowohl die Zahl n, als den Ausdruck n.CD die Abmessung.

Und man kann jetzt sagen, commensurable Linien sind solche, welche eine gemeinschaftliche Einheit haben, so daß ihre Maaße für diese Einheit ganze oder gebrochene Zahlen sind, incommensurable Linien dagegen solche, welche keine gemeinschaftliche Einheit haben, so daß ihre Maaße für diese Einheit ganze oder gebrochene Zahlen wären.

§. 131.

Sind zwei Linien einander gleich, so sind für jede Einheit ihre Maaße einander gleich, und umgekehrt, sind für irgend eine Einheit die Maaße zweier Linien einander gleich, so sind die Linien selbst einander gleich. Sind zwei Linien ungleich, so sind ihre Maaße ungleich, und umgekehrt.

§. 132.

Bei einfachen Rechnungen mit den Maaßen und Linien führt man nicht Buchstaben des kleinen lateinischen Alphabets zur Bezeichnung derselben ein, sondern braucht die Bezeichnung der Linien zur Bezeichnung ihrer Maaße. Hat man z. B. die Maaße zweier Linien AB und CD mit einander zu multipliciren, so bezeichnet man das Product durch $AB \cdot CD$.

Werden mit den Maaßen von Raumgrößen algebraische Operationen ausgeführt, so pflegt man der Kürze wegen zu sagen, die Operationen werden mit den Raumgrößen selbst ausgeführt. Zwei Linien mit einander multipliciren heißt demnach, ihre Maaße mit einander multipliciren.

§. 133.

Das Verhältniß der Maaße zweier Linien ist für jede Einheit dasselbe. Verhalten sich z. B. für irgend eine Einheit die Maaße zweier Linien wie $n:q$, so verhalten sich für jede Einheit die Maaße der Linien wie $n:q$.

Verhalten sich die Maaße zweier Linien AB und CD wie die Zahlen n und q, so sagt man schlechthin, die Linien verhalten sich wie diese Zahlen, und drückt das aus durch die Proportion
$$AB:CD = n:q.$$
Verhalten sich zwei andere Linien EF und GH ebenfalls wie die Zahlen n und q, so sagt man, die Linien AB und CD verhalten sich wie die Linien EF und GH, und schreibt
$$AB:CD = EF:GH.$$
Und werden hier statt der Linien ihre Maaße gedacht, so hat man eine richtige Zahlen-Proportion.

Die Zahlen nq in dem Verhältnisse $n:q$ können immer als ganze oder irrationale betrachtet werden; denn ist die eine oder jede von ihnen ein Bruch, so läßt sich durch Multiplication jenes Verhältnisses im Dividend und Divisor der Nenner jedes solchen Bruches beseitigen.

§. 134. Lehrsatz.

Sind zwei gerade Linien von mehreren parallelen Linien durchschnitten und sind die Stücke gleich, welche je zwei benachbarte Parallelen von der einen jener Linien abschneiden, so sind auch die Stücke gleich, welche sie von der anderen abschneiden.

Beweis. Es mögen Fig. 44 die Stücke der Linie EH einander gleich sein. — Um zu zeigen, daß die beiden beliebigen Stücke AB und CD der Linie AD einander gleich sind, ziehe man BV parallel mit HE, und DQ parallel mit HE.

Die Viereck BVEF und DQGH sind Parallelogramme; deshalb sind die gegenüberstehenden Seiten derselben einander gleich, und da EF gleich GH ist, so folgt, daß VB gleich QD sei. Die Dreiecke ABV und CDQ sind congruent; denn sie haben die Seiten VB und QD gleich, die Winkel ABV und CDQ als Gegenwinkel der parallelen Linien VB und QD (AD als durchschneidende Linie genommen), und die Winkel VAB und QCD als Gegenwinkel der parallelen Linien VA und QC. Aus der Congruenz dieser Dreiecke folgt die Gleichheit der Stücke AB und CD. Ebenso kann gezeigt werden, daß jedes andere Stück der Linie AD gleich ist dem Stück CD.

§. 135. Lehrsatz.

Sind zwei gerade Linien von mehreren parallelen Linien durchschnitten, so verhalten sich zwei beliebige Stücke der einen jener beiden Linien wie die beiden Stücke der anderen, welche mit den Stücken der ersteren durch dieselben parallelen Linien abgeschnitten werden.

Beweis. Es mag gezeigt werden, daß Fig. 45 sich verhält

$$AB : CD = EF : GH.$$

1) Die beiden Stücke AB und CD seien commensurabel. — Man denke ihre gemeinschaftliche Einheit auf ihnen abgetragen, und durch jeden Theilpunkt eine Linie parallel mit AE. Enthält das Stück AB n Einheiten, das Stück CD q Einheiten, so theilen die durch die Theilpunkte gehenden parallelen Linien nach dem vorigen Paragraph das Stück EF in n, und das Stück GH in q Theile, welche alle unter sich gleich sind. Und da $AB : CD = n : q$, auch $EF : GH = n : q$, so verhält sich

$$AB : CD = EF : GH.$$

2) Es seien die Stücke AB und CD incommensurabel. — In diesem Fall läßt sich darthun, daß nicht, die Maaße der Linien verstehend,

$$\frac{AB}{CD} \gtrless \frac{EF}{GH}$$

sein kann, und dann verhält sich

$$AB : CD = EF : GH.$$

Man nehme vorläufig an, es sei

$$\frac{AB}{CD} > \frac{EF}{GH}.$$

Bei dieser Annahme ist ein Stück GM denkbar, kleiner als GH, und so, daß

$$\frac{AB}{CD} = \frac{EF}{GM}.$$

Man stelle sich eine Zahl n vor, so groß, daß $\frac{1}{n}$ EF kleiner als HM ist, trage das Stück $\frac{1}{n}$ EF von G aus nach H hin ab, bis ein Theilpunkt P zwischen H und M fällt, welches geschehen muß, da $\frac{1}{n}$ EF kleiner als HM ist, und ziehe die Linie PQ parallel mit EA. Die Linien EF und GP haben die gemeinschaftliche Einheit $\frac{1}{n}$ EF; daher ist nach dem ersten Theil des Beweises:

$$\frac{AB}{CQ}=\frac{EF}{GP}.$$

Die obere Gleichung werde durch diese dividirt, das liefert

$$\frac{CQ}{CD}=\frac{GP}{GM}.$$

Die letzte Gleichung ist unrichtig, denn der erste Quotient ist echt, der andere unecht. Die letzte Gleichung ist aus einer Verbindung der beiden vorstehenden Gleichungen hervorgegangen, von welchen die erstere auf einer bloßen Annahme beruht, die andere gegründet ist; daher ist die erste Gleichung falsch und die Annahme, welche sie geliefert hat; d. h. es kann nicht

$$\frac{AB}{CD}>\frac{EF}{GH}$$

sein. Eben so zeigt man, daß nicht

$$\frac{AB}{CD}<\frac{EF}{GH}$$

ist; und dann tritt die Behauptung ein.

§. 136. Lehrsatz.

Verhält sich Fig. 45

$$AB:BD = EF:FH$$

und sind die Linien AE und BF parallel, so ist auch die Linie DH parallel mit ihnen.

Beweis. Man nehme an, eine von D aus parallel mit AE gedachte Linie treffe die Linie EF in einem Punkt N; dann verhält sich nach dem vorigen Paragraph

$$AB:BD = EF:FN.$$

Aus dieser Proportion und der vorausgesetzten folgt, daß FN gleich FH ist. Der Punkt N fällt daher mit dem Punkte H, die Linie DN mit der Linie DH zusammen, und da DN mit AE parallel ist, so ist es auch DH.

§. 137. Lehrsatz.

Sind Fig. 46 die Linien BD und CE parallel, so verhält sich
1) AB:BC = AD:DE
2) AC:AB = AE:AD
3) AC:BC = AE:DE.

Beweis. Man denke durch A eine Linie, parallel mit den parallelen Linien BD und CE, und es folgen die Proportionen aus §. 135.

Anmerkung. Durch das Vertauschen der inneren Glieder dieser Proportionen erhält man die gleichbedeutenden
1) AB:AD = BC:DE
2) AC:AE = AB:AD
3) AC:AE = BC:DE.

Man thut wohl, die Proportionen in beiden Gestalten dem Gedächtniß einzuprägen. Sie kommen sehr oft in Anwendung.

§. 138. Lehrsatz.

Verhält sich in Fig. 46
AB:BC = AD:DE
oder AC:AB = AE:AD
oder AC:BC = AE:DE
so sind die Linien BD und CE parallel.

Beweis. Man denke durch A eine Linie, parallel mit der einen von den Linien BD und CE, und es folgt aus §. 136, daß BD und CF parallel sind.

§. 139. Lehrsatz.

Ist Fig. 46 BD parallel mit CE, so findet die Proportion Statt:
AE:AD = CE:BD
und die gleichbedeutende
AC:AB = CE:BD.

Beweis. Denn wird DN parallel AC gedacht, so hat man nach §. 137
AE:AD = CE:CN
und da BDNC ein Parallelogramm ist, so ist CN gleich BD.

Anmerkung. Das Vertauschen der inneren Glieder liefert hier
AE:CE = AD:BD
AC:CE = AB:BD.

§. 140. Zusatz.

Wenn eine der Proportionen des vorigen Paragraphen Statt findet, so sind nicht nothwendig die Linien BD und CE parallel. Es können nämlich von dem Punkt C aus zwei Linien CE und CQ gedacht werden, welche einander gleich sind und nicht zusammenfallen.

§. 141. Lehrsatz.

Sind Fig. 46 die Linien BD und CE parallel, und verhält sich

$$AC:AB = CE:BD$$

so liegen die drei Punkte A, D, E in gerader Linie.

Beweis. Durch die Punkte A und D werde eine gerade Linie gedacht. Der Punkt, in welchem sie die Linie CE schneidet, sei durch V bezeichnet. Nach §. 139 verhält sich

$$AC:AB = CV:BD.$$

Aus dieser Proportion und aus der, welche vorausgesetzt worden, folgt, daß CE gleich CV ist. Deshalb liegt der Punkt E in dem Punkte V, also mit A und D in gerader Linie.

§. 142.

Die Sätze in den Paragraphen 137 bis 141 gelten auch bei Fig. 47, welches besonders zu beachten ist.

§. 143. Lehrsatz.

Theilt die Linie BN Fig. 48 den Winkel ABC in zwei gleiche Theile, so verhält sich

$$AN:NC = AB:BC.$$

Beweis. Man denke BC verlängert, und die Verlängerung BQ gleich der Seite BA gemacht. Die Winkel α und β sind einander gleich, und da der Winkel ABC als äußerer Winkel gleich $\alpha+\beta$ ist oder gleich 2α, so muß seine Hälfte γ gleich α sein. Aus der Gleichheit dieser Winkel folgt, daß die Linien BN und QA parallel sind. Es verhält sich daher

$$AN:NC = QB:BC$$

oder, da QB und AB einander gleich sind,

$$AN:NC = AB:BC.$$

§. 144. Lehrsatz.

Ist Fig. 48 der Punkt N so gewählt, daß die Proportion Statt findet:

$$AN:NC = AB:BC$$

so theilt die Linie BN den Winkel ABC in zwei gleiche Theile.

Beweis. Man mache BQ gleich BA; dann verhält sich, wegen der vorausgesetzten Proportion,

$$AN:NC = QB:BC$$

die Linien AQ und BN sind deshalb parallel; folglich ist γ gleich α, und δ gleich β, und da α gleich β ist, so ist auch γ gleich δ.

§. 145.

Zwei necke nennt man ähnlich, wenn die Seiten des einen sich zu einander verhalten wie die Seiten des anderen, wenn die Winkel des einen gleich sind den Winkeln des an=

deren, und wenn die Seiten und Winkel in dem einen eben so zu einander liegen wie im anderen.

So würden die beiden Fünfecke Fig. 49 ähnlich sein, wenn die fortlaufende Proportion Statt fände:

$$AB:BC:CD:DE:AE = FG:GH:HL:LM:FM$$

und wenn $\alpha=\beta$, $\gamma=\delta$, $\varepsilon=\varphi$, $\varrho=\sigma$ und $\mu=\lambda$ wäre.

Wenn die fortlaufende Proportion

$$AB:BC:CD:DE:\cdots = FG:GH:HL:LM:\cdots$$

Statt findet, so sind die Quotienten

$$\frac{AB}{FG}\ \frac{BC}{GH}\ \frac{CD}{HL}\ \frac{DE}{LM}\cdots$$

einander gleich, und umgekehrt, wenn diese Quotienten einander gleich sind, so findet die fortlaufende Proportion Statt. In der fortlaufenden Proportion liegen nämlich die Proportionen

$$AB:BC = FG:GH$$
$$AB:CD = FG:HL$$
$$AB:DE = FG:LM \text{ u. s. w.}$$

und vertauscht man bei ihnen die inneren Glieder, so ergiebt sich die Gleichheit jener Quotienten, und umgekehrt, es folgen aus der Gleichheit der Quotienten diese Proportionen, welche dann wieder die fortlaufende Proportion liefern.

Ist nun

$$\frac{AB}{FG}=\frac{BC}{GH}=\frac{CD}{HL}=\cdots=\frac{p}{q}$$

so nennen wir die Zahlen p und q die **Verhältnißzahlen der Seiten**, das Verhältniß p:q das **Seitenverhältniß** der ähnlichen Figuren; und irgend eine Seite AB der einen Figur und die FG der anderen, welche sich verhalten wie p:q, nennt man **gleichliegende Seiten**.

Das Zeichen der Aehnlichkeit ist:

$$\sim$$

Die Erklärung von der Aehnlichkeit ist zunächst unstatthaft, weil sie zwei Bedingungen aufstellt, und es möglich wäre, daß die eine die andere ausschlösse. Sie wird indeß im folgenden Paragraph und in §. 155 gerechtfertigt.

§. 146. Lehrsatz.

Durchschneidet eine gerade Linie ein Dreieck, parallel mit einer Seite desselben, so ist das durch sie abgeschnittene Dreieck dem ursprünglichen Dreieck ähnlich.

Beweis. Es sei Fig. 46 BD parallel mit CE, dann verhält sich

$$AB:BD = AC:CE$$

und

$$AB:AD = AC:AE$$

also

$$AB:BD:AD = AC:CE:AE$$

und da die Dreiecke ABD und ACE auch alle Winkel gleich haben, so sind sie ähnlich.

§. 147. Lehrsatz.

Zwei Dreiecke sind ähnlich, wenn zwei Seiten des einen sich verhalten wie zwei Seiten des anderen, und wenn die Winkel gleich sind, welche diese Seiten bilden.

Beweis. Es sei Fig. 50 $AB:BC = DE:EF$, und α gleich β. — Man lege die Dreiecke so aufeinander, daß die gleichen Winkel sich decken. Wegen der vorausgesetzten Proportion werden die Linien DF und AC parallel. Daraus folgt die Aehnlichkeit der Dreiecke nach dem vorigen Paragraph.

§. 148. Lehrsatz.

Dreiecke sind ähnlich, wenn sie zwei Winkel beziehlich gleich haben.

Beweis. Es seien Fig. 50 die Winkel α und β einander gleich, auch die Winkel γ und δ. — Man lege die Dreiecke so auf einander, daß die gleichen Winkel α und β sich decken. Da γ gleich δ ist, werden die Linien DF und AC parallel; und daraus erhellet die Aehnlichkeit der Dreiecke nach §. 146.

§. 149. Lehrsatz.

Dreiecke sind ähnlich, wenn die drei Seiten des einen sich verhalten wie die drei Seiten des anderen.

Beweis. Es verhalte sich Fig. 50

$$AB:AC:BC = DE:DF:EF.$$

Man nehme das Stück AN gleich der Seite DE, und AQ gleich DF. Nach der Voraussetzung verhält sich

$$AB:AC = DE:DF$$

also auch

$$AB:AC = AN:AQ$$

deshalb ist die Linie NQ parallel mit der Linie BC, und daher das Dreieck ANQ dem Dreieck ABC ähnlich. Es verhält sich auch

$$AN:NQ = AB:BC$$

und, wegen der Voraussetzung,

$$DE:EF = AB:BC$$

weil aber AN gleich DE ist, so folgt aus beiden Proportionen, daß die Linie NQ gleich der Linie EF sei. Die beiden Dreiecke DEF und ANQ haben also die drei Seiten beziehlich gleich, und sind congruent; und da die Dreiecke ANQ und ABC ähnlich sind, so sind es auch die Dreiecke DEF und ABC.

§. 150. Lehrsatz.

Dreiecke sind ähnlich, wenn zwei Seiten des einen sich verhalten wie zwei Seiten des anderen, wenn die Winkel gleich sind, welche den einen dieser Seiten gegenüberliegen, und wenn die Summe der Winkel, welche den anderen gegenüber liegen, mehr oder weniger beträgt, als einen gestreckten Winkel.

Beweis. Es mag Fig. 450 sich verhalten:

$$AC : AB = DF : DE$$

es sei α gleich β, und $\gamma + \delta$ größer oder kleiner als ein gestreckter Winkel.

Man nehme AN gleich der Seite DE, und AQ gleich der Seite DF. Wegen der vorausgesetzten Proportion ist die Linie NQ parallel mit BC, daher das Dreieck ANQ ähnlich dem Dreieck ABC. Der Winkel ANQ ist gleich dem Winkel α, und der Winkel AQN gleich γ. Die Dreiecke ANQ und DEF haben demnach zwei Seiten beziehlich gleich, die Winkel ANQ und β, welche den einen dieser Seiten gegenüberliegen, und die Summe der Winkel AQN und δ, die den anderen gegenüberliegen, ist größer oder kleiner als ein gestreckter Winkel. Hieraus folgt die Congruenz der Dreiecke AQN und DEF; und da das eine AQN dem Dreieck ABC ähnlich ist, so ist auch das andere DEF ihm ähnlich.

§. 151. Zusatz.

Dreiecke sind ähnlich, wenn zwei Seiten des einen sich verhalten wie zwei Seiten des anderen, und wenn sie die Winkel gleich haben, welche den größeren dieser Seiten gegenüberstehen.

§. 152.

Sind die beiden Dreiecke ABC und DEF Fig. 50 ähnlich, und legt man sie so auf einander, daß die gleichen Winkel α und β sich decken, so werden die beiden Seiten DF und AC parallel, (vorausgesetzt nämlich, daß die Seite DE in die Seite AB gebracht werde, wenn sich $AB : BC = DE : EF$ verhält). Daraus ersieht man leicht, daß wenn zwei Dreiecke ähnlich sind, zwei Seiten des einen sich jedesmal verhalten wie die beiden Seiten des anderen, welche mit den ersteren gleichen Winkeln gegenüber stehen; überhaupt, daß in ähnlichen Dreiecken gleichliegenden Seiten gleiche Winkel gegenüberstehen, und gleichen Winkeln gleichliegende Seiten.

§. 153. Lehrsatz.

Bei ähnlichen Dreiecken verhalten sich gleichliegende Grundlinien wie die zugehörigen Höhen.

Beweis. Es seien Fig. 51 die Dreiecke ABC und DEF ähnlich, und es verhalte sich

$$AC : DF = AB : DE.$$

Es sei ferner BN normal auf AC und EQ normal auf DF. — Die Dreiecke ABN und DEQ sind ähnlich, denn sie haben die

Winkel α und β gleich, und jedes enthält einen rechten Winkel (§. 148); daher verhält sich

$$AB:DE = BN:EQ.$$

Aus beiden Proportionen folgt

$$AC:DF = BN:EQ.$$

Höhen, welche zu gleichliegenden Seiten ähnlicher Dreiecke gehören, mögen gleichliegende Höhen genannt werden. Dann läßt sich der Satz allgemeiner dahin aussprechen: Gleichliegende Höhen ähnlicher Dreiecke verhalten sich wie gleichliegende Seiten. Man hat nämlich

$$BN:EQ = AC:DF = AB:DE = BC:EF.$$

§. 154. Lehrsatz.

Jede Kathete ist mittleres Proportionalglied zu ihrer Projection auf der Hypotenuse und der Hypotenuse selbst; und die Normale von der Spitze des rechten Winkels eines rechtwinkligen Dreiecks auf die Hypotenuse gefällt, ist mittleres Proportionalglied zu den Stücken der Hypotenuse, in welche sie dieselbe theilt.

Beweis. Es sei Fig. 52 das Dreieck ABC bei B rechtwinklig, und BN normal auf AC. Das Dreieck ABN ist dem Dreieck ABC ähnlich, denn jedes hat einen rechten Winkel und den Winkel α; daher verhält sich

$$AN:AB = AB:AC.$$

Ferner sind die Dreiecke NBC und ABC ähnlich; deshalb verhält sich

$$NC:BC = BC:AC.$$

Endlich sind die Dreiecke ABN und NBC ähnlich, denn jedes ist rechtwinklig, und die Winkel α und β sind gleich, weil jeder den Winkel γ zu einem rechten ergänzt; man hat daher noch

$$AN:NB = NB:NC.$$

§. 155. Lehrsatz.

Ist Fig. 49 $B'C' \mathrel{\#} BC$, $C'D' \mathrel{\#} CD$, $D'E' \mathrel{\#} DE$, so sind die necke AB'C'D'E' und ABCDE ähnlich.

Beweis. Denn es ist

$$AB':AB = AC':AC = AD':AD = \cdots$$

daher $$B'C':BC = C'D':CD = D'E':DE = \cdots$$

und außerdem haben die necke alle Winkel gleich.

§. 156. Lehrsatz.

Sind zwei necke ähnlich, und zieht man aus gleichliegenden Ecken alle Diagonalen, so sind die Dreiecke, welche bei dem einen neck entstehen, einzeln ähnlich den Dreiecken, die bei dem anderen hervorgehen.

Beweis. Es seien Fig. 49 die neck ABCDE und FGHLM ähnlich. Den Seiten AB, BC, CD, ⋯ mögen die Seiten FG, GH, HL, ⋯ entsprechen; die Ecken A und F sind dann gleichliegende. —

Es verhält sich

$$AB:BC = FG:GH$$

und die Winkel γ und δ sind gleich, daraus folgt die Aehnlichkeit der Dreiecke ABC und FGH nach §. 147. — Wegen der Aehnlichkeit dieser Dreiecke verhält sich

$$AC:FH = BC:GH$$

und weil auch $CD:HL = BC:GH$

so hat man $AC:FH = CD:HL.$

Ferner sind wegen der Aehnlichkeit jener Dreiecke die Winkel BCA und GHF gleich, und da ε gleich φ ist, so ist der Winkel ACD gleich dem Winkel FHL. Aus der Gleichheit dieser Winkel und aus der letzten Proportion folgt die Aehnlichkeit der Dreiecke ACD und FHL. — Eben so kann man zeigen, daß die nächsten Dreiecke ähnlich sind, und dann wieder die nächsten u. s. w.

§. 157.

Daher verhalten sich bei ähnlichen neck gleichliegende Diagonale wie gleichliegende Seiten.

§. 158. Lehrsatz.

Die Umfänge ähnlicher neck verhalten sich wie gleichliegende Seiten, oder wie gleichliegende Diagonalen.

Beweis. Es seien die neck Fig. 49 ähnlich, die Seiten AB, BC, CD, ⋯ gleichliegend den Seiten FG, GH, HL, ⋯ also die Quotienten

$$\frac{AB}{FG} \quad \frac{BC}{GH} \quad \frac{CD}{HL} \quad \frac{DE}{LM} \quad \text{u. s. w.}$$

einander gleich; dann verhält sich nach einem bekannten arithmetischen Gesetz

$$AB + BC + CD + DE + \cdots : FG + GH + HL + LM + \cdots = AB:FG$$

und es ist $AB:FG = AC:FH.$

§. 159.

1) Durch einen Punkt A sei eine unendliche gerade Linie gelegt, und auf ihr ein Punkt B beliebig angenommen. Auf derselben Linie läßt sich jedesmal noch ein Punkt B′ nehmen, so daß sich verhält

$$AB:AB' = n:q.$$

Es ist aber die Linie durch den Punkt A in zwei Theile getheilt, und man kann den Punkt B′ entweder auf dem Theil nehmen, welcher B enthält, oder auf dem, der B nicht enthält. Die Punkte B und B′ heißen entsprechende Punkte in Bezug auf den Punkt A und das Verhältniß n:q; der Punkt A heißt Aehnlichkeitspunkt, Symmetralpunkt, Projectionspunkt, das Verhältniß n:q heiße Grundverhältniß. Den Punkt A nennt man besonders äußeren Aehnlichkeitspunkt, und die Punkte B und B′ äußere entsprechende Punkte, jeden den äußeren entsprechenden Punkt des anderen, wenn die Punkte auf demselben Theil der geraden Linie (auf einerlei Seite von A) liegen; dagegen nennt man A den inneren Aehnlichkeitspunkt, und die Punkte B und B′ innere entsprechende Punkte, jeden den inneren entsprechenden Punkt des anderen, wenn die Punkte B und B′ nicht auf demselben Theil der geraden Linie (zu entgegengesetzten Seiten von A) liegen.

Zu einem Punkte B besteht nur ein äußerer und ein innerer entsprechender Punkt B′ in Bezug auf denselben Aehnlichkeitspunkt A und dasselbe Grundverhältniß.

2) Durch einen Punkt A Fig. 53 oder Fig. 54 denke man beliebig viele unendliche gerade Linien, nehme auf ihnen Punkte B, C, D, E, F, G beliebig an, und fasse diese Punkte als eine Gruppe, ein System von Punkten auf.

Zu jedem Punkte B, C, D, ⋯ dieser Gruppe denke man den äußeren entsprechenden Punkt Fig. 53, oder den inneren Fig. 54, für dasselbe Grundverhältniß n:q und denselben äußeren oder inneren Aehnlichkeitspunkt A. Dadurch entsteht eine zweite Gruppe, ein zweites System von Punkten B′, C′, D′, ⋯. Beide Gruppen heißen entsprechende Gruppen, entsprechende Systeme für den Aehnlichkeitspunkt A und das Grundverhältniß n:q, und zwar äußere entsprechende Gruppen, oder innere, je nachdem je zwei entsprechende Punkte derselben äußere entsprechende Punkte sind, oder innere.

Jede gerade Linie, welche durch einen Aehnlichkeitspunkt geht, mag Aehnlichkeitsstrahl, Projectionsstrahl, schlechthin Strahl genannt werden.

§. 160.

1) Sind B und C zwei Punkte eines Systems, welche nicht auf demselben Strahl liegen, Fig. 53 oder Fig. 54, B′ und C′ die jenen entsprechenden Punkte des entsprechenden Systems, so sind die Linien BC und B′C′ parallel.

Nach §. 138 und §. 142.

Befinden sich zwei Punkte C und D, oder B und F, eines Systems auf demselben Strahl, so liegen die entsprechenden Punkte C' und D', oder B' und F' auf dem nämlichen Strahl, und die Linien CD und $C'D'$, oder BF und $B'F'$ fallen mit jenem Strahl, also selbst zusammen.

2) Das Grundverhältniß zweier Systeme sei $n:q$. Man denke irgend zwei Punkte des ersten Systems durch eine gerade Linie verbunden, die entsprechenden Punkte des zweiten Systems gleichfalls durch eine gerade Linie verbunden, und es verhalten sich diese Linien wie das Grundverhältniß $n:q$.

Liegen die zwei Punkte des ersten Systems auf verschiedenen Strahlen, wie etwa B und C Fig. 53 oder Fig. 54, so sind nach 1) die Linien BC und $B'C'$ parallel, und man hat nach §. 139 oder §. 142

$$BC:B'C' = n:q.$$

Befinden sich die zwei Punkte des ersten Systems auf demselben Strahl und auf einer Seite vom Aehnlichkeitspunkt, wie etwa C und D, so hat man

$$AC:AC' = n:q$$
$$AD:AD' = n:q$$

also
$$AD-AC:AD'-AC' = n:q$$

d. h.
$$CD:C'D' = n:q.$$

Und liegen die Punkte, wie B und F, zu verschiedenen Seiten des Aehnlichkeitspunktes, so hat man

$$AB:AB' = n:q$$
$$AF:AF' = n:q$$

also
$$AB+AF:AB'+AF' = n:q$$

d. h.
$$BF:B'F' = n:q.$$

3) Legt man durch zwei dem Grundverhältniß $n:q$ äußerlich oder innerlich entsprechende Punkte B und B' irgend zwei parallele Linien BX und $B'X'$, und nimmt auf der einen BX einen Punkt X beliebig, so liegt der Punkt X', welcher jenem X nach demselben Grundverhältniß beziehlich äußerlich oder innerlich entspricht, auf der anderen Linie $B'X'$.

Denn zieht man den Strahl AX und bezeichnet X' seinen Durchschnittspunkt mit der Linie $B'X'$, so verhält sich

$$AX:AX' = AB:AB' = n:q.$$

4) Legt man durch zwei dem Grundverhältniß $n:q$ entsprechende Punkte B und B' zwei parallele Linien BX und $B'X'$, die sich verhalten wie $n:q$, und die nach gleicher Richtung zu denken sind, wenn B und B' sich nach außen entsprechen, und nach entgegengesetzten Richtungen, wenn B und B' sich nach innen entsprechen, so sind die Punkte X und X' beziehlich äußere oder innere entsprechende Punkte nach dem Grundverhältniß $n:q$.

Nach §. 141 und §. 142.

5) **Liegen drei Punkte B, C, D eines Systems in gerader Linie, so liegen die entsprechenden Punkte B′, C′, D′ des entsprechenden Systems gleichfalls in gerader Linie.**

Nach 1) ist die Linie B′C′ parallel mit der Linie BCD, und die Linie B′D′ auch parallel mit der Linie BCD. Es fallen also nach §. 43 die Linien B′C′ und B′D′ zusammen und dann befinden sich B′, C′, D′ in gerader Linie. — Und liegen die Punkte B, C, D in einem und demselben Strahl, so befinden sich die Punkte B′, C′, D′ in dem nämlichen Strahl, also in gerader Linie.

§. 161.

Wenn jeder Punkt einer geraden oder krummen Linie l′ als zu einem System gehörig angesehen wird, und jeder Punkt dieser Linie seinen entsprechenden Punkt auf einer zweiten Linie l′ hat (wobei zugleich jeder Punkt der zweiten Linie seinen entsprechenden Punkt auf der ersten Linie findet), so nennt man solche Linien entsprechende Linien.

§. 162.

1) Einer geraden Linie eines Systems entspricht eine gerade Linie im anderen System. Geht die eine der Linien durch den Aehnlichkeitspunkt, so geht auch die andere durch den Aehnlichkeitspunkt, und die Linien fallen zusammen; geht die eine nicht durch den Aehnlichkeitspunkt, so geht auch die andere nicht durch den Aehnlichkeitspunkt, und die Linien sind parallel.

Nach §. 160 5) und 1).

2) Zweien parallelen Linien des einen Systems entsprechen zwei parallele Linien des anderen Systems, wie leicht zu zeigen ist.

3) Zweien geraden Linien eines Systems, welche sich unter einem Winkel α schneiden, entsprechen zwei gerade Linien des anderen Systems, die sich unter gleichem Winkel α schneiden, und die Durchschnittspunkte der Linien sind entsprechende Punkte der Systeme.

Die Linien des einen Systems seien BC und DF, die entsprechenden des anderen B′C′ und D′F′. Da BC und B′C′ parallel sind, eben so DF und D′F′, so sind nach §. 44 die Winkel gleich, welche von den Linien gebildet werden. — Der Durchschnittspunkt von BC und DF sei N. Da N in BC liegt, so befindet sich sein entsprechender Punkt N′ in B′C′, da ferner N zugleich in DF liegt, so befindet sich N′ zugleich in D′F′, folglich ist N′ den Linien B′C′ und D′F′ gemein, also ihr Durchschnittspunkt.

Beliebig vielen Linien eines Systems, welche sich in einem Punkt unter beliebigen Winkeln schneiden, entsprechen eben so viele Linien im anderen System, welche sich in dem entsprechenden Punkt unter denselben Winkeln schneiden.

Zweien Strahlen, als Linien eines Systems betrachtet, entsprechen dieselben Strahlen als Linie des anderen Systems, und der Aehnlichkeitspunkt, als Durchschnittspunkt, entspricht sich selbst.

4) Zwei sich entsprechende n ecke sind ähnlich.

Denn ihre Winkel sind nach 3) beziehlich gleich, und ihre Seiten stehen nach §. 160 2) in einerlei Verhältniß.

5) Aehnliche n ecke können in solche Lage gebracht werden, daß sie sich äußerlich entsprechen, auch in solche, daß sie sich innerlich entsprechen.

Man denke zwei ähnliche Figuren $DEFG \cdots$ und $D'E'F'G' \cdots$; ihr Seitenverhältniß sei $p:q$. Die Figuren lassen sich immer so legen, daß zwei gleichliegende Seiten DE und $D'E'$ Fig. 53 parallel sind und die folgenden EF und $E'F'$ gleich gerichtet. Man denke die Linien DD' und EE', ihr Durchschnittspunkt sei A. Es verhält sich alsdann

$$AD:AD' = DE:D'E' = p:q$$

und

$$AE:AE' = p:q.$$

Es sind demnach die Punkte D und D', E und E' entsprechende Punkte in Bezug auf A als äußeren Aehnlichkeitspunkt und das Grundverhältniß $p:q$. — Es sind die Winkel DEF und $D'E'F'$ gleich, auch die Winkel DEA und $D'E'A$, folglich auch die Winkel FEA und $F'E'A$, und deshalb ist EF parallel mit $E'F'$; zugleich verhält sich $EF:E'F' = p:q$. Daher sind nach §. 160 4) die Punkte F und F' äußere entsprechende Punkte zu A als Aehnlichkeitspunkt und zum Grundverhältniß $p:q$. Und ebenso folgt weiter, daß alle Eckpunkte der ähnlichen Figuren entsprechende Punkte dieser Systeme sind. Die Figuren liegen also dergestalt, daß sie einen äußeren Aehnlichkeitspunkt haben. — Nach Fig. 54 kann man sich in gleicher Weise überzeugen, daß sich ähnlichen Figuren auch ein innerer Aehnlichkeitspunkt geben läßt.

Die Entfernung der beiden parallelen Linien DE und $D'E'$ ist gleichgiltig. Daher lassen sich ähnliche Figuren verschiedentlich so legen, daß sie einen äußeren Aehnlichkeitspunkt haben, oder einen inneren. Das Grundverhältniß ähnlicher Figuren als entsprechender Systeme ist ihrem Seitenverhältniß gleich.

Aehnliche Figuren nennt man ähnlich liegend, wenn sie sich entsprechen.

6) Hat man zwei ähnliche Figuren, und betrachtet beliebige Eckpunkte der einen als Eckpunkte einer Figur, die analogen Eckpunkte der anderen als Eckpunkte einer zweiten Figur, so sind die so erhaltenen zwei Figuren ähnlich, und haben einerlei Seitenverhältniß mit den ursprünglichen Figuren.

Folgt leicht daraus, daß ähnliche Figuren als entsprechende sich denken lassen.

Hiervon ist §. 156 ein besonderer Fall.

§. 163.

1) Wenn Fig. 62 oder Fig. 63 zwei parallele Linien BD und B′D′ von zweien sich schneidenden BB′ und DD′ geschnitten werden, so kann man den Durchschnittspunkt A der letzteren immer als Aehnlichkeitspunkt betrachten, und die Durchschnittspunkte B und B′, D und D′ der sich schneidenden Linien mit den parallelen als sich entsprechende Punkte nach einerlei Grundverhältniß.

Denn wenn man durch A eine Linie denkt parallel mit den parallelen Linien, so folgt nach §. 135 sowohl für Fig. 62 als für Fig. 63.

$$AB : AB' = AD : AD'.$$

2) Nach §. 139 oder §. 142, oder auch nach §. 160 2) hat man

$$AB : AB' = BD : B'D'.$$

Es sind demnach die Quotienten

$$\frac{AB}{AB'} \quad \frac{AD}{AD'} \quad \frac{BD}{B'D'}$$

einander gleich, und jeder drückt das Grundverhältniß der beiden Systeme aus.

§. 164.

Uebungen und Praktisches.

1) Wann sagt man, eine Linie sei ein aliquoter Theil einer anderen Linie? Wann heißen Linien commensurabel, wann incommensurabel? Was heißt es, zwei Linien AB und CD verhalten sich wie zwei Zahlen p und q, oder zwei Linien AB und CD verhalten sich wie zwei Linien EF und GH?

2) Wenn in einem Dreieck eine Linie gedacht wird, parallel mit der einen Seite des Dreiecks, welche Proportionen finden Statt? Und wenn eine dieser Proportionen Statt findet, ist jedesmal die Linie, welche durch die Theilpunkte geht, parallel mit der nicht getheilten Seite des Dreiecks?

3) Wenn eine Linie einen Winkel eines Dreiecks halbirt, welche Proportion findet Statt? Gilt der Satz umgekehrt?

4) Was heißt es, necke seien ähnlich? Wie viele Sätze von der Aehnlichkeit der Dreiecke sind vorgekommen, und wie lauten sie? Wie verhalten sich gleichliegende Grundlinien ähnlicher Dreiecke?

5) Welche Proportionen treten ein, wenn bei einem rechtwinkligen Dreieck eine Linie gedacht wird, welche durch die Spitze des rechten Winkels geht, und normal steht auf der Hypotenuse?

6) Wie verhalten sich die Umfänge ähnlicher necke?

7) Wann nennt man zwei Punkte entsprechende Punkte, und was versteht man unter dem äußeren oder dem inneren Aehnlichkeitspunkt, und unter einem Aehnlichkeitsstrahl? Was sind entsprechende Systeme? Welche Gesetze gelten für entsprechende Systeme?

8) Was sind entsprechende Linien, entsprechende Figuren, und welche Gesetze gelten für sie?

9) Sind entsprechende Figuren ähnlich, und ähnliche Figuren stets entsprechend?

10) Zwei Dreiecke ABC und A'B'C' Fig. 55 sind ähnlich, wenn die Seiten des einen von denen des anderen unter einerlei Winkel α geschnitten werden.

Wie läßt sich das zeigen?

11) Daher sind auch Dreiecke ähnlich, wenn die Seiten des einen auf den Seiten des anderen normal stehen.

12) Es sei Fig. 46 BD parallel mit CE; es sei AB gleich 6 Fuß, BC gleich 3 Fuß, AD gleich 7 Fuß, wie viele Fuße mißt DE?

$3\frac{1}{2}$ Fuß.

Es verhält sich nämlich

$$AB:BC = AD:DE$$

oder, wenn man die Maaße der Linien setzt, und das Maaß von DE mit x bezeichnet

$$6:3 = 7:x$$

und hieraus ist $x = 3\frac{1}{2}$.

13) Wenn aber AB 29 Fuß 3 Zoll Duodecimalmaaß hat, BC 15 Fuß 11 Zoll, und CE 72 Fuß, wie groß ist BD?

47 Fuß 7 Zoll $6\frac{1}{3}$ Linien beinahe.

Es verhält sich nämlich

$$AC:AB = CE:BD.$$

14) Es sei Fig. 48 der Winkel ABC des Dreiecks ABC durch die Linie BN in zwei gleiche Theile getheilt, es sei AB gleich 100 Fuß, AN gleich 30 Fuß, NC gleich 50 Fuß, wie groß ist BC?

$166\frac{2}{3}$ Fuß.

15) Die Dreiecke ABC und DEF Fig. 51 seien ähnlich, die Winkel bei A und D seien gleich, eben so die Winkel bei C und F; es sei AB gleich 20 Fuß, BC gleich 12 Fuß, DE gleich 15 Fuß, wie groß ist EF?
 9 Fuß.
16) Wenn wieder die Dreiecke ABC und DEF Fig. 51 ähnlich, die Seiten AC und DF gleichliegend, BE und EQ die Höhen sind, AC gleich 1000 Fuß, DF gleich 900 Fuß und FQ gleich 850 Fuß ist, wie groß ist BN?
 $944\frac{4}{9}$ Fuß.
17) Die parallelen Seiten eines Trapezes seien 26 Fuß und 13 Fuß, die Höhe sei 9 Fuß, wie groß ist die Normale, welche vom Durchschnittspunkt der nicht parallelen Seiten auf die dem Durchschnittspunkt zunächst liegende der parallelen Seiten gefällt werden kann?
 9 Fuß.
18) Das Dreieck ABC Fig. 52 sei rechtwinklig bei B, BN stehe normal auf der Hypotenuse, AN sei 3 Fuß, NC 12 Fuß, wie groß ist BN, AB, BC?
 BN ist 6 Fuß, AB 6,708 .... Fuß, BC 13,416 .... Fuß, Es verhält sich nämlich

$$AN:NB = NB:NC$$
$$AN:AB = AB:AC$$
$$NC:BC = BC:AC.$$

19) Wenn aber AC 20 Fuß mäße, und AB 8, wie groß wäre AN?
 $3\frac{1}{5}$ Fuß.

Sechstes Kapitel.

Von der Proportionalität der geradlinigten Figuren, und von deren Inhaltsbestimmung.

§. 165.

Bezeichnen A und B zwei Flächen, und ist A gleich n · B, wobei n irgend eine Zahl sein mag, so heißt die Fläche B die Einheit und die Zahl n das Maaß der Fläche A für diese Einheit, auch nennt man B das Maaß und n die Abmessung.

§. 166.

Gleiche Flächen haben für jede Einheit gleiche Maaße; und umgekehrt, Flächen sind gleich, wenn ihre Maaße für irgend eine Einheit gleich sind.

§. 167.

Die Maaße von Flächen bezeichnet man bei einfachen Rechnungen mit ihnen durch die Bezeichnung der Flächen selbst, eben so, wie man sich zur Bezeichnung der Maaße von Linien der Bezeichnung der Linien selbst bedient.

§. 168.

Verhalten sich für irgend eine Einheit die Maaße zweier Flächen A und B wie die Zahlen p und q, so verhalten sich für jede Einheit die Maaße der Flächen wie p:q, und man sagt die Flächen verhalten sich wie diese Zahlen, und setzt die Proportion

$$A:B = p:q.$$

Verhalten sich zwei andere Flächen C und D auch wie p:q, so sagt man, die Flächen A und B verhalten sich wie die Flächen C und D, und drückt das aus durch die Proportion

$$A:B = C:D.$$

Verhalten sich endlich zwei Linien EF und GH wie die Zahlen p und q, während zwei Flächen A und B sich eben so verhalten, so sagt man, es verhalten sich die Flächen A und B wie die Linien EF und GH, und schreibt:

$$A:B = EF:GH.$$

Und man hat auch hier richtige Zahlen-Proportionen, wenn man statt der Flächen und statt der Linien ihre Maaße gesetzt denkt.

§. 169. Lehrsatz.

Rechtecke, welche eine Seite gleich haben, verhalten sich wie die ungleichen Seiten.

Beweis. Es mag Fig. 56 die Seite AD des Rechtecks ABCD gleich sein der Seite EH des Rechtecks EFGH. Es ist zu zeigen, daß

$$ABCD:EFGH = AB:EF.$$

1) Es seien die Seiten AB und EF commensurabel. Man denke ihre gemeinschaftliche Einheit auf ihnen abgetragen, und in jedem Theilpunkt eine Normale errichtet. Enthält die Seite AB n Einheiten, die Seite EF q Einheiten, so wird durch die Normalen das Rechteck ABCD in n, das Rechteck EFGH in q Rechtecke zerlegt, welche sämmtlich congruent sind. Es verhält sich daher

$$ABCD:EFGH = n:q$$

und

$$AB:EF = n:q$$

folglich

$$ABCD:EFGH = AB:EF.$$

2) Sind die Seiten AB und EF incommensurabel, so läßt sich zeigen, daß, die Maaße verstehend, ABCD:EFGH

nicht größer oder kleiner sein kann als AB:EF. Man nehme vorläufig an, es sei

$$\frac{ABCD}{EFGH} > \frac{AB}{EF}.$$

Dann giebt es immer ein Stück EM, kleiner als EF, so daß

$$\frac{ABCD}{EFGH} = \frac{AB}{EM}.$$

Man denke eine Zahl n, so groß, daß $\frac{1}{n}$ AB kleiner ist als MF, das Stück $\frac{1}{n}$ AB von E aus auf EF abgetragen, bis ein Theilpunkt P zwischen M und F fällt, und die Normale PS, so hat man, weil die Linien AB und EP commensurabel sind, nach 1)

$$\frac{ABCD}{EPSH} = \frac{AB}{EP}.$$

Man dividire diese Gleichung durch die obere, das liefert

$$\frac{EFGH}{EPSH} = \frac{EM}{EP}.$$

Die letzte Gleichung ist nicht möglich, weil der erste Bruch unecht ist, der andere echt; daher kann ABCD:EFGH nicht größer sein als AB:EF. Eben so zeigt man, daß ABCD:EFGH nicht kleiner ist, als AB:EF. Und dann verhält sich auch in diesem Fall:

$$ABCD:EFGH = AB:EF.$$

§. 170. Lehrsatz.

Parallelogramme, welche gleiche Grundlinien haben, verhalten sich wie die Höhen.

Beweis. Man stelle sich über der Grundlinie eines jeden Parallelogramms ein Rechteck vor, welches mit ihm dieselbe Höhe hat. Die Rechtecke sind beziehlich den Parallelogrammen gleich; und sie verhalten sich nach dem vorigen Paragraphen wie die Höhen der Parallelogramme, indem diese Höhen die ungleichen, die Grundlinien der Parallelogramme aber die gleichen Seiten der Rechtecke abgeben. Daher verhalten sich die Parallelogramme wie ihre Höhen.

§. 171. Lehrsatz.

Parallelogramme von gleichen Höhen verhalten sich wie die Grundlinien.

Beweis. Man denke über der Grundlinie eines jeden Parallelogramms ein Rechteck, welches mit ihm gleiche Höhe hat. Die Rechtecke sind den Parallelogrammen beziehlich gleich; und sie verhalten sich nach §. 169, weil sie wegen der Gleichheit der Höhen eine Seite gleich haben, wie die Grundlinien der Parallelogramme, welche ihre ungleichen Seiten sind. Daher verhalten sich auch die Parallelogramme wie ihre Grundlinien.

§. 172. Lehrsatz.

Dreiecke, welche gleiche Grundlinien haben, verhalten sich wie ihre Höhen.

Beweis. Parallelogramme, welche mit den Dreiecken beziehlich gleiche Grundlinien und Höhen haben, verhalten sich nach §. 170 wie die Höhen; und da die Dreiecke die Hälften von solchen Parallelogrammen sind, so verhalten sich auch die Dreiecke wie ihre Höhen. Wenn nämlich

$$a:b = n:q$$

so verhält sich auch

$$\frac{a}{2} \; \frac{b}{2} = n:q.$$

§. 173. Lehrsatz.

Dreiecke, welche gleiche Höhen haben, verhalten sich wie ihre Grundlinien.

Beweis. Denn Parallelogramme, welche mit den Dreiecken beziehlich gleiche Grundlinien und Höhen haben, verhalten sich wie die Grundlinien, mithin verhalten sich auch die Dreicke, als die Hälften solcher Parallelogramme, wie die Grundlinien.

§. 174. Lehrsatz.

Parallelogramme verhalten sich wie die Producte aus Grundlinie in Höhe.

Beweis. Es sei Fig. 57 g das Maaß der Grundlinie, h das Maaß der Höhe des Parallelogramms ABCD, und g' das Maaß der Grundlinie, h' das Maaß der Höhe des Parallelogramms EFGH. Es ist zu zeigen, daß sich verhält

$$ABCD:EFGH = gh:g'h'.$$

Man stelle sich ein Parallelogramm Q vor, welches mit dem Parallelogramm ABCD gleiche Grundlinie, und mit dem Parallelogramm EFGH gleiche Höhe hat, so verhält sich

$$ABCD:Q = h:h'$$

und

$$Q:EFGH = g:g'$$

beide Proportionen multiplicire man mit einander, das liefert

$$ABCD:EFGH = gh:g'h'.$$

§. 175. Lehrsatz.

Dreiecke verhalten sich wie die Producte aus Grundlinie in Höhe.

Beweis. Denn Parallelogramme, welche mit den Dreiecken gleiche Grundlinien und gleiche Höhen haben, verhalten sich wie diese Producte, mithin auch die Dreiecke, als die Hälften solcher Parallelogramme.

§. 176. Lehrsatz.

Parallelogramme, welche einen Winkel gleich haben, verhalten sich wie die Producte der Seiten, von welchen er gebildet wird.

Beweis. Zwei Parallelogramme, ABCD und AFGH mögen die Winkel bei A gleich haben, und Fig. 58 so auf einander gelegt worden sein, daß die gleichen Winkel sich decken. Dann hat man nach §. 171

$$ABCD : ABNH = b : d$$

$$ABNH : AFGH = a : c$$

und multiplicirt man beide Proportionen mit einander, so entsteht

$$ABCD : AFGH = ab : cd.$$

§. 177. Lehrsatz.

Dreiecke, die einen Winkel gleich haben, verhalten sich wie die Producte der Seiten, welche den Winkel bilden.

Beweis. Man denke die Dreiecke zu Parallelogrammen ergänzt. Diese haben alsdann den Winkel gleich, und verhalten sich wie die Producte der Seiten, von denen er gebildet ist; und die Dreiecke verhalten sich eben so, denn sie sind die Hälften der Parallelogramme.

§. 178. Lehrsatz.

Ist Fig. 57 die Summe der Winkel α und β gleich einem gestreckten Winkel, so verhalten sich die Parallelogramme, wie die Producte der Seiten, welche diese Winkel bilden, d. h. es verhält sich

$$ABCD : EFGH = AB \cdot AD : EF \cdot EH.$$

Denn da der Winkel γ den Winkel α zu einem gestreckten ergänzt, so sind die Winkel β und γ einander gleich, und es verhalten sich die Parallelogramme wie $AB \cdot BC : EF \cdot EH$, welches, da BC gleich AD ist, einerlei ist mit

$$AB \cdot AD : EF \cdot EH.$$

Und ergänzt ein Winkel eines Dreiecks einen Winkel eines anderen Dreiecks zu einem gestreckten Winkel, so verhalten sich daher auch die Dreiecke, wie die Producte der Seiten, von welchen jene Winkel gebildet werden.

§. 179. Lehrsatz.

Aehnliche Dreiecke verhalten sich wie die Quadrate gleichliegender Seiten, oder wie die Quadrate gleichliegender Höhen.

Beweis. Es seien Fig. 51 die Dreiecke ähnlich, die Winkel α und β einander gleich. Dann verhält sich:

$$\triangle ABC : \triangle DEF = AB \cdot AC : DE \cdot DF.$$

Aus

$$AB : AC = DE : DF$$

folgt

$$AB = \frac{AC \cdot DE}{DF}.$$

Diesen Werth substituire man in der ersten Proportion, das liefert:

$$\triangle ABC : \triangle DEF = \frac{AC \cdot DE}{DF} \cdot AC : DE \cdot DF$$

welches, wenn man rechts DE hebt und beide Glieder mit DF multiplicirt, übergeht in

$$\triangle ABC : \triangle DEF = AC^2 : DF^2.$$

Werden die Linien BN und EQ als die Höhen der Dreiecke angenommen, so verhält sich

$$AC : DF = BN : EQ$$

also

$$AC^2 : DF^2 = BN^2 : EQ^2$$

und man hat deshalb noch

$$\triangle ABC : \triangle DEF = BN^2 : EQ^2.$$

§. 180.

Aehnliche necke verhalten sich wie die Quadrate gleichliegender Seiten, oder wie die Quadrate gleichliegender Diagonalen.

Beweis. Es seien die necke Fig. 49 ähnlich, die Seiten AB, BC, CD, ··· entsprechend den Seiten FG, GH, HL, ··· Die von den Ecken A und F aus gezogenen Diagonalen zerlegen die necke in Dreiecke, welche beziehlich ähnlich sind. Es verhält sich daher

$$\triangle ABC : \triangle FGH = AB^2 : FG^2$$
$$\triangle ACD : \triangle FHL = CD^2 : HL^2 = AB^2 : FG^2$$
$$\triangle ADE : \triangle FLM = DE^2 : LM^2 = AB^2 : FG^2$$

u. s. w.

daraus folgt:

$$\triangle ABC + \triangle ACD + \triangle ADE + \cdots : \triangle FGH + \triangle FHL + \triangle FLM + \cdots = AB^2 : FG^2.$$

Die necke verhalten sich demnach wie die Quadrate gleichliegender Seiten; und, weil sich gleichliegende Diagonalen wie gleichliegende Seiten verhalten, auch wie die Quadrate gleichliegender Diagonalen.

Der hier geführte Beweis gilt nicht allgemein, weil nicht jedes $n$eck durch Linien, welche von einer Ecke ausgehen, sich in Dreiecke zerlegen läßt. Den Beweis allgemein zu führen, denke man ein $p$eck $ABCD \cdots$ und ein ihm ähnliches $A'B'C'D' \cdots$; die Seiten AB, BC, CD, $\cdots$ seien gleichliegend den Seiten, $A'B'$, $B'C'$, $C'D'$, $\cdots$. Ueber zwei gleichliegende Seiten, etwa BC und $B'C'$ denke man zwei ähnliche Dreiecke BCQ und $B'C'Q'$, die entweder beide innerhalb der $p$ecke liegen, oder beide außerhalb. Die $p$ecke gehen dadurch in $(p+1)$ecke über, welche, wie leicht zu zeigen ist, ähnlich sind. Es werde angenommen, die $p$ecke verhalten sich wie die Quadrate gleichliegender Seiten, also

$$ABCD \cdots : A'B'C'D' \cdots = BC^2 : B'C'^2.$$

Es ist

$$BCQ : B'C'Q' = BC^2 : B'C'^2.$$

Daher auch

$$ABCD \cdots : \pm BCQ : A'B'C'D' \cdots \pm B'C'Q' = BC^2 : B'C'^2$$

oder

$$ABQCD \cdots : A'B'\overline{Q'}C'D' \cdots = BC^2 : B'C'^2.$$

Verhalten sich demnach die ähnlichen $p$ecke wie die Quadrate gleichliegender Seiten, so verhalten sich auch die ähnlichen $(p+1)$ecke wie die Quadrate gleichliegender Seiten. Nun verhalten sich ähnliche Dreiecke wie die Quadrate gleichliegender Seiten, folglich auch die ähnlichen Vierecke, welche man aus ihnen erhalten kann, dann weiter die ähnlichen Fünfecke, in welche man sie kann übergehen lassen u. s. f. u. s. f.

§. 181. Lehrsatz.

Sind M, P, Q drei ähnliche $n$ecke, und geben drei gleichliegende Seiten von ihnen, zu einem Dreieck zusammengesetzt, ein rechtwinkliges Dreieck, so ist das $n$eck, dessen Seite Hypotenuse geworden, gleich der Summe der beiden anderen $n$ecke.

Beweis. Es sei Fig. 52 ABC das erhaltene rechtwinklige Dreieck, AC sei Hypotenuse und Seite von dem $n$eck M, BC sei Seite von P, und AB Seite von Q. — Da ähnliche $n$ecke sich wie die zweiten Potenzen der Maaße gleichliegender Seiten verhalten, und Quadrate ähnliche Figuren sind, so hat man

$$P : Q = BC^2 : AB^2 = BC^q : AB^q.$$

Hieraus folgt

$$P + Q : Q = BC^q + AB^q : AB^q$$

$$P + Q : Q = AC^q : AB^q$$

Ferner hat man

$$M : Q = AC^q : AB^q.$$

Also verhält sich

$$P + Q : Q = M : Q$$

und daher ist

$$P + Q = M.$$

§. 182.

Der vorige Satz gilt auch umgekehrt. Ist nämlich das neck M gleich der Summe der beiden ihm ähnlichen necke P und Q, so geben drei gleichliegende Seiten AC, BC und AB ein rechtwinkliges Dreieck, in welchem AC Hypotenuse wird, wenn AC zu M gehört.

Denn gehört BC zu P, also AB zu Q, so hat man

$$P:Q = BC^2:AB^2 = BC^q:AB^q$$

hieraus $P+Q:Q = BC^q+AB^q:AB^q$

oder $M:Q = BC^q+AB^q:AB^q.$

Ferner hat man

$$M:Q = AC^q:AB^q$$

daher ist

$$AC^q = BC^q+AB^q$$

also das Dreieck ABC rechtwinklig, und AC seine Hypotenuse.

§. 183.

Als Einheit für Flächen gebraucht man in der Anwendung allgemein dasjenige Quadrat, dessen Seite die festgesetzte Längeneinheit ist. Und die Zahl, welche bestimmt, wie viel solcher Quadrate ein neck enthält, heißt der Inhalt des necks für jenes Quadrat als Einheit. Oder mit anderen Worten, ist A ein neck, B das Quadrat, dessen Seite die Längeneinheit ist, und ist $A = q \cdot B$, so ist die Zahl q der Inhalt des necks A für die Einheit B. Ist eine bestimmte Einheit gegeben, so hängt man sie dem Inhalt an, sagt z. B. der Inhalt einer Figur sei 6 Quadratruthen.

§. 184. Lehrsatz.

Der Inhalt eines Parallelogramms ist das Product aus der Grundlinie in die Höhe.

Beweis. Es sei Fig. 57 ABCD ein Parallelogramm, die Zahl g das Maaß seiner Grundlinie, die Zahl h das Maaß seiner Höhe, und MQSP das Quadrat, welches die Längeneinheit zur Seite hat, so daß die Zahl Eins das Maaß seiner Grundlinie ist und zugleich das Maaß seiner Höhe.

Nach §. 174 hat man

$$ABCD:MQSP = gh:1 \cdot 1$$

und hieraus folgt $ABCD = gh \cdot MQSP.$

§. 185.

Ist demnach die Zahl a das Maaß der Seite eines Quadrats, so ist a^2 der Inhalt desselben, und sind die Zahlen b und c die Maaße der zusammenstoßenden Seiten eines Rechtecks, so ist bc sein Inhalt.

§. 186. Lehrsatz.

Der Inhalt eines Dreiecks ist die Hälfte des Products aus Grundlinie in Höhe.

Beweis. Denn ein Dreieck ist die Hälfte eines Parallelogramms, welches mit ihm gleiche Grundlinie und gleiche Höhe hat.

§. 187. Lehrsatz.

Sind die Zahlen a und b die Maaße der parallelen Seiten eines Trapezes, und ist die Zahl h das Maaß seiner Höhe, so ist der Inhalt des Trapezes gleich $\frac{(a+b)h}{2}$.

Beweis. Man denke Fig. 59 die Diagonale CE. Der Inhalt des Dreiecks CDE ist gleich $\frac{ah}{2}$, und der Inhalt des Dreiecks CEF gleich $\frac{bh}{2}$; folglich der Inhalt des Trapezes gleich

$$\frac{ah}{2}+\frac{bh}{2}=\frac{(a+b)h}{2}.$$

§. 188.

Um den Inhalt eines $n$ecks zu erhalten, zerlegt man es durch Diagonalen in Dreiecke, oder durch andere Linien in Trapeze, Parallelogramme, bestimmt dann nach den vorstehenden Lehrsätzen deren Inhalte, und die Summe dieser Inhalte liefert den Inhalt des $n$ecks.

Der Inhalt einer von krummen Linien begränzten Ebene wird näherungsweise gefunden, wenn man statt der krummen Linien gebrochene Linien denkt, welche nach dem Augenmaaß möglichst genau ein $n$eck von einerlei Größe mit der von den krummen Linien begränzten Ebene liefern, und dann den Inhalt des $n$ecks berechnet. Man erhält den Inhalt der krummlinigten Figur um so genauer, je kleiner man die Seiten des $n$ecks annimmt.

Um den Inhalt einer Ebene Fig. 60, welche von zwei parallelen Linien, außerdem aber von krummen Linien begränzt ist, näherungsweise anzugeben, kann man den normalen Abstand AB der parallelen Linien construiren, ihn in irgend eine Anzahl gleicher Theile theilen, durch jeden Theilpunkt eine Normale construiren, und die Theile, in welche die Ebene durch diese Normalen zerlegt wird, als Trapeze berechnen. Ist EF gleich a, die folgende Linie gleich b u. s. f., der normale Abstand je zweier solcher Linien gleich h, so ergiebt sich für den Inhalt der Ebene

$$\frac{a+b}{2}\cdot h+\frac{b+c}{2}\cdot h+\frac{c+d}{2}\cdot h+\cdots+\frac{m+n}{2}\cdot h+\frac{n+q}{2}\cdot h$$

$$=h\left[\frac{a}{2}+b+c+d+\cdots+m+n+\frac{q}{2}\right]$$

näherungsweise, und um so genauer, je kleiner h ist.

Eben so findet man den Inhalt einer Ebene wie Fig. 61, wenn man die äußersten Abschnitte als Dreiecke berechnet, näherungsweise gleich

$$h\cdot[a+b+c+\cdots+q].$$

§. 189.

Gleiche Flächen haben für jede Einheit gleiche Inhalte; und umgekehrt, Flächen sind gleich, wenn für irgend eine Einheit ihre Inhalte gleich sind. Und ist die Summe mehrerer Flächen gleich der Summe mehrerer anderer Flächen, so ist die Summe der Inhalte der ersteren gleich der Summe der Inhalte der anderen.

Hierin liegt ein allgemeines Prinzip, nach welchem sich algebraische Gleichungen bilden lassen. Ist z. B. die Zahl a das Maaß der Hypotenuse, und sind die Zahlen b und c die Maaße der Katheten eines rechtwinkligen Dreiecks, so findet zwischen diesen Zahlen die algebraische Gleichung Statt:

$$a^2=b^2+c^2$$

oder ist die Zahl a das Maaß der Seite eines Dreiecks, die einem spitzen Winkel gegenübersteht, sind die Zahlen b und c die Maaße der beiden anderen Seiten, ist endlich n das Maaß von der Projection der Seite, deren Maaß a ist, auf der, deren Maaß b ist, so hat man zwischen diesen Zahlen die algebraische Gleichung:

$$a^2=b^2+c^2-2bn.$$

§. 190.

Uebungen und Praktisches.

1) Was heißt es, zwei Flächen A und B verhalten sich wie zwei Zahlen p und q? oder zwei Flächen A und B verhalten sich wie zwei andere Flächen C und D; oder zwei Flächen A und B verhalten sich wie zwei Linien EF und GH?
2) Wie verhalten sich Parallelogramme von gleichen Grundlinien, oder Parallelogramme von gleichen Höhen? Wie verhalten sich Parallelogramme überhaupt? Wie verhalten sich Dreiecke, wenn sie gleiche Grundlinien haben, oder gleiche Höhen, und wie verhalten sich Dreiecke überhaupt? Wie verhalten sich Parallelogramme, welche einen Winkel gleich haben, oder Dreiecke, welche einen Winkel gleich haben? Wie verhalten sich ähnliche n ecke?

3) Was versteht man unter dem Inhalt einer Figur? Wie wird der Inhalt eines Parallelogramms gefunden, eines Quadrats, eines Dreiecks, eines Trapezes?

4) Den Inhalt eines Parallelogramms zu bestimmen, wenn die Grundlinie 68 und die Höhe 25 Fuß Decimalmaaß mißt. Oder wenn die Grundlinie 59,5 und die Höhe 6,78 Fuß Decimalmaaß hat. Oder wenn die Grundlinie 8,7 Fuß und die Höhe 9,56 Zoll Decimalmaaß ist. Oder den Inhalt in Duodecimalmaaß anzugeben, wenn die Grundlinie 9° 8′ die Höhe 5′ 7″ Decimalmaaß ist. Oder ihn in Decimalmaaß anzugeben, wenn die Grundlinie 68,751° und die Höhe 5,89′ Duodecimalmaaß wäre.

   1700□′. 403□′ 41□″. 8□′ 31□″ 72□‴. 5□° 84□′ 55□″. 33□° 74□′ 52□″.

5) Wie groß ist die Grundlinie eines Dreiecks, wenn seine Höhe 28 und sein Inhalt 20 ist?

   1,428 ····.

6) Wie groß ist die Höhe eines Trapezes, wenn seine parallelen Seiten 32 und 18 sind, und 300 sein Inhalt ist?

   12.

7) Der Inhalt eines Trapezes sei 140, die eine der parallelen Seiten sei 16, die Höhe 10, wie groß ist die andere der parallelen Seiten?

   12.

8) Die Katheten eines rechtwinkligen Dreiecks sind 3,57 und 8,29, wie groß ist die Hypotenuse?

   9,02 ····.

9) Die Hypotenuse eines rechtwinkligen Dreiecks sei 15,7, die eine Kathete 5,38, wie groß ist der Inhalt des Dreiecks?

   39,67 ····.

10) Die normalen Abstände der parallelen Seiten eines Trapezes von dem Durchschnittspunkt der nicht parallelen seien 6 und 18, die kleinere der parallelen Seiten sei 11, wie groß ist der Inhalt des Trapezes?

   264.

11) Eine Seite eines n ecks sei 8,5, wie groß muß die gleichliegende Seite eines n ecks genommen werden, das jenem ähnlich und $\frac{2}{3}$ von ihm sein soll?

   6,94 ····.

12) Zwei gleichliegende Seiten zweier ähnlichen n ecke sind 3 und 4, wie groß muß die gleichliegende Seite eines n ecks genommen werden, das jenen n ecken ähnlich und gleich ihrer Summe, oder gleich ihrer Differenz, oder dessen Um-

fang gleich der Summe, oder Differenz der Umfänge jener sein soll?

5. 2,645 .... 7. 1.

13) Der Inhalt eines Quadrats sei 37 Quadratfuß, wie groß ist die Seite des Quadrats?

6,082 .... Fuß.

14) Die Diagonale eines Quadrats sei 12 Fuß, wie groß ist der Inhalt des Quadrats?

72 Quadratfuß.

15) Die drei Seiten eines Dreiecks seien 12 Fuß, 10 Fuß, 8 Fuß; wie groß ist die Projection der Seite, welche 10 Fuß hat, auf der, welche 8 Fuß mißt?

$1\frac{1}{4}$ Fuß.

16) Die drei Seiten eines Dreiecks seien 6, 8 und 10 Fuß, wie groß ist die Linie, welche die Mitte der Seite, die 8 Fuß mißt, mit der gegenüberstehenden Ecke verbindet?

7,211 .... Fuß.

17) Zwei Seiten eines Dreiecks seien 6 und 10 Fuß, die Linie, welche die Mitte der dritten Seite mit der gegenüberstehenden Ecke verbindet, messe 7 Fuß, wie groß ist die dritte Seite?

8,717 .... Fuß.

18) Die Höhe eines gleichseitigen Dreiecks sei $3^{\circ}\,6'\,8\frac{1}{2}''$ Duodecimalmaaß, wie groß ist die Seite und der Inhalt?

$4^{\circ}\,1'\,3\frac{3}{4}''$. $7\square^{\circ}\,45\square'\,12\square''$.

19) Die parallelen Seiten eines Trapezes seien 56 und 80 Ruthen, die eine der nicht parallelen Seiten messe 34 Ruthen, die andere der nicht parallelen Seiten stehe normal auf den parallelen; wie groß ist der Inhalt des Trapezes?

$1637{,}65\square^{\circ}$.

Siebentes Kapitel.

Von der harmonischen Proportion und von den Transversalen.

§. 191. Lehrsatz.

Werden zwei parallele Linien von dreien Linien geschnitten, welche sich in einem Punkt schneiden, so verhalten sich zwei Stücke der einen von den parallelen Linien wie die beiden Stücke der anderen, welche mit jenen durch dieselben sich schelden den Linien abgeschnitten sind.

Beweis. Es seien Fig. 62 oder Fig. 63 BD und B'D' die beiden parallelen Linien, AB, AC, AD die drei sich in einem Punkt A schneidenden. Nach §. 137 und §. 142 ist alsdann

$$\frac{AB}{AB'} = \frac{AC}{AC'} = \frac{AD}{AD'}.$$

Die Punkte B und B', C und C', D und D' sind demnach Fig. 62 äußere, Fig. 63 innere entsprechende Punkte für A als Aehnlichkeitspunkt, und es folgt nach §. 160 2)

$$\frac{BC}{B'C'} = \frac{CD}{C'D'} = \frac{BD}{B'D'}$$

(jeder dieser Quotienten ist nämlich dem Grundverhältniß AB:AB' gleich) oder

$$BC:CD = B'C':C'D'$$
$$BC:BD = B'C':B'D'$$
$$CD:BD = C'D':B'D'$$

und das ist der Satz.

§. 192. Lehrsatz.

Sind Fig. 62 oder Fig. 63 die Linien BD und B'D' parallel, findet eine der Proportionen

1) $BC:CD = B'C':C'D'$
2) $BC:BD = B'C':B'D'$
3) $CD:BD = C'D':B'D'$

Statt, und schneiden sich zwei der drei Linien BB', CC', DD', so geht die dritte durch deren Durchschnittspunkt.

Beweis. Aus jeder der drei Proportionen lassen sich die beiden anderen ableiten. So folgt z. B. aus 1)

$$BC:BC+CD = B'C':B'C':+C'D'$$

oder $$BC:BD = B'C':B'D'.$$

Dies ist die zweite Proportion. Aehnlich folgt 3) aus 1) u. s. f. Es finden also die drei Proportionen gleichzeitig Statt, und es ist gleichgiltig, welche von ihnen vorausgesetzt ist. — Schneiden sich etwa die Linien BB' und DD', so betrachte man A als Aehnlichkeitspunkt, und es drückt BD:B'D' das Grundverhältniß aus (§. 163). Diesem ist wegen der zweiten Proportion BC:B'C' gleich, und es folgt aus §. 160 4), daß C und C' entsprechende Punkte sind, also die Linie CC' durch A geht. Und ähnlich folgt der Satz, wenn BB' und CC', oder CC' und DD' als die beiden sich schneidenden Linien vorausgesetzt werden.

§. 193. Lehrsatz.

Schneiden sich die drei Linien BB', CC', DD' Fig. 62 oder Fig. 63 in einem Punkt, und findet eine der Proportionen

1) $BC:CD = B'C':C'D'$
2) $BC:BD = B'C':B'D'$
3) $CD:BD = C'D':B'D'$

Statt, so sind die Linien BD und B'D' parallel.

Beweis. Ist eine der drei Proportionen vorausgesetzt, so finden, wie im vorigen Paragraphen nachgewiesen, auch die beiden anderen Statt. Wäre nicht BD parallel mit B'D', so müßte von B aus eine andere Linie BQ bestehen, parallel mit B'D' und dann hätte man nach §. 191

$$BN:NQ = B'C':C'D'$$

wegen der Voraussetzung $BC:CD = B'C':C'D'$

also $BN:NQ = BC:CD$

und es müßten nach §. 138 CC' und DD' parallel sein, welches der Voraussetzung widerspricht.

§. 194.

Man denke eine unendliche gerade Linie, außerhalb derselben einen Punkt A, und durch A eine zweite unendliche gerade Linie, welche die erste in einem Punkt X schneidet. Man denke die zweite Linie um den Punkt A gedreht bis sie mit der ersten parallel wird. Der Durchschnittspunkt X läuft dabei auf der ersten Linie bis ins Unendliche. Wird die Drehung in derselben Richtung weiter fortgesetzt, so kommt der andere Theil der zweiten Linie zum Durchschnitt, und der Durchschnittspunkt durchläuft die erste Linie vollständig. Bei fortgesetzter Drehung der zweiten Linie in einerlei Richtung durchläuft der Durchschnittspunkt die erste Linie stets in einerlei Richtung.

Zwei parallele Linien lassen sich hiernach als zwei sich schneidende betrachten, deren Durchschnittspunkt in die Unendlichkeit gerückt ist.

§. 195.

Eine unendliche gerade Linie wird durch einen beliebig auf ihr angenommenen Punkt in zwei Theile getheilt, deren jeder einerseits durch diesen Punkt begränzt, andererseits unendlich ist, und die beiden Theile sind einander gleich. Und nimmt man auf einer unendlichen geraden Linie zwei Punkte an, in beliebiger endlicher Entfernung von einander, so theilt jeder der Punkte die Linie in zwei gleiche Theile, und jeder der Theile, in welche die Linie durch den einen Punkt getheilt ist, ist gleich jedem der Theile, in welche der andere Punkt die Linie zerlegt.

§. 196.

1) Auf einer unendlichen geraden Linie Fig. 64 seien zwei Punkte A und B beliebig angenommen. Zwischen den

Punkten A und B läßt sich auf der geraden Linie immer ein Punkt X denken, so daß sich verhält

$$AX : BX = n : q$$

während n und q beliebige reelle Zahlen vorstellen; und es ist einleuchtend, daß nur ein solcher Punkt X zwischen A und B besteht. Es sei M die Mitte des Stückes AB. Ist das Verhältniß n:q gleich 1:1, so liegt X in M; ist n:q größer als 1, so liegt X auf dem Theil MB, und rückt in B selbst, sobald n:q gleich n:o wird; ist n:q kleiner als 1, so befindet sich X auf dem Theil AM und rückt in A, wenn n:q gleich wird o:q.

Das Verständniß zu erleichtern kann man von den Punkten A und B aus, zu entgegengesetzten Seiten der Linie AB, zwei parallele Linien AC″ und BC denken, die sich verhalten wie n:q, und die Linie CC″. Diese liefert in ihrem Durchschnittspunkte mit AB den Punkt X, denn es verhält sich AC″:BC = AX:BX. Ist nun AC″ = BC, so ist AX = BX u. s. w.

2) Es besteht aber jedesmal noch ein zweiter Punkt Y, entweder auf der über B, oder auf der über A hinaus liegenden Verlängerung der Linie AB, so daß sich verhält

$$AY : BY = n : q.$$

Ist n:q gleich 1:1, so liegt Y in unendlicher Entfernung, ist n:q größer als 1, so befindet sich Y auf der über B hinaus liegenden Verlängerung und rückt in B, wenn n:q gleich n:o wird; ist n:q kleiner als 1, so liegt Y auf der Verlängerung über A hinaus, und rückt in A, wenn n:q gleich wird o:q. Es besteht jedesmal nur ein solcher Punkt Y, mit Ausnahme des Falles, in welchem Y in der Unendlichkeit liegt, und dann sowohl in der einen, als in der anderen Richtung sich annehmen läßt.

Auch hier kann man sich die Sache versinnlichen, indem man von den Punkten A und B aus, auf einerlei Seite von AB, zwei parallele Linien AC′ und BC denkt, die sich verhalten wie n:q, und die Linie C′C, die in ihrem Durchschnittspunkt mit AB den Punkt Y darbietet.

3) Verhält sich $AX : BX = n : q$
und zugleich $AY : BY = n : q$
so hat man die Proportion

$$AX : BX = AY : BY.$$

Eine solche Proportion heißt **harmonisch**, die vier Punkte A, B, X, Y heißen **harmonische Punkte**, die Punkte A und B **zugeordnete Punkte**, ebenso die Punkte X und Y. —

Das Vertauschen der inneren Glieder liefert die Proportion

$$XA:YA = XB:YB$$

und diese Proportion ist gleichfalls harmonisch.

4) Man stelle sich vor, der Punkt X bewege sich von M aus bis B, und weiter bis ins Unendliche, während beständig die harmonische Porportion

$$AX:BX = AY:BY$$

erfüllt wird; so kommt indessen Y auf der über B hinaus liegenden Verlängerung aus der Unendlichkeit her, erreicht den Punkt B gleichzeitig mit X, und geht weiter bis M; und läßt man Y sich fortbewegen nach A, und über A hinaus ins Unendliche, so kommt X auf der über A hinaus liegenden Verlängerung aus der Unendlichkeit her, erreicht gleichzeitig mit Y den Punkt A, und geht weiter bis M. — Der Punkt M theilt die unendliche gerade Linie in zwei Hälften. Die Punkte X und Y befinden sich beide immer gleichzeitig auf der einen oder auf der anderen von diesen Hälften, und es liegt immer, wie schon oben erwähnt, der eine zwischen A und B, der andere nicht zwischen A und B.

5) Zu jeden beliebigen drei Punkten A, B, X kann stets der vierte harmonische Punkt gedacht werden, und dieser ist durch jene drei vollkommen bestimmt. Liegt der eine von den drei Punkten, etwa X, in der Mitte zwischen den beiden anderen A und B, so befindet sich der vierte jenem zugeordnete harmonische Punkt in unendlicher Entfernung, und umgekehrt, liegt einer von den harmonischen Punkten in der Unendlichkeit, so befindet sich der ihm zugeordnete in der Mitte zwischen den beiden übrigen.

§. 197.

Man denke eine unendliche gerade Linie, und auf derselben vier harmonische Punkte A, B, X, Y. Außerhalb der geraden Linie nehme man einen Punkte Q beliebig an, und lege durch ihn und durch jene harmonischen Punkte vier unendliche gerade Linien QA, QB, QX, QY. Solche vier Linien nennt man harmonische Linien, harmonische Strahlen, und die durch zugeordnete Punkte A und B, oder X und Y, gehenden zugeordnete Linien oder Strahlen.

Befindet sich X in der Mitte von AB, so liegt der vierte harmonische Punkt Y in der Unendlichkeit, und der Strahl QY geht parallel mit AB, und umgekehrt, legt man den Strahl QY parallel mit AB, so geht der zugeordnete QX durch die Mitte von AB.

§. 198. Lehrsatz.

Durch vier harmonische Strahlen wird jede gerade Linie, welche nicht durch ihren Durchschnittspunkt geht, harmonisch getheilt.

Beweis. Wir unterscheiden zwei Fälle. Die Linie ist entweder mit einem der harmonischen Strahlen parallel oder nicht.

1) Es verhalte sich Fig. 65

$$AX:BX = AY:BY.$$

Die Linien QA, QB, QX, QY sind alsdann harmonische Strahlen. S'V' sei eine beliebige Linie parallel mit einem der harmonischen Strahlen, etwa QA. Um zu beweisen, daß S'V' harmonisch getheilt sei, ist nach §. 196 5) darzuthun, daß B'S' gleich B'V' ist. Durch den Punkt B, in welchem der Strahl QB, der jenem Strahl QA zugeordnet ist, die Linie AB schneidet, lege man SV parallel QA, und es verhält sich nach §. 137

$$AY:BY = AQ:BV$$

und nach §. 142 $AX:BX = AQ:BS.$

also, da die links stehenden Quotienten gleich sind

$$AQ:BV = AQ:BS.$$

Hieraus folgt $BV = BS$

und dann ist nach §. 191 auch $B'V' = B'S'$.

2) Wir ändern unsere Voraussetzung, und nehmen an, die vier durch den Punkt Q gehenden Linien Fig. 65 seien vier harmonische Strahlen, die Linie AB aber sei eine beliebige Linie, welche sämmtliche Strahlen schneidet und nicht durch ihren Durchschnittspunkt geht. Durch irgend einen der vier Durchschnittspunkte A, B, X, Y, etwa B, legen wir eine Linie VS parallel mit dem Strahl QA, der durch den Punkt A geht, welcher jenem B zugeordnet ist. Unter 1) ist bereits bewiesen, daß harmonische Strahlen eine Linie, welche parallel mit einem von ihnen ist, harmonisch theilen, deshalb ist hier BV gleich BS. Nun verhält sich

$$AY:BY = AQ:BV$$

und $AX:BX = AQ:BS$

folglich, da BV gleich BS ist,

$$AX:BX = AY:BY.$$

Damit ist der Satz erwiesen.

§. 199. Lehrsätze.

1) Stehen zwei zugeordnete harmonische Strahlen auf einander rechtwinklig, so halbiren sie die Winkel, welche die beiden anderen zugeordneten Strahlen bilden.

Beweis. Die Strahlen QA, QB, QX, QY Fig. 65 seien harmonisch, und die beiden zugeordneten QA und QB mögen auf einander rechtwinklig stehen. Dann soll QA den Winkel V'QX, QB den Winkel XQY halbiren. — Man denke VS parallel QA. Nach §. 38 steht VS normal auf QB; und es ist, nach dem vorigen Paragraph, BS gleich BV; deshalb sind nach §. 74 die Winkel SQB und VQB einander gleich. Die Gleichheit der Winkel V'QA und XQA folgt jetzt nach §. 46 2).

2) Halbirt der eine von vier harmonischen Strahlen den Winkel, welchen seine beiden benachbarten Strahlen bilden, so steht er normal auf dem ihm zugeordneten Strahl, und dieser halbirt also den Winkel, der von den ihm benachbarten Strahlen gebildet wird.

Beweis. Es werde angenommen, QB halbire den Winkel XQY. VS sei parallel mit dem Strahl QA, welcher jenem QB zugeordnet ist. Dann ist BS gleich BV, und da ∠SQB = ∠VQB, so folgt nach §. 74, daß QB normal steht auf VS, also auch normal auf der damit parallelen QA.

3) Schneiden sich vier Linien QA, QB, QX, QY in einem Punkt, stehen zwei von ihnen, QA und QB, auf einander rechtwinklig, und halbirt die eine von diesen, QB, den Winkel XQY, welcher von den beiden anderen gebildet wird, so sind die vier Linien harmonische Strahlen.

Beweis. Durch einen beliebigen Punkt B der Linie QB denke man eine Linie SV parallel mit QA. SV steht dann normal auf QB, und da auch die Winkel SQB und VQB gleich sind, so folgt nach §. 74, daß SB gleich BV, ist und daraus erhellet der Satz (§. 197).

4) Irgend zwei sich schneidende Linien QX und QY und die Halbirungslinien QA und QB ihrer Winkel sind harmonische Strahlen.

Beweis. Die Halbirungslinien der Winkel stehen nach §. 46 auf einander normal, daher erhellet das Gesetz aus 3).

§. 200. Lehrsatz.

Wenn man Fig. 66 bei einem Dreieck ABC den einen Winkel durch die Linie AX, und seinen Nebenwinkel durch die Linie AY halbirt, so verhält sich

$$BY:CY = BX:CX = AB:AC.$$

Beweis. Nach 4) des vorigen Paragraphen sind die vier durch A gehenden Linien harmonische Strahlen, deshalb verhält sich

$$BX:CX = BY:CY$$

und nach §. 143 verhält sich

$$BX:CX = AB:AC.$$

Daraus erhellet der Satz.

Die Proportion BY:CY = AB:AC läßt sich auch erweisen, indem man AQ gleich AC nimmt, CQ zieht, und ähnlich schließt wie in §. 143.

§. 201. Lehrsatz.

Verhält sich Fig. 67 oder Fig. 68

$$AX:BX = AY:BY$$

und

$$AX':B'X' = AY':B'Y'$$

so schneiden sich die drei Linien XX', BB' und YY' entweder in einem Punkt, oder sie sind parallel.

Beweis. Zwei der gedachten Linien, etwa XX' und BB' schneiden sich entweder, oder sie sind parallel. Es werde zuerst angenommen, XX' und BB' schneiden sich in Q. Man denke die Linie QA, eine zweite durch die beiden Punkte Q und Y, und bezeichne den Durchschnittspunkt der letztern Linie mit AB' durch Z. Wegen der ersteren der vorgesetzten Proportionen sind die durch Q gehenden vier Linien harmonische Strahlen. Sie theilen also AB' harmonisch, und es ist Z der vierte harmonische Punkt zu den dreien A, B', X'. Es fällt demnach Z mit Y' zusammen, und die Linie YY' mit der QY; folglich geht YY' durch den Punkt Q. — Sind zwei der Linien, etwa XX' und BB' parallel, so kann die dritte YY' nicht eine der ersteren schneiden; denn schnitte sie die eine BB', so müßte, nach dem eben erwiesenen, auch die andere XX' durch den Durchschnittspunkt gehen, und dann schnitten sich die beiden ersteren, welches sich widerspricht.

Eben so läßt sich zeigen, daß auch die Linien XY', X'Y und BB' sich in einem Punkt schneiden.

§. 202.

Ein vollständiges Viereck entsteht, wenn man die Seiten eines Vierecks unendlich denkt. Jeder Punkt, in welchem zwei Seiten eines vollständigen Vierecks sich schneiden, heißt ein Eckpunkt, eine Ecke des Vierecks, jede gerade Linie, welche durch zwei Ecken eines vollständigen Vierecks geht, ohne mit einer Seite zusammen zu fallen, eine Diagonale. Eine vollständiges Viereck Fig. 69 hat sechs Eckpunkte A, B, C, D, E, F und drei Diagonalen, AC, BD, EF. Sind Fig. 70 zwei Seiten eines vollständigen Vierecks AD und BC parallel, so fällt ihr Durchschnittspunkt F in unendliche Entfernung, und die durch den Durchschnittspunkt E der nicht parallelen Seiten AB und CD gehende Diagonale ist den parallelen Seiten parallel. Sind je zwei gegenüberstehende Seiten eines vollständigen Vierecks parallel, so liegen zwei Endpunkte in der Unendlichkeit, und damit auch die durch sie gehende Diagonale. Ein vollständiges Viereck ist ein Liniensystem, keine Fläche.

§. 203. Lehrsatz.

Jede Diagonale eines vollständigen Vierecks ist harmonisch getheilt, und zwar sind die beiden Endpunkte, welche auf ihr sich finden, zwei zusammengehörige harmonische Punkte, und die beiden Punkte, in welchen sie von den anderen Diagonalen geschnitten wird, die zwei übrigen zusammengehörigen harmonischen Punkte.

Beweis. Man denke Fig. 69 zu den drei Linien AB, AX, AD die (in der Figur nicht angegebene) vierte harmonische Linie AV. Sie liefert, nach §. 198, auf der Linie BD zu den drei Punkten B, D, X den vierten harmonischen Punkt X'. Man denke ferner zu den drei Linien CB, CX, CD die (nicht gezeichnete) vierte harmonische Linie CS; und sie liefert, nach §. 198, auf der Linie BD zu den drei Punkten B, D, X gleichfalls den vierten harmonischen Punkt X'. Die Linien AV und CS schneiden sich demnach, und ihr Durchschnittspunkt X' liegt auf der Linie BD. — Die Linie AV liefert, nach §. 198, auf der Linie EF auch zu den drei Punkten E, F und Y den vierten harmonischen Punkt Y'; und die Linie CS liefert gleichfalls zu den Punkten E, F und Y den vierten harmonischen Punkt Y'. Die Linien AV und CS schneiden sich demnach in einem Punkt Y', welcher sich auf der Linie EF befindet. — Der Durchschnittspunkt der Linien AV und CS liegt also auf der Linie BD und zugleich auf der Linie EF, und ist folglich ihr Durchschnittspunkt Z. In diesem Punkt Z wird also der vierte harmonische Punkt X' zu denen B, D, X, und zugleich der vierte harmonische Y' zu den Punkten E, F und Y dargeboten. — Daß auch die dritte Diagonale AC harmonisch getheilt sei, folgt in gleicher Weise, indem man zu den Linien BA, BX, BC die vierte harmonische Linie denkt, und die zu den dreien DA, DX, DC.

Derselbe Beweis paßt für Fig. 70.

Der Satz gilt endlich auch für das Parallelogramm, denn die eine Diagonale liegt in der Unendlichkeit, und die anderen beiden sind halbirt.

§. 204.

Jede Linie, welche beliebige andere Linien schneidet, heißt eine Transversale.

Befinden sich auf einer beliebigen Linie Punkte A, B, C, D u. s. w., und wird die Linie von einer Transversale in dem Punkt X geschnitten, so nennt man die Stücke AX, BX, CX, DX u. s. f. die Abschnitte dieser Transversale.

Wird für ein Dreieck eine gerade Linie als Transversale gedacht, so schneidet sie entweder zwei Seiten und die

Verlängerung der dritten, oder sie schneidet die Verlägerungen aller drei Seiten. Dies erhellet, wenn man Fig. 71 in der ersten Figur die Transversale XY einmal um den Punkt X, und einmal um den Punkt Y gedreht denkt.

§. 205. Lehrsatz.

Werden Fig. 71 drei sich schneidende gerade Linien AB, AC, BC von einer Transversale XY geschnitten, so bilden sich sechs Abschnitte, und das Product AX·BZ·CY solcher drei Abschnitte, welche nicht einen Endpunkt gemeinschaftlich haben, ist gleich dem BX·CZ·AY der drei übrigen.

Beweis. Aus einem der Durchschnittspunkte der drei Linien, etwa A, ziehe man AQ parallel zur Transversale; dann ist

$$AX:BX = QZ:BZ$$
$$CY:AY = CZ:QZ$$

und die Producte der äußeren und der inneren Glieder liefern

$$AX\cdot CY\cdot BZ = BX\cdot AY\cdot CZ.$$

§. 206. Lehrsatz.

Befinden sich Fig. 71 die Punkte X, Y, Z in solcher Stellung, daß

$$AX\cdot BZ\cdot CY = BX\cdot CZ\cdot AY$$

so liegen die Punkte X, Y, Z in gerader Linie.

Beweis. Man denke durch X und Y eine gerade Linie, und bezeichne den Punkt, in welchem BC von dieser Linie geschnitten wird, und von dem es vorläufig unbestimmt ist, ob er mit Z zusammenfallen werde, durch Z'. In der ersten Figur befindet sich Z' auf BC selbst, in der zweiten auf der Verlängerung von BC (§. 204). Nach dem vorigen Satz ist

$$AX\cdot BZ'\cdot CY = BX\cdot CZ'\cdot AY.$$

Die vorausgesetzte Gleichung dividire man durch diese; das liefert

$$BZ:BZ' = CZ:CZ'$$

daraus folgt

$$BZ \pm CZ:CZ = BZ' \pm CZ':CZ'$$
d. h. $$BC:CZ = BC:CZ'.$$

Deshalb ist CZ gleich CZ', also liegt Z in Z', d. h. mit X und Y in gerader Linie.

§. 207. Lehrsatz.

Innerhalb oder außerhalb des Dreiecks ABC Fig. 72 oder Fig. 73 sei der Punkt N beliebig genommen, und durch ihn und die Ecken des Dreiecks seien die Transversalen AY, BZ, CX gelegt; dann ist das Product AX·BY·CZ dreier nicht zusammenstoßenden Abschnitte gleich dem Product BX·CY·AZ der übrigen.

Beweis. Für das Dreieck ABY betrachte man CN als Transversale, und es ist nach §. 205

$$AX \cdot BC \cdot YN = BX \cdot YC \cdot AN.$$

Für das Dreieck AYC werde BN als Transversale betrachtet, und es ist

$$AN \cdot BY \cdot CZ = YN \cdot BC \cdot AZ.$$

Das Product beider Gleichungen aber liefert

$$AX \cdot BY \cdot CZ = BX \cdot CY \cdot AZ.$$

§. 208. Lehrsatz.

Liegen Fig. 72 oder Fig. 73 die Punkt X, Y, Z dergestalt, daß

$$AX \cdot BY \cdot CZ = BX \cdot CY \cdot AZ$$

so schneiden sich die Linien AY, BZ und CX in einem und demselben Punkte.

Beweis. Der Durchschnittspunkt der beiden Linien BZ und CX sei N. Durch A und N denke man eine gerade Linie, und der Durchschnittspunkt derselben mit BC werde durch Y' bezeichnet. Dann ist nach dem vorigen Satz:

$$AX \cdot BY' \cdot CZ = BX \cdot CY' \cdot AZ.$$

Die Vorausgesetzte Gleichung werde durch diese dividirt; es entsteht

$$BY : BY' = CY : CY'.$$

Daraus folgt

$$BY \pm CY : CY = BY' \pm CY' : CY'$$

oder $$BC : CY = BC : CY'.$$

Es ist demnach $CY' = CY$, also befindet sich Y' in Y, es fällt die Linie AY mit der AN zusammen, und daraus erhellet das Gesetz.

§. 209. Lehrsatz.

Aus einem beliebig innerhalb oder außerhalb eines Dreiecks ABC Fig. 74 oder Fig. 75 angenommenen Punkt N seien Normalen NX, NY, NZ auf die Seiten des Dreiecks gefällt oder auf deren Verlängerungen. Alsdann ist

$$AX^2 + BY^2 + CZ^2 = BX^2 + CY^2 + AZ^2.$$

Beweis. Man denke die Linien NA, NB, NC, und drücke deren Quadrate doppelt aus; das liefert die Gleichungen:

$$AX^2 + NX^2 = AZ^2 + NZ^2$$
$$BY^2 + NY^2 = BX^2 + NX^2$$
$$CZ^2 + NZ^2 = CY^2 + NY^2$$

und die Summe dieser Gleichungen giebt das Gesetz.

§. 210. Lehrsatz.

Liegen Fig. 74 oder Fig. 75 die Punkte X, Y, Z dergestalt, daß

$$AX^2 + BY^2 + CZ^2 = BX^2 + CY^2 + AZ^2$$

so schneiden sich die in X, Y, Z beziehlich auf AB, BC, AC errichteten Normalen in demselben Punkt.

Beweis. Die beiden in X und Y auf AB und BC errichteten Normalen mögen sich in N schneiden, und man fälle von N eine Normale auf AC, welche diese Linie in Z′ treffen mag. Nach dem vorigen Paragraph ist dann

$$AX^2 + BY^2 + CZ'^2 = BX^2 + CY^2 + AZ'^2.$$

Diese Gleichung werde von der vorausgesetzten subtrahirt. Es entsteht

$$CZ^2 - CZ'^2 = AZ^2 - AZ'^2$$

oder $$CZ^2 - AZ^2 = CZ'^2 - AZ'^2$$

oder $$(CZ + AZ)(CZ - AZ) = (CZ' + AZ')(CZ' - AZ')$$

oder da $CZ \pm AZ = CZ' \pm AZ' = AC$ ist

$$CZ \pm AZ = CZ' \pm AZ'$$

hierzu werde $$CZ \pm AZ = CZ' \pm AZ'$$

addirt, und es folgt $$CZ = CZ'.$$

Deshalb fällt Z′ in Z, die Normale in Z also zusammen mit der in Z′, und daraus erhellet der Satz.

§. 211.

Die Linien von den Ecken eines Dreiecks nach den Mitten der gegenüberstehenden Seiten heißen die Mittellinien des Dreiecks.

§. 212. Lehrsätze.

1) Es sei Fig. 72 oder Fig. 73 BZ die Mittellinie zur Seite AC des Dreiecks ABC. In BZ sei der Punkt N beliebig angenommen. Durch N lege man die Linien CX und AY, und denke die Linie XY; diese wird parallel zu AC.

Beweis. Es ist nach §. 207

$$AX \cdot BY \cdot CZ = BX \cdot CY \cdot AZ$$

und es ist AZ gleich CZ, da Z die Mitte ist von AC,

also hat man $$AX \cdot BY = BX \cdot CY$$

oder $$AX : BX = CY : BY$$

und daraus erhellet das Gesetz.

2) Zieht man Fig. 72 oder Fig. 73 bei einem Dreieck ABC eine Linie XY parallel zur einen Seite AC, dann die Transversalen AY und CX, und durch deren Durchschnittspunkt N die Linie BN, so ist dies die Mittellinie zur Seite AC.

Beweis. Es ist $BX : AX = BY : CY$

also $$AX \cdot BY = BX \cdot CY$$

Ferner ist $AX \cdot BY \cdot CZ = BX \cdot CY \cdot AZ$
folglich ist $CZ = AZ$, also Z die Mitte von AC.

§. 213. Lehrsatz.

Die drei Mittellinien eines Dreiecks schneiden sich in einem Punkt.

Beweis. Denn sind Fig. 72 X, Y, Z die Mitten der Seiten, so ist

$$AX = BX$$
$$BY = CY$$
$$CZ = AZ$$

mithin $AX \cdot BY \cdot CZ = BX \cdot CY \cdot AZ$.
und es folgt das Gesetz aus §. 208.

§. 214. Lehrsätze.

1) Sind Fig. 72 AY, BZ, CX die Mittellinien des Dreiecks ABC, so sind die Dreiecke ABN, BCN, ACN einander gleich. Jedes ist also der dritte Theil des Dreiecks ABC.

Beweis. Die Dreiecke ABY und ACY sind gleich, weil sie gleiche Grundlinien haben und einerlei Höhe; eben so die Dreiecke NBY und NCY; daher ist

$$ABY - NBY = ACY - NCY$$

d. h. $ANB = ANC$.
In gleicher Weise folgt, daß ANB gleich BNC ist.

2) Jede Mittellinie ist durch jede der beiden übrigen so getheilt, daß das nach der Ecke liegende Stück sich zu dem anderen wie 2:1 verhält. Das nach der Seite liegende Stück ist demnach der dritte Theil der ganzen Linie.

Beweis. Man denke die Linie XY. Sie wird nach §. 212 parallel mit AC. Und man hat

$$AN : YN = AC : XY = BC : BY = 2 : 1.$$

§. 215. Lehrsätze.

1) Die drei Linien, welche die Winkel eines Dreiecks halbiren, schneiden sich in einem Punkt.

Beweis. Es seien Fig. 72 AY, BZ, CX die Linien, welche die Winkel des Dreiecks ABC halbiren. Nach §. 200 verhält sich

$$AX : BX = AC : BC$$
$$BY : CY = AB : AC$$
$$CZ : AZ = BC : AB$$

Das Product dieser Proportionen liefert

$$AX \cdot BY \cdot CZ : BX \cdot CY \cdot AZ = 1 : 1$$

oder $AX \cdot BY \cdot CZ = BX \cdot CY \cdot AZ$
und daraus erhellet das Gesetz.

2) Die drei Linien, welche zwei äußere Winkel eines Dreiecks halbiren und den inneren Winkel, der nicht Nebenwinkel zu einem jener ist, schneiden sich in einem Punkt.

Beweis. Die Linien AY und CX Fig. 73 mögen des Dreiecks ABC äußere Winkel bei A und C halbiren, die Linie BZ halbire den inneren Winkel bei B. Es verhält sich nach §. 200

$$AX:BX = AC:BC$$
$$BY:CY = AB:AC$$
$$CZ:AZ = BC:AB.$$

Das Product der Proportionen liefert

$$AX \cdot BY \cdot CZ = BX \cdot CY \cdot AZ$$

und daraus erhellet das Gesetz.

§. 216. Lehrsätze.

1) Der Punkt, in welchem die drei Halbirungslinien der Winkel eines Dreiecks sich schneiden, ist von den drei Seiten gleich weit entfernt.

Beweis. Die Linien AY und BZ Fig. 72 mögen die Winkel BAC und ABC des Dreiecks ABC halbiren. Man denke von ihrem Durchschnittspunkt N Normalen auf die Seiten gefällt, und die Punkte, in welchen die Seiten AB, BC, AC von den Normalen getroffen werden, seien beziehlich durch X', Y', Z' bezeichnet. Die Dreiecke ANX' und ANZ' sind congruent, denn sie haben AN gemeinschaftlich, sind rechtwinklig, und es ist $\angle NAX' = \angle NAZ'$, weil AN den Winkel BAC halbirt. Daraus folgt, daß NX' gleich NZ' ist. Eben so sind die Dreiecke BNX' und BNY' congruent; und deshalb ist NX' gleich NY'. Darin liegt der Satz.

2) Der Punkt, in welchem die drei Linien sich schneiden, welche zwei äußere Winkel eines Dreiecks halbiren, und den inneren Winkel, der nicht Nebenwinkel zu einem jener ist, liegt von den Seiten des Dreiecks (oder deren Verlängerungen) gleich weit entfernt.

Beweis an Fig. 73 wie der zu 1).

§. 217. Lehrsatz.

Die drei Linien, welche auf den Seiten eines Dreiecks in deren Mitten normal stehen, schneiden sich in einem Punkt.

Beweis. Sind Fig. 74 X, Y, Z die Mitten der Seiten des Dreiecks ABC, so ist

$$AX^2 = BX^2$$
$$BY^2 = CY^2$$
$$CZ^2 = AZ^2$$

folglich $$AX^2 + BY^2 + CZ^2 = BX^2 + CY^2 + AZ^2$$

und es erhellet der Satz aus §. 210.

§. 218. Lehrsatz.

Der Punkt, in welchem die Normalen sich schneiden, die auf den Seiten eines Dreiecks in deren Mitten errichtet sind, liegt von den drei Ecken gleich weit entfernt.

Beweis. Es sei Fig. 74 X die Mitte von AB, und XN normal auf AB, Y die Mitte von BC, und YN normal auf BC. Man denke die Linien NA, NB, NC. Da AX gleich BX ist, und die Winkel bei X rechte sind, so erhellet aus §. 74 daß NA gleich NB ist. Eben so ist NB gleich NC.

§. 219. Lehrsatz.

Die drei Höhen eines Dreiecks schneiden sich in einem Punkt.

Beweis. Es seien Fig. 76 AY, BZ, CX die Höhen des Dreiecks ABC. Indem man die Quadrate der Seiten zweifach ausdrückt, erhält man

$$AX^2 + CX^2 = CY^2 + AY^2$$
$$BY^2 + AY^2 = AZ^2 + BZ^2$$
$$CZ^2 + BZ^2 = BX^2 + CX^2.$$

Die Summe dieser Gleichungen ist

$$AX^2 + BY^2 + CZ^2 = BX^2 + CY^2 + AZ^2$$

und es erhellet das Gesetz aus §. 210.

§. 220. Lehrsatz.

Der Punkt N, in welchem die Mittellinien eines Dreiecks sich schneiden, der Punkt Q, in welchem die Höhen sich schneiden, und der Durchschnittspunkt Q' der Linien, die auf den Seiten in deren Mitten normal stehen, liegen in gerader Linie, und es verhält sich $NQ : NQ' = 2 : 1$.

Beweis. Es seien Fig. 77 AA', BB', CC' die Mittellinien des beliebigen Dreiecks ABC. Es verhält sich

$$NA : NA' = NB : NB' = NC : NC' = 2 : 1.$$

Deshalb sind die Dreiecke ABC und A'B'C' entsprechende Figuren für N als inneren Aehnlichkeitspunkt und das Grundverhältniß 2 : 1. Die Höhen des Dreiecks ABC und die des Dreiecks A'B'C' sind also entsprechende Linien, und ihre Durchschnittspunkte Q und Q' entsprechende Punkte. Deshalb befinden sich Q und Q' mit N in gerader Linie, und es verhält sich $NQ : NQ' = 2 : 1$. Die Höhen des Dreiecks A'B'C' sind aber, da die Seiten beider Dreiecke als entsprechende Linien parallel gehen, zugleich die Linien, welche auf den Seiten des Dreiecks ABC in deren Mitten normal stehen. Es erhellet also das Gesetz.

§. 221. Lehrsätze.

1) Schneiden sich sämmtliche Linien, welche auf den Seiten eines necks in deren Mitten normal stehen, in einem Punkt, so ist derselbe von allen Ecken gleich weit entfernt.

Beweis. Man ziehe von diesem Punkte Linien nach allen Ecken des necks. Dadurch entsteht über jeder Seite ein gleichschenkliges Dreieck. Jede von den gezogenen Linien ist deshalb gleich der benachbarten, worin liegt, daß alle einander gleich sind.

2) Ist ein Punkt von allen Ecken eines necks gleich weit entfernt, so gehen durch ihn die sämmtlichen Linien, welche auf den Seiten in ihren Mitten normal stehen.

Beweis. Man ziehe von dem Punkte nach jeder Ecke eine Linie, so entsteht über jeder Seite ein gleichschenkliges Dreieck. Diese Dreiecke haben jenen Punkt als Eckpunkt, welcher den dritten Seiten gegenübersteht, gemeinschaftlich, und durch denselben gehen die erwähnten Normalen nach §. 75.

3) Es kann nur ein Punkt Statt finden, welcher von allen Ecken eines necks gleich weit entfernt ist.

Beweis. Denn wollte man annehmen, es fänden mehrere solcher Punkte Statt, so müßten durch jeden von ihnen die sämmtlichen Linien gehen, welche auf den Seiten in ihren Mitten normal stehen, und daß ist dem Begriff der geraden Linie zuwider.

§. 222.

Ein Punkt, der von allen Ecken eines necks gleich weit entfernt ist, heißt der Mittelpunkt desselben.

Jedes Dreieck hat einen Mittelpunkt, aber nicht jedes neck; denn es ist nicht nothwendig, daß die Linien, welche auf den Seiten eines necks in deren Mitten normal stehen, sämmtlich durch einen und denselben Punkt gehen.

Achtes Kapitel.

Vom Kreise.

§. 223.

Eine Ebene, welche so begränzt ist, daß alle Punkte der Begränzung von einem innerhalb der Ebene liegenden Punkt gleich weit entfernt sind, heißt ein Kreis. Die Begränzung ist eine in sich zurückkehrende krumme Linie. Sie wird die Kreislinie oder die Peripherie des Kreises genannt. Der innerhalb eines Kreises befindliche Punkt, von welchem alle Punkte der Peripherie gleich weit entfernt liegen, heißt der Mittelpunkt des Kreises.

Jede gerade Linie vom Mittelpunkt eines Kreises bis zu irgend einem Punkte seiner Peripherie heißt ein **Radius** oder ein **Halbmesser** dieses Kreises.

§. 224.

Alle Radien eines Kreises sind, der Erklärung gemäß, einander gleich.

§. 225.

Ist die Entfernung eines Punktes von dem Mittelpunkt eines Kreises kleiner als dessen Radius, so liegt der Punkt in dem Kreise; ist die Entfernung des Punktes vom Mittelpunkt gleich dem Radius, so befindet er sich in der Peripherie; ist sie größer als der Radius, so befindet er sich außerhalb des Kreises, und umgekehrt.

§. 226.

Wird innerhalb einer überall begränzten Ebene ein Punkt angenommen, und durch ihn eine unendliche gerade Linie gedacht, so schneidet sie die Begränzung der Ebene wenigstens in zwei Punkten. Dies liegt in dem Begriff der geraden Linie und in dem Begriff der überall begränzten Ebene.

Geht daher eine unendliche gerade Linie durch einen Punkt, welcher innerhalb eines Kreises sich befindet, so schneidet sie die Peripherie des Kreises wenigstens in zwei Punkten.

§. 227. **Lehrsätze.**

1) Jede gerade Linie, deren normaler Abstand vom Mittelpunkt eines Kreises geringer ist als der Radius, schneidet die Peripherie dieses Kreises in zwei Punkten.

Beweis. Es sei Fig. 78 der normale Abstand MC der Linie AB vom Mittelpunkt M des Kreises kleiner als der Radius. Der Punkt C befindet sich innerhalb des Kreises; und da die Linie AB durch diesen Punkt geht, so schneidet sie die Peripherie des Kreises wenigstens in zwei Punkten. Sie schneidet die Peripherie aber in nicht mehr als zwei Punkten; denn wenn A und B zwei Durchschnittspunkte der Linie AB mit der Peripherie des Kreises sind, so ist eine beliebige Linie MD oder ME nach §. 67 allemal kleiner oder größer als der Radius MB (oder MA), also ist jeder andere Punkt der Linie AB entweder näher am Mittelpunkt oder weiter von ihm entfernt, als die Peripherie, liegt daher entweder innerhalb oder außerhalb des Kreises, und nicht in dessen Peripherie.

2) Eine gerade Linie, deren normaler Abstand vom Mittelpunkt eines Kreises größer ist als der Radius, hat mit der Peripherie dieses Kreises keinen Punkt gemeinschaftlich.

Beweis. Ist Fig. 78 die Normale MF größer als der Radius, so ist eine andere Linie MG um so mehr größer als der Radius. Daher sind alle Punkte der Linie FG weiter vom Mittelpunkt entfernt, als die Peripherie, so daß jene mit dieser keinen Punkt gemeinschaftlich hat.

3) Eine gerade Linie, deren normaler Abstand vom Mittelpunkt eines Kreises gleich dem Radius ist, hat mit der Peripherie dieses Kreises nur einen Punkt gemeinschaftlich, und dies ist der Punkt, in welchem die Normale vom Mittelpunkt des Kreises die Linie trifft.

Beweis. Denn ist Fig. 78 die Linie MH normal auf HN und dabei gleich dem Radius, so liegt der Punkt H in der Peripherie, aber kein anderer Punkt N der Linie HN, weil jede andere Linie MN größer ist als der Radius MH.

4) Hat eine gerade Linie mit der Peripherie eines Kreises zwei Punkte gemeinschaftlich, so ist ihr normaler Abstand vom Mittelpunkt kleiner als der Radius.

Beweis. Denn wäre er gleich dem Radius oder größer als derselbe, so müßte die Linie nur einen Punkt mit der Peripherie gemein haben oder keinen.

5) Hat eine gerade Linie keinen Punkt mit der Peripherie eines Kreises gemein, so ist ihr normaler Abstand vom Mittelpunkt dieses Kreises größer als der Radius.

Beweis. Denn wäre er ihm gleich oder kleiner, so müßte die Linie einen Punkt oder zwei Punkte mit der Peripherie des Kreises gemein haben.

6) Hat eine gerade Linie mit der Peripherie eines Kreises einen einzigen Punkt gemeinschaftlich, so ist ihr normaler Abstand vom Mittelpunkt dieses Kreises gleich dem Radius.

Beweis. Denn wäre er kleiner oder größer, so müßte die Linie zwei Punkte oder gar keinen Punkt mit der Peripherie gemein haben.

§. 228.

Jede gerade Linie, welche mit der Peripherie eines Kreises zwei Punkte gemeinschaftlich hat, heißt eine Secante des Kreises, und das Stück von ihr, welches innerhalb des Kreises liegt, eine Sehne. Jede Sehne, welche durch den Mittelpunkt geht, wird ein Durchmesser genannt.

Jede gerade Linie, welche mit der Peripherie eines Kreises nur einen Punkt gemeinschaftlich hat, heißt eine Tangente des Kreises für diesen Punkt, und der Punkt, welchen die Linie mit der Peripherie gemein hat, der Berührungspunkt.

Von einer Secante und von einer Sehne sagt man, sie schneide, von einer Tangente, sie berühre den Kreis oder dessen Peripherie.

§. 229.

Jeder Durchmesser ist das Doppelte von dem Radius seines Kreises.

Alle Durchmesser eines Kreises sind einander gleich.

§. 230. Lehrsätze.

1) Jede gerade Linie AB Fig. 78, die schief steht auf einem Radius MA in dem Punkte, welchen er mit der Peripherie des Kreises gemeinschaftlich hat, ist eine Secante.

Beweis. Denn ihr normaler Abstand vom Mittelpunkt des Kreises ist kleiner als der Radius.

2) Jede gerade Linie, die auf einem Radius normal steht in dem Punkt, welchen er mit der Peripherie gemein hat, ist eine Tangente des Kreises für diesen Punkt.

Beweis. Denn ihr normaler Abstand vom Mittelpunkt ist dem Radius gleich.

3) Die Radien, welche nach den Durchschnittspunkten einer Secante gehen, stehen schief auf derselben.

Beweis. Denn stände einer auf ihr normal, so müßte die Secante Tangente sein.

4) Zieht man nach dem Berührungspunkt einer Tangente einen Radius, so steht er normal auf der Tangente.

Beweis. Denn stände die Tangente schief auf dem Radius, so müßte sie die Peripherie des Kreises schneiden.

5) Eine Linie, welche auf einer Tangente in ihrem Berührungspunkte normal steht, geht durch den Mittelpunkt des Kreises.

Beweis. Der Radius zu dem Berührungspunkt steht normal auf der Tangente; und da alle Linien in einander fallen, welche auf der Tangente in dem Berührungspunkt normal stehen, so fällt die gedachte Normale in den Radius, und geht mit ihm durch den Mittelpunkt.

6) Fällt man vom Mittelpunkt eine Normale auf eine Tangente des Kreises, so trifft sie den Berührungspunkt.

Beweis. Der Radius zu dem Berührungspunkte steht normal auf der Tangente; und da alle Linien in einander fallen, welche vom Mittelpunkt aus auf die Tangente hin normal gedacht werden, so fällt die erwähnte Normale in den Radius zu dem Berührungspunkte, trifft ihn also mit ihm.

7) Alle Tangenten für denselben Punkt eines Kreises fallen in einander.

Beweis. Denn sie stehen normal auf demselben Radius in demselben Punkt.

8) Eine gerade Linie, welche eine Tangente in dem Berührungspunkte schneidet, schneidet den Kreis.

Beweis. Denn berührte sie ihn, so müßte sie mit der Tangente zusammenfallen.

§. 231.

Jeder Winkel, welcher von zwei Radien eines Kreises gebildet ist, dessen Spitze also im Mittelpunkt liegt, heißt ein Mittelpunktswinkel; jeder Winkel, welcher von zwei Sehnen gebildet wird, und dessen Spitze in der Peripherie liegt, ein Peripheriewinkel.

Jedes Stück der Kreislinie heißt ein Bogen.

Jeder von den Theilen, in die eine Sehne einen Kreis zerlegt, heißt ein Kreisabschnitt; jeder von den Theilen, in die zwei Radien einen Kreis zerlegen, ein Kreisausschnitt.

Ein Kreisausschnitt heißt ein Quadrant, wenn die ihn begränzenden Radien einen rechten Winkel bilden, ein Sextant, wenn der Winkel, welchen sie bilden, gleich $\frac{2}{3}$R ist.

Man sagt, eine Sehne, ein Bogen, ein Mittelpunktswinkel, ein Kreisabschnitt und ein Kreisausschnitt gehören zu einander, wenn die Sehne und der Bogen ihre Endpunkte gemeinschaftlich haben, und die Schenkel des Mittelpunktswinkels durch diese Endpunkte gehen.

§. 232. Lehrsatz.

Sind zwei Mittelpunktswinkel eines Kreises einander gleich, so sind die dazu gehörigen Sehnen einander gleich, die dazu gehörigen Bogen, Kreisausschnitte und Kreisabschnitte congruent.

Beweis. Die Gleichheit der Sehnen folgt aus der Congruenz der Dreiecke, welche Statt findet, weil sie zwei Seiten und den von ihnen gebildeten Winkel gleich haben. — Legt man die Kreisausschnitte so aufeinander, daß die gleichen Winkel sich decken, so müssen sich auch die Bogen decken, weil beide überall gleich weit von den sich deckenden Scheitelpunkten der Winkel entfernt sind. — Es decken sich also die Bogen und die Kreisausschnitte, und weil dabei die Sehnen in einander fallen, so decken sich auch die Kreisabschnitte.

§. 233. Lehrsatz.

Sind zwei Mittelpunktswinkel eines Kreises ungleich, so sind die dazu gehörigen Sehnen, Bogen, Kreisausschnitte und Kreisabschnitte ungleich.

Beweis. Die Ungleichheit der Sehnen folgt aus §. 76. Die Ungleichheit der Bogen, Kreisausschnitte und Kreisabschnitte fällt in die Augen, sobald man sie auf einander legt, so daß die einen Radien sich decken.

§. 234. Lehrsatz.

Gleiche Sehnen, Bogen, Kreisausschnitte, Kreisabschnitte desselben Kreises haben gleiche Mittelpunktswinkel.

Beweis. Denn wären diese ungleich, so müßten auch die Sehnen, Bogen u. s. w. ungleich sein.

§. 235. Lehrsatz.

Ungleiche Sehnen, Bogen, Kreisausschnitte, Kreisabschnitte desselben Kreises haben ungleiche Mittelpunktswinkel.

Beweis. Denn wären diese gleich, so wären es auch die Sehnen, Bogen u. s. w.

§. 236.

Jeder Durchmesser theilt sowohl den Kreis, als dessen Peripherie in zwei congruente Theile.

Denn die Theile des Kreises sind Kreisausschnitte, und die Theile der Peripherie Bogen, welche gleichen Mittelpunktswinkeln zugehören.

§. 237.

Jeder von den Theilen eines Kreises, in welche er durch einen Durchmesser zerlegt ist, heißt ein Halbkreis.

§. 238. Lehrsätze.

1) Fällt man von dem Mittelpunkt eines Kreises eine Normale auf eine Sehne, so trifft sie deren Mitte, und theilt den zur Sehne gehörigen Mittelpunktswinkel, so wie den Bogen der Sehne in zwei gleiche Theile.

Beweis. Es sei Fig. 79 M der Mittelpunkt des Kreises, und die Linie MC normal auf der Sehne AB. — Die Linien MA und MB sind einander gleich, als Radien, und die Winkel α und β, als rechte Winkel, daher ist nach §. 74 AC gleich CB, und γ gleich δ, und deshalb noch der Bogen AH gleich dem Bogen BH.

2) Die Linie, welche den Mittelpunktswinkel einer Sehne halbirt, steht normal auf derselben.

Beweis. Denn ist Fig. 79 γ gleich δ, so ist, da AM gleich BM, nach §. 74 α gleich β.

3) Verbindet man den Mittelpunkt eines Kreises mit der Mitte einer Sehne durch eine gerade Linie, so steht diese Linie normal auf der Sehne.

Beweis. Es sei AC gleich CB, und da MA gleich MB, so ist, nach §. 74, α gleich β.

4) Die Linie, welche durch den Mittelpunkt eines Kreises und durch die Mitte eines Bogens geht, ist normal auf dessen Sehne.

Beweis. Denn sie theilt den Mittelpunktswinkel der Sehne in zwei gleiche Theile.

5) Die Linie, welche durch die Mitte einer Sehne und durch die Mitte ihres Bogens geht, ist normal auf der Sehne.

Beweis. Die Linie, welche durch den Mittelpunkt des Kreises und durch die Mitte der Sehne geht, steht normal auf der letztern, und halbirt den Bogen der Sehne; und die im Satz erwähnte Linie fällt mit jener zusammen.

6) Errichtet man in der Mitte einer Sehne eine Normale, so geht sie durch den Mittelpunkt.

Beweis. Denn das Dreieck AMB ist gleichschenklig, und errichtet man in der Mitte der dritten Seite AB eine Normale, so geht sie durch die gegenüber stehende Ecke M, nach §. 75.

7) Daher gehen alle Normalen, die in der Mitte von Sehnen eines Kreises errichtet sind, durch denselben Punkt, nämlich durch den Mittelpunkt.

8) Schneiden sich zwei Sehnen in ihren Mitten, so sind sie Durchmesser.

Beweis. Denn alsdann schneiden sich die Linien, welche auf ihnen in ihren Mitten normal stehen, in diesen Mitten, die deshalb im Mittelpunkt des Kreises liegen.

9) Zwei Sehnen, die nicht Durchmesser sind, schneiden sich niemals in ihren Mitten.

Beweis. Denn sonst wären sie Durchmesser.

§. 239. Lehrsätze.

1) Sind zwei Sehnen eines Kreises einander gleich, so sind sie gleich weit vom Mittelpunkt entfernt.

Beweis. Es seien Fig. 79 die beiden Sehnen AB und EF einander gleich. — Man denke die Normalen MC und MG. Sie treffen die Mitten der Sehnen. Da die Sehnen gleich sind, so sind es auch ihre Hälften CB und GE; ferner ist MB gleich ME; die rechtwinkligen Dreiecke MCB und MGE haben daher die Hypotenuse und eine Kathete gleich, und sind congruent. Deshalb ist MC gleich MG; d. h., die normalen Abstände der Sehnen vom Mittelpunkt sind gleich.

2) Sind zwei Sehnen eines Kreises gleich weit vom Mittelpunkt entfernt, so sind sie einander gleich.

Beweis. Es sei Fig. 79 die Normale MC gleich der Normale MG. Da auch MB gleich ME ist, folgt die Congruenz der beiden rechtwinkligen Dreiecke MCB und MGE. Wegen der Congruenz dieser Dreiecke ist CB gleich GE, und deshalb AB gleich EF.

§. 240. Lehrsätze.

1) Sind zwei Sehnen des Kreises ungleich, so sind sie ungleich weit vom Mittelpunkt entfernt, und zwar steht die größere dem Mittelpunkt näher als die kleinere.

Beweis. Es sei Fig. 79 die Sehne EF größer als die Sehne AB. — Man denke die Normalen MC und MG. Sie treffen die Mitten der Sehnen. Nun ist GE (die Hälfte der Sehne EF) größer als CB (die Hälfte der Sehne AB); die rechtwinkligen Dreiecke MCB und MGE haben daher die Hypotenuse MB und ME gleich, die einen Katheten aber ungleich, und daraus folgt nach §. 78, daß MG kleiner ist als MC, d. h. die größere Sehne steht dem Mittelpunkt näher, als die kleinere.

2) Sind zwei Sehnen eines Kreises ungleich weit vom Mittelpunkt entfernt, so sind sie selbst ungleich, und zwar ist die dem Mittelpunkt näher stehende größer, als die von ihm entferntere.

Beweis. Es sei Fig. 79 die Normale MG kleiner als die Normale MC. — Die rechtwinkligen Dreiecke MCB und MGE haben die Hypotenusen gleich, die einen Katheten aber ungleich, also ist, nach §. 78 GE größer als CB, daher auch die Sehne EF größer als AB.

3) Der Durchmesser ist größer als jede andere Sehne desselben Kreises.

Beweis. Da die Summe zweier Seiten eines Dreiecks größer ist als die dritte Seite, so ist irgend eine Sehne EF Fig. 79 kleiner als die beiden Radien ME und MF zusammengenommen. Der Durchmesser ist aber gleich zweien Radien.

4) Ist Fig. 80 HL Durchmesser, und BC normal auf demselben, so ist von allen Sehnen, die durch den Punkt A gehen, BC die kleinste, und jede der übrigen ist größer, als jede von denen, welche zwischen ihr und der kleinsten sich befinden.

Beweis. Um zu zeigen, daß BC die kleinste Sehne sei, construire man durch A eine andere Sehne DE, und deren normalen Abstand vom Mittelpunkt, MN. MA ist dann als Hypotenuse größer als MN, folglich BC kleiner als DE; und da DE jede Sehne repräsentirt, welche durch A geht, so ist BC kleiner als jede andere durch A gelegte Sehne. Um den anderen Theil des Satzes zu erweisen, denke man noch die Sehne FG, und fälle vom Mittelpunkt M auf sie die Normale MP. Die Dreiecke AMP und AMN sind rechtwinklig und haben die Hypotenuse AM gemeinschaftlich; nehmen wir also den Winkel MAP kleiner an, als den Winkel MAN, so ist nach §. 79 MP kleiner als MN, folglich FG größer als DE.

Auch ist AG größer als AE, denn AP ist größer als AN, und PG größer als NE.

§. 241.

Man sagt, ein Mittelpunktswinkel, oder ein Peripheriewinkel **steht** auf dem Bogen, welchen seine Schenkel abschneiden, und der in seiner Winkelebene sich befindet.

§. 242.

Stehen ein Peripheriewinkel und ein Mittelpunktswinkel auf demselben Bogen, so ist der Peripheriewinkel die Hälfte des Mittelpunktswinkels.

Beweis. Es ist Fig. 81 das Dreieck MBC gleichschenklig, also der Winkel MCB gleich dem Peripheriewinkel β. — Der Mittelpunktswinkel α ist als äußerer Winkel des Dreiecks MCB gleich der Summe der gegenüberliegenden Winkel, daher ist α gleich 2β.

Bei Fig. 82 ist nach dem eben erwiesenen Fall

$$\angle QMC = 2 \cdot QBC$$

und

$$\angle QMA = 2 \cdot QBA$$

also, wenn man subtrahirt,

$$\angle QMC - \angle QMA = 2[\angle QBC - \angle QBA]$$

d. h.

$$\alpha = 2\beta.$$

Bei Fig. 83 ist nach dem ersten Fall

$$\angle QMC = 2 \cdot \angle QBC$$

und

$$\angle QMA = 2 \cdot \angle QBA$$

beides addirt liefert

$$\angle QMC + \angle QMA = 2[\angle QBC + \angle QBA]$$

d. h.

$$\alpha = 2\beta.$$

Andere als diese Fälle können nicht eintreten.

Der Satz gilt auch dann, wenn der Mittelpunktswinkel gestreckt oder erhaben sein sollte, welches in derselben Weise gezeigt wird.

§. 243. Lehrsätze.

1) Alle Peripheriewinkel, welche auf gleichem Bogen eines Kreises stehen, sind einander gleich.

Beweis. Denn jeder ist die Hälfte des Mittelpunktswinkels, welcher mit ihm auf gleichem Bogen steht.

2) Peripheriewinkel eines Kreises, welche auf ungleichen Bogen stehen, sind ungleich.

Beweis. Der kleinere Bogen läßt sich als Theil des größeren denken; daher ist ein Theil von dem Peripheriewinkel auf dem größeren Bogen gleich dem Peripheriewinkel auf dem kleineren Bogen.

3) Sind Peripheriewinkel eines Kreises gleich, so sind die Bogen gleich, auf denen sie stehen.

Beweis. Denn wären die Bogen ungleich, so müßten es auch die Peripheriewinkel sein.

§. 244. Lehrsätze.

1) Jeder Peripheriewinkel, welcher auf einem Halbkreise steht, ist ein rechter Winkel.

Beweis. Denn der Mittelpunktswinkel, welcher mit ihm auf gleichem Bogen steht, ist gleich 2R.

2) Ist ein Peripheriewinkel ein rechter Winkel, so steht er auf einem Halbkreise.

Beweis. Der Peripheriewinkel auf einem Halbkreise ist ein rechter Winkel, und gleiche Peripheriewinkel stehen auf gleichen Bogen.

3) Es sei Fig. 81 AB Durchmesser, BC Sehne; eine in C auf BC errichtete Normale geht durch A.

Beweis. Man denke CA, und der Winkel BCA ist ein rechter nach 1). Die in C errichtete Normale fällt nach §. 40 mit CA zusammen, geht also durch A.

§. 245. Lehrsätze.

1) Jede Sehne, welche von einem Endpunkt eines Durchmessers ausgeht, ist mittlere Proportionale zu ihrer Projection auf dem Durchmesser und dem Durchmesser selbst.

2) Und fällt man aus irgend einem Punkte der Peripherie eine Normale auf einen Durchmesser, so ist die Normale mittlere Proportionale zu den Stücken des Durchmessers, in welche sie ihn theilt.

Beweis. Ist nämlich Fig. 86 EF ein Durchmesser, ET Sehne und TN normal auf dem Durchmesser, so ist das Dreieck ETF bei T rechtwinklig, und es folgt beides aus §. 154.

§. 246. Lehrsatz.

Der Winkel, welchen eine Tangente mit einer Sehne bildet, die von dem Berührungspunkt ausgeht, ist gleich jedem Peripheriewinkel, der auf dem Bogen steht, welcher in der Winkelebene des ersten Winkels liegt.

Beweis. Die Sehne gehe durch den Mittelpunkt. Der Winkel, welchen sie alsdann mit der Tangente bildet, ist ein rechter Winkel, und jeder Peripheriewinkel, welcher auf dem Bogen steht, der in der Ebene dieses Winkels liegt, steht auf einem Halbkreise, ist also auch ein rechter Winkel.

Die Sehne gehe nicht durch den Mittelpunkt und bilde mit der Tangente einen spitzen Winkel Fig. 84. — Alle Peripheriewinkel, welche auf gleichem Bogen stehen, sind einander gleich. Der Satz wird demnach erwiesen, wenn man zeigt, daß irgend ein Peripheriewinkel, welcher auf dem Bogen steht, der in der Winkelebene von α liegt, gleich α ist. Man ziehe den Durchmesser AD und die Sehne BD. Der Winkel ABD ist ein rechter Winkel; deshalb machen die Winkel BAD und β zusammengenommen einen rechten Winkel aus. Die Winkel BAD und α betragen aber auch einen rechten Winkel. Deshalb ist α gleich β.

Bildet endlich Fig. 85 die Sehne BA mit der Tangente AC einen stumpfen Winkel α, so ziehe man den Durchmesser AD und die Sehne DE, und es sind die Winkel CAD und AED einander gleich, als rechte Winkel, und die Peripheriewinkel BAD und BED, weil sie auf einem Bogen stehen; folglich ist auch hier β gleich α.

§. 247. Lehrsätze.

1) Ist eine Tangente parallel mit einer Sehne, so ist ihr Berührungspunkt die Mitte von dem Bogen der Sehne.

Beweis. Der Radius, welcher nach dem Berührungspunkt geht, ist normal auf der Tangente, deshalb auch normal auf der mit ihr parallelen Sehne, und der Satz folgt aus §. 238 1).

2) Eine Tangente ist parallel mit einer Sehne, sobald ihr Berührungspunkt die Mitte von dem Bogen der Sehne ist.

Beweis. Denn sowohl die Tangente als die Sehne ist normal auf dem Radius, der nach dem Berührungspunkt geht.

3) Sind zwei Tangenten parallel, so ist die Linie, welche ihre Berührungspunkte verbindet, ein Durchmesser.

Beweis. Denn die Normale, welche auf der einen in ihrem Berührungspunkt errichtet wird, geht durch den Mittelpunkt und steht normal auf der anderen, trifft daher deren Berührungspunkt.

4) Sind zwei Sehnen parallel, so geht die Linie, welche ihre Mitten verbindet, durch den Mittelpunkt des Kreises.

Beweis. Denn errichtet man auf der Mitte der einen Sehne eine Normale, so geht diese durch den Mittelpunkt, steht normal auf der anderen, und trifft also deren Mitte.

5) Sind zwei Sehnen parallel, so sind die Bogen gleich, welche zwischen ihnen sich befinden.

Beweis. Es seien Fig. 79 die Sehnen EF und DL parallel. Man ziehe die Linie EL. Die Winkel DLE und LEF sind gleich, als innere Wechselwinkel zu den parallelen Sehnen. Die Winkel sind Peripheriewinkel; und nach §. 243 sind die Bogen gleich, auf denen gleiche Peripheriewinkel eines Kreises stehen. Daher ist der Bogen DE gleich dem Bogen LF.

6) Zwei Sehnen sind parallel, wenn die Bogen gleich sind, welche zwischen ihnen sich befinden.

Beweis. Es sei Fig. 79 der Bogen DE gleich dem Bogen LF. Die Peripheriewinkel DLE und LEF, welche auf den gleichen Bogen DE und LF stehen, sind gleich, nach §. 243, und da sie als innere Wechselwinkel zu den Sehnen DL und EF erscheinen, so sind diese parallel.

§. 248. Lehrsätze.

1) Schneiden sich zwei Sehnen, so ist das Product aus den Stücken der einen gleich dem Product aus den Stücken der anderen.

Beweis. Es seien Fig. 86 AB und CD die Sehnen. Die Dreiecke NAC und NDB sind ähnlich, denn es sind die Winkel CAB und CDB gleich als Peripheriewinkel auf demselben Bogen, ebenso die Winkel ACD und ABD. Daher verhält sich

$$NA : NC = ND : NB$$

und das liefert

$$NA \cdot NB = NC \cdot ND.$$

2) Man denke durch den Punkt N alle möglichen Sehnen, und es sei TQ die kleinste. Die kleinste Sehne steht nach §. 240 4) normal auf dem durch N gehenden Durchmesser, ist also durch N halbirt, und daher ist $NT \cdot NQ = NT^2$. Unmittelbar nach 1) hat man nun

$$NA \cdot NB = NC \cdot ND = NE \cdot NF = NG \cdot NH = \cdots = NT^2.$$

3) Es sei Fig. 87 NT Tangente des Kreises, NB eine beliebige Secante; und es ist

$$NA \cdot NB = NT^2.$$

Beweis. Die Dreiecke NTA und NTB sind ähnlich, denn sie haben den Winkel bei N gemeinschaftlich, und die Winkel NTA und TBN sind gleich nach §. 246. Daher verhält sich

$$NA : NT = NT : NB$$

und das liefert

$$NA \cdot NB = NT^2.$$

4) Man denke Fig. 87 durch N alle möglichen Secanten und man hat sofort nach 3)

$$NA \cdot NB = NC \cdot ND = \cdots = NT^2.$$

5) Die Stücke NA und NB Fig. 86 und Fig. 87 sind die Abschnitte, welche man erhält, indem man von N einmal bis zur Kreislinie geht, und von N wiederum bis zur Kreislinie. Fig. 86 sind die Abschnitte NA und NB der einzelnen Sehnen ungleich, und nur die Abschnitte NQ und NT der kleinsten Sehne sind gleich. Fig. 87 sind die Abschnitte NA

und NB der einzelnen Secanten ebenfalls ungleich; und dreht man eine Secante NB um den Punkt N bis sie zur Tangente NT geworden, so sind ihre Durchschnittspunkte A und B einander näher gerückt und zuletzt in T zusammengefallen: eine Tangente NT kann daher angesehen werden als eine Secante, deren Abschnitte einander gleich sind, nämlich NT und NT. Nach diesen Betrachtungen lassen sich die Gesetze dieses Paragraphen als ein Gesetz auffassen und aussprechen, nämlich: Wenn man durch einen beliebigen Punkt alle Sehnen oder Secanten für einen Kreis denkt, so sind die Producte einander gleich, die einzeln aus den Abschnitten je einer Linie gebildet sind, also gleich dem Quadrat eines Abschnitts der Linie, deren Abschnitte gleiche Größe haben.

Der Werth NT^2 heißt sowohl bei Fig. 86, als bei Fig. 87 die Potenz des Punktes N.

§. 249. Lehrsätze.

1) Schneiden sich zwei Tangenten eines Kreises, so sind die Stücke von ihnen gleich, welche zwischen ihrem Durchschnittspunkt und den Berührungspunkten liegen; und die gerade Linie, welche durch den Durchschnittspunkt und den Mittelpunkt des Kreises geht, theilt den Winkel, welchen die Tangenten bilden, in zwei gleiche Theile.

Beweis. Es seien Fig. 88 die Linien BA und BC Tangenten, und A und C ihre Berührungspunkte. Die rechtwinkligen Dreiecke MAB und MCB haben die Hypotenuse gemeinschaftlich, und die Katheten MA und MC gleich; sie sind daher congruent, und daraus folgt, daß BA gleich BC, und α gleich β ist.

2) Theilt eine Linie den Winkel, welchen zwei sich schneidende Tangenten eines Kreises bilden, in zwei gleiche Theile, so geht sie durch den Mittelpunkt.

Beweis. Die Linie MB Fig. 88 gehe durch den Mittelpunkt und den Durchschnittspunkt der Tangenten. — Sie theilt nach dem vorigen Satz den Winkel, welchen die Tangenten bilden, in zwei gleiche Theile. Alle Linien, welche einen Winkel in zwei gleiche Theile theilen, fallen aber in einander; daher muß jede Linie, welche den Winkel ABC in zwei gleiche Theile theilt, in die Linie BM fallen, und mit ihr durch den Mittelpunkt gehen.

§. 250.

Liegen sämmtliche Ecken eines $n$ecks in der Peripherie eines Kreises, so sagt man, das $n$eck liegt in diesem Kreise, oder der Kreis liegt um das $n$eck; und sind sämmtliche Seiten eines necks Tangenten für einen Kreis, so sagt man, das neck liegt um diesen Kreis, oder der Kreis liegt in dem neck.

§. 251. Lehrsatz.

Jedes Dreieck liegt in einem Kreise; und der Mittelpunkt dieses Kreises ist der Punkt, in welchem die Linien sich schneiden, die auf den Mitten der Seiten des Dreiecks normal stehen.

Beweis. Dieser Punkt ist nach §. 218 von allen Ecken des Dreiecks gleich weit entfernt; daher muß der Kreis, welcher ihn zum Mittelpunkt, und seine Entfernung von einer Ecke zum Radius hat, alle Ecken des Dreiecks in seine Peripherie aufnehmen.

§. 252.

Der Kreis, welcher um das rechtwinklige Dreieck liegt, hat die Hypotenuse zum Durchmesser; und der Kreis, welcher die Hypotenuse zum Durchmesser hat, nimmt die dritte Ecke des rechtwinkligen Dreiecks in seine Peripherie auf.

§. 253. Lehrsatz.

Jedes Dreieck liegt um einen Kreis; und der Mittelpunkt dieses Kreises ist der Punkt, in dem die Linien sich schneiden, welche die Winkel des Dreiecks halbiren.

Beweis. Nach §. 216 sind die Normalen, von diesem Punkt auf die Seiten des Dreiecks gefällt, einander gleich; daher werden für den Kreis, welcher ihn zum Mittelpunkt, und eine der Normalen zum Radius hat, die drei Seiten des Dreiecks Tangenten.

§. 254.

Wegen §. 216 giebt es drei Kreise, von denen jeder die eine Seite eines Dreiecks und die Verlängerungen der beiden anderen berührt.

§. 255. Lehrsatz.

Liegt ein neck in einem Kreise, und sind seine Seiten einander gleich, so sind seine Winkel einander gleich.

Beweis. Gleiche Sehnen eines Kreises haben gleiche Mittelpunktswinkel, daher auch gleiche Bogen. Hieraus ersieht sich, daß alle Winkel des necks auf gleichen Bogen stehen, und daraus folgt, daß alle einander gleich sind.

§. 256.

Sind alle Seiten eines necks einander gleich, auch alle Winkel, so heißt das neck ein reguläres neck.

Jeder Winkel eines regulären necks ist gleich

$$\frac{n-2}{n} \cdot 2R.$$

Das reguläre Dreieck ist das gleichseitige, und das reguläre Viereck ist das Quadrat.

§. 257. Lehrsatz.

Die Linien, welche die Winkel eines regulären necks halbiren, schneiden sich in einem Punkt, und dieser Punkt ist von allen Ecken des necks gleich weit entfernt, also Mittelpunkt eines Kreises, der um das neck liegt.

Beweis. Es sei Fig. 93 ABCDE ein Theil von der Begränzung eines regulären necks, die Linie DM theile den Winkel CDE in zwei gleiche Theile, die Linie CM den Winkel BCD. Da die getheilten Winkel einander gleich sind, so sind es auch die Winkel α und β als ihre Hälften; daraus folgt, daß zunächst die Linie DM gleich ist der Linie CM. Es werde die Linie BM gedacht. Die Dreiecke MCB und MDC sind congruent, denn sie haben die Seiten MC und MD gleich, auch die Seiten CB und DC, und die Winkel γ und α. Daher ist BM gleich CM, δ gleich β. Und da die Winkel ABC und BCD gleich sind, und β die Hälfte von BCD ist, so ist δ die Hälfte von ABC, und die Linie BM theilt den Winkel ABC in zwei gleiche Theile. Von der Linie AM könnte eben so gezeigt werden, daß sie gleich BM ist, und daß sie den Winkel bei A halbirt u. s. f. Es sind daher alle Linien, von den Ecken nach dem Punkt M hin, einander gleich, und jede halbirt den Winkel, von dessen Spitze sie ausgeht. Alle Linien, die einen Winkel halbiren, fallen in einander. Daraus folgt der Satz.

§. 258. Lehrsatz.

Die Linien, welche auf den Mitten der Seiten eines regulären necks normal stehen, gehen durch den Mittelpunkt des Kreises, der um das neck liegt, und sind einander gleich.

Beweis. Die Seiten sind Sehnen dieses Kreises, deshalb gehen die Normalen, welche auf ihren Mitten stehen, durch den Mittelpunkt, und da ferner die Seiten gleich sind, so sind ihre Entfernungen vom Mittelpunkt, d. h. jene Normalen, einander gleich.

§. 259.

Jedes reguläre neck liegt daher um einen Kreis, und dieser hat einerlei Mittelpunkt mit dem Kreise, in welchem es liegt.

§. 260.

Man bemerke:

1) daß alle die Dreiecke congruent sind, in welche ein reguläres neck durch die Linien zerlegt wird, die von seinen Ecken nach dem Mittelpunkt des Kreises gehen, in welchem das neck liegt, und daß

2) der Winkel eines solchen Dreiecks, welcher am Mittelpunkt liegt, gleich $\frac{4}{n}$ R ist, während jeder der beiden anderen gleich ist $\frac{n-2}{n}$ R.

§. 261. Lehrsatz.

Die Seiten des regulären Sechsecks ist gleich dem Radius des Kreises, welcher um dasselbe liegt.

Beweis. Man denke Linien vom Mittelpunkte nach den Endpunkten einer Seite. Jeder Winkel des Dreiecks, welches dadurch entsteht, ist gleich $\frac{2}{3}$ R (nach dem vorigen Paragraph), das Dreieck also ein gleichseitiges, daher die Seite des Sechsecks gleich dem Radius.

§. 262. Lehrsatz.

Liegen ein reguläres Fünfeck und ein reguläres Zehneck in demselben Kreise, so ist das Dreieck, welches die Seite des Fünfecks, die Seite des Zehnecks und den Radius des Kreises zu Seiten hat, rechtwinklig, und die Seite des Fünfecks ist seine Hypotenuse.

Beweis. Es sei Fig. 94 AB die Seite des regulären Fünfecks, M der Mittelpunkt des Kreises. Die Linie MC halbire den Winkel AMB; AC und BC sind dann Seiten des regulären Zehnecks. Ferner sei MQ normal auf AC.

In dem Dreieck ADC ist AQ gleich QC, und die Winkel bei Q sind rechte Winkel, daher ist AD gleich DC, und der Winkel α gleich dem Winkel β. Und da α gleich γ ist, so ist auch β gleich γ.

Die Dreiecke ADC und ACB sind ähnlich, denn sie haben die Winkel β und γ gleich, und den Winkel α gemeinschaftlich; es verhält sich also

$$AD : AC = AC : AB$$

und daraus folgt $AD \cdot AB = AC^2$.

Die Winkel δ und φ sind einander gleich; denn δ ist nach §. 260 gleich $\frac{3}{5}$ R, und φ ist $\frac{3}{5}$ R, weil der Winkel AMB nach §. 260 gleich $\frac{4}{5}$ R ist, MC den Winkel AMB halbirt, und MQ den Winkel AMC.

Weiter sind nun die Dreiecke MDB und MAB ähnlich, denn sie haben die Winkel φ und δ gleich, und den Winkel ε gemeinschaftlich; es verhält sich daher

$$DB : MB = MB : AB$$

woraus folgt $DB \cdot AB = MB^2$.

Hierzu addire man

$$AD \cdot AB = AC^2$$

das liefert $(AD+DB)\,AB = AC^2+MB^2$

oder $AB^2 = AC^2+MB^2$

und daraus erhellet der Satz nach §. 121, mit Rücksicht auf §. 185.

§. 263. Lehrsatz.

Bei dem Dreieck ABC Fig. 95 sei der Winkel BAC durch die Linie AX, sein Nebenwinkel durch AY in zwei gleiche Theile getheilt, dann ist

$$AX^2 = AB \cdot AC - BX \cdot CX$$
$$AY^2 = BY \cdot CY - AB \cdot AC.$$

Beweis. Man denke den Kreis, welcher um das Dreieck liegt, verlängere AX bis zum Durchschnitt D mit dem Kreise und ziehe CD. Die Dreiecke ABX und ACD sind ähnlich, denn nach der Voraussetzung ist $\angle BAX$ gleich $\angle CAX$, und die Winkel bei B und D sind gleich, als Peripheriewinkel auf demselben Bogen. Deshalb verhält sich

$$AB : AX = AX + DX : AC$$

das liefert $AX^2 + AX \cdot DX = AB \cdot AC$

oder, weil nach §. 248 $AX \cdot DX = BX \cdot CX$

$$AX^2 + BX \cdot CX = AB \cdot AC$$

und daraus erhellet die erste Gleichung.

Man verlängere andererseits AY bis zum Durchschnitt E und ziehe CE. Dann sind die Dreiecke ABY und ACE ähnlich. Es ist nämlich, da AY den äußeren Winkel halbirt, $\angle CAY$ gleich $\angle EAB$, also $\angle BAY$ gleich $\angle EAC$, und es sind die Winkel bei B und E gleich, als Peripheriewinkel auf demselben Bogen. Deshalb hat man

$$AB : AY = EY - AY : AC$$

also $AB \cdot AC = AY \cdot EY - AY^2$

und hieraus, indem man nach §. 248 $BY \cdot CY$ statt $AY \cdot EY$ setzt

$$AY^2 = BY \cdot CY - AB \cdot AC$$

welches die zweite Gleichung ist.

Die erste Gleichung wird gewöhnlich dargestellt unter der Form

$$AX^2 + BX \cdot CX = AB \cdot AC.$$

§. 264. Lehrsatz.

Der Inhalt eines Dreiecks ist gleich dem Product seiner drei Seiten, dividirt durch den doppelten Durchmesser des Kreises, welcher um das Dreieck liegt.

Beweis. Die Maaße der drei Seiten des Dreiecks EFG Fig. 96 seien a, b, c. Man ziehe den Durchmesser GH, dessen Maaß d sein mag, und die Sehne FH. — Das

Dreieck GFH ist rechtwinklig bei F, sein Inhalt daher gleich $\frac{b \cdot FH}{2}$. Die Dreiecke EFG und GFH haben die Winkel β. und α gleich, als Peripheriewinkel welche auf einem Bogen stehen, verhalten sich also wie die Producte der Seiten, welche diese Winkel bilden. Es bezeichne x den Inhalt des Dreiecks EFG, dann ist

$$x : \frac{b \cdot FH}{2} = ac : d \cdot FH$$

und daraus folgt $x = \frac{abc}{2d}$.

§. 265. Lehrsatz.

Bei jedem Viereck, welches in einem Kreise liegt, ergänzen sich die gegenüberstehenden Winkel zu einem gestreckten Winkel.

Beweis. Man ziehe Fig. 97 die Radien MA und MC, so ist

$$\gamma = 2\alpha$$
$$\delta = 2\beta$$

also $\gamma + \delta = 2(\alpha + \beta)$

oder $2 \cdot 2R = 2(\alpha + \beta)$

mithin $2R = \alpha + \beta$

und dann auch die Summe der Winkel BAD und BCD gleich einem gestreckten Winkel nach §. 84.

§. 266. Lehrsatz.

Bei jedem Viereck, welches in einem Kreise liegt, ist das Product der Diagonalen gleich der Summe der Producte aus den gegenüberstehenden Seiten.

Beweis. Es sei Fig. 98 der Winkel EFN gleich dem Winkel HFG gemacht. Dann sind die Dreiecke EFN und HFG ähnlich, weil sie die eben genannten Winkel gleich haben und die Winkel α und β; es verhält sich daher

$$EN : b = d : q$$

woraus folgt $EN \cdot q = bd$.

Ferner sind die Dreiecke NFG und EFH ähnlich, weil sie die Winkel γ und δ gleich haben und die Winkel φ und μ, (von diesen ist nämlich jeder zusammengesetzt aus dem Winkel NFH und einem der gleichen Winkel HFG und EFN); also verhält sich

$$NG : c = a : q$$

und daraus folgt $NG \cdot q = ac$.

Hierzu addire man $EN \cdot q = bd$

das liefert $(EN + NG)q = ac + bd$

oder $pq = ac + bd$.

In gleicher Weise ergiebt sich das Gesetz für die Fälle, daß die Linie FN in die Diagonale FH, oder in die Winkelebene des Winkels HFG geräth.

Dieser Satz heißt der Ptolemäische Lehrsatz.

§. 267. Lehrsatz.

Die Diagonalen eines Vierecks, welches in einem Kreise liegt, verhalten sich wie die Summen der Producte aus den Seiten, welche an ihren Endpunkten zusammenstoßen.

Beweis. Es bezeichne x den Durchmesser des Kreises Fig. 98. Dann drückt sich der Inhalt des Dreiecks EFG aus durch $\frac{bcp}{2x}$, der Inhalt des Dreiecks EGH durch $\frac{adp}{2x}$, also der Inhalt des Vierecks EFGH durch $\frac{(ad + bc)p}{2x}$; ferner ist der Inhalt des Dreiecks EFH gleich $\frac{abq}{2x}$, der des Dreiecks FGH gleich $\frac{cdq}{2x}$, daher der Inhalt des Vierecks auch gleich $\frac{(ab + cd)q}{2x}$. Man hat also

$$(ad + bc)p = (ab + cd)q$$

und daraus folgt

$$p : q = ab + cd : ad + bc.$$

§. 268. Lehrsatz.

Bei jedem Viereck, welches um einen Kreis liegt, sind die Summen der gegenüberstehenden Seiten gleich.

Beweis. Denn sind Fig. 99 E, F, G, H die Berührungspunkte, so ist

$$AE = AH$$
$$BE = BF$$
$$DG = DH$$
$$CG = CF$$

also

$$AE + BE + DG + GC = AH + DH + BF + CF$$

oder

$$AB + DC = AD + BC.$$

§. 269. Lehrsatz.

Sind die Summen der gegenüberstehenden Seiten eines Vierecks einander gleich, so liegt das Viereck um einen Kreis.

Beweis. Es seien Fig. 99 die Summen der gegenüberstehenden Seiten des Vierecks einander gleich. Wollte man annehmen, der Kreis, welcher die Seiten AB, BC und CD berührt, werde von AD nicht berührt, so könnte von A aus eine Tangente AN an den Kreis gelegt werden, und dann hätte man

$$AB + CD \mp DN = BC + AN$$

oder $$AB + CD = BC + AN \pm DN.$$

Nach der Voraussetzung ist

$$AB + CD = BC + AD$$

daher müßte $$AN \pm DN = AD$$

sein, welches nicht möglich ist.

§. 270. Lehrsätze.

1) Bei jedem in einem Kreise liegenden Sechseck befinden sich die drei Durchschnittspunkte der gegenüberstehenden Seiten in gerader Linie. Gegenüberstehende Seiten sind die erste und vierte, zweite und fünfte, dritte und sechste Seite, irgend eine als erste genommen.

Beweis. Man fasse Fig. 100 drei nicht zusammenstoßende Seiten, etwa die erste, dritte und fünfte ins Auge, und für das Dreieck PQR, welches diese bilden, betrachte man die übrigen drei Seiten des Sechsecks als Transversalen. Dann ist nach §. 205

$$BP \cdot CQ \cdot YR = BR \cdot CP \cdot YQ$$
$$XP \cdot DQ \cdot ER = XR \cdot DP \cdot EQ$$
$$AP \cdot ZQ \cdot FR = AR \cdot ZP \cdot FQ.$$

Ferner hat man nach §. 248

$$BP \cdot AP = CP \cdot DP$$
$$DQ \cdot CQ = EQ \cdot FQ$$
$$ER \cdot FR = BR \cdot AR.$$

Wenn man nun die ersten drei Gleichungen mit einander multiplicirt und die letzteren drei Gleichungen beachtet, so entsteht

$$XP \cdot ZQ \cdot YR = XR \cdot ZP \cdot YQ.$$

Die Punkte X, Y, Z befinden sich auf den Seiten des Dreiecks PQR, folglich nach §. 206 in gerader Linie, und das ist der Satz.

2) Man denke in einem Kreise ein beliebiges Fünfeck. Der Eckpunkt, in welchem die erste und die fünfte Seite zusammenstoßen, sei A. Der Durchschnittspunkt zwischen der ersten und vierten Seite, der zwischen der zweiten und fünften Seite, und der Punkt, in welchem die dritte Seite und die Tangente in A sich schneiden, liegen in gerader Linie.

Beweis. Man lasse Fig. 100 das Sechseck ABCDEF in ein Fünfeck übergehen dadurch, daß die Seite AF sich um den Punkt F dreht bis A in F fällt, während BA die nöthige Drehung um B macht. Während die Seite AF sich verkleinert, ändern die Punkte Z und X ihre Lage, bleiben aber stets in gerader Linie mit Y. Im letzten Augenblick, wo AF verschwindet, wird AZ zur Tangente in A (oder F) und so erhellet das Gesetz aus 1).

3) Wenn man in der Peripherie eines Kreises drei Punkte A, B, C beliebig wählt, für sie Tangenten denkt, und die Secanten AB, AC, BC, so befinden sich die drei Durchschnittspunkte zwischen den Tangenten und den ihnen gegenüberstehenden Secanten in gerader Linie.

Beweis. Folgt aus 1), wenn man drei nicht zusammenstoßende Seiten des Sechsecks verschwinden, in Tangenten übergehen läßt. Will man das Gesetz geradezu erweisen, so betrachte man für das Dreieck, welches die Tangenten bilden, die drei Secanten als Transversalen und verfahre ähnlich, wie in 1).

Aehnlich lassen sich mehr Gesetze aus 1) ableiten.

§. 271. Lehrsatz.

Der Inhalt eines jeden necks, welches um einen Kreis liegt, ist gleich dem halben Product aus der Summe der Seiten in den Radius dieses Kreises.

Beweis. Man denke Linien von dem Mittelpunkt des Kreises nach allen Ecken des necks. Dies wird dadurch in Dreiecke zerlegt, welche sämmtlich den Radius des Kreises zur Höhe haben, sobald man die Seiten des necks als Grundlinien annimmt. Ist daher r der Radius des Kreises, und sind a, b, c, d .... die Seiten des necks, so drückt sich der Inhalt des necks aus durch

$$\frac{ar}{2}+\frac{br}{2}+\frac{cr}{2}+\frac{dr}{2}+\cdots$$

und dies ist gleich

$$\frac{(a+b+c+d+\cdots)r}{2}.$$

§. 272.

Sind daher a, b, c die Seiten eines Dreiecks, und ist r der Radius des Kreises, um welchen das Dreieck liegt, so ist der Inhalt des Dreiecks gleich $\frac{(a+b+c)r}{2}$.

Und ist a die Seite eines regulären necks, r der Radius des Kreises, um welchen das neck liegt, so ist der Inhalt des necks gleich $\frac{na \cdot r}{2}$.

§. 273.

Liegen drei Punkte nicht in einer geraden Linie, so ist wegen §. 251 ein Kreis denkbar, in dessen Peripherie sie sich befinden. Vier oder mehr Punkte liegen aber nicht immer in der Peripherie eines Kreises; denn es ist nicht nothwendig, daß eine Kreislinie, welche durch drei von den Punkten geht, noch einen gegebenen Punkt in sich aufnimmt.

§. 274. Lehrsatz.

Sind Fig. 102 die Winkel α und β einander gleich, so liegen die Punkte A, B, C, D in der Peripherie eines Kreises.

Beweis. Wollte man annehmen, die Kreislinie, welche durch die Punkte A, B und D geht, schnitte die Linie AC nicht in dem Punkt C, sondern in F, so müßten die Winkel δ und α einander gleich sein, als Peripheriewinkel auf demselben Bogen. Dann wäre aber δ gleich β, welches nicht möglich ist, weil δ als äußerer Winkel größer ist als β. Wollte man annehmen, jene Kreislinie schnitte die Linie AC in G, so müßte ε gleich α, also auch gleich β sein, was wieder nicht möglich ist, da β größer ist als ε. Die Linie AC kann daher nur in C von jener Kreislinie geschnitten werden.

§. 275. Lehrsatz.

1) Ist Fig. 103 der Winkel β gleich dem Winkel α, so nimmt die Kreislinie, für welche AC in A Tangente ist, und die den Punkt B enthält, auch den Punkt D in sich auf.

Beweis. Die Kreislinie wird von der Linie AD geschnitten, weil diese die Tangente in dem Berührungspunkt schneidet. Wollte man nun annehmen, die Kreislinie schnitte die Linie AD nicht in D, sondern etwa in E, so müßte γ gleich α, also auch gleich β sein, während doch γ als äußerer Winkel größer als β ist; und wollte man annehmen, sie schnitte die Linie AD in F, so müßte δ gleich α sein, und daher auch gleich β, während β größer ist als δ. Die Kreislinie kann daher die Linie AD nur in dem Punkt D treffen.

2) Ist Fig. 103 der Winkel α gleich dem Winkel β, so nimmt die Kreislinie, welche von AC in A berührt wird, und die durch D geht, den Punkt B in sich auf.

Beweis. Die Kreislinie und die Linie AB schneiden sich, weil AB die Tangente in dem Berührungspunkt schneidet. Wollte man annehmen, die Kreislinie und die Linie AB schnitten sich nicht in B, sondern etwa in G, so müßte der Winkel ADG gleich α, also auch gleich β sein, welches nicht möglich ist.

3) Sind Fig. 84 die Winkel α und γ einander gleich, so ist die Linie AC in dem Punkt A Tangente für den Kreis, dessen Peripherie die Punkte A, B, E enthält.

Beweis. Es sei AD Durchmesser. Die Winkel β und γ sind gleich als Peripheriewinkel, welche auf einem Bogen stehen; γ ist gleich α, deshalb ist auch β gleich α. Der Winkel β ergänzt den Winkel BAD zu einem rechten Winkel, und da β gleich α ist, ergänzt auch α den Winkel BAD zu einem rechten Winkel; dann ist aber AC normal auf dem Durchmesser AD, und in dem Punkt A Tangente für den Kreis, dessen Peripherie die Punkte A, B, E enthält.

§. 276. Lehrsatz.

Ist Fig. 104

$$NA \cdot NB = NC \cdot ND$$

so liegen die vier Punkte A, B, C, D in der Peripherie eines Kreises.

Beweis. Man denke durch die drei Punkte A, B, C einen Kreis. Die Linie CN wird von der Kreislinie noch in einem Punkte Q geschnitten, weil CN durch den Punkt N geht, welcher innerhalb des Kreises liegt. Alsdann ist

$$NA \cdot NB = NC \cdot NQ$$

nach der Voraussetzung

$$NA \cdot NB = NC \cdot ND$$

deshalb ND gleich NQ; der Punkt D liegt also in dem Punkt Q und mit diesem in der Kreislinie, welche durch A, B, C geht.

§. 277. Lehrsatz.

Ist Fig. 105

$$NA \cdot NB = NC . ND$$

so liegen die vier Punkte A, B, C, D in der Peripherie eines Kreises.

Beweis. Die Kreislinie, welche die drei Punkte B, A, C enthält, schneidet die Linie NC; denn wäre dies nicht der Fall, so könnte NC nur Tangente in dem Punkt C sein, und dann wäre

$$NA \cdot NB = NC^2$$

also

$$NC^2 = NC \cdot ND$$

welches nicht möglich ist, weil NC kleiner ist als ND. Nimmt man nun an, die Linie NC werde von der Kreislinie außer in dem Punkt C, noch in dem Punkt Q geschnitten, so ist

$$NA \cdot NB = NC \cdot NQ$$

also wegen der Voraussetzung

$$ND = NQ$$

folglich befindet sich D in Q und mit Q in jener Kreislinie.

§. 278. Lehrsätze.

1) Ist Fig. 87

$$NT^2 = NA \cdot NB$$

so nimmt die Kreislinie, welche von NT in T berührt wird, und die durch den Punkt A geht, auch den Punkt B in sich auf.

Beweis. Die Dreiecke ANT und BNT sind ähnlich, denn sie haben den Winkel ANT gemeinschaftlich und nach der Voraussetzung verhält sich

$$NA : NT = NT : NB.$$

Deshalb sind die Winkel ATN und ABT gleich und es folgt der Satz aus §. 275 1).

2) Ist Fig. 87

$$NT^2 = NA \cdot NB$$

so nimmt die Kreislinie, welche von NT in T berührt wird, und die durch den Punkt B geht, den Punkt A in sich auf.

Beweis. Es sind wie in 1) die Winkel ATN und ABT gleich und das Gesetz folgt aus §. 275 2).

3) Ist Fig. 87

$$NT^2 = NA \cdot NB$$

so ist die Linie NT in dem Punkt T Tangente für die Kreislinie, welche durch die Punkte A, B, T geht.

Beweis. Es sind wie zuvor die Winkel ATN und ABT gleich und der Satz folgt aus §. 275 3).

§. 279. Lehrsatz.

Ist die Summe der gegenüberstehenden Winkel eines Vierecks gleich einem gestreckten Winkel, so liegt das Viereck in einem Kreise.

Beweis. Es sei Fig. 106 die Summe der Winkel α und β gleich einem gestreckten Winkel. Wollte man annehmen, die Kreislinie, welche durch die Punkte D, A, B geht, schnitte die Linie DC nicht in C, sondern etwa in E oder in F, so müßte γ oder δ den Winkel α zu einem gestreckten ergänzen, also gleich β sein; und das ist nicht möglich, da der eine größer, der andere kleiner ist als β.

§. 280. Lehrsatz.

Kreise, welche gleiche Radien haben, sind congruent.

Beweis. Legt man die Kreise so auf einander, daß die Mittelpunkte sich decken, so decken sich auch die Peripherieen, weil sie überall gleich weit von den Mittelpunkten entfernt sind.

§. 281. Lehrsatz.

Decken sich zwei Kreise, so liegen ihre Mittelpunkte in einander und ihre Radien sind gleich.

Beweis. Man denke für die Kreise einen gemeinschaftlichen Durchmesser, und ein solcher ist jede Sehne, die durch ihre beiden Mittelpunkte geht. Der Mittelpunkt eines jeden der Kreise liegt in der Mitte des Durchmessers, und der Radius eines jeden ist dessen Hälfte.

§. 282. Lehrsatz.

Gleiche Sehnen, welche ungleichen Kreisen angehören, haben ungleiche Mittelpunktswinkel, und zwar hat die Sehne den größern, welche dem kleineren Kreise zugehört.

Beweis. Es sei Fig. 107 AB gleich CD, der Radius NC größer als der Radius MA, MF normal auf AB, und NG normal auf CD. — Die rechtwinkligen Dreiecke MAH und NCL haben die Katheten AH und CL gleich, die Hypotenusen aber ungleich, und daher ist nach §. 81 der Winkel AMH größer als der Winkel CNL, folglich der Winkel AMB größer als der Winkel CND.

§. 283.

Die gerade Linie von der Mitte eines Bogens bis zur Mitte einer Sehne, wird die Höhe des Bogens genannt.

§. 284. Lehrsatz.

Gleiche Sehnen, welche ungleichen Kreisen angehören, haben Bogen von ungleichen Höhen, und zwar hat der Bogen die größere Höhe, welcher dem kleineren Kreise angehört.

Beweis. Denn es ist Fig. 107 der Winkel FMB größer als der Winkel GND (nach §. 282), also der Winkel MFB kleiner als der Winkel NGD und deshalb nach §. 80 die Kathete FH größer als die Kathete GL.

§. 285. Lehrsatz.

Sehnen, welche ungleichen Kreisen angehören, und deren Mittelpunktswinkel gleich sind, verhalten sich wie die Radien der Kreise.

Beweis. Folgt aus der Aehnlichkeit der Dreiecke.

§. 286. Lehrsatz.

Zwei necke sind congruent, wenn sie n — 1 Seiten beziehlich gleich und in derselben Folge haben, jedes in einem Halbkreise liegt, und dessen Durchmesser seine nte Seite ist.

Beweis. Man denke von den Mittelpunkten Linien nach den Ecken gezogen. Die Halbkreise sind congruent, denn wären sie ungleich, so würde wegen §. 282 die Summe der Mittelpunktswinkel in dem einen größer oder kleiner sein, als die Summe der Mittelpunktswinkel in dem anderen, während jede gleich dem gestreckten Winkel ist. Sind aber die Halbkreise congruent, so sind die Mittelpunktswinkel der beziehlich gleichen Seiten einander gleich, daher die Dreiecke über ihnen congruent und deshalb die Winkel an ihnen beziehlich gleich. Daraus ersieht sich, daß die necke noch alle Winkel gleich haben, und dann sind sie congruent.

§. 287. Lehrsatz.

Zwei necke sind congruent, wenn sie alle Seiten beziehlich gleich und in derselben Folge haben, und jedes in einem Kreise liegt.

Beweis. Man denke von den Mittelpunkten Linien nach den Ecken gezogen. Die Kreise sind congruent, denn wären sie ungleich, so müßte wegen §. 282 die Summe der Mittelpunktswinkel in dem einen größer oder kleiner sein, als die Summe der Mittelpunktswinkel in dem anderen, während jede gleich zweien gestreckten Winkeln ist. Sind die Kreise congruent, so sind die Bogen der beziehlich gleichen Seiten gleich. Daraus folgt, daß die necke noch alle Winkel gleich haben, (sie stehen auf gleichen Bogen), und dann sind sie congruent.

§. 288.

Kreise, deren Mittelpunkte in einander liegen, heißen concentrische Kreise; Kreise, deren Mittelpunkte nicht in einander liegen, excentrische Kreise.

Die gerade Linie, welche zwischen den Mittelpunkten zweier excentrischen Kreise, auch die unendliche, welche durch sie gedacht werden kann, heißt deren Centrale.

§. 289.

Concentrische Kreise, welche ungleiche Radien haben, decken sich nicht. Die Peripherie des einen ist weiter vom Mittelpunkt entfernt, als die des anderen und zwar überall gleich viel weiter.

Der ebene Raum, welcher zwischen den Peripherieen zweier concentrischen Kreise von ungleichen Radien liegt, heißt ein Ring. Die Differenz der Radien heißt die Breite des Ringes.

§. 290.

Liegt ein Punkt der Begränzung einer überall begränzten Ebene A innerhalb einer überall begränzten Ebene B, ein zweiter Punkt der Begränzung der ersteren Ebene A aber außerhalb der anderen Ebene B, so schneiden sich die Begränzungen der beiden Ebenen wenigstens in zwei Punkten.

§. 291. Lehrsätze.

1) Ist die Centrale zweier Kreise kleiner als die Summe ihrer Halbmesser, und größer als die Differenz derselben, so schneiden sich die Peripherieen der beiden Kreise in zwei Punkten; diese Punkte befinden sich nicht auf einer Seite der Centrale, ihre gerade Verbindungslinie steht normal auf der Centrale, und beide sind gleich weit von der Centrale entfernt.

Beweis. Es mögen Fig. 108 M und N die Mittelpunkte der beiden Kreise sein, MN ihre Centrale. BC sei Durchmesser des Kreises zum Mittelpunkt N; dann sind NB und NC Radien. Der Radius des anderen Kreises sei durch r bezeichnet.

Nach der Voraussetzung ist

$$MN < r + BN$$

also $$MN - BN < r$$

oder $$MB < r$$

deshalb befindet sich der Punkt B der Peripherie des rechts liegenden Kreises innerhalb des links liegenden Kreises Ferner ist nach der Voraussetzung

$$MN > r - NC$$

$$\text{also} \quad MN + NC > r$$

$$\text{oder} \quad MC > r$$

und daher liegt der Punkt C der Peripherie des rechts liegenden Kreises außerhalb des links liegenden. Nach dem vorigen Paragraph schneiden sich also die Peripherieen der beiden Kreise wenigstens in zwei Punkten. Von diesen Durchschnittspunkten (es ist noch nicht entschieden wie viele existiren) kann keiner in der Centrale oder in deren Verlängerung vorkommen, weil im ersten Fall die Centrale gleich der Summe der Halbmesser sein müßte, im anderen gleich der Differenz. Es können auch nicht zwei Durchschnittspunkte auf einer Seite der Centrale liegen; denn wenn D und G Durchschnittspunkte wären, so müßten die Linien MD und MG als Radien eines Kreises einander gleich sein, zugleich die Linien ND und NG; ist aber MD gleich MG, so ist der Winkel MGD gleich dem Winkel MDG, also der Winkel NGD größer als der Winkel NDG, folglich ND größer als NG, welches sich widerspricht. Da nun weder in der Centrale selbst noch in deren Verlängerung ein Durchschnittspunkt möglich ist, und auf jeder Seite der Centrale nur einer sich finden kann, so giebt es nicht mehr als zwei Durchschnittspunkte, und sie liegen nicht auf derselben Seite der Centrale. — Es mögen G und H die Durchschnittspunkte sein. Die Dreiecke MHN und MGN sind congruent, weil sie die drei Seiten gleich haben. Aus der Congruenz der Dreiecke folgt die Gleichheit der Winkel α und β. Aus der Gleichheit dieser Winkel und der Gleichheit der Seiten MG und MH folgt, daß γ gleich δ ist, und HQ gleich GQ, so daß die Linie GH normal auf der Centrale steht, und die beiden Punkte G und H gleich weit von der Centrale entfernt sind.

2) Ist die Centrale zweier Kreise größer als die Summe ihrer Halbmesser, so haben die Peripherieen keinen Punkt gemeinschaftlich, und jeder Kreis liegt außerhalb des anderen.

Beweis. Es sei MN Fig. 108 die Centrale. — Wollte man annehmen, die Peripherieen hätten einen Punkt gemeinschaftlich, so würde, wenn der Punkt innerhalb der Centrale läge, etwa in B, die Summe der Halbmesser MB und NB gleich der Centrale sein, wenn er aber in der Verlängerung der Centrale, etwa in C, oder außerhalb derselben läge, etwa in H, so müßte die Centrale kleiner sein, als die Summe der

Halbmesser; denn im ersteren Fall wäre schon der Radius MC, und im anderen wären die Radien MH und NH, als zwei Seiten eines Dreiecks, größer als die Centrale. Die Peripherieen der Kreise haben daher keinen Punkt gemeinschaftlich.

Es sei nun NB Radius des rechts liegenden Kreises, r Radius des links liegenden. — Aus der Voraussetzung

$$MN > r + BN$$

folgt $$MN - NB > r$$

oder $$MB > r.$$

Daher liegt der Punkt B der Peripherie des rechts liegenden Kreises, und der Kreis selbst, außerhalb des links befindlichen Kreises.

3) Ist die Centrale zweier Kreise kleiner als die Differenz ihrer Halbmesser, so haben die Peripherieen keinen Punkt gemeinschaftlich, und der eine Kreis liegt ganz innerhalb des anderen.

Beweis. Wollte man annehmen, die Peripherieen hätten in der Centrale einen Punkt gemeinschaftlich, so müßte die Centrale gleich der Summe der Halbmesser sein; da aber die Centrale kleiner ist als die Differenz der Halbmesser, und diese kleiner als der größere Halbmesser, so ist die Centrale gewiß kleiner als deren Summe. Wollte man annehmen, die Peripherieen hätten in der Verlängerung der Centrale einen Punkt gemeinschaftlich, so müßte die Differenz der Radien gleich der Centrale sein. Wollte man endlich annehmen, sie hätten außerhalb der Centrale einen Punkt gemeinschaftlich, etwa den Punkt H, so wäre

$$MN + NH > MH$$

also $$MN > MH - NH$$

d. h. die Centrale größer als die Differenz der Halbmesser. Die Peripherieen haben demnach keinen Punkt gemeinschaftlich. — Es sei nun NC Radius des einen Kreises, r Radius des anderen. Aus der Voraussetzung

$$MN < r - NC$$

folgt $$MN + NC < r$$

also befindet sich der Punkt C der Peripherie des ersten Kreises innerhalb des anderen. Dann liegt aber jeder Punkt seiner Peripherie und der Kreis selbst innerhalb des anderen.

4) Ist die Centrale zweier Kreise gleich der Summe ihrer Halbmesser, so haben die Peripherieen einen einzigen Punkt gemeinschaftlich, der in der Centrale sich befindet, und jeder Kreis liegt außerhalb des anderen.

Beweis. Ist MN die Centrale, und NB der Radius des einen Kreises, so ist MB der Radius des anderen. —

Die Peripherieen haben den Punkt B der Centrale gemeinschaftlich. Sie können aber keinen zweiten Punkt in der Centrale oder in deren Verlängerung gemeinschaftlich haben, weil sonst zwei Radien eines Kreises ungleich sein müßten; auch keinen außerhalb der Centrale, weil sonst die Centrale kleiner wäre als die Summe der Radien. Ist nun NC Radius des rechts liegenden Kreises, r Radius des anderen, so ist, da schon MN größer als r ist,

$$MN + NC > r.$$

Deshalb liegt der Punkt C der Peripherie des rechts befindlichen Kreises außerhalb des anderen Kreises, und auch der Kreis selbst.

5) Ist die Centrale zweier Kreise gleich der Differenz ihrer Halbmesser, so haben die Peripherieen einen Punkt gemeinschaftlich in der Verlängerung der Centrale, und der eine Kreis liegt ganz innerhalb des anderen.

Beweis. Ist MN die Centrale und MC der Radius des einen Kreises, so ist NC der des anderen. Die Peripherieen haben den Punkt C gemeinschaftlich, der in der Verlängerung der Centrale sich befindet. Sie können aber keinen zweiten Punkt in der Verlängerung der Centrale gemeinschaftlich haben, weil sonst zwei Radien eines jeden der Kreise ungleich sein müßten; auch keinen in der Centrale, weil sonst die Centrale gleich der Summe der Halbmesser wäre, welches nicht möglich ist, weil sie als deren Differenz kleiner ist als der größere; endlich auch keinen außerhalb der Centrale, etwa in H, denn alsdann wäre

$$MN + NH > MH$$

also $$MN > MH - NH$$

d. h. die Centrale größer als die Differenz der Radien. Ist nun NB Radius des einen Kreises, r Radius des anderen, so folgt aus

$$MN = r - NB$$
$$MN < r + NB$$
$$MN - NB < r$$
d. h. $$MB < r.$$

Daher befindet sich der Punkt B der Peripherie des ersteren Kreises innerhalb des anderen, also auch der Kreis selbst innerhalb des anderen.

6) Schneiden sich die Peripherieen zweier Kreise, so ist ihre Centrale kleiner als die Summe ihrer Halbmesser, und zugleich größer als deren Differenz.

Beweis. Denn wäre die Centrale größer als die Summe der Halbmesser, oder kleiner als die Differenz derselben, oder wäre sie gleich der Summe oder der Differenz der Halbmesser, so hätten die Peripherieen der Kreise gar keinen oder nur einen Punkt gemeinschaftlich.

7) Haben die Peripherieen zweier Kreise keinen Punkt gemeinschaftlich, und liegt jeder Kreis außerhalb des anderen, so ist die Centrale größer als die Summe der Halbmesser.

Folgt indirect.

8) Haben die Peripherieen zweier Kreise keinen Punkt gemeinschaftlich, und liegt der eine Kreis innerhalb des anderen, so ist die Centrale kleiner als die Differenz der Halbmesser.

Folgt indirect.

9) Haben die Peripherieen zweier Kreise nur einen Punkt gemeinschaftlich, und liegt jeder Kreis außerhalb des anderen, so ist die Centrale gleich der Summe der Halbmesser.

Indirect.

10) Haben die Peripherieen zweier Kreise nur einen Punkt gemeinschaftlich, und befindet sich der eine Kreis innerhalb des anderen, so ist die Centrale gleich der Differenz der Halbmesser.

Indirect.

11) Haben die Peripherieen zweier Kreise einen Punkt gemeinschaftlich, der nicht in der Centrale liegt, so schneiden sich die Peripherieen.

Beweis. Denn die Centrale ist kleiner als die Summe der Radien, und zugleich größer als deren Differenz.

§. 292.

Haben die Peripherieen zweier Kreise nur einen Punkt gemeinschaftlich, so sagt man, die Kreise berühren sich, und nennt diesen Punkt den Berührungspunkt der Kreise.

Man sagt zwei Kreise berühren sich von außen, wenn jeder außerhalb des andern liegt, und zwei Kreise berühren sich von innen, wenn der eine sich innerhalb des anderen befindet.

§. 293. Lehrsatz.

Berühren sich zwei Kreise, und errichtet man auf der Centrale oder deren Verlängerung in dem Berührungspunkt eine Normale, so ist diese Tangente für einen jeden der beiden Kreise.

Beweis. Denn sie steht normal auf einem Radius eines jeden der Kreise.

§. 294. Lehrsatz.

Haben zwei Kreise in demselben Punkt eine gemeinschaftliche Tangente, so berühren sich die Kreise in diesem

Punkt, liegen sie aber auf einer Seite der Tangente und haben sie gleiche Radien, so fallen sie in einander.

Beweis. Denn die Centrale ist dann gleich der Summe oder gleich der Differenz der Halbmesser; und befinden sich die Kreise auf einer Seite der Tangente, und haben sie gleiche Halbmesser, so liegen die Mittelpunkte in einander und die Kreise decken sich.

§. 295. Lehrsatz.

Haben die Peripherieen zweier Kreise drei Punkte gemeinschaftlich, so fallen sie in einander.

Beweis. Sind A, B, C diese drei Punkte, so liegt der Mittelpunkt eines jeden der Kreise in der Normale, welche in der Mitte von der Sehne AB sich denken läßt, zugleich in der Normale auf der Mitte der Sehne BC. Der Mittelpunkt eines jeden der Kreise ist daher der Durchschnittspunkt M dieser Normalen, und weil MA Radius eines jeden ist, so decken sich die Kreise.

§. 296. Lehrsatz.

Haben zwei Kreise in demselben Punkt A eine gemeinschaftliche Tangente, und haben ihre Peripherieen außerdem einen Punkt B gemeinschaftlich, so decken sich die Kreise.

Beweis. Der Mittelpunkt eines jeden der Kreise liegt in der Linie, welche in dem Punkt A auf der Tangente normal steht, zugleich in der Linie, welche auf der Sehne AB in deren Mitte normal steht. Der Mittelpunkt eines jeden Kreises ist also der Durchschnittspunkt M dieser Normalen, und da MA Halbmesser eines jeden ist, so decken sich die Kreise.

§. 297.

Ein Kreis ist durch drei Punkte seiner Peripherie bestimmt; auch durch eine Linie, welche in einem gegebenen Punkte Tangente für ihn ist, und noch einen Punkt seiner Peripherie.

§. 298.

Ist ein Winkel α das n fache eines Winkels β, so wird β die Einheit und n das Maaß des Winkels α für diese Einheit genannt.

Und ist ein Bogen B eines Kreises das n fache irgend einer Linie C, so heißt C die Einheit, und n das Maaß des Bogens B für diese Einheit.

Es versteht sich nun von selbst, was es heißt, zwei Winkel oder zwei Bogen verhalten sich wie zwei gegebene Zahlen 2c.

Winkel sowohl als Bogen können commensurabel oder incommensurabel sein.

§. 299. Lehrsatz.

Zwei Bogen eines Kreises verhalten sich wie ihre Mittelpunktswinkel.

Beweis. 1) Sind die Winkel commensurabel, so fällt der Satz leicht in die Augen.

2) Sind die Winkel incommensurabel, so läßt sich zeigen, daß Fig. 109 nicht

$$\frac{AB}{CD} \lessgtr \frac{\alpha}{\beta}$$

sein kann, und dann hat man auch in diesem Fall

$$AB : CD = \alpha : \beta.$$

Wollte man nämlich annehmen, es wäre

$$\frac{AB}{CD} < \frac{\alpha}{\beta}$$

so könnte

$$\frac{AB}{CD} = \frac{\gamma}{\beta}$$

sein. Man denke nun $\frac{1}{n}$ CD kleiner als FB, und von A aus nach B aufgetragen, bis ein Theilpunkt zwischen F und B in Q fällt, dann ist nach 1)

$$\frac{AQ}{CD} = \frac{\delta}{\beta}.$$

Die vorige Gleichung dividire man durch diese, das liefert

$$\frac{AB}{AQ} = \frac{\gamma}{\delta}$$

welches nicht möglich ist. Eben so kann erwiesen werden, daß auch nicht

$$\frac{AB}{CD} < \frac{\alpha}{\beta}$$

sein kann.

§. 300. Zusatz.

Jeder Bogen verhält sich zur Peripherie des Kreises, dem er angehört, wie sein Mittelpunktswinkel zu 2·2R.

§. 301. Lehrsatz.

Zwei Kreisausschnitte eines Kreises verhalten sich wie ihre Mittelpunktswinkel.

Beweis wird geführt wie der in §. 299.

§. 302.

Daher verhält sich ein Kreisausschnitt zu dem Kreise, welchem er angehört, wie sein Mittelpunktswinkel zu 2·2R.

§. 303. Lehrsatz.

Die Peripherieen zweier Kreise verhalten sich wie ihre Radien.

Beweis. Es sei Fig. 110 die Peripherie des Kreises, dessen Halbmesser a ist, gleich P, die des anderen gleich Q.

Wollte man annehmen, es wäre

$$\frac{P}{Q} > \frac{a}{b}$$

so müßte es eine Zahl Q′ größer als Q geben, so daß

$$\frac{P}{Q'} = \frac{a}{b}.$$

Um den Kreis, dessen Peripherie Q ist, läßt sich ein neck denken von dem Umfang Q′; um den anderen Kreis denke man ein neck, das jenem ähnlich ist, und setze seinen Umfang gleich P′. Die Umfänge dieser ähnlichen necke verhalten sich wie gleichliegende Seiten, und, wenn DE und HL als solche angenommen werden, wie DE zu HL. Die Dreiecke DME und HNL sind ähnlich; die Winkel der necke bei D und H, und bei E und L sind nämlich gleich, und die Linien MD, ME, NH, NL halbiren diesen Winkel, woraus erhellet, daß die Dreiecke zwei Winkel gleich haben. Daher verhält sich

$$DE : HL = a : b$$

also ist auch

$$\frac{P'}{Q'} = \frac{a}{b}$$

und da

$$\frac{P}{Q'} = \frac{a}{b}$$

ist, so müßte P gleich P′ sein, während doch P′ größer ist als P.

Eben so kann gezeigt werden, daß $\frac{P}{Q}$ nicht kleiner sein kann als $\frac{a}{b}$, und dann muß sich verhalten

$$P : Q = a : b.$$

Die Umfänge zweier regulären necke verhalten sich wie die Seiten, und diese wie die Radien der Kreise, in welchen die necke liegen. Man denke die necke von mehr und mehr Seiten; sie gehen zuletzt in die Kreise über, also verhalten sich auch die Umfänge der Kreise wie ihre Radien. Aehnlich wird man auf die Sätze in §. 306 und 309 geführt.

§. 304. Lehrsatz.

Zwei Bogen ungleicher Kreise, welche gleiche Mittelpunktswinkel haben, verhalten sich wie ihre Peripherieen, oder wie ihre Radien.

Beweis. Jeder Bogen verhält sich zu seiner Kreislinie, wie sein Mittelpunktswinkel zu 2·2R; daher verhalten sich die Bogen wie ihre Peripherieen, und diese verhalten sich wie die Radien.

§. 305. Lehrsatz.

Zwei Bogen ungleicher Kreise, welche ungleiche Mittelpunktswinkel haben, verhalten sich wie die Producte aus den Radien in die Mittelpunktswinkel.

Beweis. Der eine Bogen sei b, sein Radius r, sein Mittelpunktswinkel α, der andere Bogen sei b', sein Radius r', sein Mittelpunktswinkel α'. Man denke einen Bogen x, dessen Radius r und dessen Mittelpunktswinkel α' ist; dann verhält sich

$$b:x = \alpha:\alpha'$$
$$x:b' = r:r'$$

und wenn man die Gleichungen mit einander multiplicirt, entsteht

$$b:b' = r\alpha:r'\alpha'.$$

§. 306. Lehrsatz.

Die Inhalte zweier Kreise verhalten sich wie die Quadrate ihrer Radien.

Beweis. Es sei Fig. 110 P der Inhalt des Kreises, dessen Halbmesser a ist, und Q der Inhalt des anderen, dessen Halbmesser b ist.

Man nehme vorläufig an, es wäre

$$\frac{P}{Q} > \frac{a^2}{b^2}.$$

Dann ist eine Zahl Q' größer als Q denkbar, so daß

$$\frac{P}{Q'} = \frac{a^2}{b^2}.$$

Man denke um den Kreis, dessen Inhalt Q ist, ein neck von dem Inhalte Q', ferner um den anderen Kreis ein neck, welches jenem ähnlich ist und dessen Inhalt P' sein mag. Die necke verhalten sich wie die Quadrate gleichliegender Seiten; etwa

$$\frac{P'}{Q'} = \frac{DE^2}{HL^2}.$$

Es verhält sich $DE:HL = a:b$

daher $$\frac{P'}{Q'} = \frac{a^2}{b^2}$$

und da auch $$\frac{P}{Q'} = \frac{a^2}{b^2}$$

so müßte P gleich P' sein, welches nicht möglich ist. Deshalb kann $\frac{P}{Q}$ nicht größer sein als $\frac{a^2}{b^2}$.

Eben so läßt sich nachweisen, daß nicht

$$\frac{P}{Q} < \frac{a^2}{b^2}$$

sein kann. Und dann verhält sich

$$P:Q = a^2:b^2.$$

§. 307. Lehrsatz.

Zwei Kreisausschnitte, deren Mittelpunktswinkel gleich sind, die aber ungleichen Kreisen angehören, verhalten sich wie die Quadrate der Radien.

Beweis. Jeder Kreisausschnitt verhält sich zu seinem Kreise wie sein Mittelpunktswinkel zu $2 \cdot 2R$; daher verhalten sich die Kreisausschnitte wie die Kreise, und diese verhalten sich wie die Quadrate der Radien.

§. 308. Lehrsatz.

Zwei Kreisausschnitte, welche ungleichen Kreisen angehören und deren Mittelpunktswinkel ungleich sind, verhalten sich wie die Producte aus den Mittelpunktswinkeln in die Quadrate der Radien.

Beweis ist dem in §. 305 ähnlich.

§. 309. Lehrsatz.

Der Inhalt eines Kreises ist gleich dem halben Product aus seiner Peripherie in den Radius.

Beweis. Es sei Fig. 111 F der Inhalt des Kreises, dessen Radius r und dessen Peripherie p ist.

Man nehme vorläufig an, es wäre

$$F > \frac{pr}{2}.$$

Dann ist eine Zahl p', größer als p, denkbar, so daß

$$F = \frac{p'r}{2}.$$

Man denke um den Kreis ein $n$eck von dem Umfang p'; der Inhalt desselben ist gleich $\frac{p'r}{2}$; daher kann der Inhalt des Kreises, der kleiner ist als der des $n$ecks, nicht $\frac{p'r}{2}$, überhaupt nicht größer als $\frac{pr}{2}$ sein.

Wollte man annehmen, es wäre

$$F < \frac{pr}{2}$$

so könnte $\frac{pr}{2}$ der Inhalt F' eines größeren Kreises sein. Dieser werde mit dem ersten concentrisch, und um den ersten irgend ein neck gedacht, dessen Seiten aber nicht die Peripherie des zweiten Kreises schneiden. Man setze den Umfang des necks gleich v, den Inhalt desselben gleich Q; dann ist

$$Q = \frac{vr}{2}$$

dies durch

$$F' = \frac{pr}{2}$$

dividirt liefert

$$\frac{Q}{F'} = \frac{v}{p}$$

welches nicht möglich ist, weil der erste Bruch echt, der andere unecht ist.

Daher kann nur

$$F = \frac{pr}{2}$$

sein.

§. 310. Lehrsatz.

Der Inhalt eines Kreisausschnitts ist das halbe Product aus seinem Bogen in seinen Radius.

Beweis. Bezeichnet x seinen Inhalt, r seinen Radius, b seinen Bogen, p seine Kreislinie, so ist der Inhalt seines Kreises gleich $\frac{pr}{2}$, und es verhält sich

$$\frac{pr}{2} : x = p : b$$

woraus folgt

$$x = \frac{br}{2}.$$

§. 311. Lehrsatz.

Wird in einem Kreise ein reguläres neck und ein reguläres 2neck gedacht, auch um diesen Kreis ein reguläres neck und ein reguläres 2neck, setzt man den Inhalt des regulären necks im Kreise gleich v, den des 2necks im Kreise gleich q, den des necks um den Kreis gleich V, und den des 2necks um den Kreis gleich Q, so finden folgende Proportionen Statt:

$$V : q = q : v$$
$$V : Q = v + q : 2v.$$

Beweis. Es sei Fig. 112 AB die Seite des regulären necks im Kreise. Die Linie ME halbire den Winkel AMB; dann ist AE die Seite des regulären 2necks im Kreise. CD sei Tangente in E, und ist dann Seite des regulären necks um den Kreis. Die Linien MF und MG endlich mögen die Winkel AME und BME halbiren, dann ist FG die Seite des regulären 2necks um den Kreis, weil nämlich der Winkel FMG die Hälfte des Winkels AMB geworden.

Nun ist $V = n \cdot \triangle CDM$

$= 2n \cdot \triangle CEM$

und $q = 2n \cdot \triangle AEM$

also verhält sich

$V : q = \triangle CEM : \triangle AEM$

oder $V : q = CM : AM.$

Ferner ist $v = n \cdot \triangle ABM$

$= 2n \cdot \triangle AHM$

daher verhält sich

$Q : v = \triangle AEM : \triangle AHM$

$= EM : HM$

$= CM : AM$

so daß $V : q = q : v$

Es ist ferner $Q = 2n \cdot \triangle FGM$

folglich verhält sich

$V : Q = \triangle CEM \triangle FGM$

oder $V : Q = CE : FG$

Nun verhält sich

$v : q = AM : CM$

$= EM : CM$ (da $EM = AM$)

$= EF : FC$ (weil $\angle CME$ halbirt ist)

also $v + q : 2v = EF + FC : 2EF$

$= CE : FG.$

Und daher verhält sich

$V : q = v + q : 2v.$

§. 312.

Aus den Proportionen des vorigen Paragraphen folgt

I. $q = \sqrt{Vv}.$

II. $Q = \dfrac{2Vv}{v + q}$

$= \dfrac{2Vv}{v + \sqrt{Vv}}.$

Nach diesen Formeln können die Inhalte q und Q des regulären 2necks in einem Kreise und des regulären 2necks um denselben Kreis bestimmt werden, sobald die Inhalte v und V des regulären necks in diesem Kreise und des regulären necks um ihn bekannt sind.

Wir wollen beispielsweise einen Kreis denken, dessen Halbmesser r ist, den Inhalt des regulären Vierecks berechnen, welches in diesem Kreise liegt, und den Inhalt des regulären Vierecks um diesen Kreis, dann durch die vorstehenden Formeln den Inhalt des Achtecks finden, das in diesem Kreise liegt, und den des Achtecks, das um ihn liegt, u. s. f.

Der Inhalt des regulären Vierecks im Kreise ist $2r^2$. Denn bezeichnen wir die Seite mit x, so ist der Inhalt x^2, und denken wir vom Mittelpunkt Linien nach den Endpunkten einer Seite gezogen, so erhalten wir ein rechtwinkliges Dreieck, welches x zur Hypotenuse hat, während jede Kathete gleich r ist. Folglich ist $x^2 = 2r^2$.

Der Inhalt des regulären Vierecks um den Kreis ist, wie sich gleich übersieht, $4r^2$.

Wir setzen diese Werthe in der ersten Formel statt v und V; dadurch erhalten wir den Inhalt des regulären Achtecks, welches in dem Kreise liegt, gleich $\sqrt{8r^4} = 2,82843 \cdots r^2$; und setzen wir sie in die zweite Formel, so ergiebt sich der Inhalt des regulären Achtecks um den Kreis gleich

$$\frac{2 \cdot 4r^2 \cdot 2r^2}{2r^2 + 2,82843 \cdots r^2} = 3,31371 \cdots r^2.$$

Substituiren wir die eben gefundenen Inhalte der Achtecke in jenen Formeln, so liefern sie die der Sechzehnecke u. s. f.

§. 313.

Vermittelst der Inhalte der regulären necke, welche in einem Kreise liegen, und derer, die um den Kreis liegen, kann der Inhalt des Kreises selbst bestimmt werden. Wenn man nämlich die Substitutionen des vorigen Paragraphen fortsetzt, so findet sich, daß der Inhalt des regulären 1024ecks, welches in dem Kreise liegt, dessen Halbmesser r ist, gleich $3,14157 \cdots r^2$ ist, und der des regulären 1024ecks, das um ihn liegt, gleich $3,14160 \cdots r^2$. Der Inhalt des Kreises ist größer als der des regulären 1024ecks in ihm, zugleich kleiner als der des regulären 1024ecks, welches um ihn liegt; daher ist mit einer Genauigkeit von drei Decimalstellen der Inhalt des Kreises selbst gleich $3,141 \cdots r^2$.

§. 314.

Durch analytische Untersuchungen läßt sich auf leichterem Wege finden, daß der Inhalt eines Kreises, welcher r zum Radius hat, gleich ist

$$3,14159265358979323846 \cdots r^2.$$

§. 315.

Die Zahl, mit der r^2 multiplicirt werden muß, um den Inhalt des Kreises zu erhalten, dessen Halbmesser r ist, bezeichnet man durch π

Statt der Zahl π kann man sich näherungsweise eines der Brüche bedienen:

$$\frac{22}{7} = 3{,}142 \cdots$$

$$\frac{333}{106} = 3{,}14150 \cdots$$

$$\frac{355}{113} = 3{,}1415928 \cdots$$

Sie werden durch Kettenbrüche gefunden.

§. 316.

Die Peripherie eines Kreises, dessen Halbmesser r ist, ist gleich $2\pi r$.

Denn bezeichnen wir die Peripherie durch p, so ist

$$\frac{pr}{2} = \pi r^2$$

und hieraus folgt $p = 2\pi r.$

§. 317.

Ist also der Radius eines Kreises r, sein Durchmesser d, sein Inhalt f, seine Peripherie p, so ist

1) $f = \pi r^2$
2) $p = 2\pi r$
3) $f = \frac{1}{4}\pi d^2$
4) $p = \pi d.$

§. 318.

Bezeichnet a den Inhalt eines Kreisausschnitts, b das Maaß des Bogens zum Mittelpunktswinkel α, und ist r der Radius des Kreises, so ist

1) $a = \frac{\alpha}{4R} \cdot \pi r^2$

2) $b = \frac{\alpha}{2R} \cdot \pi r.$

Denn er verhält sich

$$a : \pi r^2 = \alpha : 4R$$

und $4 : 2\pi r = \alpha : 4R$

und daraus ergeben sich die obigen Formeln.

§. 319.

Es werde Fig. 89 oder Fig. 90 ein Kreis gedacht und ein Punkt X. Durch den Punkt und den Mittelpunkt M des Kreises lege man eine gerade Linie. Ihre Durchschnittspunkte mit der Peripherie des Kreises seien A und B. Zu den drei Punkten A, B und X denke man den vierten harmonischen Punkt Y. Die beiden zugeordneten Punkte X und Y heißen dann Pole des Kreises, auch wird jeder von diesen Punkten der Pol des anderen genannt.

Wenn man durch den einen Pol X oder Y eine gerade Linie denkt, normal auf AB, so heißt solche Linie die Polare des anderen Punktes Y oder X, und dieser andere Punkt der Pol jener Polare.

Sind daher ein Punkt Y und eine Linie CD Fig. 89 oder Fig. 90 als Pol und Polare vorausgesetzt, so befindet sich der Pol X von Y in CD, und die Punkte X, Y und der Mittelpunkt M des Kreises befinden sich in einer geraden Linie, und diese steht normal auf CD.

Befindet sich der eine Pol im Mittelpunkt des Kreises, so liegt der andere in der Unendlichkeit; befindet sich der eine in der Peripherie, so fällt der andere mit ihm zusammen (§. 196), und seine Polare ist Tangente des Kreises für den Pol als Berührungspunkt. Und umgekehrt, jede Tangente ist Polare ihres Berührungspunktes.

§. 320. Lehrsätze.

1) Schneiden sich Fig. 89 zwei Tangenten CY und DY, denkt man die gerade Linie, welche durch ihren Durchschnittspunkt Y und den Mittelpunkt M des Kreises geht, ferner die gerade Linie durch die Berührungspunkte C und D der Tangenten, so sind der Durchschnittspunkt X dieser Linien und der Durchschnittspunkt Y der Tangenten Pole des Kreises, und die durch die Berührungspunkte gehende Linie CD ist die Polare des Punktes Y, in welchem die Tangenten sich schneiden.

Beweis. Nach §. 249 ist CY gleich DY, und der Winkel CYD durch die Linie YM halbirt; daher steht nach §. 74 CD normal auf YM. Man denke die Linien CA und CB. Der Winkel ACB ist ein rechter als Peripheriewinkel auf dem Halbkreise. Es ist ∠BCX gleich ∠CAX, weil jeder dieser Winkel den Winkel ACX zu einem rechten ergänzt, und ∠BCY gleich ∠CAX nach §. 246. Es ist demnach ∠BCX gleich ∠BCY, und da zugleich CB normal steht auf CA, so sind CA, CB, CX, CY harmonische Strahlen [§. 199 3)], also A, B, X, Y harmonische Punkte, und X und Y Pole des Kreises; und endlich ist CD, als normal stehend auf MY, die Polare des Punktes Y.

2) Schneiden sich Fig. 89 eine Tangente CY und eine durch den Mittelpunkt gehende Secante MY, und wird durch den Berührungspunkt C eine Linie CD gedacht, normal auf der Secante MY, so sind der Durchschnittspunkt X zwischen der Linie CD und der Secante MY, und der Durchschnittspunkt Y zwischen der Tangente CY und der Secante MY

Pole des Kreises, und die Linie CD ist die Polare des Punktes Y, in welchem die Tangente die Secante trifft.

Beweis. Nach 1) geht die Polare des Punktes Y durch C und steht normal auf MY, daher fällt sie mit der Linie CD des gegenwärtigen Satzes zusammen, und daraus erhellet er selbst.

§. 321.

1) Sind Fig. 89 X und Y Pole des Kreises zum Mittelpunkt M und Radius r, so ist

$$MX \cdot MY = r^2.$$

Man denke den Radius MC, und es verhält sich

$$MX : MC = MC : MY$$

und daraus folgt der Satz.

2) Umgekehrt, befinden sich auf einer geraden Linie MY, welche durch den Mittelpunkt des Kreises geht, zwei Punkte X und Y, und ist $MX \cdot MY = r^2$, so sind die Punkte X und Y Pole des Kreises.

Man denke XC normal auf MY, und den Radius MC, gleich r. Die Dreiecke XMC und MCY sind ähnlich, denn sie haben den Winkel XMC gemeinschaftlich, und nach der Voraussetzung ist

$$MX : MC = MC : MY.$$

Der Winkel MXC ist ein rechter, also auch MCY. Dann ist CY Tangente, und die Punkte X und Y sind Pole.

3) Sind X und Y Pole eines Kreises, X' und Y' Pole desselben Kreises, so liegen die vier Punkte X, Y, X', Y' in der Peripherie eines Kreises.

Es ist

$$MX \cdot MY = MX' \cdot MY',$$

denn jedes ist r^2 nach 1) und es folgt der Satz aus §. 277.

§. 322. Lehrsatz.

Wird Fig. 89 oder Fig. 90 ein Punkt Y und dessen Polare CD gedacht, und durch den Punkt Y eine Secante EF glegt, so wird die Secante durch den Kreis, die Polare und den Punkt Y harmonisch getheilt, und zwar sind die Durchschnittspunkte mit dem Kreise zwei zugeordnete Punkte, der Durchschnittspunkt mit der Polare und jener Punkt Y die beiden anderen.

Beweis. Durch Y und den Mittelpunkt M des Kreises lege man eine gerade Linie; dann sind A, B, X, Y harmonische Punkte FA, FB, FX, FY harmonische Strahlen. Die Strahlen FA und FB stehen auf einander normal, und deshalb ist der Winkel EFB gleich dem Winkel GFB, folglich der Bogen EB gleich dem Bogen GB, und weiter (wie leicht erhellet, wenn man die Sehne EG denkt) der Winkel EXB gleich dem Winkel GXB. Da nun zugleich XY und XD auf einander normal stehen, so sind XE, XF, XY, XH harmonische Strahlen, also E, F, Y H harmonische Punkte, und und das ist der Satz.

§. 323. Lehrsätze.

1) Legt man durch einen beliebigen Punkt Y Fig. 91 oder Fig. 92 zwei Secanten für einen Kreis, betrachtet deren Durchschnittspunkte A, B, C, D mit dem Kreise als vier Eckpunkte eines vollständigen Vierecks ABCDEF, und jene Secanten als zwei Diagonalen desselben, so ist die dritte Diagonale EF die Polare jenes Punktes Y.

Beweis. Nach §. 203 sind die Diagonalen YC und YA harmonisch getheilt, dergestalt, daß N der vierte harmonische Punkt ist zu A, B und Y, und Q der vierte zu C, D und Y. Die Polare des Punktes Y liefert nach §. 322 dieselben vierten harmonischen Punkte N und Q; sie hat also mit der Diagonale EF die beiden Punkte N und Q gemein, und fällt mit ihr zusammen.

2) Legt man Fig. 91 oder Fig. 92 durch einen Punkt Y beliebig viele Secanten, so befinden sich die Durchschnittspunkte der Transversalen AD und BC, AH und BG, CH und DG u. s. w., AC und BD, CG und DH, AG und BH u. s. f. in gerader Linie, nämlich auf der Polare zu dem Punkt Y.

Unmittelbar nach 1).

§. 324. Lehrsätze.

1) Werden Fig. 89 oder Fig. 90 zu den sämmtlichen Punkten einer beliebigen geraden Linie XX' die Polaren gedacht, so schneiden sich diese in einem Punkt, und zwar in dem Pol Y jener Linie XX'.

Beweis. Es ist nur nöthig, zu zeigen, daß die Polare irgend eines Punktes X' der Linie XX' durch den Pole Y derselben geht. — Der Pol zu X' sei Y'. Die Punkte X, Y, X', Y', liegen nach §. 321 3) in der Peripherie eines Kreises. YXX' ist ein rechter Winkel, deshalb X'Y Durchmesser dieses Kreises; und da die Polare zu X' in Y' normal steht auf X'Y', so geht sie nach §. 244 durch Y.

2) Umgekehrt, die Pole von Linien, welche sich in einem Punkt schneiden, befinden sich in dessen Polare.

Beweis. Der Punkt sei Y. Man denke durch ihn irgend eine gerade Linie QY, ihr Pol sei Z. Der Punkt Y befindet sich in der Linie QY, deshalb geht nach 1) seine Polare durch Z, d. h. der Pol Z der Linie QY befindet sich auf der Polare des Punktes Y. Eben so liegen die Pole aller durch den Punkt Y gedachten Linien auf dessen Polare.

§. 325. Lehrsätze.

1) Bei jedem Sechseck, welches um einen Kreis liegt, schneiden sich die drei Diagonalen, welche gegenüberstehende Eckpunkte verbinden, in einem Punkt.

Beweis. Man denke Fig. 101 das Sechseck im Kreise, dessen Ecken die Berührungspunkte von den Seiten des um den Kreis liegenden Sechsecks sind. Es ist A'B' Polare des Punktes B, E'D' Polare zu E. Daher ist der Durchschnittspunkt X der Linien A'B' und E'D' nach §. 324 Pol zu BE. Eben so ist der Durchschnittspunkt Y zwischen B'C' und F'E' Pol zu CF, und der Durchschnittspunkt Z zwischen C'D' und A'F' Pol zu AD. Nach §. 270 liegen die Punkte X, Y, Z in gerader Linie, folglich schneiden sich nach §. 324 ihre Polaren BE, CF, AD in einem Punkt.

2) Man denke ein Dreieck und einen der Kreise, welche die drei Seiten berühren; die drei geraden Linien, welche durch die Ecken und die gegenüberstehenden Berührungspunkte gehen, schneiden sich in einem Punkt.

Beweis. Das Dreieck sei ABC, die Berührungspunkte auf den Seiten AB, BC, AC seien beziehlich X, Y, Z. Man betrachte AXBYCZ als ein Sechseck, bei welchem die Winkel X, Y, Z einzeln gleich einem gestreckten Winkel sind oder gleich Null, und das Gesetz erhellet aus 1). Auch ergiebt sich das Gesetz leicht aus §. 208, indem man §. 249 beachtet.

In ähnlicher Weise lassen sich mehr Gesetze aus 1) entnehmen.

§. 326.

1) Auf einer geraden Linie Fig. 113 seien zwei Punkte A und B beliebig gewählt, M sei die Mitte zwischen ihnen, ferner sei ein Punkt X willkührlich auf der Linie angenommen. Es ist alsdann

$$AX^2 - BX^2 = \pm 2AB \cdot MX$$

je nachdem AX größer oder kleiner ist als BX, oder in der untergelegten Figur X rechts oder links von M sich befindet.

Es liege X zwischen M und B. Dann ist

$$AX = AM + MX$$
$$BX = BM - MX$$

also
$$AX + BX = AB$$
$$AX - BX = 2MX$$

und
$$AX^2 - BX^2 = 2AB \cdot MX.$$

In gleicher Weise ergiebt sich das Gesetz, wenn X rechts über B hinaus sich befindet, oder zwischen A und M, oder links über A hinaus, indem man jedesmal AX durch AM und MX, und BX durch BM und MX ausdrückt.

2) Das Product $\pm 2AB \cdot MX$, also auch die Differenz $AX^2 - BX^2$ nimmt alle Werthe zwischen 0 und $+\infty$, und zwischen 0 und $-\infty$ an, während der Punkt X von M aus die unendliche Linie nach der einen, und nach der anderen Richtung durchläuft.

Die Differenz $AX^2 - BX^2$ darf man daher jedem positiven oder negativen reellen Werth gleich setzen.

3) Befindet sich auf unserer Linie AB noch ein Punkt Y, und ist $AY^2 - BX^2 = AY^2 - BY^2$, so liegen die Punkte X und Y in einander.

Sind die Differenzen gleich, so sind beide positiv, oder beide negativ; zunächst also liegen beide Punkte X und Y auf einerlei Seite von M. Aus der Gleichheit der Producte $2AB \cdot MX$ und $2AB \cdot MY$ folgt $MX = MY$, also fallen die Punkte zusammen.

Wird demnach $AX^2 - BX^2$ einem beliebigen positiven oder negativen reellen Werth c gleichgesetzt, so ist dadurch die Lage des Punktes X vollkommen bestimmt. Derselbe befindet sich mit B oder mit A auf einerlei Seite von M, je nachdem c positiv ist oder negativ. Und setzen wir

$$2AB \cdot MX \gtreqless AB^2$$

so folgt
$$MX \gtreqless \frac{AB}{2}.$$

Es liegt also X in A oder B, oder außerhalb dieser Punkte, oder zwischen denselben, je nachdem c in absoluter Hinsicht gleich AB^2 ist, oder größer oder kleiner als AB^2.

4) Auf der Linie AB stehe VX normal, und es sei V ein beliebiger Punkt der Linie VX. Dann ist immer

$$AV^2 - BV^2 = AX^2 - BX^2.$$

Denn es ist
$$AV^2 = AX^2 + VX^2$$
$$BV^2 = BX^2 + VX^2$$

folglich
$$AV^2 - BV^2 = AX^2 - BX^2.$$

5) Hat man auf einer geraden Linie drei Punkte A, B und X, befindet sich außerhalb dieser geraden Linie ein Punkt S, und ist

$$AS^2 - BS^2 = AX^2 - BX^2$$

so liegt der Punkt S in der Linie XV, welche auf AB in X normal steht.

Man denke durch S eine Normale SY auf AB, und es ist nach 4)

$$AS^2 - BS^2 = AY^2 - BY^2$$

also wegen der Voraussetzung

$$AX^2 - BX^2 = AY^2 - BY^2.$$

Nach 3) befindet sich Y in X, die Normalen XV und YS fallen also zusammen, und daraus erhellet der Satz.

6) Alle Punkte S also, für welche $AS^2 - BS^2$ gleich einem gegebenen Werthe PQ^2 ist, befinden sich auf einer geraden Linie, und diese steht normal auf AB in dem Punkt X, für welchen $AX^2 - BX^2$ gleich ist $PQ.^2$

§. 327.

Man denke zwei Kreise, ihre Radien seien r und $r_{,}$, ihre Mittelpunkte M und $M_{,}$. Ihre Centrale ist dann also $MM_{,}$. Man denke die gerade Linie, deren Punkte S die Eigenschaft haben, daß

$$MS^2 - M_{,}S^2 = r^2 - r_{,}^2.$$

Diese gerade Linie heißt die Chordale der beiden Kreise, auch die Linie der gleichen Potenzen.

§. 328.

1) Hat die Chordale zweier Kreise M und $M_{,}$, deren Radien r und $r_{,}$ sind, mit der Peripherie des einen Kreises, etwa M*), einen Punkt Q gemein, so geht die Peripherie des anderen Kreises durch denselben Punkt Q.

Denn dann ist $MQ^2 - M_{,}Q^2 = r^2 - r_{,}^2$, und da $MQ = r$ ist, so muß $M_{,}Q = r_{,}$ sein, und dann ist Q ein Punkt der Kreislinie $M_{,}$.

2) Haben die Peripherieen zweier Kreise M und $M_{,}$, deren Radien r und $r_{,}$ sind, einen Punkt Q gemein, so geht ihre Chordale durch denselben Punkt Q.

Denn alsdann ist $MQ^2 - M_{,}Q^2$ einerlei mit $r^2 - r_{,}^2$, folglich Q ein Punkt der Chordale.

3) Schneiden sich zwei Kreise, so geht ihre Chordale durch ihre beiden Durchschnittspunkte, ist also Secante beider Kreise. Nach 2).

4) Berühren sich zwei Kreise, so geht ihre Chordale durch den Berührungspunkt, und ist gemeinschaftliche Tangente.

Nach 2), und weil sie normal zur Centrale steht.

Haben zwei Kreise keinen Punkt gemein, so hat ihre Chordale mit keinem von ihnen einen Punkt gemein, und sie liegt zwischen den Kreisen, wenn nicht der eine der Kreise innerhalb des anderen sich befindet.

Denn hätte die Chordale mit dem einen einen Punkt gemein, so müßte nach 1) auch der andere durch denselben Punkt gehen, und es hätten beide Kreise diesen Punkt gemein,

*) Soll hier und ferner heißen, der Kreis dessen Mittelpunkt **M** ist.

gegen die Voraussetzung. Liegt der eine Kreis nicht innerhalb des anderen, so muß die Chordale zwischen beiden sich befinden, weil alsdann $r^2 - r_i^2 < MM_i^2$ ist.

§. 329.

1) Wenn man Fig. 114 aus einem beliebigen Punkt Q der Chordale zweier Kreise, der nicht innerhalb der Kreise liegt, an jeden der Kreise eine Tangente legt, so sind die Tangenten QA und QB einander gleich.

Es ist $MQ^2 - M_iQ^2 = r^2 - r_i^2$

also $MQ^2 - r^2 = M_iQ^2 - r_i^2$

d. i. $QA^2 = QB^2$

also $QA = QB$.

2) Wenn man durch einen Punkt V der Chordale, welcher innerhalb der Kreise sich befindet, für jeden der Kreise die kleinste Sehne legt, so sind diese kleinsten Sehnen CC′ und DD′ einander gleich.

Es ist $MV^2 - M_iV^2 = r^2 - r_i^2$

also $r^2 - MV^2 = r_i^2 - M_iV^2$

d. i. $VC^2 = VD^2$

also $VC = VD$ und $CC' = DD'$.

3) Sind Fig. 114 zwei sich schneidende Tangenten AQ und BQ zweier Kreise einander gleich, so befindet sich ihr Durchschnittspunkt Q auf der Chordale dieser Kreise.

Es ist alsdann

$$MQ^2 - r^2 = M_iQ^2 - r_i^2$$

oder $MQ^2 - M_iQ^2 = r^2 - r_i^2$

also Q ein Punkt der Chordale.

4) Sind die durch einen Punkt V gehenden kleinsten Sehnen CC′ und DD′ zweier Kreise einander gleich, so ist V ein Punkt ihrer Chordale.

Es ist alsdann

$$r^2 - MV^2 = r_i^2 - M_iV^2$$

oder $MV^2 - M_iV^2 = r^2 - r_i^2$

folglich V ein Punkt der Chordale.

5) Jede gemeinschaftliche Tangente zweier Kreise wird durch deren Chordale halbirt; und umgekehrt, die Mitte jeder gemeinschaftlichen Tangente zweier Kreise befindet sich auf deren Chordale.

Nach 1).

§. 330.

1) Zwei Kreise haben für jeden Punkt ihrer Chordale gleiche Potenzen.

Denn es sind die Tangenten, oder kleinsten Sehnen, gleich. (Vergl. §. 248.)

2) Legt man durch einen Punkt Q der Chordale zweier Kreise eine Secante AA′ für den einen Kreis, und eine BB′ für den anderen Kreis, so befinden sich die Punkte A, A′, B, B′, in welchen sie die Kreise schneiden, in der Peripherie eines Kreises.

Denn es ist $QA \cdot QA' = QB \cdot QB'$, und der Satz folgt aus §. 277 oder §. 276.

§. 331.

Zu drei beliebigen Kreisen A, B, C bestehen drei Chordalen, eine zu A und B, eine zu A und C, eine zu B und C.

§. 332. Lehrsatz.

Die drei Chordalen dreier Kreise A, B, C, schneiden sich entweder in einem Punkt, oder sie sind parallel, oder sie fallen in einander.

Beweis. Die Radien der Kreise A, B, C seien beziehlich r, $r_{,}$, $r_{,,}$. — Die Mittelpunkte der drei Kreise befinden sich entweder in gerader Linie oder nicht. — Zuerst werde vorausgesetzt, die Mittelpunkte befinden sich nicht in gerader Linie. Die Centralen bilden dann ein Dreieck ABC, auf dessen Seiten, oder deren Verlängerungen die Chordalen normal stehen. Es seien X, Y, Z die Punkte, in welchen die Dreiecksseiten AB, BC, AC, oder ihre Verlängerungen beziehlich von den Chordalen der Kreise A und B, B und C, A und C getroffen werden. Dann ist

$$AX^2 - BX^2 = r^2 - r_{,}^2$$
$$BY^2 - CY^2 = r_{,}^2 - r_{,,}^2$$
$$CZ^2 - AZ^2 = r_{,,}^2 - r^2$$

also $$AX^2 + BY^2 + CZ^2 = BX^2 + CY^2 + AZ^2$$

und deshalb schneiden sich die drei Chordalen in einem Punkt. — Zweitens werde vorausgesetzt, die drei Mittelpunkte befinden sich in einer geraden Linie. Jede der Chordalen steht dann normal auf derselben. Wird nun angenommen, zwei der Chordalen, etwa die der Kreise A und B, und A und C fallen in einander, und bezeichnet X den Punkt, in welchem sie die gerade Linie ABC treffen, so ist

$$AX^2 - BX^2 = r^2 - r_{,}^2$$
$$AX^2 - CX^2 = r^2 - r_{,,}^2$$
also $$BX^2 - CX^2 = r_{,}^2 - r_{,,}^2$$

deshalb ist X zugleich ein Punkt der dritten Chordale, und die drei Chordalen liegen, da sie sämmtlich auf der geraden Linie ABC normal stehen, in einander; wird aber angenommen, zwei der Chordalen seien parallel, so ist die dritte parallel mit einer jeden von ihnen, denn fiele sie mit einer zusammen, so fielen nach dem eben Erwiesenen alle drei zusammen. Darin liegt der Satz.

§. 333.

Schneiden sich die Chordalen dreier Kreise, so heißt ihr Durchschnittspunkt der Chordalpunkt der Kreise, auch der Punkt der gleichen Potenzen.

§. 334.

1) Schneiden sich zwei Kreise, und stehen die Radien, welche nach dem einen Durchschnittspunkt gehen, normal auf einander, so stehen auch die, welche nach dem anderen gehen, auf einander normal.

Denn es sind Fig. 115 die Dreiecke $MPM_{,}$ und $MQM_{,}$ congruent, ist also $MPM_{,}$ ein rechter Winkel, so ist auch $MQM_{,}$ ein solcher.

2) Schneiden sich zwei Kreise, und stehen die nach den Durchschnittspunkten gehenden Radien normal auf einander, so ist jeder von diesen Radien des einen Kreises Tangente des anderen Kreises; es stehen also auch die Tangenten an den Durchschnittspunkten normal auf einander.

3) Man sagt zwei Kreise schneiden sich rechtwinklig, wenn die Radien nach den Durchschnittspunkten rechte Winkel bilden, oder, was dasselbe ist, wenn die Tangenten an den Durchschnittspunkten auf einander normal stehen.

4) Ist Fig. 115 $M_{,}P$ Tangente des Kreises M, und denkt man den Kreis, dessen Mittelpunkt $M_{,}$ und dessen Radius $M_{,}P$ ist, so schneiden beide Kreise sich rechtwinklig.

5) Wenn man Fig. 114 aus einem Punkt Q der Chordale zweier Kreise M und $M_{,}$ eine Tangente QA an einen der Kreise legt, und mit dieser Tangente als Radius einen Kreis beschreibt, dessen Mittelpunkt Q ist, so schneidet dieser Kreis die beiden ersten rechtwinklig.

6) Und läßt sich aus dem Chordalpunkt dreier Kreise eine Tangente an einen der Kreise legen, und beschreibt man

mit dieser Tangente vom Chordalpunkt aus einen Kreis, so schneidet dieser die drei ersteren Kreise rechtwinklig, und heißt ihr Orthogonalkreis.

§. 335.

1) Zu einem Kreise M seien X und Y Pole, eben so X' und Y'. Der Kreis, welcher durch die Pole X, Y, X', Y' geht, und der ursprüngliche Kreis schneiden sich rechtwinklig.

Der eine Durchschnittspunkt beider Kreise sei Q. Dann ist nach §. 321 $MQ^2 = MX \cdot MY$, folglich der Radius MQ des Kreises M Tangente des anderen Kreises, und deshalb schneiden die Kreise sich rechtwinklig.

2) Hat man einen Kreis M, dessen Radius r sei, und zwei Pole desselben X und Y, geht durch X und Y die Peripherie eines Kreises V, und legt man durch den Mittelpunkt M eine gerade Linie, welche den Kreis V in den Punkten C und D schneidet, so sind C und D Pole des Kreises M.

Denn es ist

$$MC \cdot MD = MX \cdot MY = r^2.$$

3) Schneiden sich Fig. 115 zwei Kreise rechtwinklig, und legt man durch den Mittelpunkt M des einen Kreises eine gerade Linie, welche den anderen schneidet, so sind die Durchschnittspunkte X und Y Pole des ersteren Kreises.

Denn es ist MP Tangente und

$$MX \cdot MY = MP^2 = r^2.$$

§. 336.

1) Man denke Fig. 116 zwei Kreise, ihre Mittelpunkte seien M und M', ihre Radien r und r'. Auf der Centrale denke man die Punkte X und Y so, daß sich verhält

$$MX : M'X = MY : M'Y = r : r'.$$

Die Punkte M, M', X, Y liegen alsdann harmonisch. Betrachtet man nun X als äußeren Aehnlichkeitspunkt, so sind die Punkte M und M' äußerlich entsprechende Punkte nach dem Grundverhältniß r : r'; und zieht man in einem der Kreise, etwa M, einen beliebigen Radius MB, in dem anderen parallel damit und gleich gerichtet den Radius M'B', so sind auch B und B' äußerlich entsprechende Punkte nach demselben Grundverhältniß [§. 160]. Und betrachtet man Y als inneren Aehnlichkeitspunkt, so entsprechen sich M und M' innerlich nach dem Grundverhältniß r : r', und, wenn man den Radius MB beliebig denkt, den M'B'' parallel damit und entgegengesetzt gerichtet, auch die Punkte B und B''.

Zwei ganz beliebige Kreise sind daher jedesmal entsprechende Figuren, und zwar sowohl äußerlich als innerlich.

2) Berühren sich zwei Kreise von außen, so ist der Berührungspunkt ihr innerer, berühren sie sich von innen, so ist der Berührungspunkt ihr äußerer Aehnlichkeitspunkt.

3) Man stelle sich zwei Kreise vor. In dem einen denke man einen Radius beliebig, in dem anderen einen Radius parallel mit jenem. Die gerade Linie, welche durch die in den Peripherieen liegenden Endpunkte solcher parallelen Radien geht, schneidet die Centrale beider Kreise jedesmal in dem einen, oder in dem anderen von zwei bestimmten Punkten, je nachdem die Radien in gleicher oder in entgegengesetzter Richtung gedacht wurden.

Denn jede solche Linie ist äußerer oder innerer Aehnlichkeitsstrahl, trifft also den äußeren oder inneren Aehnlichkeitspunkt.

4) Ist A Aehnlichkeitspunkt zweier Kreise M und M′, und berührt ein Aehnlichkeitsstrahl AT den einen Kreis M, so berührt er auch den anderen M′, ist also gemeinschaftliche Tangente beider Kreise.

Denn der dem Radius MT entsprechende Radius M′T′ muß, als parallel mit MT, normal stehen auf AT.

5) Und umgekehrt, die gemeinschaftlichen Tangenten zweier Kreise gehen durch den einen oder den anderen Aehnlichkeitspunkt.

Denn die Radien nach den Berührungspunkten sind parallel.

6) Die äußerlich oder innerlich entsprechende Figur eines Kreises M für irgend einen Punkt X als Aehnlichkeitspunkt und ein beliebiges Grundverhältniß p:q ist eins Kreis.

Man ziehe Fig. 116 XM, und nehme darauf M′ so, daß sich verhält XM:XM′ = p:q. Man ziehe zwei Strahlen XB und XC und nehme darauf die Punkte B′ und C′ so, daß sich verhält

$$XB : XB' = XC : XC' = p : q$$

und es entsprechen bei der Lage in der Figur die Punkte M′, B′, C′ äußerlich denen M, B, C. Es verhält sich alsdann

$$MB : M'B' = MC : M'C'$$

und da MB = MC ist, so ist auch M′B′ = M′C′. Da C jeden Punkt der Peripherie M vorstellt, so erhellet, daß die dem Kreise M äußerlich entsprechende Figur für X als Aehnlichkeitspunkt und das Grundverhältniß p:q ein Kreis M′ ist. Eben so folgt das Gesetz, wenn man X als inneren Aehnlichkeitspunkt benutzt.

§. 337. Lehrsätze.

1) Wenn man Fig. 117 oder Fig. 118 durch den äußeren oder durch den inneren Aehnlichkeitspunkt S zweier Kreise einen Aehnlichkeitsstrahl legt, und die Radien nach den vier Durchschnittspunkten B, C, B′, C′ zieht, so sind diese Radien zu zweien parallel, nämlich MB und M′B′, und MC und M′C′, andererseits zu zweien nicht parallel, nämlich MB und M′C′, und MC und M′B′.

Daß die einen parallel sind, erhellet daraus, daß M und M′, B und B′, C und C′ entsprechende Punkte sind, daß die anderen sich schneiden aus §. 14.

2) Zwei Punkte B und C′, oder C und B′, in einem Aehnlichkeitsstrahl, welche nichtparallelen Radien zugehören, heißen potenzhaltende Punkte.

3) Man verlängere die Radien MB und M′C′ bis zum Durchschnitt E. Das Dreieck BEC′ wird gleichschenklig; denn es ist BE ∦ B′M′, also BEC′ ∼ B′M′C′. Ein Kreis, der E zum Mittelpunkt und EB zum Radius hat, berührt daher die gegebenen Kreise. Eben so, wenn man die Radien MC und M′B′ bis zum Durchschnitt F verlängert. In Fig. 117, wo S äußerer Aehnlichkeitspunkt ist, werden beide gegebenen Kreise von dem dritten E oder F in gleicher Weise berührt, nämlich beide von innen oder beide von außen; in Fig. 118 dagegen, wo S den inneren Aehnlichkeitspunkt vorstellt, sind die gegebenen Kreise von dem dritten E oder F in ungleicher Weise berührt, der eine von außen, der andere von innen.

4) Umgekehrt, werden zwei Kreise M und M′ von einem dritten E berührt, so geht die Linie, welche die Berührungspunkte verbindet, durch einen der Aehnlichkeitspunkte, und zwar durch den äußeren oder durch den inneren, je nachdem die Berührung in gleicher oder ungleicher Weise Statt findet.

Denn alsdann ist EB = EC′, also ∠ EBC′ = ∠ EC′B, und, wenn man den Radius MC zieht, ∠ MCB = MBC = M′C′B, folglich sind die Radien MC und M′C′ parallel und der Satz erhellet aus dem vorigen Paragraph.

5) Man denke in zwei potenzhaltenden Punkten B und C′, Tangenten für die Kreise M und M′; der Durchschnittspunkt G der Tangenten befindet sich auf der Chordale der Kreise.

Denn die Tangenten sind gleich, weil sie zugleich den Kreis E berühren.

6) Umgekehrt, legt man von einem Punkt G der Chordale die Tangenten GB und GC′ an die Kreise, so befinden

sich die Berührungspunkte B und C′ in gerader Linie mit einem der Aehnlichkeitspunkte.

Man errichte die Normalen BE und C′E. Das Dreieck BEC′ wird gleichschenklig. Ein Kreis zum Mittelpunkt E und Radius EB berührt also die Kreise M und M′, und es erhellet der Satz aus 4).

7) Wenn man durch einen Aehnlichkeitspunkt zweier Kreise irgend eine gerade Linie legt, so sind die Pole der Linie für diese Kreise entsprechende Punkte, befinden sich also in gerader Linie mit jenem Aehnlichkeitspunkt.

Man denke die Linie SC. Die Tangenten BQ und B′Q′, und CQ und C′Q′ sind entsprechende Linien, folglich sind ihre Durchschnittspunkte Q und Q′ entsprechende Punkte, und zugleich sind sie die Pole der Linie SC. Und denkt man die Linie SQ, fällt auf sie die Normalen MQ und M′Q′, so sind Q und Q′ entsprechende Punkte, und dann weiter, wie leicht erhellet, auch ihre Pole N und N′.

8) Die Tangenten an den vier Punkten B, C, B′, C′ bilden ein Parallelogramm; die eine Diagonale desselben GH ist die Chordale der Kreise, die andere QQ′ geht durch den Aehnlichkeitspunkt S.

Die Tangenten QB und Q′B′ sind parallel, weil die zugehörigen Radien es sind, eben so die anderen, also ist QHQ′G ein Parallelogramm. Das Uebrige erhellet aus 5) und 7).

9) Es sei STT′ gemeinschaftliche Tangente der Kreise, (wenn aber S innerhalb der Kreise sich befindet, so seien ST und ST′ die halben kleinsten Sehnen), und es ist

$$SB \cdot SC' = SC \cdot SB' = ST \cdot ST'.$$

Es sind B und B′ entsprechende Punkte, eben so C und C′, und T und T′, deshalb ist

$$SB : SB' = SC : SC' = ST : ST'.$$

Daraus folgt 1) $SB \cdot SC' = SC \cdot SB'$

2) $SB \cdot ST' = ST \cdot SB'$.

Ferner ist nach §. 248

3) $ST^2 = SB \cdot SC$.

Das Product aus 2) und 3) liefert

4) $ST \cdot ST' = SC \cdot SB'$

und aus 1) und 4) erhellet der Satz.

Das Product SB·SC′ ist demnach für alle potenzhaltenden Punkte von demselben Werth. Denkt man z. B. einen zweiten Strahl SV, so ist

$$SB \cdot SC' = SC \cdot SB' = SP \cdot SV' = SV \cdot SP' = ST \cdot ST'.$$

10) Zwei potenzhaltende Punkte eines Strahls und zwei potenzhaltende Punkte eines zweiten Strahls liegen in der Peripherie eines Kreises; z. B. B, C', P, V' oder B, C', V, P', oder C, B', P, V' oder C, B', V, P'.

Nach 9) und §. 276 oder 277.

§. 338.

1) Es werde Fig. 119 ein Kreis M gedacht und eine gerade Linie A'B', und durch den Mittelpunkt M des Kreises eine gerade Linie SQ normal auf A'B'. Legt man durch S eine beliebige Secante SA, so ist

$$SA \cdot SA' = SQ \cdot SV$$

und legt man durch Q eine beliebige Secante QB, so ist

$$QB \cdot QB' = QS \cdot QV.$$

Die Dreiecke SQA und SA'V sind ähnlich, weil sie den Winkel bei S gemeinschaftlich haben und rechtwinklig sind; daher verhält sich

$$SA : SQ = SV : SA'$$

folglich ist $SA \cdot SA' = SQ \cdot SV.$

Eben so erhellet die andere Behauptung aus der Aehnlichkeit der Dreiecke QBS und QVB'.

Der Satz bleibt giltig, wenn die Linie A'B' den Kreis M schneidet oder berührt. Im letzten Falle geht das Product $SQ \cdot SV$ in SQ^2 über.

2) Für alle von S ausgehenden Secanten sind also die Producte $SA \cdot SA'$, $SC \cdot SC'$ u. s. w. von gleichem Werth; eben so für alle Secanten, welche durch Q gelegt sind.

3) Vier Punkte wie Q, V, A, A' oder A, A', C, C' oder V, S, B, B' oder B, B', D, D' liegen in der Peripherie eines Kreises.

Nach §. 276 oder 277.

4) Man errichte in A' die Normale A'K auf A'B', und ziehe durch M und A die Linie MA bis K, so ist KA gleich KA', und ein Kreis, der K zum Mittelpunkt und KA zum Radius hat, berührt daher den Kreis M in A von außen und die Linie A'B' in A'. Und errichtet man B'L normal auf A'B', und zieht MB bis L, so ist LB = LB', und ein Kreis, dessen Mitttelpunkt L und dessen Radius LB ist, berührt den Kreis M in B von innen, und die Linie A'B' in B'.

Denn die Dreiecke AA'K und ASM sind ähnlich, eben so die Dreiecke BLB' und BMQ.

5) Umgekehrt, berührt ein Kreis den Kreis M in A von außen und die Linie A'B' in A', so geht die Linie AA' durch S;

und berührt ein Kreis den Kreis M in B von innen und die Linie A'B' in B', so geht die Linie BB' durch Q.

Es sei X der Durchschnittspunkt zwischen AA' und VM. Die Dreiecke AKA' und AMX sind ähnlich, weil sie die Winkel bei A als Scheitelwinkel, die bei K und M als Wechselwinkel gleich haben. AKA' ist gleichschenklig, also auch AMX, folglich ist $MX = MA = MS$. Ebenso im anderen Falle.

Anmerk. Die kleinen Abweichungen, welche eintreten, wenn A'B' den Kreis M schneidet oder berührt, wird man leicht aufstellen können. Die gerade Linie A'B' läßt sich als Kreislinie zu einem unendlich großen Radius betrachten, und dann tritt die Analogie dieser Sätze mit denen des vorigen Paragraphen hervor.

§. 339.

1) Man stelle sich zwei Kreise vor, M und M' Fig. 120 oder Fig. 121, der Radius des ersten sei r, die Peripherie des Kreises M' gehe nicht durch den Mittelpunkt des Kreises M, und es schneide der Kreis M' den Kreis M nicht rechtwinklig. Wenn man jeden Punkt der Peripherie des Kreises M' als Pol des Kreises M betrachtet, so liegen die zugehörigen Pole in der Peripherie eines Kreises M'', der Mittelpunkt M ist äußerer oder innerer Aehnlichkeitspunkt der Kreise M' und M'', und die Chordalen der drei Kreise fallen in einander.

Durch M denke man die Secante AB und Fig. 120 die Tangente, Fig. 121 die halbe kleinste Sehne MT für den Kreis M', und es seien A', B', T' beziehlich die Pole der Punkte A, B, T. Nach §. 335 ist

$$MT \cdot MT' = MA \cdot MA' = MB \cdot MB' = r^2.$$

Ferner ist $MT^2 = MA \cdot MB$

und es folgt durch Division

$$MT : MT' = MB : MA' = MA : MB'.$$

Die Punkte T und T', A und B', B und A' sind demnach entsprechende Punkte für M als Aehnlichkeitspunkt und das Grundverhältniß MT:MT', und eben so für jede andere Secante MC die Punkte C und D', D und C'. Und da die Punkte T, A, C, D, B des einen Systems in der Peripherie eines Kreises liegen, so befinden sich auch die des entsprechenden Systems in der Peripherie eines Kreises.

Die Punkte M, M', M'' liegen, da M Aehnlichkeitspunkt der Kreise M' und M'' ist, in gerader Linie, und die drei Chordalen der Kreise, als normal stehend auf dieser Linie, müssen entweder parallel sein oder in einander fallen. Man denke einen Strahl MBB', und in den potenzhaltenden Punkten B und B' Tangenten für die Kreise M' und M''. Die

Tangenten mögen sich in V schneiden; nach §. 337 5) ist BV gleich B'V. Da B und B' Pole für den Kreis M sind, so schneidet der Kreis, dessen Mittelpunkt V und dessen Radius VB ist, den Kreis M rechtwinklig in G. Es ist also VG Tangente für den Kreis M. Nun sind die drei Tangenten VB, VB', VG einander gleich, deshalb ist V ein Punkt in jeder der drei Chordalen, die also zusammenfallen.

2) Die Kreise M' und M'' nennt man conjugirte Kreise des Kreises M, der Kreis M heiße der Potenzkreis der Kreise M' und M''.

3) Geht Fig. 122 die Peripherie des Kreises M' durch den Mittelpunkt des Kreises M, und betrachtet man die Punkte der Peripherie M' als Pole des Kreises M, so befinden sich die zugehörigen Pole in einer geraden Linie, nämlich in der Chordale beider Kreise.

Man denke die Centrale MM', es sei Q' der Pol des Punktes Q, Q'A' stehe normal auf MM', und MA sei eine durch M gelegte beliebige Secante des Kreises M'. Nach §. 338 1) ist

$$MA \cdot MA' = MQ \cdot MQ'$$

MQ·MQ' ist gleich r^2, also ist MA·MA' gleich r^2, und deshalb A' der Pol des Punktes A, und da MA jede Secante vorstellt, so erhellet, daß die Pole aller Punkte der Peripherie M' in der Normale Q'A' liegen. — Nach §. 338 sind A und A' die Berührungspunkte eines Kreises K, welcher den Kreis M' und die gerade Linie Q'A' berührt. Für den Kreis M' denke man in A die Tangente, und sie schneide Q'A' in V. VA ist zugleich Tangente für den Kreis K, deshalb ist VA gleich VA'. Ein aus V mit VA beschriebener Kreis geht durch A' und schneide den Kreis M in G. A und A' sind Pole des Kreises M, deshalb schneidet der Kreis V den Kreis M rechtwinklig, und es ist VG Tangente für den Kreis M. Die Gleichheit der Tangenten VA und VG bedingt, daß Q'A' Chordale ist der Kreise M und M'.

4) Schneidet der Kreis M' den Kreis M rechtwinklig, so fällt der conjugirte Kreis M'' mit dem Kreise M' zusammen. [Vergl. §. 335 3).]

§. 340.

Man stelle sich zwei Kreise M und M' vor, und alle möglichen Berührungskreise, von welchen jeder den Kreis M und zugleich den Kreis M' berührt. Diese Berührungskreise wollen wir in zwei Klassen theilen, und zur ersten Klasse alle die Kreise rechnen, welche die Kreise M und M' beide von außen, oder beide von innen berühren, zur zweiten Klasse dagegen diejenigen zählen, welche den einen der Kreise M und M' von außen berühren, den anderen von innen. Jede Klasse werde wiederum in zwei Gruppen gesondert; die eine Gruppe der ersten Klasse umfasse die Kreise, welche von außen berühren, die andere die, welche von innen berühren; die eine Gruppe der zweiten Klasse bestehe aus den Kreisen, welche den einen der Kreise M und M' von außen, den anderen von innen berühren, die andere aus denen, welche umgekehrt den anderen von außen berühren, den ersteren von innen. Die beiden Gruppen jeder Klasse nennen wir verwandte Gruppen. Die verwandten Gruppen gehen in einander über durch gemeinschaftliche Tangenten oder Durchschnittspunkte der Kreise M und M'.

§. 341.

1) Werden zwei Kreise M' und M'' von zweien Kreisen B' und B'' berührt, und gehören die Kreise B' und B'' der ersten Klasse an, so geht die Chordale dieser Kreise durch den äußeren Aehnlichkeitspunkt A der Kreise M' und M'', gehören die Kreise B' und B'' der zweiten Klasse an, so geht ihre Chordale durch den inneren Aehnlichkeitspunkt der Kreise M' und M''.

Es mögen Fig. 123 die Kreise B' und B'' der ersten Klasse angehören (gleichviel ob einerlei Gruppe oder nicht) und C, C', D, D' seien die Berührungspunkte. Nach §. 337 4) gehen die Linien C'C und D'D durch den äußeren Aehnlichkeitspunkt A der Kreise M' und M'', und nach 10) desselben Paragraphen befinden sich die Punkte C, C', D, D' in der Peripherie eines Kreises. Man denke diesen Kreis V. Die Linien C'C und D'D sind zwei von den drei Chordalen der Kreise V, B', B'', und da sie sich in A schneiden, so geht auch die dritte Chordale, d. i. die der Kreise B' und B'' durch den Aehnlichkeitspunkt A. Das ist der eine Theil des Satzes; ähnlich folgt der andere.

2) Wenn man durch den Aehnlichkeitspunkt der Kreise M' und M'', durch welchen die Chordale der Kreise B' und B'' geht, eine Tangente an einen der letzteren Kreise legt, und mit dieser Tangente als Radius einen Kreis beschreibt, der jenen Aehnlichkeitspunkt zum Mittelpunkt hat, so sind die Kreise M' und M'' conjugirte Kreise dieses Kreises.

Man denke Fig. 123 sämmtliche Berührungskreise der ersten Klasse. Die Chordalen je zweier von ihnen gehen durch den äußeren Aehnlichkeitspunkt A. AT sei Tangente an einem der Kreise, B'. Ein mit AT beschriebener Kreis A wird alle Kreise der ersten Klasse rechtwinklig schneiden, deshalb sind C, C', eben so D, D' u. s. w. Pole des Kreises A, folglich M' und M'' conjugirte Kreise des Kreises A. Eben so ergiebt sich der Satz im anderen Fall.

§. 342.

Die Kreise M' und M'' sind Berührungskreise der Kreise B' und B'', und sie gehören als solche Gruppen an, die sich bestimmen nach den Gruppen, aus welchen B' und B'' genommen sind. Nach einer Feststellung dieses Verhältnisses wird man im Ganzen folgendes Gesetz erkennen:

Wenn irgend zwei Kreise gedacht werden und ihre sämmtlichen gemeinschaftlichen Berührungskreise, so enthält die Chordale der ersteren Kreise die sämmtlichen äußeren Aehnlichkeitspunkte je zweier Berührungskreise, die einer Gruppe angehören, und die sämmtlichen inneren Aehnlichkeitspunkte je zweier Berührungskreise aus verwandten Gruppen; der äußere Aehnlichkeitspunkt der ersten Kreise ist gemeinschaftlicher Chordalpunkt der Berührungskreise aus der ersten Klasse, der innere Aehnlichkeitspunkt ist gemeinschaftlicher Chordalpunkt der zweiten Klasse von Berührungskreisen; die Berührungskreise der ersten Klasse haben einen gemeinschaftlichen Orthogonalkreis, dessen Mittelpunkt der äußere Aehnlichkeitspunkt der zuerst gedachten Kreise ist, die Kreise der zweiten Klasse haben ebenfalls einen gemeinschaftlichen Orthogonalkreis, und sein Mittelpunkt ist der innere Aehnlichkeitspunkt der zuerst gedachten Kreise; endlich sind die ersten beiden Kreise conjugirte Kreise zu jedem der erwähnten Orthogonalkreise.

§. 343.

Drei Kreise M', M'', M''' haben drei äußere Aehnlichkeitspunkte und drei innere. Die drei äußeren Aehnlichkeitspunkte liegen in gerader Linie, und ferner liegt jeder äußere Aehnlichkeitspunkt mit den beiden inneren Aehnlichkeitspunkten in gerader Linie, welche nicht zu ihm gehören.

Es seien Fig. 124 M', M'', M''' die Mittelpunkte der Kreise, ihre Radien seien r', r'', r''', die äußeren Aehnlichkeitspunkte seien A', A'', A''', die inneren I', I'', I'''. Man denke durch die beiden Punkte A' und A'' eine gerade Linie gelegt, und von den Mittelpunkten aus drei parallele Linien M'Q', M''Q'', M'''Q''' gezogen, welche die Linie A'A'' in Punkten Q', Q'', Q''' schneiden. Dann verhält sich

$$M'Q' : M''Q'' = r' : r''$$
$$M'Q' : M'''Q''' = r' : r'''$$
folglich $$M''Q'' : M'''Q''' = r'' : r'''$$
wegen dieser Proportion geht die Linie $Q''Q'''$, d. h. $A'A''$ durch den Punkt A'''; also liegen die Punkte A', A'', A''' in gerader Linie. Eben so folgt, daß sich A', I'', I''' in gerader Linie befinden u. s. w.

Die Linien $A'A''A'''$, $A'I''I'''$, $A''I'I'''$, $A'''I'I''$ nennt man Symmetrallinien, Aehnlichkeitslinien der drei Kreise.

§. 344.

Uebungen und Praktisches.

1) Was ist ein Kreis, die Peripherie eines Kreises, der Mittelpunkt, der Radius? Was ist eine Secante, eine Sehne, ein Durchmesser, eine Tangente, der Berührungspunkt einer Tangente? Wann ist eine Linie Secante, oder Tangente?
2) Was ist ein Mittelpunktswinkel, ein Peripheriewinkel? Was ist ein Kreisabschnitt, ein Kreisausschnitt, ein Quadrant, ein Sextant? Wann sind Sehnen eines Kreises gleich, wann ungleich? Wann sind Bogen eines Kreises gleich, wann ungleich? Wann sind Kreisausschnitte oder Kreisabschnitte congruent?
3) Wenn ein Mittelpunktswinkel und ein Peripheriewinkel auf gleichen Bogen stehen, wie sind sie beschaffen? Wann sind Peripheriewinkel gleich, wann ungleich? Gelten diese Sätze umgekehrt? Wann ist ein Peripheriewinkel ein rechter Winkel?
4) Welche Proportion tritt ein, wenn eine Linie auf einem Durchmesser normal steht? welche zwischen einer Sehne, ihrer Projection auf einem Durchmesser, der von dem einen Endpunkt der Sehne ausgeht, und dem Durchmesser?
5) Wenn eine Tangente von einer Sehne im Berührungspunkt geschnitten wird, welches Gesetz findet für die Winkel Statt, welche die Sehne mit der Tangente bildet?
6) Welches Gesetz findet Statt, wenn zwei Sehnen sich schneiden, welches, wenn zwei Secanten sich schneiden, wenn eine Tangente und eine Secante sich schneiden, wenn zwei Tangenten sich schneiden? Lassen sich diese Gesetze als ein Gesetz zusammenfassen?
7) Wann sagt man, ein neck liege in einem Kreise, ein neck liege um einen Kreis? Welche Figuren liegen in einem Kreise, welche um einen Kreis? Liegt ein neck, welches

um oder in einem Kreise liegt, jedesmal zugleich in oder um einen Kreis? Wo ist der Mittelpunkt des Kreises, in welchem ein Dreieck liegt; wie findet man den Mittelpunkt des Kreises, um welchen es liegt? Wie wird der Mittelpunkt des Kreises gefunden, in welchem ein reguläres neck liegt, wie der Mittelpunkt des Kreises, um den es liegt? Wem ist die Seite des regulären Sechsecks gleich? Welches Gesetz findet Statt zwischen der Seite des regulären Fünfecks, der des regulären Zehnecks, und dem Radius des Kreises, in welchem beide Figuren liegen?

8) Wie drückt sich das Product zweier Seiten eines Dreiecks aus? Wie drückt sich der Inhalt eines Dreiecks aus durch die drei Seiten und den Radius des Kreises, in welchem es liegt? Wie drückt sich der Inhalt aus durch die drei Seiten und den Radius des Kreises, um den es liegt? Wie drückt sich der Inhalt eines jeden necks aus, welches um einen Kreis liegt?

9) Welche Gesetze gelten bei einem Viereck, welches in einem Kreise liegt? Was ist bei einem Viereck zu merken, welches um einen Kreis liegt? Welche von diesen Gesetzen sind umgekehrt worden? Welches Gesetz gilt vom Sechseck im Kreise, vom Sechseck um einen Kreis?

10) Wann liegen vier Punkte in der Peripherie eines Kreises?

11) Wann heißen Kreise concentrisch, excentrisch? Was ist eine Centrale? Was heißt es, zwei Kreise berühren sich? Wie muß die Centrale beschaffen sein, damit zwei Kreise sich schneiden, oder sich berühren außer einander liegend, oder sich berühren, der eine innerhalb des anderen liegend? Wie muß die Centrale beschaffen sein, damit die Peripherieen zweier Kreise einen Punkt gemeinschaftlich haben und der eine außerhalb des anderen liege, oder der eine innerhalb des anderen?

12) Wodurch bestimmt sich ein Kreis?

13) Wie verhalten sich zwei Bogen eines Kreises? Wie zwei Kreisausschnitte? Wie verhält sich ein Bogen zur Peripherie seines Kreises; wie ein Kreisausschnitt zu seinem Kreise?

14) Wie verhalten sich die Peripherieen zweier Kreise; wie die Inhalte?

15) Wie verhalten sich zwei Bogen, oder zwei Kreisausschnitte zweier ungleichen Kreise, wenn die Mittelpunktswinkel gleich sind; wie, wenn die Mittelpunktswinkel ungleich sind?

16) Wie drückt sich der Inhalt eines Kreises durch seine Peripherie und seinen Radius aus? Wie drückt sich der

Inhalt eines Kreisausschnittes aus durch den Bogen und den Radius?

17) Wenn r der Radius eines Kreises ist, wie drückt sich die Peripherie aus, wie der Inhalt? Welche Zahl bezeichnet π? Wenn r der Radius eines Kreises ist, α ein Mittelpunktswinkel, wem ist der Bogen zu diesem Mittelpunktswinkel gleich, wie groß ist der Kreisausschnitt? Welche Brüche drücken π annähernd aus?

18) Wenn man über den Seiten eines rechtwinkligen Dreiecks Kreise beschreibt, so ist der Kreis, dessen Durchmesser die Hypotenuse ist, gleich der Summe der beiden anderen Kreise.

19) Ist ein Kreis gleich der Summe zweier anderer Kreise, so wird das Dreieck, welches die Durchmesser zu Seiten hat, rechtwinklig, und der Durchmesser des ersteren Kreises seine Hypotenuse.

20) Was sind Pole eines Kreises, Polaren? Welche Gesetze gelten für die Pole, Polare? Zu welchen Gesetzen führen die Aehnlichkeitspunkte der Kreise?

21) Eine Sehne messe 9 Fuß; sie werde um 3 Fuß verlängert, und von dem Endpunkt werde eine Tangente an den Kreis gelegt; wie groß wird die Tangente?

6 Fuß.

22) Der Radius eines Kreises sei 8 Fuß, die Höhe eines Bogens 5 Fuß, wie groß ist die Sehne dieses Bogens?

14,8323 .... Fuß.

23) Der Radius eines Kreises sei r, die Höhe eines Bogens h, wie groß ist die Sehne des Bogens?

$2\sqrt{(2r-h)h}$.

24) Eine Sehne messe 12 Fuß, die Höhe des zughörigen Bogens 3 Fuß, wie groß ist der Radius des Kreises?

$7\frac{1}{2}$ Fuß.

25) Eine Sehne sei a, die Höhe des zugehörigen Bogens b, wie groß ist der Radius des Kreises?

$$\frac{a^2 + 4b^2}{8b}.$$

26) Der Radius eines Kreises sei 12 Fuß, eine Sehne 8 Fuß, wie groß ist die Höhe des zur Sehne gehörenden Bogens?

0,6862 .... oder 23,3137 .... Fuß.

27) Der Radius eines Kreises sei r, eine Sehne a, wie groß ist die Höhe des Bogens, welcher zur Sehne gehört?

$$r \pm \sqrt{\left(r + \frac{a}{2}\right)\left(r - \frac{a}{2}\right)}.$$

28) Der Radius eines Kreises ist 8 Fuß; in dem Kreise befinden sich zwei parallele Sehnen, die eine mißt 12 Fuß, die andere 10 Fuß, wie weit sind die Sehnen von einander entfernt?

0,9534 .... Fuß, oder 11,5365 Fuß.

29) Der Radius eines Kreises ist r, zwei parallele Sehnen sind a und b, wie groß ist die Entfernung der Sehnen?

$$\sqrt{\left(r+\frac{a}{2}\right)\left(r-\frac{a}{2}\right)} \pm \sqrt{\left(r+\frac{b}{2}\right)\left(r-\frac{b}{2}\right)}.$$

30) Der Radius eines Kreises sei 5′; wie groß muß der Radius eines Kreises genommen werden, dessen Peripherie $3\frac{1}{2}$ mal so groß als die jenes Kreises sein soll? und wie groß muß der Radius sein, wenn der Inhalt $3\frac{1}{2}$ mal so groß als der jenes Kreises werden soll?

$17^{2\prime}$. 9,354′ ....

31) Es ist ein Kreis gegeben, dessen Radius r ist; wie groß muß man den Radius eines Kreises nehmen, dessen Peripherie $\frac{m}{n}$ von der Peripherie jenes Kreises werden soll? oder wie groß den Radius, wenn der Inhalt $\frac{m}{n}$ vom Inhalt des ersteren werden soll?

$\frac{m}{n} r$. $r\sqrt{\frac{m}{n}}$.

32) Der Radius eines Kreises sei 8′, der eines anderen 5,6′, wie groß muß der Radius eines Kreises sein, der gleich ist der Summe oder der Differenz jener Kreise; und wie groß muß der Radius eines Kreises sein, dessen Peripherie gleich ist der Summe oder der Differenz der Peripherieen jener Kreise?

9,76′ .... 5,71′ .... 13,6′ .... 2,4′.

33) Der Radius eines Kreises sei a, der eines anderen b, wie groß ist der Radius eines Kreises, welcher gleich der Summe oder gleich der Differenz jener Kreise ist? Wie groß ist der Radius eines Kreises, dessen Peripherie gleich der Summe oder der Differenz der Peripherieen jener Kreise ist?

$\sqrt{a^2 \pm b^2}$. $a \pm b$.

34) Ist r der Radius, d der Durchmesser, p die Peripherie und k der Inhalt eines Kreises, so finden die Gleichungen Statt:

1) $d = 2r$
2) $p = 2\pi r$
3) $k = \pi r^2$.

Aus ihnen folgt

4) $r = \frac{d}{2}$

5) $p = \pi d$

6) $k = \frac{\pi}{4} \cdot d^2 = 0{,}7853981633 \cdots d^2$

7) $r = \frac{1}{\pi} \cdot \frac{p}{2} = 0{,}3183098861 \cdots \frac{p}{2}$

8) $d = \frac{1}{\pi} \cdot p = 0{,}3183098861 \cdots p$

9) $k = \frac{1}{\pi} \cdot \frac{p^2}{4} = 0{,}31831 \cdot \frac{p^2}{4}$

10) $r = \sqrt{\frac{1}{\pi} k} = \sqrt{0{,}31831 \cdot k}$

11) $d = 2\sqrt{\frac{1}{\pi} k}$

12) $p = 2\sqrt{\pi k}$.

Durch die drei ersten Formeln findet man den Durchmesser, die Peripherie und den Inhalt eines Kreises, wenn sein Radius gegeben ist.

Durch die Formeln 4) 5) 6) den Radius, die Peripherie und den Inhalt, wenn man den Durchmesser kennt.

Durch die Formeln 7) 8) 9) erhält man den Radius, den Durchmesser und den Inhalt, wenn die Peripherie bekannt ist.

Durch die Formeln 10) 11) 12) den Radius, den Durchmesser und die Peripherie, wenn der Inhalt gegeben ist.

35) Der Radius eines Kreises sei 5,2, wie groß ist der Durchmesser, die Peripherie, der Inhalt?
10,4. 32,672 ···· 84,94 ····

36) Der Durchmesser eines Kreises sei 10, wie groß ist der Radius, die Peripherie, der Inhalt?
5. 31,4159 ···· 78,539 ····

37) Es sei die Peripherie eines Kreises 100, wie groß ist der Radius, der Inhalt?
15,9154 ···· 795,77.

38) Der Inhalt eines Kreises sei 50, wie groß ist der Radius, die Peripherie?
3,98 .... 25,06 ....

39) Bezeichnet r den Radius, α den Mittelpunktswinkel, b den zugehörigen Bogen, q den Inhalt des zugehörigen Kreisausschnitts, so finden die Gleichungen Statt:

$$1)\ b = \pi \frac{\alpha}{2R} \cdot r$$

$$2)\ q = \pi \frac{\alpha}{4R} \cdot r^2.$$

Aus ihnen folgt

$$3)\ q = \frac{br}{2}$$

$$4)\ \alpha = \frac{1}{\pi} \cdot \frac{2b}{r} \cdot R = 0{,}31831 \cdot \frac{2b}{r} \cdot R$$

$$5)\ b = \frac{2q}{r}$$

$$6)\ \alpha = \frac{1}{\pi} \frac{4q}{r^2} \cdot R = 0{,}31831 \cdot \frac{4q}{r^2} \cdot R$$

$$7)\ r = \frac{1}{\pi} \cdot \frac{2R}{\alpha} \cdot b = 0{,}31831 \cdot \frac{2R}{\alpha} \cdot b$$

$$8)\ q = \frac{1}{\pi} \cdot \frac{R}{\alpha} \cdot b^2 = 0{,}31831 \cdot \frac{R}{\alpha} \cdot b^2$$

$$9)\ r = \sqrt{\frac{1}{\pi} \cdot \frac{4R}{\alpha} \cdot q} = 2\sqrt{0{,}31831 \cdot \frac{R}{\alpha} \cdot q}$$

$$10)\ b = \sqrt{\pi \cdot \frac{\alpha}{R} \cdot q}$$

$$11)\ r = \frac{2q}{b}$$

$$12)\ \alpha = \frac{1}{\pi} \cdot \frac{b^2}{q} \cdot R = 0{,}31831 \cdot \frac{b^2}{q} \cdot R.$$

Die Formeln 1) und 2) liefern den Bogen und den Kreisausschnitt, wenn der Radius und der Mittelpunktswinkel gegeben sind.

Die Formeln 3) und 4) liefern den Kreisausschnitt und den Mittelpunktswinkel, wenn der Radius und der Bogen gegeben sind.

Die Formeln 5) und 6) liefern den Bogen und den Mittelpunktswinkel, wenn der Radius und der Kreisausschnitt gegeben sind.

Die Formeln 7) und 8) liefern den Radius und den Kreisausschnitt, wenn der Bogen und der Mittelpunktswinkel gegeben sind.

Die Formeln 9) und 10) den Radius und den Bogen, wenn der Kreisausschnitt und der Mittelpunktswinkel gegeben sind.

Die Formeln 11) und 12) den Radius und den Mittelpunktswinkel, wenn der Bogen und der Kreisausschnitt gegeben sind.

40) Der Radius eines Kreises sei 1, der Mittelpunktswinkel $\frac{1}{90}$R, wie groß ist der Bogen und der Inhalt des Kreisausschnitts?
0,01745 .... 0,00872 ....

41) Der Radius eines Kreises sei 1, der Bogen $\frac{1}{6}\pi$, wie groß ist der Kreisausschnitt und der Mittelpunktswinkel?
0,52359 .... $\frac{2}{3}$R.

42) Der Radius eines Kreises sei 2, der Kreisausschnitt $\pi \cdot 2$, wie groß ist der Bogen und der Mittelpunktswinkel?
6,283 .... 2R.

43) Ein Bogen sei $\frac{1}{10}\pi$, der Mittelpunktswinkel R, wie groß ist der Radius und der Kreisausschnitt?
0,2. 0,0314.

44) Ein Kreisausschnitt sei 20, der Mittelpunktswinkel $\frac{2}{3}$R, wie groß ist der Radius und der Bogen?
6,18 .... 6,47 ....

45) Ein Bogen sei 5, der Kreisausschnitt 5, wie groß ist der Radius und der Mittelpunktswinkel?
2. 1,59 .... R.

46) Der Mittelpunktswinkel sei $\frac{2}{3}$R, der Radius r, wie verhält sich der Bogen zur Sehne?
Wie $\pi : 3$.

47) Wie groß ist der Inhalt eines Ringes, wenn die Halbmesser seiner concentrischen Kreise 60 und 40 sind?
6283,1853 ....

48) Wie groß ist der Inhalt eines Ringes, wenn a und b die Halbmesser seiner concentrischen Kreise sind?
$\pi(a + b)(a - b)$.

49) Wie groß ist die Breite eines Ringes (d. h. die Differenz seiner Radien), wenn der Inhalt des Ringes a und der größere Radius b ist?

$$b - \sqrt{b^2 - \frac{1}{\pi} a}.$$

50) Der Inhalt eines Ringes sei q, der größere Radius a, wie groß ist der kleinere Radius?

$$\sqrt{a^2 - \frac{q}{\pi}}.$$

51) Der Inhalt eines Ringes sei q, der kleinere Radius sei c, wie groß ist der größere Radius?

$$\sqrt{c^2 + \frac{q}{\pi}}.$$

52) Eine gerade Linie, welche näherungsweise gleich der Peripherie eines Kreises ist, wird erhalten, wenn man das Dreifache des Durchmessers um den fünften Theil von der Sehne des Quadranten vermehrt.

Ist der Radius des Kreises gleich r, so ist die Peripherie des Kreises gleich 6,2831853 .... r

die in der angegebenen Weise construirte Linie aber gleich

6,2828427 .... r.

Die Differenz beträgt daher nur

0,000342 .... r.

Neuntes Kapitel.

Constructionen.

§. 345.

Construiren heißt hier, Linien, Figuren u. s. w. zeichnen, so, daß sie gegebenen Bedingungen entsprechen. Wir unterscheiden bei solchem Construiren die theoretische Construction, d. h. die Angabe, oder die Ermittelung des Verfahrens, und die praktische Construction, d. h. das Zeichnen selbst. Die theoretische Construction ist bedingt durch die Werkzeuge, deren man sich beim Zeichnen bedienen darf. Wir setzen hier voraus, daß man sich, abgesehen von den gewöhnlichen Zeichen-Materialien, des Lineals bediene und des Zirkels.

Mehr oder weniger Hilfsmittel gestatten oder erheischen ein anderes Verfahren.

§. 346. Aufgabe.

Es ist Fig. 125 ein Dreieck EHL gegeben, man soll ein zweites Dreieck zeichnen, welches diesem congruent ist.

Auflösung. Man mache AB gleich EH, schlage von B aus mit der Zirkelöffnung HL einen Bogen, von A aus einen Bogen mit der Zirkelöffnung EL, und ziehe von dem Punkte D, in welchem diese Bogen sich schneiden, gerade Linien nach B und nach A. Das Dreieck ABD ist dem Dreieck EHL congruent, weil es die drei Seiten mit ihm gleich hat.

§. 347. Aufgabe.

Es ist Fig. 125 eine Linie AB gegeben, in ihr ein Punkt A, man soll durch A eine Linie zeichnen, welche mit AB einen gegebenen Winkel α bildet.

Auflösung. Man nehme auf den Schenkeln des Winkels α die Punkte H und L beliebig, und zeichne über AB ein Dreieck, welches dem Dreieck EHL congruent ist.

Am einfachsten führt man diese Construction aus, indem man mit einer beliebigen Zirkelöffnung die Schenkel des Winkels α von E aus schneidet, etwa in G und F, mit derselben Oeffnung von A aus einen Bogen CQ schlägt, diesen Bogen von Q aus mit der Oeffnung FG schneidet, und durch den Durchschnittspunkt C und durch A eine Linie zeichnet.

§. 348. Aufgabe.

Es ist Fig. 126 eine Linie AB gegeben, außerhalb derselben ein Punkt C, man soll durch C eine Linie zeichnen, welche parallel ist mit AB.

Auflösung. Aus dem beliebigen Punkt B der Linie AB schlage man mit der Zirkelöffnung BC den Bogen CA, mit derselben Zirkelöffnung von C aus den Bogen BD, mache BD gleich AC, und ziehe CD, so ist CD parallel mit AB. Denn wird die Linie BC gedacht, so ist $\angle ABC = BCD$. Vergl. vorig. §.

Oder man schlage Fig. 127 von dem beliebigen Punkt N aus mit NC als Radius einen Bogen, welcher die Linie AB schneidet, mache ED gleich GC, und ziehe CD, so ist CD parallel mit AB.

§. 349. Aufgabe.

Einen gegebenen Winkel α Fig. 128 in zwei gleiche Theile zu theilen.

Auflösung. Man schneide mit einer beliebigen Zirkelöffnung von A aus die Schenkel des Winkels, etwa in B und C, mit derselben oder einer anderen beliebigen Oeffnung schlage man von B und C aus zwei Bogen, welche sich in D oder in D′ schneiden, und zeichne eine gerade Linie durch A und D, oder A und D′; diese halbirt den Winkel α. Aus der Congruenz der Dreiecke ABD und ACD, oder ABD′ und ACD′, folgt die Richtigkeit der Construction.

§. 350. Aufgabe.

Eine gegebene Linie AB Fig. 129 in zwei gleiche Theile zu theilen.

Auflösung. Mit einer beliebigen Zirkelöffnung schlage man von den Endpunkten A und B aus zwei Bogen, welche sich schneiden, etwa in C, und halbire den Winkel ACB; die Halbirungslinie dieses Winkels theilt die Linie AB in zwei gleiche Theile, nach §. 74. Um aber den Winkel zu halbiren, hat man nur nöthig, mit einer beliebigen Zirkelöffnung von A und B zwei Bogen zu schlagen, welche sich schneiden, etwa in G, und dann durch G und C eine Linie zu construiren.

§. 351. Aufgabe.

Es ist Fig. 130 eine gerade Linie AB gegeben, in ihr ein Punkt C, man soll in dem Punkt C eine Normale auf AB errichten.

Auflösung. Man theile den gestreckten Winkel ACB in zwei gleiche Theile.

Sollte in dem Endpunkte B der Linie AB eine Normale errichtet werden, und könnte man die Linie über B hinaus nicht verlängern, so construire man in einem anderen Punkt der Linie AB eine Normale, und durch B eine Linie, welche parallel ist mit der Normale. Oder man nehme beliebig in der Linie AB einen Punkt C an, schlage von B und C aus mit einer beliebigen Zirkelöffnung zwei Bogen, welche sich schneiden, etwa in D, ziehe CD, mache DE gleich CD, und ziehe EB, so ist EB normal auf AB; denn der Punkt B liegt in der Peripherie des Kreises, welcher CE zum Durchmesser hat, also steht der Winkel CBE auf einem Halbkreise und ist ein rechter Winkel.

§. 352. Aufgabe.

Es ist Fig. 129 eine gerade Linie AB gegeben und außerhalb derselben ein Punkt C, man soll von C aus eine Normale auf die Linie fällen.

Auflösung. Mit einer beliebigen Zirkelöffnung schneide man von C aus die Linie AB in zwei Punkten, etwa in D und E, und halbire den Winkel DCE. Die Halbirungslinie ist normal auf AB nach §. 74.

Sollte man von einem Punkt E Fig. 130, der gegen das Ende einer Linie AB liegt, eine Normale auf die Linie fällen, und könnte AB über B hinaus nicht verlängert werden, so construire man irgend eine Linie normal auf AB, und ziehe durch E eine Linie, welche mit der Normale parallel ist. Oder man ziehe irgend eine Linie EC, welche AB schneidet, theile sie in zwei gleiche Theile, und wenn D die Mitte von CE ist, so schneide man von D aus mit der Zirkelöffnung DE (oder DC) die Linie AB, welches in B geschehen mag. EB ist dann normal auf AB.

§. 353. Aufgabe.

Es sind drei gerade Linien MN, PQ, TV gegeben, man soll die vierte Proportionallinie zu ihnen construiren, d. h. man soll eine Linie XY construiren, so daß sich verhält

$$MN:PQ = TV:XY.$$

Auflösung. Man zeichne einen beliebigen hohlen Winkel α Fig. 131, mache AB gleich MN, BC gleich PQ, AD gleich TV, ziehe BD, und CE parallel mit BD, so ist DE die verlangte Linie XY; oder man nehme AB gleich MN, AC gleich PQ, AD gleich TV, ziehe BD, und damit parallel CE, so ist AE die gesuchte Linie XY; oder man mache AB gleich MN, AD gleich PQ, AC gleich TV, ziehe BD, und CE parallel mit BD, so ist AE die geforderte Linie. U. s. w.

§. 354. Aufgabe.

Zu zweien gegebenen Linien MN und PQ die mittlere Proportionallinie zu zeichnen.

Auflösung. Auf einer geraden Linie Fig. 132 nehme man AB gleich MN, BC gleich PQ, beschreibe über AC einen Halbkreis, und errichte in B die Normale AD. Sie ist die verlangte Linie, denn es verhält sich

$$AB:BD = BD:BC$$

d. h. $$MN:BD = BD:PQ.$$

Oder man nehme Fig. 133 AC gleich PQ, AB gleich MN, beschreibe über der größeren Linie AC einen Halbkreis, und construire die Sehne, deren Projection die kleinere Linie AB ist. Macht man BD normal auf AC, so ist AD diese Sehne und die verlangte Linie, denn es verhält sich

$$AB:AD = AD:AC$$

d. i. $$MN:AD = AD:PQ.$$

§. 355. Aufgaben.

1) Eine gegebene gerade Linie PQ, Fig. 134 in n gleiche Theile zu theilen.

Auflösung. Man ziehe von dem einen Endpunkt P eine Linie PD, welche mit PQ einen beliebigen hohlen Winkel bildet, auf die Linie PD trage man von P aus nmal ein beliebiges Stück PC, ziehe von dem letzten Theilpunkt, welcher D sein mag, eine Linie nach dem anderen Endpunkt Q, und aus jedem der übrigen Theilpunkte eine Linie parallel mit DQ; diese parallelen theilen nach §. 134 die Linie PQ in n gleiche Theile.

2) Eine gegebene gerade Linie PQ in n Theile zu theilen, die sich verhalten wie gegebene ganze Zahlen a, b, c, d····

Auflösung. Von dem einen Endpunkt P aus, Fig. 134, ziehe man eine Linie PD, welche mit PQ einen beliebigen hohlen Winkel bildet, auf PD trage man von P aus $(a+b+c+d+\cdots)$ mal ein beliebiges Stück PC, von dem letzten Theilpunkt D ziehe man eine Linie nach Q, und vom aten, $(a+b)$ten, $(a+b+c)$ten u. s. w. Theilpunkt eine Linie parallel mit DQ; die parallelen Linien theilen PQ in der verlangten Weise. Dies fällt in die Augen, wenn man aus allen Theilpunkten Linien parallel mit DQ denkt.

§. 356. Aufgabe.

Zu dreien in gerader Linie befindlichen Punkten den vierten harmonischen Punkt zu construiren.

Auflösung. Sind Fig. 64 die Punkte A, B und Y gegeben, und sollen A und B als zugeordnete Punkte gelten, so ziehe man gleichgerichtet, aber sonst beliebig, von A und B aus die Parallelen AC' und BC, schneide sie mittelst einer beliebigen durch Y gelegten Linie YC, verlängere die eine AC' über A hinaus, mache die Verlängerung AC'' gleich AC' und ziehe CC'', und es ist der Durchschnittspunkt X zwischen CC'' und AB der verlangte Punkt. — Sind A, B und X gegeben, und A und B als zugeordnete Punkte, so ziehe man entgegengesetzt gerichtet, sonst beliebig, die Parallelen AC'' und BC, schneide sie mittelst einer durch X gelegten Linie XC, verlängere AC'', mache AC' gleich AC'', und ziehe C'C; die letzte Linie schneidet AB in dem verlangten Punkt Y.

§. 357. Aufgabe.

Ein Dreieck zu zeichnen, zu welchem zwei Seiten und der Winkel gegeben sind, welchen sie bilden.

Auflösung. Man mache die Schenkel des Winkels gleich den gegebenen Seiten, und ziehe die dritte Seite.

§. 358. Aufgabe.

Ein Dreieck zu zeichnen, zu welchem eine Seite und zwei Winkel gegeben sind.

Auflösung. Sollen die beiden Winkel an der gegebenen Seite liegen, so trage man sie daran, und verlängere die anderen Schenkel bis sie sich schneiden.

Soll der eine Winkel α an der Seite AB liegen, der andere β ihr gegenüber, so trage man Fig. 135 an AB den Winkel α, nehme C in AC beliebig, mache den Winkel ACD gleich β, und construire BE parallel mit CD. ABE ist das verlangte Dreieck.

Die Summe der Winkel α und β muß kleiner sein, als ein gestreckter Winkel.

§. 359. Aufgabe.

Ein Dreieck zu zeichnen, zu welchem die drei Seiten gegeben sind.

Auflösung. Aus den Endpunkten der einen Seite beschreibe man mit den anderen Seiten als Radien Bogen, und ziehe nach deren Durchschnittspunkt Linien von den Endpunkten der ersten Seite.

Die drei Seiten müssen dergestalt gegeben sein, daß die Summe je zweier größer ist als die dritte, weil sonst die Bogen sich nicht schneiden.

§. 360. Aufgabe.

Ein Dreieck zu zeichnen, zu welchem zwei Seiten gegeben sind und der Winkel, welcher der größeren von diesen Seiten gegenüberliegt.

Auflösung. An die kleinere Seite AB Fig. 136 trage man den gegebenen Winkel α, beschreibe von B aus mit der größeren Seite als Radius einen Bogen, der in C den Schenkel AC schneiden mag und ziehe BC, so ist ABC das verlangte Dreieck.

Ist der gegebene Winkel ein rechter, so beschreibe man lieber über der größeren Seite einen Halbkreis, trage von ihrem einen Endpunkt die kleinere Seite als Sehne ein, und ziehe die dritte Seite des Dreiecks.

§. 361.

Sollte ein Dreieck gezeichnet werden, zu welchem zwei Seiten gegeben sind und der Winkel, welcher der kleineren gegenüberliegt, so trage man Fig. 137 an die größere Seite AB den Winkel α, beschreibe mit der kleineren als Radius von B aus einen Bogen, welcher in den beiden Punkten C und C′ den Schenkel AC schneiden kann, und jedes der Dreiecke ABC und ABC′ hat die gegebenen Seiten, und den gegebenen Winkel der kleineren Seite gegenüberliegend.

§. 362.

Sind necke, welche dieselben Linien und Winkel, in derselben Lage zu einander, enthalten, congruent, so sagt man, jene Linien und Winkel, in jener Lage zu einander, bestimmen das neck, und nennt sie **bestimmende Stücke** desselben.

Sollen also gegebene Linien und Winkel, in einer gegebenen Lage zu einander, bestimmende Stücke eines necks sein, so muß sich

1) überhaupt aus ihnen ein neck construiren lassen und
2) müssen alle necke congruent sein, welche jene Stücke in der gegebenen Lage zu einander enthalten.

Dieselben Linien und Winkel können in einer Lage bestimmende Stücke eines necks sein, in einer anderen nicht.

Bestimmende Stücke eines Dreiecks sind z. B. zwei Seiten und der von ihnen gebildete Winkel; eine Seite und zwei Winkel, deren Lage gegen jene Seite gegeben, und deren Summe kleiner 2R ist; die drei Seiten, wenn die Summe je zweier größer ist als die dritte; zwei Seiten und ein Winkel, welcher der größeren Seite gegenüberliegt.

Die Lage zweier Punkte zu einander bestimmt sich durch die gerade Linie, welche die Punkte verbindet. Die Lage eines dritten Punktes gegen die beiden ersten kann bestimmt werden durch die gerade Linie, welche von dem dritten Punkte nach einem der ersten Punkte geht, und durch den Winkel, welchen diese Linie mit der ersten Linie bildet; oder durch die beiden Linien, welche von dem dritten Punkte nach den beiden ersten Punkten gehen; oder durch die Winkel, welche diese Linien mit der ersten Linie bilden, u. s. w., überhaupt durch **zwei** Stücke. Um die Lage eines vierten Punktes gegen die drei erwähnten Punkte zu bestimmen, sind eben so zwei Stücke erforderlich; u. s. w. Die Lage von n Punkten zu einander, welche in einer Ebene liegen, zu bestimmen, bedarf es demnach $1+(n-2)2$, d. i. $2n-3$ Stücke. — Und deshalb müssen auch, um ein neck zu bestimmen, von demselben $2n-3$ Stücke, nämlich Linien (Seiten, Diagonalen) und Winkel, welche diese Linien bilden, gegeben werden.

Nicht durch jede $2n-3$ Stücke ist ein neck bestimmt. Im Allgemeinen beurtheilt man leicht während der Construction selbst, ob mit gegebenen Stücken

1) ein neck überhaupt construirt werden könne, und welche Bedingungen die Stücke erfüllen müssen, damit die Construction möglich sei,
2) ob die gegebenen Stücke bestimmende seien, d. h. ob alle necke congruent sein werden, die sie enthalten.

Lassen sich verschiedene necke zeichnen, von denen jedes gegebene Stücke in derselben Lage zu einander enthält, so kann dies daran liegen, daß die festgesetzte Lage der Stücke mehrere necke zuläßt, auch daran, daß zu wenig Stücke gegeben sind. Läßt sich gar kein neck zeichnen, welches gegebene Stücke in einer festgesetzten Lage zu einander hat, so kann dies daran liegen, daß aus ihnen überhaupt kein neck gebildet werden kann, auch daran, daß die Anzahl der gegebenen Stücke zu groß ist. Lassen sich verschiedene necke aus gegebenen Stücken construiren, so sagt man, das neck sei unbestimmt, ist die Anzahl der gegebenen Stücke zu groß, so sagt man, das neck sei überbestimmt.

Ein Dreieck ist z. B. unbestimmt, wenn zwei Seiten und der der kleineren gegenüberstehende Winkel, oder wenn bloß zwei Seiten gegeben sind; es ist dagegen überbestimmt, wenn drei Seiten und ein Winkel gegeben sind, und der Winkel nicht von selbst in dem Dreieck sich findet, welches man aus den Seiten zeichnen kann.

Ob ein neck durch gegebene Stücke unbestimmt oder überbestimmt sei, erkennt man im Allgemeinen leicht bei der Construction selbst.

§. 363. Aufgabe.

Ein Viereck zu zeichnen, zu welchem die vier Seiten und ein Winkel gegeben sind.

Auflösung. Man nehme Fig. 138 AB und AC auf den Schenkeln des gegebenen Winkels α gleich den Seiten, welche diesen Winkel bilden sollen, beschreibe mit der Seite, welche an AC stoßen soll, von C aus einen Bogen, und mit der vierten Seite von B aus. Schneiden sich diese Bogen zweimal, in D und D', und liegt der eine Durchschnittspunkt D innerhalb des Dreiecks ABC, so enthält jedes der Vierecke ABCD und ABCD' die gegebenen Stücke, und die Aufgabe ist unbestimmt. Schneiden sich die Bogen zweimal, in E und E', und liegt der eine Durchschnittspunkt innerhalb der Winkelebene ACP, oder innerhalb der Winkelebene ABQ, wie E, so erhält man nur ein Viereck BACE', und die Aufgabe ist bestimmt. Der Durchschnittspunkt E ist nicht brauchbar, weil die Linien AB und CE sich schneiden, also mit AC und BE kein Viereck im gewöhnlichen Sinn abgeben. Berühren sich die Bogen, etwa in N, so erhält man kein Viereck, es sei denn, daß man, im Fall N sich in der Winkelebene von α befindet, das Dreieck ABC als ein Viereck ansehen wollte, dessen vierte Ecke N ist, und das an dieser einen gestreckten

Winkel hat. Haben die Bogen keinen Punkt gemeinschaftlich, so erhält man kein Viereck.

§. 364. Aufgabe.

Ein Viereck zu construiren, zu welchem drei Seiten und zwei Winkel gegeben sind.

Auflösung. Die Aufgabe bietet verschiedene Fälle dar.

1) Die Winkel sollen von den gegebenen Seiten gebildet werden. — Man setze diese unter den gegebenen Winkeln zusammen, und ziehe die vierte Seite.

2) Die Winkel sollen an der einen von den gegebenen Seiten liegen, welche mit der nicht gegebenen Seite zusammenstoßen. — Man lege Fig. 139 an diese gegebene Seite BC die gegebenen Winkel α und β, nehme BA gleich der zweiten gegebenen Seite, und beschreibe von A aus mit der dritten einen Bogen. Schneidet dieser Bogen den Schenkel CD in den Punkten D und D', und liegen beide Punkte auf dem Schenkel des Winkels α, so ist jedes der Vierecke ABCD und ABCD' das verlangte, und die Aufgabe ist unbestimmt; liegt aber der eine von diesen Punkten auf dem Schenkel, der andere auf der Verlängerung CQ desselben, so erhält man nur ein Viereck, und die Aufgabe ist bestimmt. Berührt der Bogen den Schenkel des Winkels α, so ergiebt sich ein bestimmtes Viereck; erreicht er den Schenkel nicht, so läßt sich kein Viereck bilden. U. s. w.

3) Die Winkel sollen sich an der nicht gegebenen Seite befinden. — Man lege an eine beliebige Linie BE die beiden Winkel α und β, Fig. 140, nehme BA gleich der einen gegebenen Seite, EF gleich der zweiten, ziehe FD parallel EB, und schlage mit der dritten Seite von A aus einen Bogen; schneidet dieser die Linie FD in den Punkten D und D', so ziehe man DC und D'C' parallel mit EF, und jedes der Vierecke ABCD und ABC'D' ist das verlangte, wenn nämlich die Punkte D und D' innerhalb der Winkelebene von α fallen; fällt aber D' außerhalb derselben, so giebt es nur das Viereck ABCD. U. s. w.

Man thut wohl daran, hier und überall, in der Folge sämmtliche Fälle aufzusuchen, welche in Beziehung auf Bestimmtheit, Unbestimmtheit und Möglichkeit Statt finden.

4) Soll endlich einer der Winkel von jenen gegebenen Seiten gebildet sein, der andere ihm gegenüberliegen, so nehme man Fig. 141 auf den Schenkeln des ersteren Winkels α AB und AD gleich den Seiten, die ihn bilden sollen, ziehe BD, und construire aus BD, der dritten gegebenen Seite und dem anderen Winkel β das Dreieck BCD.

§. 365. Aufgabe.

Ein Viereck zu construiren, zu welchem zwei Seiten und drei Winkel gegeben sind.

Auflösung. Sollen die beiden gegebenen Seiten zusammenstoßen, so setze man sie unter dem gehörigen Winkel an einander (es ist auch der vierte Winkel bekannt), trage an die nicht zusammenstoßenden Enden die Winkel, welche an ihnen liegen sollen, und verlängere die zuletzt erhaltenen Linien bis zu ihrem Durchschnitte.

Sollen die beiden gegebenen Seiten einander gegenüberliegen, so trage man Fig. 142 an die eine AB die Winkel α und β, an den beliebigen Punkt E den dritten Winkel γ, mache EF gleich der zweiten gegebenen Seite, ziehe FD parallel mit EB, und DC parallel mit FE, so ist ABCD das verlangte Viereck.

§. 366. Aufgabe.

Einen Kreis zu construiren, dessen Peripherie durch drei gegebene Punkte geht, welche nicht in einer geraden Linie liegen.

Auflösung. Man ziehe von dem einen dieser Punkte nach jedem der beiden anderen eine gerade Linie, und errichte in der Mitte einer jeden dieser Linien eine Normale. Der Durchschnittspunkt beider Normalen ist der Mittelpunkt, und sein Abstand von einem der gegebenen Punkte der Radius des verlangten Kreises.

§. 367. Aufgabe.

Einen Kreis zu construiren, welcher eine gerade Linie in einem gegebenen Punkte A berührt, und dessen Peripherie einen anderen gegebenen Punkt B in sich aufnimmt.

Auflösung. Man errichte auf der gegebenen Linie in A eine Normale, ziehe die Linie AB, und errichte in deren Mitte auch eine Normale. Der Durchschnittspunkt beider Normalen ist der Mittelpunkt, und sein Abstand von A oder von B der Radius des verlangten Kreises.

§. 368. Aufgabe.

Den Mittelpunkt eines gegebenen Kreises zu bestimmen.

Auflösung. Man ziehe eine Sehne, und errichte in deren Mitte eine Normale; der Theil derselben, welcher innerhalb des Kreises liegt, ist ein Durchmesser und seine Mitte der Mittelpunkt.

Oder man ziehe zwei nicht parallele Sehnen, und errichte auf der Mitte einer jeden eine Normale. Der Durchschnittspunkt dieser Normalen ist der Mittelpunkt.

§. 369. Aufgabe.

In der Peripherie eines Kreises ist ein Punkt gegeben, man soll für diesen Punkt eine Tangente des Kreises construiren.

Auflösung. Man ziehe nach dem gegebenen Punkt den Radius, und errichte auf diesem in jenem Punkt eine Normale. Sie ist die Tangente.

Sollte man aber Fig. 143 in dem Punkt A eine Tangente construiren, und könnte man zu dem Mittelpunkt des Kreises nicht gelangen, so ziehe man eine Sehne AB, zeichne über derselben einen Peripheriewinkel α, und mache den Winkel BAC gleich α, so ist AC die verlangte Tangente. Oder man nehme AD gleich AB, ziehe die Sehne BD, und AC parallel mit ihr.

§. 370. Aufgabe.

Es ist ein Kreis gegeben und außerhalb desselben ein Punkt A, man soll von diesem Punkt aus eine Tangente für den Kreis construiren.

Auflösung. Man verbinde Fig. 144 den Punkt A mit dem Mittelpunkt M des gegebenen Kreises, beschreibe über AM als Durchmesser einen Kreis, und ziehe von A aus die Linien AB und AB' nach den Durchschnittspunkten der Peripherieen. Diese Linien sind Tangenten. Denn denkt man die Radien MB und MB', so sind die Winkel MBA und MB'A rechte Winkel.

Kann man zu dem Mittelpunkt des Kreises nicht gelangen, so ziehe man Fig. 145 von A aus eine Secante AD, beschreibe über AD einen Halbkreis, errichte die Normale CE, beschreibe von A aus mit AE als Radius einen Bogen, welcher den Kreis in den Punkten B und B' schneidet, und ziehe die Linien AB und AB'. Jede dieser Linien ist eine Tangente für den gegebenen Kreis. Denn wird die Linie AE gedacht, so verhält sich

$$AC : AE = AE : AD$$

und da AB sowohl als AB' gleich AE ist, so verhält sich auch

$$AC : AB = AB : AD$$

und $$AC : AB' = AB' : AD$$

und daraus folgt nach §. 278, daß AB und AB' Tangenten sind.

§. 371. Aufgabe.

Es ist ein Kreis gegeben und eine gerade Linie, man soll eine Tangente für den Kreis construiren, welche mit dieser Linie parallel ist.

Auflösung. Man fälle von dem Mittelpunkt des Kreises eine Normale auf die gegebene Linie, und in den Punkten, in welchen diese Normale die Peripherie des Kreises schneidet, construire man Tangenten für den Kreis. Sie werden der gegebenen Linie parallel.

Kann man zu dem Mittelpunkt des Kreises nicht gelangen, so ziehe man eine Sehne parallel mit der gegebenen Linie, errichte auf der Mitte der Sehne eine Normale und construire in dem Punkte, in welchem die Normale die Peripherie schneidet, eine Tangente.

§. 372. Aufgabe.

Es ist ein Kreis gegeben und eine gerade Linie, man soll für den Kreis eine Tangente construiren, welche mit der gegebenen Linie einen gegebenen Winkel bildet.

Auflösung. Man ziehe durch einen beliebigen Punkt der gegebenen Linie eine zweite Linie, welche mit ihr den gegebenen Winkel bildet, und construire nach dem vorigen Paragraph für den Kreis eine Tangente, welche mit der zweiten Linie parallel ist.

§. 373. Aufgabe.

Einen Kreis zu construiren, welcher drei gegebene sich schneidende Linien berührt.

Auflösung. Man halbire zwei der Winkel, welche die Linien bilden, die aber nicht an demselben Durchschnittspunkte sich befinden; der Punkt, in welchem die Halbirungslinien sich schneiden, ist Mittelpunkt, und sein normaler Abstand von einer der gegebenen Linien Radius einer der vier Kreise, welche der Aufgabe entsprechen.

§. 374.

Und sollte ein Kreis construirt werden, der zwei parallele Linien und noch eine dritte Linie berührt, welche die parallelen Linien schneidet, so halbire man ein Paar innere oder äußere Winkel; der Durchschnittspunkt der Halbirungslinien ist der Mittelpunkt eines der zwei hier möglichen Kreise.

§. 375. Aufgabe.

Es ist ein reguläres neck gegeben, man soll den Kreis construiren, welcher um dasselbe liegt, und den, welcher in ihm liegt.

Auflösung. Man errichte auf der Mitte zweier nicht parallelen Seiten Normalen, oder man halbire zwei Winkel, die nicht gegenüberliegen, wenn n eine gerade Zahl ist; der Punkt, in welchem die Normalen, oder die Halbirungslinien sich schneiden, ist der Mittelpunkt eines jeden der Kreise, die Entfernung dieses Punktes von einer Ecke ist der Radius des

Kreises, welcher um das neck liegt, und der normale Abstand des Punktes von einer Seite der Radius des anderen Kreises.

§. 376. Aufgabe.

Es ist ein Kreis gegeben, man soll ein reguläres Sechseck, Dreieck, Zwölfeck, Vierundzwanzigeck u., ein reguläres Viereck, Achteck, Sechzehneck, u. construiren, welches in diesem Kreise liegt.

Auflösung. Die Seite des regulären Sechsecks ist der Radius. Die Eckpunkte des regulären Dreiecks sind der erste, dritte und fünfte Eckpunkt des regulären Sechsecks, irgend einen als den ersten angenommen. Der Mittelpunktswinkel des regulären Zwölfecks ist die Hälfte vom Mittelpunktswinkel des regulären Sechsecks u. s. f.

Die Eckpunkte des regulären Vierecks sind die Punkte, in denen zwei auf einander normal stehende Durchmesser die Peripherie treffen. Der Mittelpunktswinkel des regulären Achtecks ist die Hälfte vom Mittelpunktswinkel des regulären Vierecks u. s. w.

§. 377.

1) Ist Fig. 146 das Dreieck ABC bei A rechtwinklig, ist die Kathete AC die Hälfte von der Kathete AB, und CD gleich AC, so verhält sich

$$AB:BD = BD:AB-BD.$$

Man denke mit CA als Radius einen Kreis construirt, dessen Mittelpunkt C ist. Die Linie AB wird Tangente für diesen Kreis, und es verhält sich nach §. 248

$$BE:AB = AB:BD$$

deshalb

$$AB:BE-AB = BD:AB-BD$$

oder da DE gleich AB ist

$$AB:BD = BD:AB-BD.$$

2) Ist eine Linie AB gegeben, und soll man eine Linie x construiren, so daß sich verhält

$$AB:x = x:AB-x$$

so wird man daher Fig. 146 ein rechtwinkliges Dreieck construiren, dessen eine Kathete AB, dessen andere AC aber die Hälfte von AB ist, und von der Hypotenuse die andere Kathete AC abschneiden. In dem Stück BD der Hypotenuse erhält man die verlangte Linie x.

3) Wird eine Linie x construirt, so daß sich verhält

$$AB:x = x:AB-x$$

so sagt man, die Linie AB werde nach dem äußeren und mittleren Verhältniß, oder in stetiger Proportion getheilt. Man nennt diese Construction auch den goldenen Schnitt.

4) Sind Fig. 147 die Seiten AB und AC des Dreiecks ABC einander gleich, und verhält sich

$$AB:BC = BC:AB - BC$$

so ist der Winkel α das Doppelte des Winkels β.

Man nehme AD gleich BC, so ist CD gleich AC — BC oder gleich AB — BC, und es verhält sich

$$AB:BC = BC:CD.$$

Die Dreiecke ABC und BCD, welche den Winkel α gleich haben, sind daher ähnlich. Daraus folgt, daß der Winkel CBD gleich β, und daß BD gleich BC ist, also auch gleich AD. Deshalb ist der Winkel DBA gleich β, mithin α gleich 2β.

Die Summe aller Winkel dieses Dreiecks läßt sich, da α gleich 2β ist, durch 5β ausdrücken. Und aus

$$5\beta = 2R$$

ergiebt sich

$$\beta = \tfrac{2}{5}R$$

also

$$\alpha = \tfrac{4}{5}R.$$

5) Ist Fig. 147

$$\alpha = 2\beta$$

so verhält sich

$$AB:BC = BC:AB - BC.$$

Die Linie BD theile den Winkel ABC in zwei gleiche Theile. Der Winkel ABD ist dann gleich β, und der Winkel BDC gleich 2β, d. h. gleich α. Deshalb ist

$$AD = BD = BC$$

also

$$CD = AC - AD$$
$$= AC - BC$$
$$= AB - BC.$$

Und weil der Winkel ABC halbirt ist, verhält sich

$$AB:BC = AD:CD$$

oder

$$AB:BC = BC:AB - BC.$$

§. 378. Aufgabe.

In einem gegebenen Kreise ein reguläres Zehneck, Fünfeck, Zwanzigeck, Vierzigeck u. s. w. zu construiren.

Auflösung. Man denke nach den Endpunkten einer Seite des regulären Zehnecks Radien gezogen. Dadurch entsteht ein Dreieck. Nach §. 260 ist der Winkel desselben, welcher am Mittelpunkt liegt, $\tfrac{2}{5}R$, jeder der beiden anderen Winkel $\tfrac{4}{5}R$. Wegen des vorigen Paragraphen findet also, wenn r den Radius, z die Seite des Zehnecks in diesem Kreise bezeichnet, die Proportion Statt

$$r:z = z:r - z.$$

Um daher die Seite des regulären Zehnecks zu erhalten, nehme man Fig. 148 die beiden Radien MA und MF normal auf einander, mache MD gleich dem halben Radius, und DB gleich DM, so ist AB die Seite des regulären Zehnecks, welches in diesem Kreise liegt.

Um die Seite des regulären Fünfecks zu erhalten, mache man DC gleich DA, so ist auch MC die Seite des regulären Zehnecks, also (wegen Paragraph 262) AC die Seite des regulären Fünfecks in diesem Kreise.

Der Mittelpunktswinkel des regulären Zwanzigecks ist die Hälfte vom Mittelpunktswinkel des regulären Zehnecks u. s. w.

§. 379. Aufgabe.

In einem Kreise ein reguläres Funfzehneck, Dreißigeck u. s. w. zu construiren.

Auflösung. Der Mittelpunktswinkel des regulären Funfzehnecks ist gleich $\frac{4}{15}$R. Dies ist die Differenz zwischen dem Mittelpunktswinkel des regulären Sechsecks gleich $\frac{2}{3}$R, und dem des regulären Zehnecks gleich $\frac{2}{5}$R. Ist daher Fig. 148 PQ die Seite des regulären Sechsecks, und PV die Seite des regulären Zehnecks, so ist VQ die Seite des regulären Funfzehnecks.

Der Mittelpunktswinkel des regulären Dreißigecks ist die Hälfte vom Mittelpunktswinkel des regulären Funfzehnecks u. s. w.

§. 380.

Für die meisten der hier nicht erwähnten regulären Vielecke hat man bis jetzt keine Construction gefunden; für manche hat man sie entdeckt, doch ist sie zu weitläufig um angewendet zu werden.

Soll man in einem gegebenen Kreise ein hier nicht erwähntes reguläres Vieleck zeichnen, so muß man die Seite desselben versuchsweise bestimmen.

§. 381. Aufgabe.

Es ist eine gerade Linie gegeben, man soll ein reguläres neck construiren, welches diese Linie zur Seite hat.

Auflösung. Es sei Fig. 147 BC die gegebene Seite. Man mache jeden der Winkel ABC und ACB gleich $\frac{n-2}{n}$ R; alsdann ist A der Mittelpunkt, und AB und AC sind Radien des Kreises, in welchem das verlangte neck liegt. Jener Winkel kann erhalten werden, indem man zunächst in einem beliebigen Kreise ein reguläres neck herstellt.

§. 382. Aufgabe.

Um einen gegebenen Kreis ein reguläres neck zu zeichnen.

Auflösung. Es sei Fig. 149 M der Mittelpunkt des gegebenen Kreises. Man construire zuerst die Seite CD des regulären necks, welches in dem gegebenen Kreise liegt, ziehe MQ normal auf CD, und construire für den Punkt Q die Tangente AB. Sie ist die Seite des verlangten regulären necks. Um es vollständig zu erhalten, beschreibe man mit MB als Radius einen Kreis, der mit dem gegebenen concentrisch ist, und trage in ihm AB herum.

§. 383. Aufgabe.

Ein gegebenes Dreieck ABC in ein gleichschenkliges zu verwandeln, d. h. ein gleichschenkliges Dreieck zu construiren, welches dem gegebenen gleich ist.

Auflösung. Man ziehe Fig. 150 CD parallel mit AB, errichte in der Mitte N von AB die Normale ND, und ziehe AD und BD. Das Dreieck ADB ist das verlangte, wegen der Paragraphen 74 und 113.

§. 384. Aufgabe.

Ein Dreieck ABC in ein anderes zu verwandeln, das einen gegebenen Winkel hat.

Auflösung. Man ziehe Fig. 150 CD parallel mit AB, mache den Winkel BAD gleich dem gegebenen Winkel, und das Dreieck BAD ist das verlangte.

§. 385. Aufgabe.

Ein Dreieck ABC in ein anderes zu verwandeln, das eine gegebene Seite hat.

Auflösung. Man ziehe Fig. 150 CD parallel mit AB, mache durch einen Zirkelschlag AD gleich der gegebenen Seite, und ABD ist das verlangte Dreieck.

Erreicht man mit dem Zirkelschlage die Linie CD Fig. 150 nicht, oder wäre die Bedingung gegeben, daß der Winkel CAB sich nicht ändern darf, so nehme man Fig. 151 AD gleich der gegebenen Seite, ziehe BD, CE parallel mit DB, und ADE ist das verlangte Dreieck. — Die Dreiecke ADE und ABC sind einander gleich, weil sie das Dreieck ABD gemeinschaftlich haben, und die Dreiecke BDE und BDC gleich sind.

Und sollte man Fig. 151 dem Dreieck ADE statt AD die größere Seite AC geben, ohne den Winkel DAE zu ändern, so ziehe man CE, DB parallel mit CE, und ABC ist das verlangte Dreieck.

§. 386. Aufgabe.

Ein gegebenes Dreieck ABC in ein anderes zu verwandeln, welches eine gegebene Höhe hat.

Auflösung. Man zeichne Fig. 152 BN normal auf AB, und gleich der gegebenen Höhe, ziehe ND parallel mit AB, verlängere AC bis D, und gebe dem Dreieck ABC statt AC die Seite AD, ohne den Winkel bei A zu ändern.

Sollte das Dreieck ADE die kleinere Höhe AQ erhalten, so ziehe man QC parallel mit AE, und gebe dem Dreieck ADE statt AD die Seite AC, ohne den Winkel bei A zu ändern.

§. 387. Aufgabe.

Ein Parallelogramm ABCD in ein anderes zu verwandeln, welches einen gegebenen Winkel hat.

Auflösung. Man mache Fig. 153 den Winkel ABF gleich dem gegebenen, ziehe AE parallel mit BF, und ABFE ist das verlangte Parallelogramm.

§. 388. Aufgabe.

Ein Parallelogramm ABCD in ein anderes zu verwandeln, welches eine gegebene Seite hat.

Auflösung. Man mache Fig. 153 durch einen Zirkelschlag AE gleich der gegebenen Seite, ziehe BF parallel mit AE, und ABFE ist das verlangte Parallelogramm.

Ist in dieser Weise die Construction nicht ausführbar, oder sollte man die Winkel des Parallelogramms ABCD beibehalten, so mache man Fig. 154 BE gleich der gegebenen Seite, ziehe EQ parallel mit BD, ziehe QB, endlich NF parallel mit BE, und es ist BEFG das verlangte Parallelogramm (nach §. 114).

§. 389. Aufgabe.

Ein Parallelogramm ABCD in ein anderes zu verwandeln, welches eine gegebene Höhe hat.

Auflösung. Man nehme Fig. 154 DV normal auf DB und gleich der gegebenen Höhe, ziehe VQ parallel mit DB, dann QB, und NF parallel mit AB. BEFG ist das verlangte Parallelogramm.

§. 390.

Die Aufgaben in den beiden vorstehenden Paragraphen sind auch vermittelst des Umstandes zu lösen, daß Fig. 154 die Parallelogramme NGDC und NFEA einander gleich sind.

§. 391. Aufgabe.

Ein gegebenes Dreieck in ein Parallelogramm zu verwandeln.

Auflösung. Man construire ein Parallelogramm, welches mit dem Dreieck gleiche Grundlinie hat, und dessen Höhe die Hälfte der des Dreiecks ist; oder ein Parallelogramm, welches mit dem Dreieck gleiche Höhe hat, und dessen Grundlinie halb so groß ist, wie die Grundlinie des Dreiecks. Jedes der Parallelogramme ist dem Dreieck gleich.

§. 392. Aufgabe.

Ein gegebenes Parallelogramm in ein Dreieck zu verwandeln.

Auflösung. Man zeichne ein Dreieck, welches mit dem Parallelogramm gleiche Grundlinie hat, und dessen Höhe doppelt so groß ist, als die des Parallelogramms; oder ein Dreieck, welches mit dem Parallelogramm gleiche Höhe hat, und dessen Grundlinie das Doppelte ist von der des Parallelogramms.

§. 393. Aufgabe.

Ein gegebenes neck in ein (n—1)eck zu verwandeln.

Auflösung. Es sei Fig. 155 ABCDE .... das gegebene neck. Man ziehe eine Diagonale BD, welche von dem neck ein Dreieck abschneidet, hier BCD, ziehe CC' parallel BD, verlängere ED bis C', und ziehe BC', so ist, weil die Dreiecke BDC und BDC' einander gleich sind, ABC'E .... gleich ABCDE ...., und hat eine Ecke weniger, weil die Ecke D verloren gegangen ist.

In derselben Weise kann man von ABC'E .... eine Ecke fortschaffen u. s. f., bis ein Dreieck bleibt.

Soll man ein reguläres neck in ein Dreieck verwandeln, so zeichne man ein Dreieck, welches den Umfang des necks zur Grundlinie, und den Radius des im neck liegenden Kreises zur Höhe hat. Es ist das verlangte.

§. 394. Aufgabe.

Es ist ein neck gegeben, man soll ein zweites zeichnen, welches ihm ähnlich ist und eine gegebene Linie zur einen Seite hat.

Auflösung. Es sei Fig. 156 ABCD .... das gegebene neck, A'B' die gegebene Seite. Man mache den Winkel α' gleich dem Winkel α, den Winkel β' gleich dem Winkel β, γ' gleich γ, δ' gleich δ u. s. f., und das neck A'B'C'D' ... ist das verlangte.

§. 395. Aufgabe.

Ein Quadrat zu zeichnen, welches gleich ist der Summe zweier gegebenen Quadrate.

Auflösung. Man zeichne ein rechtwinkliges Dreieck, das die Seiten der gegebenen Quadrate zu Katheten hat. Die Hypotenuse ist die Seite des verlangten Quadrats.

§. 396. Aufgabe.

Es sind zwei Quadrate gegeben, man soll ein drittes zeichnen, das gleich ihrer Differenz ist.

Auflösung. Man zeichne ein rechtwinkliges Dreieck, das die Seite des größeren von den gegebenen Quadraten zur

Hypotenuse, und die Seite des anderen zur einen Kathete hat. Die zweite Kathete ist Seite des verlangten Quadrats.

§. 397. Aufgabe.

Ein Quadrat zu zeichnen, welches gleich dem nten Theil eines gegebenen Quadrats ist.

Auflösung. Man construire zu der Seite AB des gegebenen Quadrats und dem nten Theil derselben die mittlere Proportionale. Sie ist die Seite des verlangten Quadrats. Denn ist x diese mittlere Proportionale, so folgt aus

$$\frac{1}{n} AB : x = x : AB$$

daß

$$x^2 = \frac{1}{n} AB^2$$

ist.

Die Seite desjenigen Quadrats, welches halb so groß wie ein gegebenes ist, erhält man in der halben Diagonale, und die Seite des Quadrats, das gleich dem vierten Theil eines gegebenen Quadrats ist, in der Hälfte von der Seite des gegebenen Quadrats.

Und soll man ein Quadrat zeichnen gleich $\frac{p}{n}$ eines gegebenen Quadrats, so construire man die mittlere Proportionale zu der Seite des gegebenen Quadrats und $\frac{p}{n}$ derselben.

§. 398. Aufgabe.

Es sind zwei ähnliche necke gegeben, man soll ein drittes ihnen ähnliches zeichnen, das gleich ihrer Summe ist.

Auflösung. Man construire ein rechtwinkliges Dreieck, das zwei gleichliegende Seiten der gegebenen necke zu Katheten hat. Die Hypotenuse dieses Dreiecks ist Seite des verlangten necks, und hat man eine solche, so kann es nach §. 394 construirt werden.

§. 399. Aufgabe.

Es sind zwei ähnliche necke gegeben, man soll ein drittes ihnen ähnliches zeichnen, das gleich ihrer Differenz ist.

Auflösung. Man construire ein rechtwinkliges Dreieck, das eine Seite des größeren gegebenen necks zur Hypotenuse hat, und die gleichliegende Seite des anderen zur einen Kathete. Die zweite Kathete ist Seite des verlangten necks.

§. 400. Aufgabe.

Ein neck zu zeichnen, welches einem gegebenen neck ähnlich und gleich $\frac{p}{q}$ desselben ist.

Auflösung. Die mittlere Proportionallinie zur einen Seite des gegebenen necks und $\frac{p}{q}$ derselben ist die gleichliegende Seite des gesuchten necks.

§. 401. Aufgabe.

Es sind zwei Kreise gegeben, man soll einen dritten zeichnen, der gleich ihrer Summe ist.

Auflösung. Man construire ein rechtwinkliges Dreieck, das die Radien der gegebenen Kreise zu Katheten hat. Die Hypotenuse ist der Radius des verlangten Kreises. Denn sind a und b die Radien der gegebenen Kreise und ist c der so construirte Radius, so ist

$$c^2 = a^2 + b^2$$

also auch $$\pi c^2 = \pi a^2 + \pi b^2.$$

§. 402. Aufgabe.

Es sind zwei Kreise gegeben, man soll einen dritten zeichnen, der gleich ihrer Differenz ist.

Auflösung. Man construire ein rechtwinkliges Dreieck, das den Radius des größeren gegebenen Kreises zur Hypotenuse und den des anderen zur einen Kathete hat. Die andere Kathete ist der Radius des verlangten Kreises.

§. 403. Aufgabe.

Einen Kreis zu zeichnen, der gleich $\frac{p}{n}$ eines gegebenen Kreises ist.

Auflösung. Die mittlere Proportionallinie zu dem Radius des gegebenen Kreises und zu $\frac{p}{n}$ dieses Radius ist der Radius des verlangten Kreises.

§. 404. Aufgabe.

In einer geraden Linie den Punkt zu bestimmen, welcher von zwei gegebenen Punkten gleich weit entfernt ist.

Auflösung. Man ziehe von dem einen dieser Punkte bis zu dem anderen eine gerade Linie, und errichte in deren Mitte eine Normale. Der Punkt, in welchem die Normale die gegebene Linie schneidet, ist von den beiden gegebenen Punkten gleich weit entfernt.

§. 405.

Die Auflösungen der vorstehenden Aufgaben sind so einfach, daß sie sich, bei genauerer Kenntniß der Lehrsätze, leicht ergeben. Jetzt mögen Aufgaben folgen, deren Auflösung vielleicht nicht so bald in die Augen fällt. Kann man die Auflösung einer gegebenen Aufgabe nicht ohne weiteres entdecken, so nehme man an, sie sei gelöst, und suche Linien oder Winkel, deren Construction zur Auflösung führt.

§. 406. Aufgabe.

Es ist Fig. 157 ein Winkel CAD gegeben, in seiner Winkelebene ein Punkt B, man soll durch B eine Linie CD zeichnen, so daß BC gleich BD werde.

Auflösung. Wäre die Aufgabe gelöst und BN parallel CA gezogen, so würde NA gleich ND sein; und umgekehrt, ist BN parallel CA, und NA gleich ND, so ist auch DB gleich BC.

Man ziehe daher BN parallel CA, mache ND gleich AN, und ziehe DB, und es ist dies die verlangte Linie.

Hätte sich verhalten sollen

$$DB : BC = p : q$$

so würde man ND gleich $p \cdot \frac{1}{q}$ AN haben nehmen müssen.

§. 407.

Es verdient beachtet zu werden, daß die Auflösung einer Aufgabe nur dann richtig ist, wenn die Schlüsse, welche bei der Herleitung gemacht wurden, in der umgekehrten Folge ihre Giltigkeit nicht verlieren.

§. 408. Aufgabe.

Drei gegebene gerade Linien so an einen Punkt A Fig. 158 zu tragen, daß ihre anderen Endpunkte B, C, D in eine gerade Linie fallen, und daß BC gleich CD werde.

Auflösung. Wäre die Aufgabe gelöst, und hätte man CE gleich AC gemacht, so wäre das Dreieck CDE dem Dreieck CBA congruent (denn es ist CD gleich CB, CE gleich CA, und Winkel DCE gleich BCA), und DE gleich AB. Von dem Dreieck ADE hat man die drei Seiten.

Man nehme daher AE doppelt so groß als die mittlere AC der drei gegebenen Linien, construire mit den beiden anderen über AE das Dreieck ADE, ziehe DC, mache CB gleich DC, und ziehe AB, so ist die Aufgabe gelöst.

Diese Aufgabe ist nicht verschieden von der: ein Dreieck zu construiren, zu welchem zwei Seiten und die Mittellinie der dritten gegeben sind.

§. 409. Aufgabe.

Es sind Fig. 159 zwei convergirende Linien AB und CD gegeben, man soll aus dem Punkt Q eine Linie QN ziehen, welche mit den gegebenen Linien gleiche Winkel bildet.

Auflösung. Wäre die Aufgabe gelöst, E beliebig genommen, und EF parallel AB gezogen, so wären die Winkel EFQ und EQF einander gleich.

Man nehme daher E beliebig, mache EF parallel AB und gleich EQ, und ziehe QF bis N, so ist die Aufgabe gelöst.

§. 410. Aufgabe.

Es sind Fig. 159 zwei convergirende Linien AB und CD gegeben, man soll eine Linie construiren, die den Winkel in zwei gleiche Theile theilt, welchen die convergirenden Linien bilden würden, wenn man sie bis zu ihrem Durchschnittspunkt verlängerte.

Auflösung. Man construire nach dem vorigen Paragraph durch einen beliebigen Punkt Q eine Linie QN, welche gleiche Winkel mit den gegebenen Linien bildet, und errichte in ihrer Mitte eine Normale. Diese ist die verlangte Linie.

§. 411. Aufgabe.

Es sind zwei convergirende Linien AB und CD Fig. 160 gegeben und ein Punkt E; man soll durch E eine Linie construiren, welche durch den Durchschnittspunkt der Linien AB und CD geht, sobald alle bis zu ihm verlängert werden.

Auflösung. Man ziehe durch E eine Linie AC, welche die beiden gegebenen Linien schneidet, mit AC parallel die Linie BD. Wäre in BD der Punkt F so bestimmt, daß

$$AE:EC = BF:FD$$

so würde wegen §. 192 EF die verlangte Linie sein.

Um den Punkt F zu erhalten, ziehe man BC, EG parallel mit AB, und GF parallel mit CD, und es verhält sich

$$AE:EC = BG:GC$$

und $$BF:FD = BG:GC$$

folglich $$AE:EC = BF:FD.$$

Sind die convergirenden Linien AB und EF gegeben, und soll man durch C eine Linie construiren, welche durch deren Durchschnittspunkt geht, so ziehe man CA, DB parallel mit CA, ferner BC, EG parallel mit AB, dann GF, und CD parallel mit GF; CD ist die geforderte Linie.

§. 412. Aufgabe.

Es sind Fig. 161 eine gerade Linie CD und zwei Punkte A und B gegeben, man soll in der Linie den Punkt N bestimmen, welcher so liegt, daß wenn man AN und BN zieht, die Winkel α und β einander gleich werden.

Auflösung. Wäre die Aufgabe gelöst, und hätte man AN verlängert, so würde γ gleich α, also auch gleich β geworden sein, und wenn BF normal auf CD stände, EF gleich BE.

Man construire daher BE normal auf CD, mache EF gleich BE, und ziehe FA. Der Durchschnittspunkt N ist der verlangte Punkt.

§. 413. Zusatz.

Zieht man nach irgend einem anderen Punkte Q der Linie CD von A eine gerade Linie, und von B, so ist die Summe der beiden Linien AQ und BQ größer, als die der Linien AN und BN. Denn zieht man QF, so ist

$$AQ + QF > AF$$

daher auch $AQ + QB > AN + NB$.

Es ist nämlich QB gleich QF, und NB gleich NF.

Dieser Umstand gewinnt wegen bekannter physikalischer Gesetze besonderes Interesse.

§. 414. Aufgabe.

Es ist ein Kreis und ein Punkt A gegeben, man soll durch den Punkt eine Sehne construiren, welche eine gegebene Länge hat.

Auflösung. Irgendwo in dem Kreise construire man eine Sehne von der gegebenen Länge, fälle vom Mittelpunkt auf sie eine Normale, beschreibe mit der Normale als Radius einen Kreis, der mit dem ersten concentrisch ist, und construire für den zweiten Kreis eine Tangente, welche durch A geht. Sie giebt die verlangte Sehne.

§. 415. Aufgabe.

Es sind zwei Kreise gegeben, man soll die geraden Linien construiren, welche gleichzeitig beide Kreise berühren.

Erste Auflösung. Es berühre Fig. 162 AB beide Kreise; man ziehe NE parallel BA, und es ist ME gleich der Differenz der beiden Radien, und das Dreieck MEN bei E rechtwinklig.

Man beschreibe daher über der Centrale MN einen Halbkreis, mache die Sehne ME gleich der Differenz beider Radien, ziehe NE, nehme NB normal auf NE, verlängere ME bis A und ziehe AB. Dies ist eine der verlangten Tangenten.

Und nimmt man MF gleich der Summe der Radien, und ND normal auf NF, so ist auch CD Tangente für beide Kreise.

Aehnlich findet man noch zwei Tangenten.

Andere Auflösung. Man construire vermittelst paralleler Radien die Aehnlichkeitspunkte der Kreise, und lege von jedem aus die Tangenten an einen der Kreise; sie berühren zugleich den anderen.

§. 416. Aufgabe.

Es ist ein Kreis gegeben und eine gerade Linie, man soll einen zweiten Kreis construiren, welcher den gegebenen Kreis berührt, und auch die gerade Linie in einem gegebenen Punkt.

Erste Auflösung. Es sei Fig. 163 des Kreis, dessen Mittelpunkt C ist, der gegebene, und N sei der Punkt, in welchem die Linie AB berührt werden soll.

Der Mittelpunkt des verlangten Kreises befindet sich in der Linie, welche in N auf AB normal steht. Wäre F dieser Mittelpunkt, so müßte FG gleich FN sein, und, wenn man ND gleich dem Radius des gegebenen Kreises nimmt, FC gleich FD.

Man errichte daher in N eine Normale auf AB, nehme ND gleich dem Radius des gegebenen Kreises, ziehe CD, und errichte in der Mitte E von CD eine Normale. Der Punkt F, in welchem diese Normale die zuerst construirte schneidet, ist der Mittelpunkt des verlangten Kreises.

Und nimmt man ND′ gleich dem Radius des gegebenen Kreises, und errichtet in der Mitte E′ von CD′ eine Normale, so ist der Punkt F′, in welchem diese Normale die in N stehende schneidet, Mittelpunkt eines zweiten Kreises, welcher dieselben Bedingungen erfüllt.

Andere Auflösung. Es sei Fig. 119 M der gegebene Kreis, VC′ die gegebene Linie, A′ der Punkt, in welchem dieselbe berührt werden soll.

Man lege durch den Mittelpunkt M des Kreises die Linie SV normal auf VC′, ziehe SA′, A′K normal auf VC′, und MA bis K, so ist K Mittelpunkt, KA Radius eines Kreises, welcher den Forderungen entspricht. Und zieht man A′Q, YM bis K′, so ist K′ Mittelpunkt, K′Y Radius eines zweiten. (Vergl §. 338.)

§. 417. Aufgabe.

Es sind Fig. 164, zwei Punkte A und B und eine gerade Linie EF gegeben; man soll einen Kreis construiren, dessen Peripherie durch jene Punkte geht, und der die gerade Linie berührt.

Erste Auflösung. Die gerade Linie AB wird gemeinschaftliche Chordale aller Kreise, welche durch die Punkte A und B gehen. Die Tangenten, welche aus einem beliebigen Punkte der Chordale an solche Kreise gelegt werden, sind einander gleich. Man construire daher durch die Punkte A und B irgend einen Kreis M, verlängere AB bis zum Durchschnitt C mit EF, lege von C aus eine Tangente CD an den Kreis M, nehme CE = CF = CD, und construire einen Kreis durch die Punkte A, B, E, und einen zweiten durch die Punkte A, B, F. Jeder von diesen Kreisen entspricht der Aufgabe.

Andere Auflösung. Man denke die Linie AB bis zu ihrem Durchschnittspunkte C mit der Linie EF. Wäre F der Berührungspunkt, so hätte man nach §. 248

$$CF^2 = AC \cdot BC.$$

Das Stück CF ist also mittlere Proportionale zu AC und BC, und wird erhalten, indem man über AC einen Halbkreis beschreibt, BD normal auf AC nimmt, und CD zieht. Und macht man CF = CE = CD, so sind E und F die Berührungspunkte, wie vorher.

§. 418. Aufgabe.

Es sind, Fig. 165, zwei Punkte A und B und ein Kreis M gegeben; man soll einen Kreis construiren, welcher durch die beiden Punkte geht und den gegebenen Kreis berührt.

Auflösung. Durch die Punkte A und B lege man irgend einen Kreis V, welcher den gegebenen Kreis schneidet in Punkten C, D. Die Linie CD ist Chordale der Kreise M und V, die Linie AB Chordale des Kreises V und des zu construirenden Kreises, der Durchschnittspunkt P dieser Linien also Chordalpunkt der drei Kreise. Eine von P an den Kreis M gelegte Tangente PE oder PF ist die Chordale des Kreises M und des gesuchten Kreises. Legt man daher durch A, B und E einen Kreis, und einen zweiten durch A, B und F, so genügt jeder von diesen Kreisen der Aufgabe.

§. 419. Aufgabe.

Es sind, Fig. 166, zwei gerade Linien EF und GH gegeben und ein Punkt A; man soll einen Kreis construiren, dessen Mittelpunkt auf der Linie GH liegt, der durch den Punkt A geht und die Linie EF berührt.

Auflösung. Man construire AB normal auf GH und HB gleich AH. Ein Kreis, dessen Mittelpunkt in GH sich befindet und der durch A geht, nimmt B in seine Peripherie auf, und umgekehrt, der Mittelpunkt eines Kreises, der durch die Punkte A und B geht, liegt in GH. Es kommt also darauf an, einen Kreis zu construiren, der durch die Punkte A und B geht und der die Linie EF berührt, eine Aufgabe, die in §. 417 gelöst ist. Man erhält zwei Kreise, die den Forderungen entsprechen.

§. 420. Aufgabe.

Es sind, Fig. 166, ein Kreis (der durch die gerade Linie EF repräsentirt werde), eine gerade Linie GH und ein Punkt

A gegeben; man soll einen Kreis construiren, dessen Mittelpunkt in der Linie GH liegt, dessen Peripherie durch A geht, und der den gegebenen Kreis EF berührt.

Auflösung. Es werde AB normal auf GH und HB gleich HA construirt. Ein Kreis, welcher durch die Punkte A und B geht und den gegebenen Kreis EF berührt, ist der verlangte. Die Aufgabe kommt auf §. 418 zurück, und es ergeben sich zwei Kreise, die den Forderungen entsprechen.

§. 421. Aufgabe.

Es sind, Fig. 167, zwei gerade Linien EF und GH gegeben und ein Kreis M, dessen Radius r ist; man soll einen Kreis construiren, dessen Mittelpunkt in der Linie GH liegt und der den Kreis M und die Linie EF berührt.

Auflösung. In der Entfernung r von EF ziehe man eine gerade Linie AB parallel mit EF. Nach §. 419 construire man die beiden Kreise, deren Mittelpunkte in GH liegen, und welche durch den Mittelpunkt M gehen und die Linie AB berühren. Ist H Mittelpunkt eines dieser Kreise, so verkürze man den Radius dieses Kreises um r, und beschreibe von H aus mit dem verkürzten Radius einen Kreis: dieser berührt dann offenbar den Kreis M und die Linie EF. So erhält man zunächst zwei Kreise, wie sie verlangt wurden, und diese berühren den Kreis M von außen. — Man ziehe weiter in der Entfernung r von EF die Linie A'B' parallel mit EF, construire nach §. 419 die Kreise, deren Mittelpunkte in GH liegen, die durch den Mittelpunkt M gehen und A'B' berühren, und beschreibe Kreise, welche mit den eben erhaltenen concentrisch, deren Radien aber um r größer sind. Es ergeben sich wiederum zwei Kreise, welche der Aufgabe genügen, und sie berühren den Kreis M von innen. Die Aufgabe gestattet also vier Auflösungen.

§. 422. Aufgabe.

Es sind zwei Kreise gegeben und eine gerade Linie; man soll einen Kreis construiren, dessen Mittelpunkt auf der geraden Linie liegt, und der die beiden gegebenen Kreise berührt.

Auflösung. Es seien, Fig. 168, die Kreise M und M' mit den Radien r und r' die gegebenen, die gerade Linie sei GH. Man vermindere den Radius r des Kreises M um den Radius des anderen Kreises, und beschreibe mit dem verkürzten Radius einen Kreis, der mit jenem Kreise M concentrisch ist. Nach §. 420 construire man die beiden Kreise, deren Mittelpunkte auf GH liegen, die durch den Mittelpunkt

M' gehen und den Kreis zum Radius $r - r'$ berühren. Der eine dieser Kreise berührt den letzteren Kreis von außen, der andere von innen. Den Radius des ersteren dieser Kreise vermindere man um r', den Radius des anderen verlängere man um r', und beschreibe mit den neuen Radien Kreise, die mit den vorigen concentrisch sind. Man erhält dadurch zwei Kreise, die der Aufgabe entsprechen; der eine berührt die gegebenen Kreise von außen, der andere berührt beide von innen. — Weiter verlängere man den Radius r um r', beschreibe mit $r + r'$ einen Kreis, der mit dem Kreise M concentrisch ist, und benutze den Kreis zum Radius $r + r'$, wie den zum Radius $r - r'$. Dadurch ergeben sich noch zwei Kreise, welche der Aufgabe genügen.

§. 423. Aufgabe.

Es sind drei gerade Linien AB, A'B' und PQ gegeben; man soll einen Kreis construiren, dessen Mittelpunkt auf der Linie PQ sich befindet und der die beiden anderen geraden Linien berührt.

Auflösung. Der Mittelpunkt des verlangten Kreises liegt auch in der Linie, welche den Winkel halbirt, der von den Linien AB und A'B' gebildet wird. Man construire daher die Halbirungslinien der Winkel, welche von AB und A'B' gebildet werden: jeder von den Durchschnittspunkten P und Q dieser Halbirungslinien mit der Linie PQ ist Mittelpunkt eines Kreises, welcher der Aufgabe genügt.

§. 424. Aufgabe.

Es sind zwei gerade Linien gegeben und ein Punkt; man soll einen Kreis construiren, der durch den Punkt geht und der die beiden geraden Linien berührt.

Auflösung. Der Mittelpunkt des Kreises befindet sich in der Linie, welche den Winkel halbirt, den die gegebenen Linien bilden, und in dessen Winkelebene der Punkt liegt. Ein Kreis, dessen Mittelpunkt in der gedachten Halbirungslinie sich befindet, und der eine der gegebenen Linien berührt, berührt auch die zweite; die Aufgabe kommt daher auf §. 419 zurück.

§. 425. Aufgabe.

Es sind zwei gerade Linien gegeben und ein Kreis; man soll einen Kreis construiren, der den gegebenen Kreis und die beiden geraden Linien berührt.

Auflösung. Die Aufgabe führt (ähnlich der vorigen) auf §. 421 zurück.

§. 426. Aufgabe.

Es sind Fig. 169 zwei Kreise M und M' gegeben und ein Punkt A, man soll einen Kreis B construiren, welcher die Kreise M und M' berührt und dessen Peripherie durch den Punkt A geht.

Auflösung. Es berühre der Kreis B die gegebenen Kreise von außen in den Punkten P und Q, und es geht die Linie PQ durch den äußeren Aehnlichkeitspunkt S der gegebenen Kreise. Man ziehe AS und den beliebigen Aehnlichkeitsstrahl ES. Dann ist nach §. 248 und §. 337.

$$SV \cdot SA = SQ \cdot SP = SF \cdot SE$$

und deshalb befinden sich die Punkte A, E, F, V in der Peripherie eines Kreises. Hieraus erhellet folgende Construction.

Man construire den äußeren Aehnlichkeitspunkt S der Kreise M und M', lege durch ihn die beliebige Secante SE, durch die drei Punkte A, E und F den Kreis K, ziehe AS, und construire nach §. 418 den Kreis, welcher durch A und V geht und einen der Kreise M und M' berührt, (wozu der Kreis K benutzt werden kann) und dieser Kreis berührt zugleich den anderen. Man erhält zwei solcher Kreise, und vermittelst des inneren Aehnlichkeitspunktes noch zwei, so daß überhaupt vier Kreise der Aufgabe entsprechen.

§. 427. Aufgabe.

Es sind Fig. 170 ein Kreis M, eine gerade Linie VG und ein Punkt A gegeben, man soll einen Kreis construiren, dessen Peripherie durch den Punkt A geht, und der den gegebenen Kreis M und die gerade Linie VG berührt.

Auflösung. Es stelle B den verlangten Kreis vor, C und C' seien die Berührungspunkte. Man lege durch M die Linie SQ normal auf VG, denke SC und ziehe SA, so ist nach §. 338

$$SQ \cdot SV = SC \cdot SC'$$

und nach §. 248 $\quad SA \cdot SX = SC \cdot SC'$

folglich

$$SQ \cdot SV = SA \cdot SX$$

und deshalb befinden sich die Punkte V, Q, A, X in der Peripherie eines Kreises. Es erhellet daher folgende Construction:

Man lege durch V, Q und A einen Kreis K; derselbe liefert in seinem zweiten Durchschnitt mit SA den Punkt X. Durch A und X lege man einen Kreis, der VG berührt, und dieser ist der verlangte B. Der Berührungspunkt C' findet sich nach §. 417 vermittelst der von G aus an K gelegten

Tangente GH. Man erhält zwei solcher Kreise und vermittelst der Linie AQ noch zwei, also im Ganzen vier Kreise, welche der Aufgabe entsprechen.

§. 428. Aufgabe.

Es ist, Fig. 171, ein Kreis M gegeben, eine gerade Linie PQ und ein Kreis K; man soll einen Kreis construiren, welcher den Kreis K berührt, und der mit dem Kreise M die Linie PQ zur Chordale hat.

Auflösung. Man construire die Chordale CD der beiden gegebenen Kreise. Der Durchschnittspunkt P der Chordalen PQ und CD ist der Chordalpunkt der beiden gegebenen und des gesuchten Kreises. Durch P geht also auch die Chordale des Kreises K und des zu construirenden, und diese Chordale ist gemeinschaftliche Tangente der letzten Kreise. Man lege daher von P aus die Tangenten PT und PT′ an den Kreis K, und es sind T und T′ Berührungspunkte des Kreises K und zweier leicht zu construirenden Kreise, die beide der Aufgabe entsprechen.

§. 429. Aufgabe.

Es sind drei Kreise gegeben; man soll einen Kreis construiren, der die gegebenen drei Kreise berührt.

Auflösung. Es sind acht verschiedene Kreise möglich, welche der Aufgabe entsprechen. Denn es sind erstens zwei Kreise möglich, von welchen der eine die gegebenen von außen, der andere sie von innen berührt. Ferner kann es zwei Kreise geben, von welchen der eine zwei der gegebenen Kreise von außen, den dritten von innen berührt, der andere umgekehrt jene zwei von innen und den dritten von außen. Und da jeder von den gegebenen Kreisen als dieser dritte auftreten kann, so giebt es möglicherweise noch zweimal zwei Berührungskreise der letzteren Gattung.

Wir wenden uns zuerst zur Construction der beiden Berührungskreise, von welchen der eine die drei gegebenen Kreise sämmtlich von außen, der andere sie sämmtlich von innen berührt. Aus §. 342 erhellet, daß die äußere Symmetrallinie der drei gegebenen Kreise die Chordale der beiden Berührungskreise ist, und daß der Orthogonalkreis der gegebenen Kreise mit beiden Berührungskreisen die Chordale gemeinschaftlich hat. Daher folgende Construction: Man construire

1) die äußere Symmetrallinie der drei gegebenen Kreise,

2) den Orthogonalkreis der gegebenen Kreise,

3) nach §. 428 die beiden Kreise, welche mit dem Orthogonalkreis die Symmetrale zur Chordale haben und einen

der drei gegebenen Kreise berühren; die Kreise berühren dann auch die beiden anderen und sind die verlangten.

Wir wenden uns weiter zur Construction der beiden Berührungskreise, von welchen der eine zwei von den gegebenen Kreisen, A und B, von außen, den dritten, C, von innen berührt, der andere dagegen die beiden Kreise A und B von innen berührt, und den dritten C von außen. Nach §. 342 befinden sich die inneren Symmetralpunkte der Kreise A und C, und B und C auf der Chordale der in Rede stehenden Berührungskreise, und der Orthogonalkreis der gegebenen Kreise hat mit den Berührungskreisen die Chordale gemeinschaftlich. Die Construction dieser Berührungskreise erfolgt demnach wie die der zuvor betrachteten, nur daß die innere Symmetrallinie der gegebenen Kreise, welche die inneren Symmetralpunkte der Kreise A und C und B und C enthält, an die Stelle der äußeren Symmetrallinie tritt.

Die beiden noch übrigen Paare von Berührungskreisen ergeben sich in derselben Weise vermittelst der beiden übrigen inneren Symmetrallinien.

Die Auflösung der Aufgabe läßt sich nun überhaupt folgendermaßen aussprechen: Man construire

1) die vier Symmetrallinien der gegebenen Kreise,

2) den Orthogonalkreis der gegebenen Kreise,

3) die vier Paare von Kreisen, von welchen jedes mit dem Orthogonalkreis eine der vier Symmetralen zur Chordale hat, und einen der gegebenen Kreise berührt.

Zweite Auflösung. Die acht möglichen Berührungskreise haben sich in vier Paare gesondert, von welchen jedes durch eine der vier Symmetralen der gegebenen Kreise erhalten wurde. Man stelle sich irgend ein Paar dieser Berührungskreise vor. Die Punkte, in welchen irgend einer der drei gegebenen Kreise, etwa der Kreis C, Fig. 171 a, von den beiden Berührungskreisen K und K' berührt wird, seien P und Q. Die Linie PQ geht, nach §. 337 und §. 342, durch den Chordalpunkt S der drei gegebenen Kreise. Man denke die gemeinschaftlichen Tangenten in den Punkten P und Q; sie schneiden sich in einem Punkte V, der in der Chordale VL der Berührungskreise liegt (und die eine der Symmetralen der gegebenen drei Kreise ist). Es folgt dies, weil PV, QV, LV die Chordalen der Kreise C, K, K' sind. Nun ist aber PQ Polare des Punktes V für den Kreis C. Und da die Polaren aller Punkte der Linie LV durch den Pol N dieser Linie gehen, so geht auch PQ durch diesen Pol N. Hiernach hat man zwei Punkte der Linie PQ, nämlich den Chordalpunkt S der drei gegebenen Kreise und den Pol N der Symmetrale LV. Die Linie PQ bestimmt aber die Berührungspunkte P und Q auf dem Kreise C. Aus dem Gesagten entspringt folgende Construction: Man construire

1) die vier Symmetralen der drei gegebenen Kreise,

2) den Chordalpunkt der gegebenen Kreise,

3) für jede Symmetrale die Pole in den drei Kreisen,

4) lege man durch den Chordalpunkt und durch jeden Pol eine Linie. Diese Linien schneiden die gegebenen Kreise in den Punkten, in welchen sie von den gesuchten Kreisen berührt werden. Man erhält zwölf Pole, also zwölf Linien, die durch den Chordalpunkt und die Pole gehen, und vier und zwanzig Berührungspunkte. Wie die Berührungspunkte zusammen gehören, ist nach den Symmetralen zu beurtheilen. Vermittelst der drei Pole jeder einzelnen Symmetrale ergeben sich nämlich sechs Berührungspunkte, und diese entsprechen dem Paar der Berührungskreise, welches dieser Symmetrale zugehört (vergleiche erste Auflösung). Die sechs Berührungspunkte, z. B. die man vermittelst der äußeren Symmetrale erhält, gehören dem Paar der Kreise, dessen einer die gegebenen Kreise sämmtlich von außen, dessen anderer sie von innen berührt.

Nicht für jede drei ganz beliebig angenommenen Kreise bestehen die acht Berührungskreise, wie wir sie eben besprochen haben; die Anzahl der Berührungskreise und die Art der Berührung hängt von der Lage der gegebenen Kreise ab. — Für drei Kreise, deren Mittelpunkte nicht in gerader Linie liegen, von welchen keiner innerhalb eines der beiden anderen sich befindet, noch einer mit einem der anderen einen Punkt gemein hat, bestehen die acht Berührungskreise, wie sie oben aufgeführt wurden. Es giebt Lagen, die gar keinen Berührungskreis gestatten (z. B. wenn der Kreis B im Kreise A, und C außerhalb A oder innerhalb B liegt), andere, in welchen Berührungskreise einer Berührungsweise fehlen, u. s. w.

§. 430. Aufgabe.

Ein Dreieck zu construiren, zu welchem gegeben sind eine Seite, die Summe der beiden anderen Seiten und ein Winkel.

Auflösung. 1) Der Winkel soll an der gegebenen Seite liegen. Es sei Fig. 172 ABC das Dreieck, AB die gegebene Seite, α der gegebene Winkel.

Verlängert man AC, und macht die Verlängerung CD gleich der Seite BC, so ist AD die gegebene Summe der Seiten AC und BC, und das Dreieck BCD ist gleichschenklig.

An die gegebene Seite AB trage man daher den gegebenen Winkel α, mache AD gleich der gegebenen Summe der anderen beiden Seiten, ziehe BD, errichte in der Mitte N von BD die Normale NC, und ziehe BC, und es ist ABC das verlangte Dreieck.

2) Der Winkel α soll der gegebenen Seite gegenüber liegen. Es sei Fig. 173 ABC das Dreieck.

Verlängert man AC und macht die Verlängerung gleich BC, so ist AD die gegebene Summe der anderen beiden Seiten, das Dreieck BCD gleichschenklig, und der Winkel CDB gleich $\frac{\alpha}{2}$.

An die gegebene Summe AD trage man daher den Winkel $\frac{\alpha}{2}$, schneide von A mit der gegebenen Seite den Schenkel BD, welches in B geschehen mag, errichte in der Mitte N von DB die Normale NC, und ABC ist das verlangte Dreieck.

Man kann mit AB noch einmal in B' schneiden, und errichtet man in der Mitte N' von B'D die Normale N'C', so genügt das Dreieck AB'C' ebenfalls den Bedingungen.

Die beiden Dreiecke ABC und AB'C' sind congruent, denn sie haben die Seiten AB und AB' gleich, jedes hat den Winkel α, und die Winkel δ und ε sind einander gleich; es ist nämlich γ als äußerer Winkel des Dreiecks ABD gleich $\varepsilon + \frac{\alpha}{2}$, also $\varepsilon = \gamma - \frac{\alpha}{2}$, und auch der Winkel δ ist gleich $\gamma - \frac{\alpha}{2}$.

§. 431. Aufgabe.

Ein Dreieck zu zeichnen, zu welchem eine Seite, die Differenz der beiden anderen Seiten und ein Winkel gegeben sind.

Auflösung. 1) Soll der Winkel der kleineren von den nicht gegebenen Seiten gegenüberliegen, so trage man Fig. 174 an die gegebene Seite AB den gegebenen Winkel α, nehme BD gleich der Differenz der anderen Seiten, ziehe AD, errichte in der Mitte N von AD die Normale NC, und ABC ist das verlangte Dreieck.

2) Soll der Winkel der größeren von den nicht gegebenen Seiten gegenüberstehen, so trage man Fig. 175 den

gegebenen Winkel α an die gegebene Seite AB, mache AD gleich der Differenz der anderen Seiten, ziehe BD, errichte in der Mitte N von BD die Normale NC, und es ist ABC das verlangte Dreieck.

3) Es soll der Winkel der gegebenen Seite gegenüber liegen. — Es sei Fig. 176 ABC das verlangte Dreieck, BD die gegebene Differenz; von dem beliebigen Punkte E in CD denke man die Linie EF parallel mit CA gezogen, dann ist der Winkel DEF gleich α, und EF gleich ED.

Man nehme daher auf einer beliebigen Linie ein beliebiges Stück ED, mache den Winkel DEF gleich α, DB gleich der gegebenen Differenz, EF gleich ED, ziehe DF, schneide mit der gegebenen Seite BA von B aus die Linie DF, und ziehe AC parallel EF, so ist ABC das verlangte Dreieck.

§. 432. Aufgabe.

Ein Dreieck zu zeichnen, zu welchem eine Seite, die Differenz der an ihr liegenden Winkel und die Summe der anderen Seiten gegeben sind.

Auflösung. Es sei Fig. 177 ABC das verlangte Dreieck, AB die gegebene Seite, α die gegebene Differenz der an ihr liegenden Winkel. — Man verlängere BC und mache die Verlängerung CD gleich der Seite AC, so ist BD die gegebene Summe der beiden Seiten BC und AC, das Dreieck ACD ist gleichschenklig, der Winkel ACD gleich $2x + \alpha$, mithin $\varphi + x + \frac{\alpha}{2}$ gleich R, folglich, wenn man AG normal auf AB construirt, der Winkel GAD gleich $\frac{\alpha}{2}$.

Man errichte daher auf der gegebenen Seite AB die Normale AG, mache den Winkel GAD gleich $\frac{\alpha}{2}$, schneide von B aus mit der gegebenen Summe der anderen Seiten den Schenkel AD in D, errichte in der Mitte N von AD die Normale NC, und ABC ist das verlangte Dreieck.

§. 433. Aufgabe.

Ein Dreieck zu zeichnen, zu welchem eine Seite, die Differenz der an ihr liegenden Winkel, und die Differenz der anderen beiden Seiten gegeben sind.

Auflösung. Es sei Fig. 178 ABC das verlangte Dreieck, AB die gegebene Seite, α die Differenz der an ihr liegenden Winkel, BD die Differenz der anderen beiden Seiten. — Das Dreieck CAD ist gleichschenklig, daher der Winkel CDA gleich dem Winkel CAD. Der erstere dieser Winkel ist $x + DAB$, der andere $x + \alpha - DAB$. Aus

$$x + DAB = x + \alpha - DAB$$

folgt

$$DAB = \tfrac{1}{2}\alpha.$$

Man trage daher an die gegebene Seite AB den Winkel BAD gleich $\frac{1}{2}\alpha$, schneide den Schenkel AD von B aus mit der gegebenen Differenz BD, errichte in der Mitte N von AD die Normale NC, und das Dreieck ABC ist das verlangte.

Die Linie AD kann mit BD noch einmal in D' geschnitten werden, und errichtet man in der Mitte N' von AD' die Normale N'C', so ist auch ABC' ein Dreieck, wie man es zeichnen sollte.

Die beiden Dreiecke ABC und ABC' sind congruent.

§. 434. Aufgabe.

Ein Dreieck zu zeichnen, wenn gegeben sind: eine Seite, die dazu gehörige Höhe, und der dieser Seite gegenüberliegende Winkel.

Auflösung. Auf der gegebenen Seite AB Fig. 179 construire man BD normal, und gleich der gegebenen Höhe, ziehe DC parallel BA, mache den Winkel BAE gleich dem gegebenen Winkel, construire einen Kreis, für welchen AE Tangente und AB Sehne ist, und wenn dieser in C und in C' die Linie DC schneidet, so ist jedes der beiden Dreiecke ABC und ABC' das verlangte. Beide Dreiecke sind congruent.

§. 435. Aufgabe.

Ein Dreieck zu construiren, wenn dazu gegeben sind: ein Winkel, die Höhe, welche zu der ihm gegenüberliegenden Seite gehört, und eine der anderen Höhen.

Auflösung. Es sei Fig. 180 oder 181 ABC der gegebene Winkel. — Man construire BD normal auf BC und gleich der Höhe auf diesem Schenkel, ziehe DA parallel mit BC, beschreibe über AB einen Kreis, trage die andere gegebene Höhe BN als Sehne ein, und ziehe AN bis C, so ist ABC das verlangte Dreieck.

§. 436. Aufgabe.

Ein Dreieck zu construiren, wenn dazu gegeben sind: die Summe zweier Seiten, und die Höhen, welche zu diesen Seiten gehören.

Auflösung. Es sei Fig. 182 ABC das Dreieck, AB und AC seien die Seiten, deren Summe gegeben ist, CF und BE die zu diesen Seiten gehörigen Höhen.

Es sei BG gleich AC gemacht, GN parallel BE, und BH parallel AN gezogen, dann ist AG gleich der gegebenen Summe der Seiten AB und AC, das Dreieck BGH congruent dem Dreieck ACF, also GH gleich der gegebenen Höhe CF, ferner HN gleich der Höhe BE, mithin GN gleich der Summe der gegebenen Höhen.

Man construire daher das rechtwinklige Dreieck AGN, zu welchem man die Hypotenuse AG, gleich der gegebenen Summe der Seiten, und die eine Kathete GN gleich der Summe der gegebenen Höhen hat, errichte in H die Normale HB, und nehme AC gleich BC, so ist ABC das verlangte Dreieck.

§. 437. Aufgabe.

Ein Dreieck zu zeichnen, zu welchem die Summe aller Seiten und zwei Winkel gegeben sind.

Auflösung. Es seien Fig. 183 ABC das Dreieck, α und β die beiden gegebenen Winkel. — Wird AD gleich AB, und CE gleich CB angenommen, so ist DE die gegebene Summe aller Seiten, der Winkel EDB gleich $\frac{\alpha}{2}$, und der Winkel DEB gleich $\frac{\beta}{2}$.

Man construire daher das Dreieck DEB, zu welchem man die Seite DE und die beiden daran liegenden Winkel hat, errichte in der Mitte M von DB die Normale MA, in der Mitte N von BE die Normale NC, und ABC ist das verlangte Dreieck.

§. 438. Aufgabe.

Ein Dreieck zu zeichnen, zu welchem die Summe aller Seiten, ein Winkel, und die Höhe auf einem seiner Schenkel gegeben sind.

Auflösung. Es sei DE Fig. 184 die Summe der Seiten, DG normal auf DE und gleich der gegebenen Höhe, GC parallel mit DE, der Winkel EDC gleich der Hälfte des gegebenen Winkels α, NA sei in der Mitte von DC normal, MB in der Mitte von CE; dann ist ABC das verlangte Dreieck.

§. 439. Aufgabe.

Ein Dreieck zu zeichnen, wenn die Summe aller Seiten, ein Winkel und die Höhe, welche zu der ihm gegenüberstehenden Seite gehört, gegeben sind.

Auflösung. Es sei Fig. 185 ABC das Dreieck, α der gegebene Winkel, EG die Höhe zur Seite AB.

Nimmt man BE gleich BC, AD gleich AC an, so ist DE die gegebene Summe aller. Seiten. Denkt man ferner den Kreis, welcher um das Dreieck EDC liegt, und ist M der Mittelpunkt desselben, so sind die Winkel MDC und MCD einander gleich, und da auch die Winkel ADC und ACD gleich sind, so ist der Winkel MDA gleich dem Winkel MCA, eben so der Winkel MEB gleich dem Winkel MCB. Die Summe der beiden Winkel MDA und MEB ist daher gleich α, und weil MD gleich ME ist, so sind beide Winkel gleich, folglich ist jeder $\frac{\alpha}{2}$.

Man construire daher EG normal auf der gegebenen Summe aller Seiten DE, und gleich der gegebenen Höhe, ziehe GC parallel mit ED, mache jeden der Winkel DEM und EDM gleich der Hälfte des gegebenen Winkels α, beschreibe mit MD den Bogen DE, ziehe nach seinem Durchschnittspunkt C mit GC die Sehnen DC und EC, errichte in deren Mitte die Normalen NA und QB, und ABC ist das verlangte Dreieck. Durch C′ kann man ein zweites, diesem congruentes Dreieck bekommen.

§. 440. Aufgabe.

Ein Viereck zu construiren, zu welchem gegeben sind: zwei Seiten, der von ihnen gebildete Winkel, und die beiden Winkel, welche von der Diagonale, die durch die Spitze des ersten Winkels geht, mit den anderen Seiten gebildet werden.

Auflösung. Es sei Fig. 186 ABCD das Viereck, AB und AD mögen die gegebenen Seiten, α, β, γ die gegebenen Winkel sein.

Wird der Kreis gedacht, welcher durch die Punkte B, C, D geht, ferner die Sehne ED und die Tangente FD, so ist der Winkel BDE gleich β, und der Winkel EDF gleich γ.

Man construire daher das Dreieck ABD, zu welchem man die beiden Seiten AB und AD und den Winkel α hat, mache den Winkel BDE gleich β, den Winkel EDF gleich γ, construire den Kreis, für welchen DF Tangente ist, und dessen Peripherie durch B geht, ziehe durch den Durchschnittspunkt E und durch A die Linie AE bis C, und ABCD ist das verlangte Viereck.

Je nachdem der Winkel β kleiner oder größer ist als der Winkel BDA, fällt der Punkt E auf CA oder auf die Verlängerung von CA über A hinaus. Ist der Winkel β gleich dem Winkel BDA, so liegt das Viereck in einem Kreise, und die Aufgabe ist unbestimmt.

Diese Aufgabe heißt die Pothenotsche Aufgabe. Sie ist in der praktischen Geometrie von Wichtigkeit.

§. 441. Aufgabe.

1) Es ist Fig. 187 ein Halbkreis gegeben, man soll in demselben ein Quadrat construiren.

Auflösung. Es sei ABCD das Quadrat. Man denke irgendwo FG normal auf dem Durchmesser, und durch den Mittelpunkt M die Linie MC. Dann verhält sich

$$MB:BC = MF:FG.$$

Es ist BC das Doppelte von MB, mithin FG das Doppelte von MF.

Man construire daher eine Normale FG, doppelt so groß als MF, und ziehe MG; der Punkt C, in welchem die Peripherie und die Linie MG sich schneiden, ist eine Ecke des Quadrats.

2) Es ist Fig. 188 ein Dreieck ABC gegeben, man soll in demselben ein Quadrat construiren.

Auflösung. Man nehme E beliebig auf AC, errichte ED normal, construire DF parallel AC und gleich DE, und ziehe AF. Der Durchschnitt F' zwischen AF und BC ist ein Eckpunkt des verlangten Quadrats, wie erhellet, wenn man A als Aehnlichkeitspunkt betrachtet.

§. 442. Aufgabe.

Man soll bei einem Spieltisch den Drehpunkt bestimmen.

Auflösung. Der Drehpunkt Q Fig. 189 ist dergestalt zu bestimmen, daß das Rechteck ABCD, welches ein halbes Quadrat ist, um Q gedreht, in die Lage A'B'C'D' gerathe, bei welcher AD' gleich ist DC'. Damit AB in die Lage A'B' komme, muß Q gleich weit entfernt stehen von AB und von A'B', also in der Halbirungslinie des Winkels AEF, d. h. in der Diagonale DE des Quadrats AEFD sich befinden. Und damit AD in die Lage A'D' gerathe, muß Q gleichweit von AD und A'D' liegen, also in der Linie, welche den Winkel bei D' halbirt; und diese geht von D' nach der Mitte N von EF. Q ist daher Durchschnittspunkt der Diagonalen des Quadrats über EN, und es ist EQ der vierte Theil von ED.

§. 443. Aufgabe.

Es ist Fig. 91 ein Kreis gegeben, außerhalb desselben ein Punkt Y, man soll von Y aus die Tangenten an den Kreis legen, sich dazu aber lediglich des Lineals bedienen.

Auflösung. Man ziehe drei beliebige Secanten YB, YD, YH, die Linien AD, BC, AH, BG, ferner EK, so ist dies Polare zu Y; und man darf nur die Durchschnittspunkte zwischen dem Kreise und der Polare mit Y verbinden, um die Tangenten zu erhalten.

Will man für einen in einer Kreislinie gegebenen Punkt eine Tangente construiren, bloß durch Zeichnen gerader Linien, so ist ein Verfahren aus §. 270 2) zu entnehmen.

§. 444.

In dem Dreieck ABC Fig. 190 sei DE parallel AB. Man ziehe BD, dann EA und CF', ferner EF und CG', EG und CH', u. s. w., und es sind BF, BG, BH u. s. w. beziehlich $\frac{1}{2}$, $\frac{1}{3}$, $\frac{1}{4}$ u. s. w. von AB.

BF ist $\frac{1}{2}$AB nach §. 212. In dem vollständigen Viereck CEG'F' ist die Diagonale BF harmonisch getheilt; deshalb verhält sich

$$AF:GF = AB:GB = 2AF:GB$$

und es folgt

$$GB = 2GF$$

also

$$BG = \tfrac{2}{3}BF = \tfrac{1}{3}AB.$$

Weiter ist in dem vollständigen Viereck CEH'G' die Diagonale BG harmonisch getheilt; deshalb verhält sich

$$FG:HG = FB:HB = 3FG:HB$$

folglich ist

$$BH = 3GH$$

$$BH = \tfrac{3}{4}BG = \tfrac{3}{4}\cdot\tfrac{1}{3}AB = \tfrac{1}{4}AB.$$

U. s. w.

Zehntes Kapitel.

Berechnungen.

§. 445. Aufgabe.

Die Zahlen a, b, c sind als die Maaße der drei Seiten eines Dreiecks gegeben, man soll seinen Inhalt berechnen.

Auflösung. Es sei Fig. 191 die Linie x normal auf der Seite a. Der Inhalt des Dreiecks ist alsdann

$$\frac{ax}{2}$$

und es kommt darauf an, x zu ermitteln. Für x bietet sich die Gleichung dar

$$x^2 = b^2 - y^2.$$

Je nachdem der c gegenüberstehende Winkel α spitz ist oder stumpf, hat man nach §. 119 oder §. 120

$$c^2 = a^2 + b^2 \mp 2ay$$

Hieraus folgt

$$\pm y = \frac{a^2+b^2-c^2}{2a}$$

$$y^2 = \frac{(a^2+b^2-c^2)^2}{4a^2}$$

Dieser Ausdruck für y behält Giltigkeit, auch wenn der Winkel α ein rechter ist; denn alsdann verschwindet y, und es ist $a^2+b^2=c^2$. Man substituire ihn oben, und es entsteht

$$x^2 = b^2 - \frac{(a^2+b^2-c^2)^2}{4a^2}$$

$$x = \frac{1}{2a}\sqrt{4a^2b^2-(a^2+b^2-c^2)^2}$$

Den eben erhaltenen Ausdruck für die Höhe x setze man in $\frac{ax}{2}$; dadurch ergiebt sich für den Inhalt des Dreiecks

$$\text{I.}\quad \tfrac{1}{4}\sqrt{4a^2b^2-(a^2+b^2-c^2)^2}$$

Dem Radicanden läßt sich eine für die Berechnung bequemere Gestalt geben. Es ist nämlich

$$\begin{aligned}4a^2b^2-(a^2+b^2-c^2)^2 &= [2ab+a^2+b^2-c^2][2ab-a^2-b^2+c^2]\\ &= [(a+b)^2-c^2][c^2-(a-b)^2]\\ &= (a+b+c)(a+b-c)(c+a-b)(c-a+b)\end{aligned}$$

Daher drückt sich der Inhalt des Dreiecks auch aus durch

$$\text{II.}\quad \tfrac{1}{4}\sqrt{(a+b+c)(a+b-c)(a-b+c)(-a+b+c)}$$

In diesem Ausdruck erscheinen die Buchstaben a, b, c in gleicher Weise; und der Inhalt des Dreiecks hängt von den Seiten in gleicher Weise ab.

Ausdrücke, in welchen die Buchstaben in gleicher Weise vorkommen, nennt man symmetrisch. Symmetrische Ausdrücke ändern sich nicht, wenn man die Buchstaben in ihnen beliebig mit einander vertauscht.

Die Formeln I. und II. sind dem Gedächtniß einzuprägen. Sie kommen oft zur Anwendung.

§. 446. Aufgabe.

Die Zahl a sei das Maaß der dritten Seite eines gleichschenkligen Dreiecks, das Maaß einer jeden der beiden gleichen Seiten sei die Zahl b, man soll den Inhalt des Dreiecks bestimmen.

Auflösung. Nach der Formel II. im vorigen Paragraphen ist der Inhalt gleich

$$\tfrac{1}{4}\sqrt{(a+b+b)(a+b-b)(a-b+b)(-a+b+b)}$$
$$=\frac{a}{4}\sqrt{(2b+a)(2b-a)}.$$

§. 447. Aufgabe.

Die Zahl a sei das Maaß einer jeden von den Seiten eines gleichseitigen Dreiecks, man soll den Inhalt des Dreiecks bestimmen.

Auflösung. Man setze in der Formel II. in §. 445 a statt b und statt c; dadurch ergiebt sich der Inhalt des Dreiecks gleich

$$\tfrac{1}{4}\sqrt{3a\cdot a\cdot a\cdot a}=\frac{a^2}{4}\sqrt{3}$$

§. 448. Aufgabe.

Die Seite eines gleichseitigen Dreiecks zu finden, dessen Inhalt q ist.

Auflösung. Man hat nach §. 447 für die Seite x die Gleichung

$$q=\frac{x^2}{4}\sqrt{3}$$

Aus ihr folgt $x=\sqrt{\frac{4q}{\sqrt{3}}}=2\sqrt{\frac{q\sqrt{3}}{3}}=\tfrac{2}{3}\sqrt{3q\sqrt{3}}.$

§. 449. Aufgabe.

Das Maaß der gleichen Seiten eines gleichschenkligen Dreiecks zu berechnen, dessen Inhalt q und dessen dritte Seite a ist.

Auflösung. Für das Maaß x jeder der gleichen Seiten hat man nach §. 446 die Gleichung.

$$\frac{a}{4}\sqrt{(2x+a)(2x-a)}=q.$$

Aus derselben folgt

$$x=\frac{1}{2a}\sqrt{16q^2+a^4}.$$

§. 450. Aufgabe.

Die dritte Seite eines gleichschenkligen Dreiecks zu berechnen, wenn jede der gleichen Seiten b, und der Inhalt q ist.

Auflösung. Man hat für die dritte Seite x die Gleichung

$$\frac{x}{4}\sqrt{(2b+x)(2b-x)}=q.$$

Aus ihr folgt

$$4b^2x^2 - x^4 = 16q^2$$
$$x^4 - 4b^2x^2 + 16q^2 = 0$$
$$x = \sqrt{2b^2 \pm \sqrt{4b^4 - 16q^2}}$$
$$\sqrt{2[b^2 \pm \sqrt{(b^2+2q)(b^2-2q)}]}$$

Es gelten beide Vorzeichen. Denn es giebt zwei gleichschenklige Dreiecke, deren Inhalt q ist, und die b als Maaß jeder der gleichen Seiten haben, das eine mit einer größeren dritten Seite und geringeren dazu gehörigen Höhe als das andere, und beide liefern dieselbe Gleichung für ihre dritte Seite.

Der Ausdruck für x wird imaginär, sobald $2q > b^2$. Der größte Werth des Inhalts q ist daher $\frac{1}{2}b^2$; d. h. der größte Inhalt, welchen das Dreieck bekommen kann, ist die Hälfte des Quadrats über b. Ist $q = \frac{1}{2}b^2$, so verschwindet die innere Wurzel und es wird

$$x = \sqrt{2b^2} = \sqrt{b^2 + b^2}$$

woraus erhellet, daß alsdann die gleichen Schenkel einen rechten Winkel einschließen.

§. 451. Aufgabe.

Zwei Seiten eines Dreiecks sind a und b, der Inhalt ist q, die dritte Seite zu berechnen.

Auflösung. Es bezeichne x die dritte Seite. Dann ist nach §. 445 I.

$$q = \tfrac{1}{4}\sqrt{4a^2b^2 - (a^2 + b^2 - x^2)^2}$$

Hieraus folgt

$$16q^2 = 4a^2b^2 - (a^2 + b^2 - x^2)^2$$
$$a^2 + b^2 - x^2 = \pm 2\sqrt{a^2b^2 - 4q^2}$$
$$x = \sqrt{a^2 + b^2 \mp 2\sqrt{(ab+2q)(ab-2q)}}.$$

Es gelten beide Vorzeichen.

Der Ausdruck für x wird imaginär, wenn $2q > ab$ ist; deshalb darf q höchstens gleich $\frac{1}{2}ab$ gegeben werden, und alsdann ist

$$x = \sqrt{a^2 + b^2}$$

d. h. das Dreieck ist rechtwinklig und seine Katheten sind a und b.

§. 452. Aufgabe.

Die Zahlen a, b, c seien als die Maaße der Höhen eines Dreiecks gegeben, man soll die Seiten und den Inhalt desselben berechnen.

Auflösung. Es ist Fig. 192

1) $ax = by$

denn jedes ist der doppelte Inhalt, eben so

2) $ax = cz$

und 3) $ax = \frac{1}{2}\sqrt{(x+y+z)(x+y-z)(x-y+z)(-x+y+z)}$

Aus 1) folgt

$$y = \frac{ax}{b}$$

aus 2)

$$z = \frac{ax}{c}$$

diese Werthe substituire man in 3); dadurch entsteht

$$ax = \frac{1}{2}\sqrt{\left(x+\frac{ax}{b}+\frac{ax}{c}\right)\left(x+\frac{ax}{b}-\frac{ax}{c}\right)\left(x-\frac{ax}{b}+\frac{ax}{c}\right)\left(-x+\frac{ax}{b}+\frac{ax}{c}\right)}$$

und hieraus folgt

$$x = \frac{2ab^2c^2}{\sqrt{(ab+ac+bc)(ab+ac-bc)(ab-ac+bc)(-ab+ac+bc)}}$$

Es ist nicht schwer einzusehen, daß y erhalten wird, wenn man in dem für x gefundenen Ausdruck überall a und b vertauscht, und z, wenn man a mit c verwechselt. Dadurch erhält man sogleich

$$y = \frac{2a^2bc^2}{\sqrt{(ab+ac+bc)(ab+ac-bc)(ab-ac+bc)(-ab+ac+bc)}}$$

$$z = \frac{2a^2b^2c^2}{\sqrt{(ab+ac+bc)(ab+ac-bc)(ab-ac+bc)(-ab+ac+bc)}}$$

Um den Inhalt des Dreiecks zu erhalten, multiplicire man eine der gefundenen Seiten mit der zugehörigen Höhe, und dividire das Product durch 2. Der Inhalt ergiebt sich gleich

$$\frac{a^2b^2c^2}{\sqrt{(ab+ac+bc)(ab+ac-bc)(ab-ac+bc)(-ab+ac+bc)}}$$

§. 453. Aufgabe.

Die Maaße zweier Seiten eines Dreiecks seien die Zahlen a und b, das Maaß der Mittellinie zur dritten Seite sei c, man soll die dritte Seite und den Inhalt des Dreiecks berechnen.

Auflösung. Man hat für die dritte Seite x die Gleichung

$$a^2+b^2 = 2c^2+\frac{x^2}{2}$$

und aus ihr folgt

$$x = \sqrt{2(a^2 + b^2 - 2c^2)}$$

Den Inhalt des Dreiecks zu bestimmen, verlängere man Fig. 193 die Mittellinie EG, und mache GH gleich EG. Das Dreieck GFH ist dem Dreieck GDE congruent. Das Dreieck EFH ist deshalb gleich dem Dreieck DEF, und der Inhalt des Dreiecks EFH, also auch des Dreiecks DEF, drückt sich aus durch

$$\tfrac{1}{4}\sqrt{(a+b+2c)(a+b-2c)(a-b+2c)(-a+b+2c)}$$

Dasselbe kann man durch die Formel §. 445 I. erhalten, wenn man statt c den Werth von x substituirt, und reducirt.

§. 454. Aufgabe.

Die drei Mittellinien eines Dreiecks sind gleich a, b und c gegeben, man soll die Seiten und den Inhalt des Dreiecks berechnen.

Auflösung. Man hat bei Fig. 194 für die Seiten x, y, z die Gleichungen:

$$1)\quad x^2 + y^2 = 2c^2 + \frac{z^2}{2}$$

$$2)\quad y^2 + z^2 = 2a^2 + \frac{x^2}{2}$$

$$3)\quad x^2 + z^2 = 2b^2 + \frac{y^2}{2}$$

oder

$$4)\quad x^2 + y^2 - \frac{z^2}{2} = 2c^2$$

$$5)\quad y^2 + z^2 - \frac{x^2}{2} = 2a^2$$

$$6)\quad x^2 + z^2 - \frac{y^2}{2} = 2b^2.$$

Man addire diese drei Gleichungen, das liefert

$$7)\quad x^2 + y^2 + z^2 = \tfrac{4}{3}a^2 + \tfrac{4}{3}b^2 + \tfrac{4}{3}c^2.$$

Von der Gleichung 7) subtrahire man die Gleichung 4); dadurch entsteht

$$\tfrac{3}{2}z^2 = \tfrac{4}{3}a^2 + \tfrac{4}{3}b^2 - \tfrac{2}{3}c^2$$

$$z = \tfrac{2}{3}\sqrt{2a^2 + 2b^2 - c^2}$$

Hieraus ergiebt sich, wenn man y statt z setzt und b mit c vertauscht

$$y = \tfrac{2}{3}\sqrt{2a^2 - b^2 + 2c^2}$$

und wenn man x statt z setzt und a mit c vertauscht

$$z = \tfrac{2}{3}\sqrt{-a^2 + 2b^2 + 2c^2}$$

Die Werthe von y und x ergeben sich auch, wenn man die Gleichung 6), und dann die 5), von 7) subtrahirt.

Es ist noch der Inhalt des Dreiecks DFG zu bestimmen. — Das Dreieck DFG ist das Dreifache des Dreiecks DNG. Von diesem hat man die beiden Seiten DN und GN und die Mittellinie NQ der dritten Seite. Nach dem vorigen Paragraph ist der Inhalt des Dreiecks DNG gleich

$$\tfrac{1}{4}\sqrt{(\tfrac{2}{3}c+\tfrac{2}{3}b+2\cdot\tfrac{1}{3}a)(\tfrac{2}{3}c+\tfrac{2}{3}b-2\cdot\tfrac{1}{3}a)(\tfrac{2}{3}c-\tfrac{2}{3}b+2\cdot\tfrac{1}{3}a)(-\tfrac{2}{3}c+\tfrac{2}{3}b+2\cdot\tfrac{1}{3}a)}$$

$$= \tfrac{1}{4}\cdot\tfrac{4}{9}\sqrt{(a+b+c)(a+b-c)(a-b+c)(-a+b+c)}$$

also der Inhalt des Dreiecks DFG

$$\tfrac{1}{3}\sqrt{(a+b+c)(a+b-c)(a-b+c)(-a+b+c)}$$

Dasselbe Resultat ergiebt sich vermittelst der Formel I. in Paragraph 445.

§. 445. Aufgabe.

Die vier Seiten eines Trapezes seien a, b, c, d, man soll den Inhalt des Trapezes berechnen.

Auflösung. Es sei die Linie x normal auf der Seite a Fig. 195. Der Inhalt des Trapezes ist alsdann gleich

$$\frac{a+b}{2}\cdot x$$

Man denke HN parallel GE, so ist HN = c, NL = a—b, x zugleich Höhe für das Dreieck NHL. Nach §. 445 ist

$$\frac{(a-b)x}{2} = \tfrac{1}{4}\sqrt{(a-b+c+d)(a-b+c-d)(a-b-c+d)(-a+b+c+d)}$$

hieraus folgt

$$x = \frac{1}{2(a-b)}\sqrt{(a-b+c+d)(a-b+c-d)(a-b-c+d)(-a+b+c+d)}$$

Diesen Werth substituirt man oben, und es entsteht für den Inhalt des Trapezes

$$\tfrac{1}{4}\cdot\frac{a+b}{a-b}\sqrt{(a-b+c+d)(a-b+c-d)(a-b-c+d)(-a+b+c+d)}$$

wofür noch gesetzt werden kann

$$\tfrac{1}{4}\cdot\frac{a+b}{a-b}\sqrt{[(a-b)+(c-d)][(a-b)-(c-d)][(c+d)+(a-b)][(c+d)-(a-b)]}$$

§. 456. Aufgabe.

Die Maaße der vier Seiten eines Vierecks, welches in einem Kreise liegt, sind die Zahlen a, b, c, d, man soll den Inhalt des Vierecks, seine Diagonalen und den Radius des Kreises bestimmen.

Auflösung. Man verlängere Fig. 196 die Seiten FG und EH bis zu ihrem Durchschnitt K. Die Dreiecke EFK und GHK sind ähnlich, denn es ist α gleich ε, weil jeder dieser Winkel den Winkel β zu einem gestreckten ergänzt, und $\angle K$ ist gemeinschaftlich. Es verhält sich daher

$$\triangle EFK : \triangle GHK = b^2 : d^2$$

$$EFK - GHK : GHK = b^2 - d^2 : d^2$$

oder

$$EFGH : GHK = b^2 - d^2 : d^2$$

und hieraus folgt, daß der Inhalt des Vierecks gleich ist

$$\frac{b^2 - d^2}{d^2} \cdot \triangle GHK$$

Der Inhalt des Dreiecks GHK ist aber gleich

$$\tfrac{1}{4}\sqrt{(d+x+y)(d+x-y)(d-x+y)(-d+x+y)}$$

$$= \tfrac{1}{4}\sqrt{(d+x+y)(d+x-y)[d-(x-y)](-d+x+y)}$$

Zur Bestimmung von x und y hat man die Proportionen

$$x : d = c + y : b$$

$$y : d = a + x : b$$

Aus ihnen folgt

$$bx - dy = cd$$

$$by - dx = ad$$

Man addire die letzteren Gleichungen, und es entsteht

$$b(x+y) - d(x+y) = (a+c)d$$

$$x + y = \frac{a+c}{b-d}d$$

Ferner subtrahire man die zweite dieser Gleichungen von der über ihr stehenden, das liefert

$$b(x-y) + d(x-y) = (c-a)d$$

$$x - y = \frac{c-a}{b+-d}d$$

Die Werthe für $x+y$ und $x-y$ setze man in den Ausdruck für den Inhalt des Dreiecks GHK; er geht über in

$$\tfrac{1}{4}\sqrt{d+\frac{a+c}{b-d}d)\left(d+\frac{c-a}{b+d}d\right)\left(d-\frac{c-a}{b+d}d\right)\left(-d+\frac{a+c}{b-d}d\right)}$$

$$= \tfrac{1}{4}\,\frac{d^2}{b^2-d^2}\sqrt{(a+b+c-d)(a+b-c+d)(a-b+c+d)(-a+b+c+d)}$$

und substituirt man diesen Ausdruck für das Dreieck GHK in dem oben stehenden Ausdruck für den Inhalt des Vierecks, so erhält man den Inhalt desselben gleich

$$\tfrac{1}{4}\sqrt{(a+b+c-d)(a+b-c+d)(a-b+c+d)(-+ab+c+d)}$$

Wir haben bei der Herleitung dieser Formel angenommen, daß zwei gegenüberstehende Seiten des Vierecks verlängert sich schneiden; es fragt sich daher, ob die Formel den

Inhalt liefert, wenn die gegenüberstehenden Seiten parallel sind. In diesem Fall wären die gegenüberstehenden Winkel gleich, und da sie sich zu einem gestreckten Winkel ergänzen, so müßte jeder ein rechter Winkel, das Viereck selbst also ein Rechteck sein. Dann wäre sein Inhalt gleich ab, und weiter c gleich a, und d gleich b. Und setzt man in der gefundenen Formel a statt c, und b statt d, so geht sie über in

$$\tfrac{1}{4}\sqrt{2a\cdot 2b\cdot 2a\cdot 2b}$$
$$=\tfrac{1}{4}\sqrt{4^2a^2b^2} = ab$$

Sie ist daher auch für diesen Fall giltig.

Für die Diagonalen z und t des Vierecks hat man die Gleichungen

$$tz = ac + bd$$
$$\frac{t}{z} = \frac{ad + bc}{ab + cd}$$

Man multiplicire beide mit einander, das liefert

$$t^2 = \frac{(ac + bd)(ad + bc)}{ab + cd}$$

dividirt man die erste durch die zweite, so ergiebt sich

$$z^2 = \frac{(ab + cd)(ac + bd)}{ad + bc}$$

also ist
$$t = \sqrt{\frac{(ac + bd)(ad + bc)}{ab + cd}}$$

und
$$z = \sqrt{\frac{(ab + cd)(ac + bd)}{ad + bc}}$$

Eine Gleichung für den Radius r des Kreises ergiebt sich, wenn man den Inhalt des Vierecks mit Hilfe von r ausdrückt, und den r enthaltenden Ausdruck für den Inhalt dem schon gefundenen gleich setzt.

Der Inhalt des Dreiecks EFG ist gleich $\frac{bcz}{4r}$, der des Dreiecks EGH gleich $\frac{adz}{4r}$, folglich der des Vierecks gleich $\frac{(ad+bc)z}{4r}$. Daher hat man für r die Gleichung

$$\frac{(ad+bc)z}{4r}$$
$$=\tfrac{1}{4}\sqrt{(a+b+c-d)(a+b-c+d)(a-b+c+d)(-a+b+c+d)}$$

Aus ihr folgt

$$r = \frac{(ad+bc)z}{\sqrt{(a+b+c-d)(a+b-c+d)(a-b+c+d)(-a+b+c+d)}}$$

Für z setze man den oben gefundenen Werth, und es entsteht

$$r = \sqrt{\frac{(ab+cd)(ac+bd)(ad+bc)}{(a+b+c-d)(a+b-c+d)(a-b+c+d)(-a+b+c+d)}}$$

§. 457. Aufgabe.

Die vier Seiten eines Vierecks, welches in einem Kreise und zugleich um einen Kreis liegt, seien a, b, c, d, man soll den Inhalt des Vierecks berechnen, den Radius des Kreises, in welchem das Viereck liegt, und den Radius des Kreises, um welchen es liegt.

Auflösung. Da das Viereck in einem Kreise liegt, ist sein Inhalt gleich

$$\tfrac{1}{4}\sqrt{(a+b+c-d)(a+b-c+d)(a-b+c+d)(-a+b+c+d)}$$

Weil es um einen Kreis liegt, ist

$$a+c = b+d$$

unter a und c die Maaße zweier gegenüberstehenden Seiten gedacht. Und setzt man in der Formel für den Inhalt überall b+d statt a+c und a+c statt b+d, so geht sie über in

$$\tfrac{1}{4}\sqrt{2b\cdot 2a\cdot 2d\cdot 2c} = \sqrt{abcd}$$

Für den Radius des Kreises, in welchem das Viereck liegt, ergiebt sich nach dem vorigen Paragraph

$$\tfrac{1}{4}\sqrt{\frac{(ab+cd)(ac+bc)(ad+bc)}{abcd}}$$

Für den Radius x des Kreises, um welchen das Viereck liegt, hat man, weil $\frac{(a+b+c+d)x}{2}$ gleich dem Inhalt ist, die Gleichung

$$\frac{a+b+c+d}{2}x = \sqrt{abcd}$$

Aus ihr folgt $$x = \frac{2\sqrt{abcd}}{a+b+c+d}$$

oder da $$a+c = b+d$$

$$= \frac{\sqrt{abcd}}{a+c} = \frac{\sqrt{abcd}}{b+d}$$

§. 458. Aufgabe.

Das Maaß des Radius eines Kreises sei die Zahl r, man soll die Seiten und die Inhalte der construirbaren regulären necke berechnen, welche in oder um diesen Kreis liegen.

Auflösung. 1) Es sei Fig. 197 AB die Seite des regulären Dreiecks, welches in dem Kreise liegt. Man denke vom Mittelpunkt M die Linien MA und MB; der Winkel AMB ist gleich $\frac{4}{3}$R. Man verlängere AM bis C; der Winkel BMC ist gleich $\frac{2}{3}$R, das Dreieck MBC daher gleichwinklig und deshalb BC gleich r. Und weil der Winkel ABC ein rechter ist, so hat man für die Seite x des regulären Dreiecks die Gleichung

$$x^2 + r^2 = (2r)^2.$$

Aus ihr folgt

$$x = r\sqrt{3}.$$

2) Es bezeichne y die Seite des regulären Vierecks, welches in dem Kreise liegt. — Man denke nach den Endpunkten derselben die Radien gezogen. Es entsteht ein rechtwinkliges Dreieck, in welchem y die Hypotenuse, und jede Kathete gleich r ist. Man hat daher

$$y^2 = r^2 + r^2 = 2r^2$$

$$y = r\sqrt{2}.$$

3) Es bezeichne z das Maaß der Seite des regulären Zehnecks, welches in dem Kreise liegt. Nach §. 377 findet die Proportion Statt

$$r : z = z : r - z.$$

Aus ihr folgt

$$z^2 + rz = r^2$$

$$z = -\frac{r}{2} \pm \sqrt{\left(\frac{r}{2}\right)^2 + r^2}.$$

Die Wurzel darf nur positiv genommen werden, weil sonst z negativ ausfallen würde. Man hat daher

$$z = -\frac{r}{2} + \sqrt{\frac{r^2}{4} + r^2}$$

$$= \frac{-1+\sqrt{5}}{2} r.$$

4) Es sei t das Maaß der Seite des regulären Fünfecks in demselben Kreise. Nach §. 262 hat man die Gleichung

$$t^2 = \left(\frac{-1+\sqrt{5}}{2}\right)^2 r^2 + r^2$$

$$= \left[\frac{1-2\sqrt{5}+5}{4} + 1\right] r^2$$

folglich ist

$$t = r\sqrt{\frac{5-\sqrt{5}}{2}}$$

oder, wenn man den Nenner lieber rational sieht,

$$t = \frac{r}{2}\sqrt{2(5-\sqrt{5})}$$

5) Hätte man eine Formel, durch welche sich die Seite des regulären 2necks in einem Kreise angeben ließe, sobald die Seite des regulären necks in dem Kreise bekannt wäre, so würde man durch die Seite des Zehnecks die des Zwanzigecks berechnen können, durch die Seite des Zwanzigecks die des Vierzigecks u. s. w., eben so durch die Seite des Vierecks die des Achtecks, durch die Seite des Achtecks die des Sechzehnecks u. s. w. u. s. w.

Es sei Fig. 198 p die Seite des regulären necks; des Mittelpunktswinkel AMB sei durch MC in zwei gleiche Theile getheilt. Die Linie q ist dann die Seite des regulären 2necks; MC ist normal auf AB, und D die Mitte von AB. Der Inhalt des Dreiecks MCB drückt sich aus durch

$$\frac{rp}{4}$$

der Inhalt desselben Dreiecks ist ferner gleich

$$\frac{q}{4}\sqrt{(2r+q)(2r-q)}$$

man hat daher die Gleichung

$$pr = q\sqrt{4r^2-q^2}$$

Wird aus derselben q entwickelt, so erhält man eine Formel, welche die Seite des 2necks liefert, wenn die des necks bekannt ist.

Aus der Gleichung folgt

$$q^4-4r^2q^2 = -p^2r^2$$

$$q = \sqrt{2r^2 \pm \sqrt{4r^4-p^2r^2}}$$

Die Seite q des regulären 2necks im Kreise ist beim Sechseck dem Radius gleich, bei den weiteren 2necken kleiner als der Radius, welches aus §. 76 folgt. Es ist also $q<r$, und da $\sqrt{2r^2}>r$ ist, so erhellet, daß die innere Wurzel negativ genommen werden muß.

Man hat demnach

$$q = \sqrt{r(2r-\sqrt{4r^2-p^2})}$$

Man setze hier statt p das Maaß der Seite des regulären Dreiecks, nämlich $r\sqrt{3}$, so ist q das Maaß der Seite des regulären Sechsecks; diese ist daher gleich

$$\sqrt{r(2r-\sqrt{4r^2-3r^2})}$$
$$= \sqrt{r(2r-r)} = r$$

welches schon aus §. 261 bekannt ist.

Setzt man statt p die Seite des regulären Sechsecks, so ist q die des Zwölfecks; diese ist also gleich

$$\sqrt{r(2r-\sqrt{4r^2-r^2})}$$
$$=r\sqrt{2-\sqrt{3}}$$

u. s. w.

6) Es seien Fig. 199 die Sehnen m und n gegeben, und BD sei Durchmesser. Für die Sehne x, welche zur Differenz der Mittelpunktswinkel der Sehnen m und n gehört, hat man die Gleichung

$$2rx+nz=my$$

während $y=\sqrt{4r^2-n^2}$

und $z=\sqrt{4r^2-m^2}$

ist, so daß folgt

$$x=\frac{m\sqrt{4r^2-n^2}-n\sqrt{4r^2-m^2}}{2r}$$

Setzt man hier statt m die Seite des Sechsecks, statt n die des Zehnecks, so erhält man die Seite des Funfzehnecks. Durch sie kann man vermittelst der Formel in 5) die Seite des Dreißigecks u. s. w. finden.

7) Der Inhalt eines regulären necks drückt sich aus durch das halbe Product des Umfangs in den normalen Abstand einer der Seiten vom Mittelpunkt des Kreises, in welchem das neck liegt. Ist a die Seite des necks, r der Radius des Kreises, in welchem es liegt, so ist der normale Abstand des Mittelpunkts von einer Seite gleich

$$\sqrt{r^2-\frac{a^2}{4}}$$
$$=\tfrac{1}{2}\sqrt{(2r+a)(2r-a)}$$

folglich der Inhalt des necks gleich

$$\frac{na}{4}\sqrt{(2r+a)(2r-a)}$$

8) Sollte man die Seite x eines regulären necks berechnen, welches um einen Kreis liegt, dessen Radius r ist, so berechne man zuerst die Seite a des regulären necks, das in diesem Kreise liegt. Aus der Proportion Fig. 200

$$a:x=MH:MG$$
$$=\sqrt{r^2-\frac{a^2}{4}}:r$$

erhält man dann

$$x = \frac{2ar}{\sqrt{(2r+a)(2r-a)}}$$

Der Inhalt bestimmt sich nach §. 272.

Später werden wir auf einfacherem Wege die Seite und den Inhalt eines jeden regulären necks berechnen können, wenn der Radius des Kreises, in oder um welchen es liegt, gegeben ist.

§. 459. Aufgabe.

Die Maaße der drei Seiten eines Dreiecks sind a, b, c, es soll der Radius des Kreises berechnet werden, in welchem das Dreieck liegt.

Auflösung. Man bezeichne den Radius mit x. Der Inhalt des Dreiecks drückt sich aus durch $\frac{abc}{4x}$. Daher hat man für x die Gleichung

$$\frac{abc}{4x} = \tfrac{1}{4}\sqrt{(a+b+c)(a+b-c)(a-b+c)(-a+b+c)}$$

also

$$x = \frac{abc}{\sqrt{(a+b+c)(a+b-c)(a-b+c)(-a+b+c)}}$$

§. 460. Aufgabe.

Die drei Seiten eines Dreiecks sind a, b, c, es soll der Radius eines jeden der Kreise berechnet werden, welche die Seiten des Dreiecks berühren.

Auflösung. Man bezeichne den Radius des Kreises, welcher in dem Dreieck liegt, mit y. Der Inhalt des Dreiecks drückt sich aus durch $\frac{(a+b+c)y}{2}$; und man hat die Gleichung

$$\frac{a+b+c}{2}y = \tfrac{1}{4}\sqrt{(a+b+c)(a+b-c)(a-b+c)(-a+b+c)}$$

Aus ihr folgt

$$y = \tfrac{1}{2}\sqrt{\frac{(a+b-c)(a-b+c)(-a+b+c)}{a+b+c}}$$

Es sei Fig. 201 y' der Radius des Kreises, welcher die Seite c und die Verlängerungen der beiden anderen Seiten berührt, M der Mittelpunkt dieses Kreises. Der Inhalt des Dreiecks DMF ist gleich $\frac{ay'}{2}$, der des Dreiecks DME gleich $\frac{by'}{2}$ und der des Dreiecks EMF gleich $\frac{cy'}{2}$. Der Inhalt des Dreiecks DEF ist daher

$$\frac{a+b-c}{2}y'$$

und man hat für y' die Gleichung

$$\frac{a+b-c}{2}y' = \tfrac{1}{4}\sqrt{(a+b+c)(a+b-c)(a-b+c)(-a+b+c)}$$

aus welcher folgt

$$y' = \tfrac{1}{2}\sqrt{\frac{(a+b+c)(a-b+c)(-a+b+c)}{a+b-c}}.$$

Durch Verwechslung der Buchstaben findet sich der Radius y'' des Kreises, welcher die Seite b und die Verlängerungen der beiden anderen Seiten berührt, gleich

$$\tfrac{1}{2}\sqrt{\frac{(a+b+c)(a+b-c)(-a+b+c)}{a-b+c}}$$

und daß der Radius y''' des Kreises, welcher die Seite a und die Verlängerungen von den Seiten b und c berührt, sich ausdrückt durch

$$\tfrac{1}{2}\sqrt{\frac{(a+b+c)(a+b-c)(a-b+c)}{-a+b+c}}$$

§. 461. Aufgabe.

Multiplicirt man die Ausdrücke für die Radien dieser vier Kreise mit einander, so entsteht

$$\tfrac{1}{16}(a+b+c)(a+b-c)(a-b+c)(-a+b+c)$$

und nimmt man hieraus die zweite Wurzel, so erhält man

$$\tfrac{1}{4}\sqrt{(a+b+c)(a+b-c)(a-b+c)(-a+b+c)}$$

welches der Inhalt des Dreiecks ist. Dieser drückt sich demnach aus durch

$$\sqrt{yy'y''y'''}.$$

§. 462. Aufgabe.

Die Zahlen a und b seien die Maaße zweier Seiten eines Dreiecks, c sei das Maaß der Linie, welche den Winkel in zwei gleiche Theile theilt, den jene Seiten bilden; es soll die dritte Seite und der Inhalt des Dreiecks berechnet werden.

Auflösung. Die Stücke der dritten Seite Fig. 202 mögen x und y bezeichnen. Man hat die Gleichungen:

$$xy = ab - c^2 \quad (\S.\ 263)$$
$$x:y = a:b.$$

Man multiplicire beide Gleichungen mit einander; das liefert

$$x = \sqrt{\frac{a}{b}(ab - c^2)}$$

und dividire die erste Gleichung durch die zweite, so ergiebt sich

$$y = \sqrt{\frac{b}{a}(ab - c^2)}$$

Die dritte Seite DF ist daher gleich

$$\sqrt{\frac{a}{b}(ab - c^2)} + \sqrt{\frac{b}{a}(ab - c^2)}$$

$$= \left(\sqrt{\frac{a}{b}} + \sqrt{\frac{b}{a}}\right)\sqrt{ab - c^2}$$

$$= \frac{a+b}{\sqrt{ab}}\sqrt{ab - c^2}$$

also entsteht für die dritte Seite

$$(a+b)\sqrt{\frac{ab - c^2}{ab}}$$

Oder man setze an

$$x(v - x) = ab - c^2$$
$$x : v - x = a : b$$

Aus der zweiten Gleichung folgt

$$x = \frac{a}{a+b} v$$

Diesen Werth substituire man in der ersten; es entsteht

$$a(a+b-a)v^2 = (a+b)^2(ab - c^2)$$

und daraus ergiebt sich für die dritte Seite v der oben gefundene Werth.

Um den Inhalt des Dreiecks zu finden, verlängere man EF über E hinaus, und mache die Verlängerung gleich a. Die Dreiecke DEF und DEN haben, wenn man FE und EN als Grundlinien betrachtet, gleiche Höhen; deshalb verhält sich $\triangle DEF : \triangle DEN = b : a$

und hieraus ist $\triangle DEF = \frac{b}{a} \triangle DEN$

Der Inhalt des gleichschenkligen Dreiecks DEN ist gleich

$$\frac{z}{4}\sqrt{(2a+z)(2a-z)}$$

Es ist z parallel mit c, daher hat man die Proportion

$$c:z = b:a+b$$

Aus ihr folgt $$z = \frac{c}{b}(a+b)$$

Den Werth für z substituire man, und es ergiebt sich der Inhalt des Dreiecks DEN gleich

$$\tfrac{1}{4}\frac{c}{b}(a+b)\sqrt{\left[2a+\frac{c}{b}(a+b)\right]\left[2a-\frac{c}{b}(a+b)\right]}$$

$$= \tfrac{1}{4}\frac{c}{b^2}(a+b)\sqrt{[2ab+(a+b)c][2ab-(a+b)c]}$$

Folglich ist der Inhalt des Dreiecks DEF gleich

$$\frac{(a+b)c}{4ab}\sqrt{[2ab+(a+b)c][2ab-(a+b)c]}.$$

Der Ausdruck für den Inhalt des Dreiecks DEF ergiebt sich auch, wenn man in der Formel §. 445 I. statt c den für DF gefundenen Werth setzt, und dann reducirt.

§. 463. Aufgabe.

Der Inhalt eines rechtwinkligen Dreiecks sei a, die Hypotenuse b, man soll die Katheten berechnen.

Auflösung. Die Katheten mögen durch x und y bezeichnet werden. Man hat die Gleichungen

$$xy = 2a \text{ (jedes ist der doppelte Inhalt)}$$
$$x^2+y^2 = b^2.$$

Man multiplicire die erste Gleichung mit 2, addire sie zur zweiten, und subtrahire sie dann auch von ihr, das liefert

$$x+y = \sqrt{b^2+4a}$$
$$x-y = \sqrt{b^2-4a}.$$

Beide Gleichungen addire man, und subtrahire dann die letzte von der vorhergehenden, dadurch entsteht

$$x = \frac{\sqrt{b^2+4a}+\sqrt{b^2-4a}}{2}$$

$$y = \frac{\sqrt{b^2+4a}-\sqrt{b^2-4a}}{2}.$$

§. 464. Aufgabe.

Die Summe der beiden Katheten eines rechtwinkligen Dreiecks sei a, die Höhe auf der Hypotenuse sei b; es sollen die Seiten und der Inhalt des Dreiecks berechnet werden.

Auflösung. Man bezeichne die Katheten durch x und y, die Hypotenuse sei z. Man hat die Gleichungen:

$$1)\quad x+y=a$$
$$2)\quad xy=bz$$
$$3)\quad x^2+y^2=z^2$$

Die zweite Gleichung werde mit 2 multiplicirt und dann zur dritten addirt, dadurch entsteht

$$(x+y)^2=z^2+2bz.$$

Nach der ersten Gleichung ist

$$(x+y)^2=a^2.$$

Diese Gleichung werde von der vorigen subtrahirt, das liefert

$$z^2+2bz-a^2=0$$

und daraus folgt $z=-b\pm\sqrt{a^2+b^2}$.

Die Wurzel darf nur positiv genommen werden, weil die Hypotenuse z nicht negativ sein kann.

Um x und y zu bestimmen, potenzire man die erste Gleichung mit 2, multiplicire die zweite mit 4, und subtrahire darauf die zweite von der ersten. Es entsteht

$$(x-y)^2=a^2-4bz$$

oder, wenn man für z den Werth setzt, und aus der Gleichung die zweite Wurzel nimmt

$$x-y=\sqrt{a^2+4b(b-\sqrt{a^2+b^2})}.$$

Die letzte Gleichung addire man zur Gleichung 1), und subtrahire sie von ihr, und es ergiebt sich

$$x=\frac{a+\sqrt{a^2+4b(b-\sqrt{a^2+b^2})}}{2}$$

$$y=\frac{a-\sqrt{a^2+4b(b-\sqrt{a^2+b^2})}}{2}$$

§. 465. Aufgabe.

Der Inhalt eines rechtwinkligen Dreiecks sei a, der Umfang b, man soll die Seiten berechnen.

Auflösung. Die Katheten seien durch x und y bezeichnet, die Hypotenuse durch z. Man hat die Gleichungen

$$1)\quad x+y+z=b$$
$$2)\quad xy=2a \text{ (jedes ist der doppelte Inhalt)}$$
$$3)\quad x^2+y^2=z^2.$$

Man multiplicire die zweite Gleichung mit 2, und addire sie zur dritten, das liefert

$$4)\quad (x+y)^2=4a+z^2.$$

Man setze in der ersten Gleichung z auf die rechte Seite, und potenzire die Gleichung mit 2. Es entsteht

$$5)\quad (x+y)^2=b^2-2bz+z^2.$$

Diese Gleichung subtrahirt man von 4), dadurch ergiebt sich

$$0 = 4a - b^2 + 2bz$$

und hieraus

$$z = \frac{b^2 - 4a}{2b}.$$

Um x und y zu erhalten, setze man in 1) z rechts hinüber und substituire dafür den gefundenen Werth; dadurch entsteht

$$6) \qquad x + y = \frac{4a + b^2}{2b}.$$

Die letzte Gleichung potenzire man mit 2 und subtrahire von ihr

$$4xy = 8a$$

und man erhält

$$(x - y)^2 = \left(\frac{4a + b^2}{2b}\right)^2 - 8a$$

oder

$$7) \qquad x - y = \frac{\sqrt{(4a + b^2)^2 - 32ab^2}}{2b}$$

Die Gleichungen 6) und 7) addire man, und nachher subtrahire man auch 7) und 6), dadurch ergiebt sich

$$x = \frac{4a + b^2 + \sqrt{(4a + b^2)^2 - 32ab^2}}{4b}$$

und

$$y = \frac{4a + b^2 - \sqrt{(4a + b^2)^2 - 32ab^2}}{4b}$$

oder

$$x = \frac{4a + b^2 + \sqrt{(4a - b^2)^2 - 16ab^2}}{4b}$$

$$y = \frac{4a + b^2 - \sqrt{(4a - b^2)^2 - 16ab^2}}{4b}$$

§. 466. Aufgabe.

Der Inhalt eines Dreiecks sei a, der Umfang b, eine Höhe h, man soll die Seiten bestimmen.

Auflösung. Bezeichnet man die Seiten mit x, y, z und wird die gegebene Höhe auf der Seite x angenommen, so hat man die Gleichungen

$$1) \quad x + y + z = b$$

$$2) \quad hx = 2a$$

$$3) \quad a = \tfrac{1}{4}\sqrt{(x+y+z)(x+y-z)(x-y+z)(-x+y+z)}$$

Aus der ersten Gleichung folgt

$$y = b - x - z$$

aus der zweiten

$$x = \frac{2a}{h}$$

Man multiplizire die dritte Gleichung mit 4, quadrire sie dann, und setze darauf für y den Werth, für den Faktor $x + y + z$ aber b; das liefert

$$16a^2 = b(b - 2z)(2x + 2z - b)(b - 2x)$$

oder, wenn man für x den Werth $\frac{2a}{h}$ setzt,

$$16a^2 = b(b - 2z)\left(\frac{4a}{h} + 2z - b\right)\left(b - \frac{4a}{h}\right)$$

oder $16a^2h^2 = b(b - 2z)(4a + 2hz - bh)(bh - 4a)$.

Diese Gleichung dividire man durch $b(bh - 4a)$, und löse rechts die Klammern auf; dadurch ergiebt sich

$$\frac{16a^2h^2}{b(bh - 4a)} = 4ab + 2bhz - b^2h - 8az - 4hz^2 + 2bhz$$

und hieraus folgt

$$4hz^2 - (4bh - 8a)z + b^2h - 4ab + \frac{16a^2h^2}{b(bh - 4a)} = 0$$

$$z^2 - \frac{bh - 2a}{h}z + \frac{b^2h - 4ab}{4h} + \frac{4a^2h}{b(bh - 4a)} = 0$$

$$z = \frac{bh - 2a}{2h} \pm \sqrt{\left(\frac{bh - 2a}{2h}\right)^2 - \frac{b^2h - 4ab}{4h} - \frac{4a^2h}{b(bh - 4a)}}$$

$$= \frac{bh - 2a}{2h} \pm \sqrt{\frac{a^2}{h^2} - \frac{4a^2h}{b(bh - 4a)}}$$

$$= \frac{bh - 2a}{2h} \pm \frac{a}{h}\sqrt{1 - \frac{4h^3}{b(bh - 4a)}}$$

$$= \frac{bh - 2a}{2h} \pm \frac{a}{h}\sqrt{\frac{b(bh - 4a) - 4h^3}{b(bh - 4a)}}$$

$$= \frac{b}{2} + \frac{a}{h}\left[-1 \pm \sqrt{\frac{(b + 2h)(b - 2h)h - 4ab}{b(bh - 4a)}}\right]$$

Für y kann sich nichts anderes ergeben, weil es mit z in gleichen Beziehungen steht. Daher gelten beide Vorzeichen der Wurzel. Läßt man für z das eine gelten, so liefert das andere y. Das Dreieck ist deshalb gleichschenklig, sobald

$$(b + 2h)(b - 2h)h - 4ab = 0.$$

§. 467. Aufgabe.

Eine Seite eines Dreiecks sei a, die Höhen auf den anderen Seiten seien b und c; man soll die anderen Seiten und den Inhalt berechnen.

Auflösung. Die zur Höhe b gehörige Seite sei mit x, die dritte Seite mit y bezeichnet. Es ist

$$1)\quad bx = cy.$$

Die Dreiecke DHE und FGE Fig. 203 sind ähnlich, weil sie den Winkel bei E gemeinschaftlich haben und jedes rechtwinklig ist. Deshalb verhält sich

$$EH : EG = b : c$$

Je nachdem der Winkel DEF spitz ist oder stumpf hat man

$$FH \pm HE = x$$

$$DG \pm GE = y$$

also

$$\pm HE = x - FH = x - \sqrt{a^2 - b^2}$$

$$\pm GE = y - DG = y - \sqrt{a^2 - c^2}$$

Diese Werthe substituire man oben, und es entsteht

$$x - \sqrt{a^2-b^2} : y - \sqrt{a^2-c^2} = b : c$$

oder

$$2)\quad by - cx = b\sqrt{a^2-c^2} - c\sqrt{a^2-b^2}$$

Aus 1) folgt

$$3)\quad y = \frac{bx}{c}$$

Dies in 2) substituirt, liefert

$$\frac{b^2-c^2}{c}x = b\sqrt{a^2-c^2} - c\sqrt{a^2-b^2}$$

also ist

$$x = \frac{b\sqrt{(a+c)(a-c)} - c\sqrt{(a+b)(a-b)}}{(b+c)(b-c)}c$$

Den Werth von x substituire man in 3) und es entsteht

$$y = \frac{b\sqrt{(a+c)(a-c)} - c\sqrt{(a+b)(a-b)}}{(b+c)(b-c)}b.$$

Der Inhalt drückt sich aus durch

$$\frac{b\sqrt{(a+c)(a-c)} - c\sqrt{(a+b)(a-b)}}{(b+c)(b-c)} \cdot \frac{bc}{2}.$$

§. 468. Aufgabe.

Es ist eine Seite eines Dreiecks gleich a, die zu ihr gehörige Höhe gleich b, und noch eine Höhe gleich c gegeben, man soll die anderen Seiten berechnen.

Auflösung. Es sei x die zu c gehörige Seite, y die andere. Aus der Gleichung

$$cx = ab$$

folgt

$$x = \frac{ab}{c}$$

Die Projection FG von der Seite EF auf der Seite DF Fig. 204 drückt sich aus durch

$$\sqrt{x^2-b^2}$$
$$= \frac{b}{c}\sqrt{a^2-c^2}$$

Daher ist $y = \sqrt{DF^2+EF^2 \pm 2DF\cdot GF}$

$$= \sqrt{a^2+\frac{a^2b^2}{c^2}\pm 2\frac{ab}{c}\sqrt{(a+c)(a-c)}}$$
$$= \frac{1}{c}\sqrt{a[(b^2+c^2)a \pm 2bc\sqrt{(a+c)(a-c)}]}$$

§. 469. Aufgabe.

Von einem Dreieck ist eine Seite gegeben gleich a, die Höhe darauf gleich b und die Summe der beiden anderen Seiten gleich c, man soll diese Seiten einzeln berechnen.

Auflösung. Bezeichnet man die nicht gegebenen Seiten durch x und y, so hat man die Gleichungen:

1) $x + y = c$

2) $2ab = \sqrt{(a+x+y)(a+x-y)(a-x+y)(-a+x+y)}$

Man quadrire die zweite Gleichung, und setze c statt $x+y$, das liefert

$$4a^2b^2 = (c^2-a^2)[a^2-(x-y)^2]$$

hieraus folgt

$$\frac{4a^2b^2}{c^2-a^2} = a^2-(x-y)^2$$
$$x-y = \sqrt{a^2-\frac{4a^2b^2}{c^2-a^2}}$$
$$x-y = a\sqrt{\frac{c^2-a^2-4b^2}{c^2-a^2}}$$

wird diese Gleichung zu 1) addirt, dann auch von 1) subtrahirt, so ergiebt sich

$$x = \tfrac{1}{2}\left(c \pm a\sqrt{\frac{(c+a)(c-a)-4b^2}{(c+a)(c-a)}}\right)$$
$$y = \tfrac{1}{2}\left(c \mp a\sqrt{\frac{(c+a)(c-a)-4b^2}{(c+a)(c-a)}}\right)$$

§. 470. Aufgabe.

Die eine Seite eines Dreiecks sei a, die Höhe auf einer der anderen Seiten b, und die Summe der anderen Seiten c, man soll die anderen Seiten einzeln und den Inhalt berechnen.

Auflösung. Die Seite, welche zur Höhe b gehört, sei mit x bezeichnet, die andere ist dann c—x, und man hat die Gleichung

$$x = \sqrt{a^2 - b^2} + \sqrt{(c-x)^2 - b^2}$$

Man setze die erste Wurzel auf die linke Seite, und quadrire, das liefert

$$x^2 - 2x\sqrt{a^2 - b^2} + a^2 - b^2 = c^2 - 2cx + x^2 - b^2$$

$$x = \frac{(c+a)(c-a)}{2[c \mp \sqrt{(a+b)(a-b)}]}$$

Der Inhalt ist

$$\frac{(c+a)(c-a)b}{4[c \mp \sqrt{(a+b)(a-b)}]}$$

§. 471. Aufgabe.

Von einem Trapez sind gegeben der Inhalt a, die Höhe b, die beiden nicht parallelen Seiten c und d; man soll die parallelen Seiten berechnen.

Auflösung. Sind Fig. 205 die Linien EL und FM normal auf GH, so ist

$$GL = \sqrt{c^2 - b^2}$$
$$MH = \sqrt{d^2 - b^2}$$

und man hat für x die Gleichung

$$\frac{x + x + \sqrt{c^2 - b^2} + \sqrt{d^2 - b^2}}{2} b = a$$

woraus folgt

$$x = \frac{2a - b[\sqrt{(c+b)(c-b)} + \sqrt{(d+b)(d-b)}]}{2b}$$

Welche Vorzeichen den Wurzeln zu geben sind, hängt von den besonderen Fällen ab.

§. 472. Aufgabe.

Es sei Fig. 206 die Normale CD gleich b gegeben, das Stück DN gleich a, der Radius des Kreises gleich r; man soll das Maaß x der Normale NM berechnen, so, daß ein Kreis, welcher M zum Mittelpunkt, und MN zum Radius hat, der also die Linie ND in N berührt, auch den gegebenen Kreis berührt.

Auflösung. Man ziehe MC. Es muß MQ gleich x sein. Man denke CE normal auf NM. Dadurch entsteht ein rechtwinkliges Dreieck MCE, dessen Hypotenuse gleich x + r, während die Kathete ME gleich x — b, die andere gleich a ist. Man hat daher die Gleichung

$$(x+r)^2 = (x-b)^2 + a^2$$

Aus ihr folgt

$$x^2 + 2rx + r^2 = x^2 - 2bx + b^2 + a^2$$
$$2(b+r)x = a^2 + b^2 - r^2$$
$$x = \frac{a^2 + (b+r)(b-r)}{2(b+r)}.$$

Es giebt einen zweiten Kreis, welcher die gegebene Linie in N und den gegebenen Kreis in Q' von innen berührt. Für den Radius y dieses zweiten Kreises hat man die Gleichung

$$(y-r)^2 = (y-b)^2 + a^2$$

woraus folgt

$$y^2 - 2ry + r^2 = y^2 - 2by + b^2 + a^2$$
$$2(b-r)y = a^2 + b^2 - r^2$$
$$y = \frac{a^2 + (b+r)(b-r)}{2(b-r)}.$$

§. 473. Aufgabe.

Es sei Fig. 207 das Stück AE der nte Theil von AC, CD der nte Theil von BC, BF der nte Theil von AB; der Inhalt des Dreiecks ABC sei q; man soll den Inhalt des Dreiecks GHI berechnen.

Auflösung. Man ziehe EV parallel CB, und es ist

$$EV:CD = AE:AC = 1:n$$
$$CD:BD = 1:n-1$$

also $EV:BD = 1:n(n-1)$

mithin auch $EG:BG = 1:n(n-1)$.

Hieraus folgt $EB:EG = 1+n(n-1):1$

$$\triangle AEB : \triangle AEG = 1+n(n-1):1$$
$$\triangle AEG = \frac{1}{1+n(n-1)} \triangle AEB$$
$$= \frac{1}{1+n(n-1)} \cdot \frac{1}{n} q$$

Für den Inhalt des Dreiecks CDI, und für den des Dreiecks BFH muß sich derselbe Ausdruck ergeben. Nun ist

$$\triangle GHI = ABC - ABE - ACD - BCF + AGE + CDI + BFH$$
$$= q - \frac{3}{n} q + \frac{3}{n} q \cdot \frac{1}{1+n(n-1)}$$
$$= q\left[1 + \frac{3}{n} \cdot \frac{1-1-n(n-1)}{1+n(n-1)}\right]$$
$$= q\,\frac{1+n(n-1)-3(n-1)}{1+n(n-1)} = \frac{(n-2)^2}{1+n(n-1)} q$$

§. 474. Aufgabe.

Es ist eine geradlinigte Figur gegeben, und eine Zahl p als ihr Inhalt, man soll die Einheit bestimmen, nach welcher die Seiten der Figur gemessen worden.

Auflösung. Man nehme eine beliebige Linie AB als Einheit, und berechne nach ihr den Inhalt der Figur, welcher sich gleich q ergeben mag. Bezeichnet man nun die gesuchte Einheit mit XY, so ist der Inhalt $p \cdot XY^2$, und zugleich $q \cdot AB^2$. Aus

$$p \cdot XY^2 = q \cdot AB^2$$

folgt

$$XY = AB\sqrt{\frac{q}{p}}$$

§. 475. Aufgabe.

Es sei Fig. 208 AB die Seite des Dreiecks, an welcher die beiden spitzen Winkel liegen; das Maaß dieser Seite sei g, das Maaß ihrer Höhe h; man soll die Linien x und y berechnen, so daß das Rechteck MNQP gleich $\frac{n}{m}$ vom Dreieck sei.

Auflösung. Man hat für x und y die Gleichungen:

$$1)\quad xy = \frac{n}{m} \cdot \frac{gh}{2}$$

$$2)\quad x : h - y = g : h.$$

Die erste Gleichung dividire man durch die zweite, das liefert

$$y^2 - hy = -\frac{n}{m} \cdot \frac{h^2}{2}$$

und daraus folgt

$$y = \frac{h}{2} \pm \sqrt{\left(\frac{h}{2}\right)^2 - \frac{n}{m} \cdot \frac{h^2}{2}}$$

$$y = \frac{h}{2}\left[1 \pm \sqrt{1 - 2\frac{n}{m}}\right]$$

Nach der ersten Gleichung ist

$$x = \frac{\frac{n}{m} \cdot \frac{gh}{2}}{y}$$

oder, wenn man für y den eben gefundenen Ausdruck setzt und den Nenner rational macht,

$$x = \frac{g}{2}\left[1 \mp \sqrt{1 - 2\frac{n}{m}}\right]$$

Stellt man sich die Seite y in der Figur sehr klein vor, so ist das Rechteck MNQP selbst sehr klein; läßt man dann die Seite y wachsen, so nimmt zunächst das Rechteck zu; wenn aber y so groß wird, daß es sich der Höhe h nähert, so hat das Rechteck wieder abgenommen, und fährt fort abzunehmen, während y wächst. Hieraus läßt sich erkennen, daß es noch ein zweites höheres Rechteck $M_{,}N_{,}O_{,}P_{,}$ giebt, welches $\frac{n}{m}$ des Dreiecks ist. Für die Seiten $x_{,}$ und $y_{,}$ des zweiten Rechtecks hat man die Gleichungen

$$x_{,}y_{,} = \frac{n}{m} \cdot \frac{gh}{2}$$

$$x_{,} : h - y_{,} = g : h.$$

Diese Gleichungen unterscheiden sich von denen für das erste Rechteck nur dadurch, daß sie $x_{,}$ und $y_{,}$ enthalten, wo in jenen x und y vorkommt. Sie liefern demnach für $x_{,}$ und $y_{,}$ dieselben Werthe, welche wir bereits für x und y erhalten haben, und die oberen Vorzeichen in ihnen gewähren das höhere, die unteren das niedrigere Rechteck.

Die Wurzel in den Werthen für x und y wird imaginär, sobald $\frac{n}{m}$ größer ist als $\frac{1}{2}$. Das Rechteck kann daher höchstens die Hälfte vom Dreieck ausmachen, und in diesem Fall ist y die Hälfte der Höhe des Dreiecks, x die Hälfte der Grundlinie.

Die Aufgabe in §. 472 gestattet zwei Auflösungen, und jede wird durch eine besondere Gleichung ersten Grades erlangt. Die Aufgabe des gegenwärtigen Paragraphen gestattet zwei Auflösungen, welche durch eine und dieselbe Gleichung zweiten Grades sich ergeben. In §. 458 3) wird die Seite des regulären Zehnecks in einem Kreise zum Radius r, für welche nur ein Werth besteht, vermittelst einer Gleichung zweiten Grades gefunden. Diese Beispiele zeigen, daß der Grad der Gleichung, zu welcher eine Aufgabe führt, und die Anzahl der Auflösungen, welche sie zuläßt, nicht in einer festen Beziehung stehen. Die Anzahl der Auflösungen muß daher aus der Natur der Aufgabe beurtheilt werden.

§. 476.

Uebungen und Praktisches.

1) Wie drückt sich der Inhalt eines Dreiecks aus, wenn a, b, c die Maaße seiner drei Seiten sind? (zwei Formeln).
2) Wie drückt sich der Inhalt eines gleichschenkligen Dreiecks aus, wenn jede der beiden gleichen Seiten a, und b die dritte Seite ist? Wie drückt sich der Inhalt eines gleichseitigen Dreiecks aus, wenn jede Seite a ist?
3) Wenn a, b, c, d die vier Seiten eines Vierecks sind, welches in einem Kreise liegt, wie drückt sich der Inhalt aus?

4) Die drei Seiten eines Dreiecks seien a, b, c, wie drückt sich die Höhe aus, welche zur Seite c gehört?

Sie ist gleich $\frac{1}{2c}\sqrt{(a+b+c)(a+b-c)(a-b+c)(-a+b+c)}$.

5) Der Inhalt eines Dreiecks, dessen Seiten a, b, c sind, drückt sich aus durch

$$\tfrac{1}{4}\sqrt{(a+b+c)(a+b-c)(a-b+c)(-a+b+c)}$$
$$=\sqrt{\frac{a+b+c}{2}\cdot\frac{a+b-c}{2}\cdot\frac{a-b+c}{2}\cdot\frac{-a+b+c}{2}}$$

Bezeichnet man $\frac{a+b+c}{2}$ durch s,

so ist $\frac{a+b-c}{2}=s-c$

$$\frac{a-b+c}{2}=s-b$$
$$\frac{-a+b+c}{2}=s-a$$

und der Inhalt des Dreiecks kann ausgedrückt werden durch

$$\sqrt{s(s-a)(s-b)(s-c)}$$

Diese Formel ist für numerische Rechnungen in manchen Fällen bequemer als die erstere.

6) Den Inhalt eines Dreiecks zu berechnen, dessen Seiten 4, 6 und 12 sind.

7) Den Inhalt eines Dreiecks anzugeben, dessen Seiten 25,3, 22,86 und 20 sind.

217,42 ....

8) Wie groß sind die Höhen dieses Dreiecks?

17,18 .... 19,02 .... 21,74 ....

9) Jede Seite eines Dreiecks sei 5, wie groß ist sein Inhalt?

10,82.

10) Wie groß ist jede Seite eines gleichseitigen Dreiecks zu nehmen, damit sein Inhalt 100 werde?

15,13 ....

11) Die parallelen Seiten eines Trapezes sind 7 und 5, die nicht parallelen 3 und 4, wie groß ist der Inhalt?

17,4287 ....

12) Die drei Höhen eines Dreiecks sind 8, 10, 12, man soll die Seiten und den Inhalt des Dreiecks berechnen.

15,047 .... 12,037 .... 10,031 .... 60,188 ....

13) Die drei Mittellinien eines Dreiecks sind 9, 10, 5,6; man soll die Seiten und den Inhalt finden.

12,26 .... 11,16 .... 18,4 .... 33,3464 ....

Elftes Kapitel.

Einige Bestimmungen von größten und kleinsten Werthen.

§. 477.

Die Bestimmung der größten oder kleinsten Werthe macht einen besonderen Zweig der Mathematik aus: die Lehre vom Größten und Kleinsten. Sie erfordert im Allgemeinen die Kenntniß der höheren Analysis. Zuweilen läßt sich indeß ein größter oder kleinster Werth ganz einfach bestimmen, wie wir es zu Ende von §. 475 und früher gesehen haben. Hier folgen noch einige Sätze, welche dergleichen Bestimmungen enthalten.

§. 478. Lehrsatz.

Von allen Rechtecken, welche denselben Umfang a haben, ist das Quadrat das größte.

Beweis. Zwei zusammenstoßende Seiten eines solchen Rechtecks betragen $\frac{a}{2}$. Nehmen wir sie ungleich an, so kann die eine ausgedrückt werden durch $\frac{a}{4} + x$, die andere durch $\frac{a}{4} - x$. Der Inhalt des Rechtecks ist dann gleich

$$\left(\frac{a}{4} + x\right)\left(\frac{a}{4} - x\right)$$
$$= \left(\frac{a}{4}\right)^2 - x^2$$

Er wird also am größten, wenn $x = 0$ ist. Dann ist aber jede Seite $\frac{a}{4}$ und das Rechteck ein Quadrat.

§. 479. Lehrsatz.

Von allen Dreiecken, welche die eine Seite gleich a haben, während die Summe der beiden anderen Seiten b ist, ist dasjenige das größte, in welchem diese Seiten einander gleich sind.

Beweis. Nehmen wir die beiden Seiten, deren Summe b ist, ungleich an, so kann die eine ausgedrückt werden durch $\frac{b}{2} + x$, die andere durch $\frac{b}{2} - x$, und der Inhalt des Dreiecks ist dann gleich

$$\tfrac{1}{4}\sqrt{(a+b)\left[a+\left(\frac{b}{2}+x\right)-\left(\frac{b}{2}-x\right)\right]\left[a-\left(\frac{b}{2}+x\right)+\left(\frac{b}{2}-x\right)\right](-a+b)}$$
$$=\tfrac{1}{4}\sqrt{(b^2-a^2)(a+2x)(a-2x)}$$
$$=\tfrac{1}{4}\sqrt{(b^2-a^2)(a^2-4x^2)}$$

und dieser Ausdruck ist am größten, wenn x gleich 0, jede der anderen Seiten also $\frac{b}{2}$ ist.

§. 480. Lehrsatz.

Von allen Dreiecken, welche zwei Seiten beziehlich gleich haben, ist dasjenige das größte, bei welchem diese Seiten einen rechten Winkel bilden.

Beweis. Es sei Fig. 209 das Dreieck ABC bei A rechtwinklig, das Dreieck AB′C bei A stumpfwinklig, und es sei AB′ gleich AB. Die Höhe B′N ist als Kathete des rechtwinkligen Dreiecks NB′A kleiner als die Hypotenuse B′A, also auch kleiner als BA, folglich ist $\frac{1}{2}$AC.AB größer als $\frac{1}{2}$AC.B′N, d. h. der Inhalt des rechtwinkligen Dreiecks ist größer als der des stumpfwinkligen. Eben so folgt, daß er auch größer ist als der des spitzwinkligen Dreiecks AB″C.

§. 481.

Von allen Parallelogrammen, welche zwei zusammenstoßende Seiten beziehlich gleich haben, ist daher das Rechteck das größte.

§. 482. Lehrsatz.

Das größte von allen neden, welche n—1 Seiten beziehlich gleich, die nte aber ungleich haben, liegt in einem Kreise, und seine nte Seite ist Durchmesser desselben.

Beweis. Es stelle Fig. 210 ABCDEF das größte neck vor, welches aus den gegebenen Seiten AB, BC, ... EF gebildet werden kann. — Der Winkel ADF muß ein rechter sein. Denn wäre er kein rechter, so würde ein noch größeres neck erhalten werden, wenn man die Figur ABCD so verschöbe, daß der Winkel ADF ein rechter würde, und dann AF zöge. Ist daher unser neck das größte, so ist jeder der Winkel ABF, ACF u. s. w. ein rechter. Dann liegt aber das neck in einem Kreise, und die Linie AF ist Durchmesser.

§. 483. Lehrsatz.

Liegt Fig. 210 das neck ABCDEF in einem Kreise, und ist AF dessen Durchmesser, so ist dies neck das größte, welches aus den gegebenen Seiten AB, BC, ... EF und einer beliebig zu wählenden AF gebildet werden kann.

Beweis. Das größte $n$eck, welches die $n-1$ Seiten AB, BC, ... EF enthält, liegt in einem Kreise, und die $n$te Seite ist dessen Durchmesser. Nach §. 286 ist das größte $n$eck congruent mit unserem, so daß das unsrige das größte ist.

§. 484. Lehrsatz.

Haben zwei $n$ecke alle Seiten beziehlich gleich, und liegt das eine in einem Kreise, so ist es größer als das andere.

Beweis. Es mögen Fig. 211 die beiden $n$ecke ABCDE und A'B'C'D'E' alle Seiten beziehlich gleich haben. Um zu zeigen, daß das im Kreise liegende ABCDE größer ist als das andere ziehe man von einer Ecke, etwa D, den Durchmesser DM, ziehe AM und BM, und construire über der mit AB gleichen Seite A'B' ein Dreieck A'B'M' congruent dem Dreieck ABM. Das $n$eck DCBM ist dann von allen $n$ecken, welche die Seiten DC, CB, BM haben, das größte, also größer als D'C'B'M', wenn dies nicht mit jenem congruent, also selbst das größte ist, was nicht sein soll. Eben so ist DEAM größer als D'E'A'M'. Folglich ist AMBCDE größer als A'M'B'C'D'E', und da ABM congruent A'B'M', auch ABCDE größer als A'B'C'D'E'.

§. 485. Lehrsatz.

Das größte $n$eck, welches aus n gegebenen Seiten gebildet werden kann, liegt in einem Kreise.

Beweis. Denn läge es nicht in einem Kreise, so würde das in einem Kreise liegende noch größer sein.

§. 486. Lehrsatz.

Liegt ein $n$eck in einem Kreise, so ist es das größte, welches aus seinen Seiten gebildet werden kann.

Beweis. Das größte $n$eck, welches aus den n Seiten gebildet werden kann, liegt in einem Kreise, und ist nach §. 287 congruent mit dem $n$eck unseres Satzes.

§. 487. Lehrsatz.

Das größte von allen $n$ecken, welche gleich viel Seiten und denselben Umfang haben, ist das reguläre.

Beweis. Es muß zunächst in einem Kreise liegen, und es müssen alle Seiten einander gleich sein. Denn wollte man annehmen, es wären Fig. 212 zwei zusammenstoßende Seiten AB und BC ungleich, so würde, wenn man AB' gleich B'C und AB'+B'C gleich AB+BC dächte, das $n$eck AB'CD ··· gleichen Umfang und gleich viel Seiten mit ABCD ··· haben, und größer sein als das letztere. Es müssen demnach je zwei zusammenstoßende Seiten gleich sein, und dann sind alle Seiten einander gleich.

§. 488. Lehrsatz.

Ein Kreis ist größer als ein neck, dessen Umfang gleich seiner Peripherie ist.

Beweis. Es muß gezeigt werden, daß der Kreis größer ist als das größte neck, also das reguläre, welches mit ihm gleichen Umfang hat. Es sei die Peripherie des Kreises p, sein Inhalt q, sein Radius r; der Umfang des necks ist dann auch p, sein Inhalt sei q′, der Radius des darin liegenden Kreises sei r′. Man denke noch um den gegebenen Kreis ein reguläres neck, und setze dessen Umfang gleich p″, den Inhalt gleich q″. Es ist dann

$$q = \frac{pr}{2}$$

$$q' = \frac{pr'}{2}$$

$$q'' = \frac{p''r}{2}$$

und daher verhält sich

$$q:q' = r:r'$$

$$q'':q = p'':p.$$

Die Umfänge zweier regulären necke verhalten sich wie die Radien der Kreise, um welche sie liegen; daher hat man

$$p'':p = r:r'$$

folglich verhält sich

$$q'':q = q:q'$$

und da q″ größer ist als q, so muß q größer als q′, d. h. der Kreis größer als das größte neck sein, welches mit ihm gleichen Umfang hat.

§. 489. Lehrsatz.

Bilden Fig. 213 die beiden Linien AD und BD gleiche Winkel mit der Tangente EF in dem Berührungspunkt D, so ist ihre Summe kleiner als die Summe zweier Linien, welche nach irgend einem anderen Punkt D′ der Peripherie des Kreises von A und B gedacht werden.

Beweis. Denn es ist nach §. 413

$$AD + BD < AE + BE$$

und da

$$BD' + D'E > BE$$

so ist um so mehr

$$AD + BD < AD' + BD'.$$

Zwölftes Kapitel.

Construction algebraischer Ausdrücke.

§. 490.

Ist ein algebraischer Ausdruck als das Maaß einer unbekannten Linie gegeben, während jeder Buchstab, welcher in ihm vorkommt, das Maaß einer gegebenen Linie vorstellt, so stehen im Allgemeinen zwei Wege auf, sich die unbekannte Linie zu verschaffen. Sie kann erstens dadurch erhalten werden, daß man die gegebenen Linien nach irgend einer Einheit mißt, die Maaße statt der sie bezeichnenden Buchstaben in jenen algebraischen Ausdruck setzt, ihn numerisch berechnet, und endlich auf irgend einer geraden Linie die Einheit, deren man sich bediente, so viel Mal abträgt, wie die gefundene numerische Zahl bestimmt. Zweitens kann die Linie oft dadurch erhalten werden, daß man sie in der Weise des neunten Kapitels vermittelst der gegebenen Linien construirt, so daß der algebraische Ausdruck ihr Maaß sein muß.

Es sei z. B. $\sqrt{a^2+b^2}$ das Maaß einer unbekannten Linie, es seien zwei Linien gegeben, deren Maaße die Buchstaben a und b repräsentiren, und man finde bei dem Messen dieser Linien mit irgend einer Einheit, daß die eine 3, die andere 4 Einheiten enthalte, so wird für diese Einheit das Maaß der unbekannten Linie $\sqrt{9+16} = 5$ sein, und dieselbe erhalten werden, wenn man auf irgend einer geraden Linie 5 solcher Einheiten abträgt. Es fällt aber in die Augen, daß die unbekannte Linie die Hypotenuse des rechtwinkligen Dreiecks ist, welches die gegebenen Linien zu Katheten hat.

Um auf dem letzteren Wege die Linien zu erhalten, deren Maaß ein gegebener algebraischer Ausdruck ist, braucht man nicht die numerischen Zahlen zu ermitteln, welche für irgend eine Einheit die Maaße der gegebenen Linien sind, weil man durch sie selbst die unbekannte Linie bildet, dem algebraischen Ausdruck gemäß.

Ist ein allgemeiner algebraischer Ausdruck gegeben, bezeichnen die Buchstaben, die er enthält, die Maaße von Linien welche gegeben sind, und construirt man durch diese gegebenen Linien eine Linie, deren Maaß jener algebraische Ausdruck ist, so pflegt man zu sagen, der algebraische Ausdruck werde construirt.

§. 491.

Die algebraischen Ausdrücke, deren Construction sich unmittelbar ergiebt, sind folgende:

1) $a + b$
2) $a - b$
3) $\frac{ab}{c}$
4) $\sqrt{ab}$
5) $\sqrt{a^2 + b^2}$
6) $\sqrt{a^2 - b^2}$

Die Construction der beiden ersten Ausdrücke bedarf keiner Erörterung.

Die Linie, deren Maaß der dritte Ausdruck ist, wird erhalten in der vierten Proportionallinie zu den drei Linien c, a und b. Denn ist eine Linie x construirt, so daß sich verhält

$$c : a = b : x$$

so ist $$x = \frac{ab}{c}$$

Die Linie, deren Maaß $\sqrt{ab}$ ist, erhält man in der mittleren Proportionale zu den Linien a und b. Denn ist eine Linie x so construirt, daß sich verhält

$$a : x = x : b$$

so ist $$x = \sqrt{ab}$$

Die Linie, deren Maaß $\sqrt{a^2 + b^2}$ ist, wird erhalten in der Hypotenuse eines rechtwinkligen Dreiecks, welches zu Katheten die Linien a und b hat. Denn bezeichnet x die Hypotenuse, so ist

$$x^2 = a^2 + b^2$$

also $$x = \sqrt{a^2 + b^2}$$

Die Linie, deren Maaß $\sqrt{a^2 - b^2}$ ist, wird erhalten in die anderen Kathete des rechtwinkligen Dreiecks, welches die Linie a zur Hypotenuse, und die Linie b zur einen Kathete hat. Denn bezeichnet x die andere Kathete, so ist

$$a^2 = b^2 + x^2$$

$$x = \sqrt{a^2 - b^2}$$

§. 492.

Außer den oben angeführten sechs Ausdrücken giebt es noch andere, deren Construction sich in gewissen Fällen nach dem einen oder dem anderen Lehrsatze der ersteren Kapitel ausführen läßt. Es ist indeß nicht nothwendig, dieselben heranzuziehen, da die Constructionen, welche durch sie bewirkt werden könnten, sich durch die angeführten Ausdrücke vermitteln lassen.

§. 493.

Hat ein algebraischer Ausdruck, der construirt werden soll, nicht schon die Gestalt eines der Ausdrücke in §. 491, so sehe man zu, mit welchem er die meiste Aehnlichkeit hat, und suche ihn, ohne seinen Werth zu ändern, so umzuformen, daß er dessen Gestalt annimmt.

Es lassen sich hierzu nicht wohl allgemeine Regeln aufstellen, auch sind nicht alle Ausdrücke construirbar. Einige Beispiele mögen zeigen, wie solche Umformungen geschehen.

1) Man soll ab construiren.

Ist die Einheit gegeben, so setze man $\frac{ab}{1}$ statt ab, und die vierte Proportionale zu 1, a und b ist die verlangte Linie. Ist die Einheit nicht gegeben, so läßt sich ab nicht construiren. Uebrigens fällt in die Augen, daß man die Maaße a und b nicht als numerische Zahlen zu ermitteln braucht.

2) $\frac{abc}{gh}$

Man construire zuerst $\frac{ab}{g}$, setze die gefundene Linie gleich n, und construire dann $\frac{nc}{h}$. Aehnlich läßt sich $\frac{abcd}{ghk}$ construiren, überhaupt jeder Quotient, dessen Zähler ein Product ist, und dessen Nenner auch ein Product ist, welches aber einen Faktor weniger hat als der Zähler.

3) $\sqrt{nab}$ zu construiren, wenn n eine numerische rationale Zahl ist.

Man setze dafür $\sqrt{na \cdot b}$.

4) $\sqrt{\frac{abc}{d}}$.

Man construire zuerst $\frac{ab}{d}$, setze die gefundene Linie gleich n, und construire dann $\sqrt{nc}$.

5) $\sqrt{\frac{ab}{n}}$, wenn n eine numerische rationale Zahl ist.

Man setze dafür $\sqrt{a \cdot \frac{b}{n}}$.

6) $\sqrt{a^2 + ab}$.

Man setze dafür $\sqrt{(a+b)a}$.

7) $\sqrt{a^2 + bc}$.

Man construire $\frac{bc}{a}$, und bezeichnet q die gefundene Linie, so ist bc gleich qa, daher auch $\sqrt{a^2 + bc}$ gleich $\sqrt{a^2 + qa}$, wofür man setzen kann $\sqrt{(a+q)a}$.

Oder man construire $\sqrt{bc}$; ist p die gefundene Linie, so ist bc gleich p^2, und dann auch $\sqrt{a^2 + bc}$ gleich $\sqrt{a^2 + p^2}$.

8) $\sqrt{ab \pm pq}$.

Man construire $\frac{pq}{a}$, und bezeichnet n die gefundene Linie, so ist na gleich pq, also auch $\sqrt{ab \pm pq}$ gleich $\sqrt{ab \pm na}$, wofür man setzen kann $\sqrt{(b \pm n)a}$.

9) $\sqrt{a^2 + b^2 \pm 2cd}$.

Man construire $\sqrt{a^2 + b^2}$, und bezeichnet p die gefundene Linie, so ist p^2 gleich $a^2 + b^2$; construire ferner $\sqrt{2c \cdot d}$, und ist q die hier gefundene Linie, so ist q^2 gleich 2cd, und dann ist $\sqrt{a^2 + b^2 \pm 2cd}$ gleich $\sqrt{p^2 \pm q^2}$.

10) $\frac{a}{2}\sqrt{3}$.

Es ist $\frac{a}{2}\sqrt{3} = \sqrt{\frac{3a^2}{4}} = \sqrt{a^2 - \frac{a^2}{4}} = \sqrt{a^2 - \left(\frac{a}{2}\right)^2}$.

11) $\frac{-1+\sqrt{5}}{2}r$.

Es ist $\frac{-1+\sqrt{5}}{2}r = -\frac{r}{2} + \frac{r}{2}\sqrt{5}$

$$= -\frac{r}{2} + \sqrt{\frac{5r^2}{4}} = \sqrt{r^2 + \left(\frac{r}{2}\right)^2} - \frac{r}{2}$$

und dieser Ausdruck giebt Anleitung zu der Construction §. 378.

§. 494.

Die Construction algebraischer Ausdrücke läßt sich benutzen, die Construction von Linien zu finden, deren Maaße nicht gegeben sind, die aber ausgesprochene Bedingungen erfüllen sollen. Man kann nämlich zu einer unbekannten Linie dadurch gelangen, daß man zunächst die Maaße der gegebenen Linien durch beliebige Buchstaben bezeichnet, das Maaß der unbekannten Linie berechnet, und dann den gefundenen algebraischen Ausdruck construirt. In solchem Falle pflegt man zu sagen, die Construction sei durch Rechnung gefunden.

§. 495. Aufgabe.

Ein Quadrat zu construiren, welches einem gegebenen Rechteck gleich ist.

Auflösung. Bezeichnet man zwei an einander stoßende Seiten des gegebenen Rechtecks mit a und b, die Seite des zu construirenden Quadrats mit x, so muß

$$x^2 = ab$$

sein. Hieraus folgt $x = \sqrt{ab}$.

Die Seite des verlangten Quadrats wird also erhalten in der mittleren Proportionallinie zu den Seiten a und b.

§. 496.

Sollte man ein gegebenes Parallelogramm in ein Quadrat verwandeln, so bezeichne man die eine Seite mit a, die dazu gehörige Höhe mit b, und versteht man unter x die Seite des Quadrats, so hat man

$$x^2 = ab$$
$$x = \sqrt{ab}$$

Sollte ein Dreieck in ein Quadrat verwandelt werden, so würde, wenn a die eine Seite, b die Höhe zu derselben, und x die Seite des Quadrats bezeichnet,

$$x^2 = \frac{ab}{2}$$

sein, also $x = \sqrt{\frac{a}{2} \cdot b} = \sqrt{a \cdot \frac{b}{2}}$

und die Seite des Quadrats erhalten werden in der mittleren Proportionallinie zu der einen Seite des Dreiecks und der halben dazu gehörigen Höhe, oder in der mittleren Proportionallinie zu der Hälfte der einen Seite und deren Höhe.

Sollte man endlich ein neck in ein Quadrat verwandeln, so verwandle man zuerst das neck in ein Dreieck, und dann das Dreieck in ein Quadrat.

§. 497. Aufgabe.

Es ist Fig. 214 ein Dreieck ABC gegeben, man soll die eine Seite BC mit einer gegebenen Linie MP parallel legen, ohne daß der Inhalt des Dreiecks, oder der Winkel, welchen die anderen Seiten bilden, sich ändert.

Auflösung. Man ziehe BQ parallel mit MP, so wird die Aufgabe auch gelöst, indem man BC parallel mit BQ legt.

Man nehme an, B'C' sei parallel BQ, das Dreieck AB'C' gleich dem Dreieck ABC, und bezeichne die gegebenen Linien AB, AC, AQ mit d, g, n, die unbekannten AC' und AB' mit x und y. Die Dreiecke AB'C' und ABC haben den Winkel bei A gleich, verhalten sich also wie die Producte der Seiten, welche ihn bilden, und da die Dreiecke gleich sind, so sind es auch diese Producte, man hat demnach

$$1)\ xy = dg$$

da ferner BQ und BC parallel sind, ist

$$2)\ \frac{x}{y} = \frac{n}{d}$$

Das Product beider Gleichungen liefert

$$x^2 = gn$$

also

$$x = \sqrt{gn}$$

und dividirt man die erste Gleichung durch die zweite, so entsteht

$$y^2 = \frac{d^2g}{n}$$

$$y = \sqrt{\frac{d^2g}{n}}$$

Es ist nur nöthig, eine der Linien x und y zu construiren. Der Ausdruck für x ist der einfachere. Um x zu erhalten, beschreibe man über g einen Halbkreis, und errichte die Normale QF, dann ist AF die Linie x; nimmt man noch AC' gleich AF, und zieht C'B' parallel mit QB, so ist der Forderung genügt.

Dieselbe Auflösung gilt für Fig. 215.

Die Aufgabe kommt öfter zur Anwendung.

§. 498. Aufgabe.

Ein gegebenes Dreieck ABC so zu verwandeln, daß es einem anderen gegebenen Dreieck DEF ähnlich werde.

Auflösung. Zuerst verwandle man das Dreieck ABC in das A'B'C', welches einen Winkel α des Dreiecks DEF hat, mache dann Fig. 216 den Winkel A'B'Q gleich dem Winkel DEF, und lege nach dem vorigen Paragraph die Seite B'C' parallel mit B'Q.

Sollte man ein gegebenes neck in ein Dreieck verwandeln, welches einem gegebenen Dreieck ähnlich ist, so verwandle man zuerst das neck in ein Dreieck, und dann dies so, daß es dem gegebenen Dreieck ähnlich werde.

§. 499. Aufgabe.

Ein gegebenes ungleichseitiges Dreieck in ein gleichseitiges zu verwandeln.

Auflösung. Man zeichne irgend ein gleichseitiges Dreieck und verwandele nach dem vorigen Paragraph das gegebene Dreieck so, daß es jenem ähnlich werde. — Es sei z. B. das Dreieck ABC Fig. 217 gegeben. Man construire über AC das gleichseitige Dreieck ACD, und ziehe BE parallel mit AC. Wird die Linie AE gedacht, so erhält man ein Dreieck ACE, welches dem gegebenen Dreieck gleich ist, und mit dem gleichseitigen Dreieck ACD den Winkel bei C gemeinschaftlich hat. In dem Dreieck ACE muß daher noch die Seite AE parallel mit AD gelegt werden nach §. 497. Zu dem Ende ziehe man EF parallel AD, mache CH gleich der mittleren Proportionallinie zwischen CA und CF, und ziehe HI parallel FE, und HCI ist das gleichseitige Dreieck, welches gleich ist dem Dreieck ABC.

Andere Auflösung. Bezeichnet x die Seite des zu bildenden gleichseitigen Dreiecks, y die Höhe, so hat man zwischen x und y die Gleichung

$$x^2 = y^2 + \left(\frac{x}{2}\right)^2$$

oder $x^2 - \frac{x^2}{4} = y^2$

oder 1) $\frac{3}{4}x^2 = y^2$.

Ist g die eine Seite und h die dazu gehörige Höhe des gegebenen Dreiecks, so ist

2) $xy = gh$.

Man quadrire diese Gleichung, das liefert

$$x^2 y^2 = g^2 h^2$$

und aus der Gleichung 1) folgt

$$\frac{x^2}{y^2} = \tfrac{4}{3}.$$

Das Product beider Gleichungen ist

$$x^4 = \tfrac{4}{3} g^2 h^2$$

und wenn man die erstere durch die andere dividirt, entsteht

$$y^4 = \tfrac{3}{4} g^2 h^2.$$

Daher ist $$x = \sqrt[4]{\tfrac{4}{3} g^2 h^2}$$

und $$y = \sqrt[4]{\tfrac{3}{4} g^2 h^2}.$$

Statt des Ausdruckes für x kann man setzen

$$\sqrt{\sqrt{\tfrac{4}{3} g^2 h^2}}$$

oder $$\sqrt{2g\sqrt{h \cdot \frac{h}{3}}}$$

oder $$\sqrt{2h\sqrt{g \cdot \frac{g}{3}}}.$$

Um den letzten Ausdruck zu construiren, muß man zuerst die mittlere Proportionallinie zu g und $\frac{g}{3}$ bilden. Bezeichnet man diese mit p, so läßt sich $\sqrt{2hp}$ setzen statt $\sqrt{2h\sqrt{g \cdot \frac{g}{3}}}$. Es wird also x erhalten in der mittleren Proportionale zu 2h und p, oder zu h und 2p.

Statt des Ausdrucks für y kann gesetzt werden

$$\sqrt{\sqrt{\tfrac{3}{4} g^2 h^2}}$$

$$\sqrt{h\sqrt{g^2 - \left(\frac{g}{2}\right)^2}}$$

Die Construction dieses Ausdrucks ist einfacher als die des Ausdrucks für x. Um sie auszuführen, beschreibe man zunächst Fig. 218 über g ein gleichseitiges Dreieck ADC, und fälle die Höhe DL; dann ist

$$DL = \sqrt{AD^2 - AL^2}$$
$$= \sqrt{g^2 - \left(\frac{g}{2}\right)^2}$$

daher kann statt $\sqrt{h\sqrt{g^2 - \left(\frac{g}{2}\right)^2}}$ gesetzt werden

$$\sqrt{h \cdot DL}.$$

Man zeichne BF parallel mit AC und bis in die Verlängerung von LD, dann ist FL gleich h; beschreibe über FL einen Halbkreis, und errichte die Normale DE, alsdann ist LE gleich $\sqrt{h \cdot DL}$, also LE die Höhe des verlangten gleichseitigen Dreiecks; macht man noch LB′ gleich LE, zieht B′A′ parallel mit DA, und B′C′ parallel mit DC, so ist A′B′C′ das gleichseitige Dreieck, welches dem Dreieck ABC gleich ist.

Soll man ein neck in ein gleichseitiges Dreieck verwandeln, so verwandle man das neck zuerst in irgend ein Dreieck, und dies dann in ein gleichseitiges.

§. 500. Aufgabe.

Ein gegebenes Dreieck in ein Trapez zu verwandeln, von welchem die eine der parallelen Seiten und die beiden daran liegenden Winkel gegeben sind.

Auflösung. Man verwandle zuerst das Dreieck so, daß es die gegebene Seite des Trapezes und daran einen der gegebenen Winkel bekommt. Und ist Fig. 219 ABC das erhaltene Dreieck, AC die hineingebrachte Seite des Trapezes, α der hineingebrachte Winkel, so mache man den Winkel ACD gleich dem anderen gegebenen Winkel β, verlängere BA und DC bis zum Durchschnitt Q, und lege in dem Dreieck QBC die Seite BC parallel mit AC.

Andere Auflösung. Man verwandle das gegebene Dreieck in das ABC Fig. 220, welches die Seite AC des Trapezes, daran den einen gegebenen Winkel α hat, und mache den Winkel ACD gleich dem anderen gegebenen Winkel β. Man nehme an, ANEC sei das verlangte Trapez, und bezeichne AC mit g, die dazu gehörige Höhe des Dreiecks mit h, NE mit x, und die Höhe des Trapezes mit y, so hat man

$$1) \quad (x+g)y = gh.$$

Um eine zweite Gleichung zu erhalten, ziehe man BD parallel mit AC, und CL parallel mit AB; dann sind die

Dreiecke CLD und CSE ähnlich, und es verhält sich

$$LD:SE = h:y$$

oder, wenn man BD mit p bezeichnet,

$$2) \quad p-g:x-g = h:y$$

Hieraus folgt

$$y = \frac{(x-g)h}{p-g}\cdot$$

dies in 1) gesetzt liefert

$$\frac{(x+g)(x-g)h}{p-g} = gh$$

$$x^2-g^2 = pg-g^2$$

$$x^2 = pg$$

$$x = \sqrt{pg}$$

Aus der Gleichung 1) folgt

$$y = \frac{gh}{x+g}$$

oder für x den Werth gesetzt

$$y = \frac{gh}{\sqrt{pg}+g}.$$

Der Ausdruck für x, nämlich $\sqrt{pg}$, ist leichter zu construiren. Um die Construction auszuführen, beschreibe man, da BD gleich p, und BL gleich g ist, über BD einen Halbkreis, und errichte die Normale LF, dann ist BF die Seite x des Trapezes; und macht man BM gleich BF, zieht ME parallel mit BA, und EN parallel mit CA, so ist ANEC das Trapez, welches zu construiren war.

§. 501. Aufgabe.

Es ist Fig. 221 ein Winkel ABC gegeben und außerhalb desselben ein Punkt D, man soll durch D eine Linie DC construiren, die von der Winkelebene ein Dreieck ABC abschneidet, welches gleich einem gegebenen neck ist.

Auflösung. Man betrachte ABC als das verlangte Dreieck. Zieht man DE parallel AB, so sind die Dreiecke DEC und ABC ähnlich, verhalten sich also wie die Quadrate gleichliegender Seiten. Man bezeichne die Normale DF mit h, das Stück BE mit m, das Stück BC mit x, und den Inhalt des neck, dem das Dreieck ABC gleich sein soll, mit q; dann verhält sich

$$\frac{(m+x)h}{2}:q = (m+x)^2:x^2$$

oder $$h:2q = m+x:x^2.$$

Hieraus folgt
$$hx^2 = 2mq + 2qx$$
$$x^2 - \frac{2q}{h}x = \frac{2mq}{h}$$
$$x = \frac{q}{h} \pm \sqrt{\left(\frac{q}{h} + 2m\right)\frac{q}{h}}$$

Es ist aber q nicht daß Maaß einer Linie, sondern der Inhalt des gegebenen necks. Man verwandle deshalb das neck in ein Rechteck, gebe diesem die Linie h zur einen Seite, und bezeichne die daranstoßende Seite mit p, dann ist
$$q = ph$$
also
$$\frac{q}{h} = p$$
und man kann setzen $x = p \pm \sqrt{(p+2m)p}$.
Die Wurzel darf nur positiv genommen werden, weil sie größer ist als p, und x nicht negativ sein kann.

Um x zu construiren, mache man EG gleich m, BJ gleich p, beschreibe über GJ einen Halbkreis, und errichte die Normale BL; dann ist JL gleich $\sqrt{(p+2m)p}$. Nimmt man also JC gleich JL, so ist BC gleich
$$p + \sqrt{(p+2m)p}$$
und wird endlich DC gezogen, so ist dies die Linie, welche von der Winkelebene des Winkels ABC ein Dreieck abschneidet, wie es gefordert war.

§. 502. Aufgabe.

Es ist Fig. 222 ein Winkel ABC gegeben und innerhalb desselben ein Punkt D, man soll durch D eine Linie AC construiren, die von der Winkelebene ein Dreieck ABC abschneidet, welches gleich einem gegebenen neck ist.

Auflösung. Zieht man DE parallel mit AB, so ist das Dreieck DEC dem zu construirenden ABC ähnlich, und daher verhält sich
$$DEC : ABC = EC^2 : BC^2$$
oder, wenn man die Normale DF mit h, das Stück EB mit m, BC mit x, und den Inhalt des gegebenen necks, dem das Dreieck ABC gleich sein soll, mit q bezeichnet
$$\frac{(x-m)h}{2} : q = (x-m)^2 : x^2$$

Hieraus folgt
$$h : 2q = x - m : x^2$$
$$hx^2 = 2qx - 2qm$$
$$x^2 - \frac{2q}{h}x = -\frac{2qm}{h}$$
$$x = \frac{q}{h} \pm \sqrt{\left(\frac{q}{h} - 2m\right)\frac{q}{h}}$$

Verwandelt man das gegebene $n$eck in ein Rechteck, das h zu einer Seite hat, und bezeichnet die andere Seite durch p, so wird $q = ph$, und $\frac{q}{h} = p$, also
$$x = p \pm \sqrt{(p - 2m)p}.$$

Außer der Linie AC ist durch den Punkt D noch eine zweite $A_{,}C_{,}$ denkbar, welche von der Winkelebene ein Dreieck $A_{,}BC_{,}$ von dem gegebenen Inhalt abschneidet, und wegen der Aehnlichkeit der Dreiecke $DEC_{,}$ und $A_{,}BC_{,}$ hat man die Gleichung
$$DEC_{,} : A_{,}BC_{,} = EC_{,}^2 : BC_{,}^2$$
oder
$$\frac{(x_{,} - m)h}{2} : q = (x_{,} - m)^2 : x_{,}^2.$$

Diese Gleichung ist von der oben stehenden für x nur dadurch verschieden, daß sie $x_{,}$ enthält. Daher ist auch
$$x_{,} = p \pm \sqrt{(p-2m)p}.$$
Bei x wird also die Wurzel positiv zu nehmen sein, bei $x_{,}$ negativ. Um die Construction auszuführen, nehme man EG gleich m, BJ gleich p, beschreibe über BJ einen Halbkreis, und errichte die Normale GL; dann ist JL gleich
$$\sqrt{(p - 2m)p}.$$
Macht man JC und $JC_{,}$ gleich JL, so ist
$$BC = p + \sqrt{(p-2m)p}$$
und
$$BC_{,} = p - \sqrt{(p-2m)p}$$
und wird CD bis A und $C_{,}D$ bis $A_{,}$ gezogen, so ist jede der Linien CA und $C_{,}A_{,}$ die verlangte.

In dem Ausdruck $p \pm \sqrt{(p - 2m)p}$ wird die Wurzel imaginair, sobald p kleiner ist als $2m$, und er ist dann nicht mehr das Maaß der Linien x, $x_{,}$, weil die Maaße derselben nur absolute Zahlen sein können. Der kleinste Werth, welchen p annehmen darf, ist $2m$; für diesen geht die Wurzel in Null über, und x sowohl als $x_{,}$ wird gleich $2m$. Es muß daher das $n$eck, dem das abzuschneidende Dreieck gleich gemacht werden soll, so groß gegeben sein, daß p nicht kleiner als 2m ausfällt. Und das kleinste Dreieck, das von dem gegebenen Winkel vermittelst einer durch den Punkt D gehenden Linie abgeschnitten werden kann, wird erhalten, wenn man x gleich 2m nimmt.

Um dies noch synthetisch zu beweisen, wollen wir annehmen, es sei Fig. 223 BC gleich 2m, und zeigen, daß die beliebige Linie FG ein Dreieck FBG abschneidet, welches größer ist, als das Dreieck ABC. Es ist nämlich CD gleich DA (weil CE gleich EB, und DE parallel AB ist), und wird CQ parallel BA gezogen, so haben die Dreiecke CQD und ADF eine Seite und zwei Winkel beziehlich gleich, welche in dem einen Dreieck liegen wie im anderen, sind also congruent, und daraus erhellet, daß das Dreieck FBG um das Dreieck CQG größer ist als ABC.

Zweiter Abschnitt.

Trigonometrie.

Dreizehntes Kapitel.

Einleitung zur Trigonometrie.

§. 503.

Ein Winkel ist bestimmt, sobald er das nfache eines anderen Winkels gegeben ist, welcher als Einheit festgesetzt wurde.

Der rechte Winkel ist natürliche Einheit, man theilt ihn in 90 gleiche Theile, welche Grade genannt werden; einen Grad theilt man in 60 gleiche Theile, welche Minuten heißen eine Minute in 60 gleiche Theile, die man Secunden nennt, eine Secunde endlich in 60 gleiche Theile, und jeder von diesen Theilen heißt eine Tertie. a Grade, b Minuten, c Secunden, d Tertien bezeichnet man durch $a^{0}b'c''d'''$. Im Allgemeinen vermeidet man den Gebrauch der Tertien, und bestimmt Theile der Secunde in Decimalbrüchen der Secunde. In den Anwendungen bedient man sich thatsächlich des Grades als Einheit, und drückt jeden Winkel durch Grade u. s. w. aus, auch wenn er größer als ein rechter ist.

Ein Winkel bestimmt sich auch dadurch, daß man angiebt, der zwischen seinen Schenkeln befindliche Bogen eines Kreises, dessen Radius ganz beliebig ist, und dessen Mittelpunkt im Scheitelpunkt des Winkels liegt, sei $\frac{n}{q}$ von der Peripherie; oder daß man die Länge dieses Bogens angiebt, und daß Maaß des Radius.

Die Bestimmung von Winkeln durch die Länge des Bogens wird am einfachsten, wenn man den Radius gleich 1 setzt; und man ist allgemein darin übereingekommen, den Radius gleich 1 anzunehmen, sobald man Winkel durch die Länge des Bogens bestimmt.

Ist ein Winkel das nfache des zur Einheit gewählten Winkels, oder ist n das Maaß des zwischen seinen Schenkeln liegenden Bogens, dessen Halbmesser gleich 1 ist, so heißt die Zahl n das Maaß des Winkels. Und ist fernerhin von einem

Winkel α die Rede, so soll α die Zahl repräsentiren, welche das Maaß des Winkels ist.

§. 504.

Liegen zwei Linien AB und AC in einander, und wird die eine, etwa AC, um den Punkt A gedreht, bis sie wieder mit AB zusammenfällt, so hat sie während der Drehung alle möglichen Winkel mit der anderen Linie gebildet.

Wird ein Kreis gedacht, dessen Mittelpunkt A, und dessen Halbmesser willkürlich, am bequemsten gleich 1 ist, so kann jede beliebige Drehung der Linie AC bestimmt (gemessen) werden durch die Länge des Bogens, welchen sie durchlief, und das noch dann, wenn sie die Peripherie mehrmals durchlaufen sein sollte.

Der Begriff des Winkels werde dahin erweitert, daß wir jeden Winkel als durch Drehung entstanden betrachten, und als sein Maaß die Länge des Bogens für den Halbmesser 1 setzen wollen, welchen die gedrehte Linie durchlaufen ist.

Statt des Bogens kann man sich der entsprechenden Anzahl Grade als Maaß bedienen.

In dem erweiterten Begriff giebt es Winkel, deren Maaß größer ist als 2π, oder die größer sind als 4R oder 360°.

Ist $\alpha < 2\pi$, so ist ein Winkel, dessen Maaß α ist, von einem anderen, dessen Maaß $n \cdot 2\pi + \alpha$ ist, unter n eine ganze Zahl verstanden, in der Wirklichkeit nicht verschieden, wohl aber der Entstehung nach.

Zunächst werden wir uns des Gradmaaßes bedienen, das Bogenmaaß wird in späteren Theilen der mathematischen Wissenschaften gebraucht.

§. 505.

Der Winkel BAC Fig. 224 sei spitz; aus beliebigen Punkten C, C′, C″ der Schenkel seien Normalen auf den anderen Schenkel gefällt; dividirt man jede Normale durch die Hypotenuse des rechtwinkligen Dreiecks, welches sie abschneidet, so sind die Quotienten

$$\frac{BC}{AC} \quad \frac{B'C'}{AC'} \quad \frac{B''C''}{AC''}$$

einander gleich.

Denn die Dreiecke ABC, AB′C′, AB″C″ sind ähnlich, weil sie den Winkel bei A gemeinschaftlich haben und rechtwinklig sind.

§. 506.

Der Quotient, welcher erhalten wird wenn man aus beliebigen Punkten der Schenkel eines spitzen Winkels α Normalen auf den anderen Schenkel fällt, und jede Normale dividirt durch die Hypotenuse des rechtwinkligen Dreiecks, welches sie abschneidet, heißt der Sinus dieses spitzen Winkels α, und wird durch

$$\operatorname{Sin} \alpha$$

bezeichnet.

Um den Sinus eines spitzen Winkels zu erhalten, hat man nur nöthig, aus irgend einem Punkt des einen Schenkels eine Normale auf den anderen zu fällen, und diese zu dividiren durch die Hypotenuse des rechtwinkligen Dreiecks, welches sie abschneidet.

Die Hypotenuse ist größer als jede Kathete; deshalb ergiebt sich für den Sinus eines spitzen Winkels ein echter Bruch.

§. 507.

Sind zwei spitze Winkel ungleich, so sind ihre Sinusse ungleich, und der des größeren Winkels ist der größere.

Es sei Fig. 224 der Winkel BAD größer als der Winkel BAC; es sei AD gleich AC, DE normal auf AB, und CB normal auf AB. Nach §. 79 ist DE größer als CB. Daher auch

$$\frac{DE}{AD} > \frac{CB}{AC}$$

d. h. $\operatorname{Sin} BAD > \operatorname{Sin} BAC$

§. 508.

Die Sinusse zweier verschiedenen spitzen Winkel sind daher niemals einander gleich. Jeder spitze Winkel hat deshalb seinen alleinigen Sinus, und umgekehrt, zu jedem als Sinus gegebenen echten Bruch gehört ein bestimmter spitzer Winkel, so daß der Winkel den Sinus, und der Sinus den Winkel bestimmt.

§. 509.

Wären die Sinusse aller spitzen Winkel berechnet und tabellarisch zusammengetragen, so ließe sich eine solche Tabelle benutzen, um durch Linien die Maaße von Winkeln, und umgekehrt, mit Hilfe von Winkeln Linien zu finden.

So könnte man z. B. die spitzen Winkel des rechtwinkligen Dreiecks ABC Fig. 224 bestimmen, wenn die Hypotenuse AC gleich p gegeben wäre und die Kathete BC gleich q; um nämlich den Winkel BAC zu erhalten, dürfte man in der Tabelle nur den Winkel aufsuchen, dessen Sinus $\frac{q}{p}$ ist. Und wäre die Hypotenuse AC gleich p gegebenen und der Winkel BAC, so könnte man die Kathete BC berechnen; denn bezeichnet x diese Kathete, so hat man die Gleichung

$$\text{Sin BAC} = \frac{x}{p}$$

folglich $$p \text{ Sin BAC} = x$$

man würde also x erhalten, wenn man den Sinus des Winkels BAC aus jener Tabelle entnähme und mit p multiplicirte.

§. 510.

Es sei Fig. 224 BAC ein spitzer Winkel; aus beliebigen Punkten C, C′, C″ der Schenkel seien die Normalen CB, C′B′, C″B″ auf den anderen Schenkel gefällt; wird von jedem der entstandenen rechtwinkligen Dreiecke die Kathete, an welcher der Winkel BAC liegt, durch die Hypotenuse dividirt, so sind die Quotienten

$$\frac{AB}{AC} \quad \frac{AB'}{AC'} \quad \frac{AB''}{AC''}$$

einander gleich.

Denn die entstandenen rechtwinkligen Dreiecke sind ähnlich.

§. 511.

Der Quotient, welcher erhalten wird, wenn man aus beliebigen Punkten der Schenkel eines spitzen Winkels α Normalen auf den anderen Schenkel fällt, und bei jedem entstandenen rechtwinkligen Dreieck die Kathete, an welcher der spitze Winkel α liegt, durch die Hypotenuse dividirt, heißt der Cosinus dieses Winkels α, und wird bezeichnet durch

$$\text{Cos } \alpha.$$

Der Cosinus eines Winkels wird erhalten, wenn man aus irgend einem Punkte des einen Schenkels eine Normale auf den anderen fällt, und die Kathete des entstandenen rechtwinkligen Dreiecks, an welcher der spitze Winkel liegt, durch die Hypotenuse dividirt.

Der Cosinus eines spitzen Winkels ist ein echter Bruch, weil die Hypotenuse größer ist als die Kathete.

§. 512.

Sind zwei spitze Winkel ungleich, so sind ihre Cosinusse ungleich, und der größere Winkel hat den kleineren Cosinus.

Denn ist Fig. 224 der Winkel BAD größer als der Winkel BAC, ist ferner AC gleich AD, DE normal auf AB, und CB normal auf AB, so ist nach §. 79 AE kleiner als AB, folglich

$$\frac{AE}{AD} < \frac{AB}{AC}$$

d. h. $$\text{Cos BAD} < \text{Cos BAC}.$$

§. 513.

Es giebt daher nicht zwei spitze Winkel, welche einerlei Cosinus hätten. Jeder spitze Winkel hat deshalb seinen besonderen Cosinus, und umgekehrt, zu jedem als Cosinus gegebenen echten Bruch gehört ein besonderer Winkel. Mit anderen Worten, es ist durch den Winkel sein Cosinus, und durch den Cosinus der dazu gehörige spitze Winkel bestimmt.

§. 514.

Und wären die Cosinusse aller spitzen Winkel berechnet, und zusammengetragen, so könnten sie wie die Sinusse benutzt werden, um durch Linien Winkel, und durch Hilfe von Winkeln Linien zu bestimmen.

§. 515.

Aus den Quotienten Sinus und Cosinus lassen sich andere bilden, welche ähnlich wie jene dienen.

Die Quotienten Sinus und Cosinus, und die aus ihnen gebildeten später zu erklärenden heißen, auch bei jeder Erweiterung der Begriffe, trigonometrische Funktionen, und die Lehre von ihnen und von ihrer Benutzung heißt Trigonometrie.

Die Trigonometrie theilt man in analytische Trigonometrie, ebene Trigonometrie und sphärische oder körperliche Trigonometrie. Man versteht unter der analytischen Trigonometrie die Lehre von den trigonometrischen Funktionen, unter der ebenen Trigonometrie die Anwendung dieser Funktionen auf Berechnungen, wenn alle Linien in einer Ebene liegen, und unter körperlicher oder sphärischer Trigonometrie die Anwendung dieser Funktionen auf Berechnungen, wobei nicht alle Linien in einer Ebene sich befinden.

Tabellen, welche die berechneten trigonometrischen Funktionen oder deren Logarithmen enthalten, nennt man trigonometrische Tafeln.

Vierzehntes Kapitel.

Von den trigonometrischen Funktionen.

§. 516.

Es sei Fig. 225 CD normal auf AB; dann ist $\frac{CD}{AC}$ der Sinus, und $\frac{AD}{AC}$ der Cosinus des spitzen Winkels α, wo auch der Punkt C in dem Schenkel AC angenommen sein mag.

Wäre der Punkt C in der Entfernung 1 von A angenommen, d. h., wählte man AC als Einheit, so würde der Sinus von α gleich $\frac{CD}{1} = CD$ sein, und der Cosinus von α gleich $\frac{AD}{1} = AD$, wobei aber unter CD die Zahl verstanden werden müßte, welche das Maaß von CD ist, für AC als Einheit; eben so unter AD die Zahl, die das Maaß ist von AD, für AC als Einheit.

Man denke einen Kreis, dessen Mittelpunkt A ist, und der die Einheit zum Halbmesser hat, und lasse alle spitzen Winkel entstehen durch Drehung des Schenkels AC. Es ergeben sich die Sinusse aller spitzen Winkel in den Maaßen der Normalen, die von dem Punkt, in welchem der eine Schenkel (etwa der sich drehende) die Peripherie schneidet, auf den anderen Schenkel gefällt sind, und die Cosinusse in den Stücken des anderen Schenkels, welche zwischen dem Scheitelpunkt und dem Sinus liegen.

§. 517.

Wir erweitern jetzt den Begriff des Sinus dahin, daß wir unter Sinus irgend eines Winkels verstehen das Maaß der Normale, die von dem Punkt, in welchem der bewegte Schenkel die Peripherie des Kreises schneidet, der 1 zum Halbmesser und den Scheitelpunkt zum Mittelpunkt hat, auf den anderen Schenkel oder dessen Verlängerung gefällt ist.

Eben so sei der Begriff des Cosinus dahin erweitert, daß wir unter dem Cosinus irgend eines Winkels verstehen das Maaß von dem Stück des feststehenden Schenkels, welches zwischen dem Scheitelpunkt und dem Sinus liegt.

So wäre, wenn Fig. 225 der Halbmesser des Kreises gleich der Einheit ist, das Maaß von $C'D'$ der Sinus des Winkels BAC', das Maaß von $C''D''$ der Sinus des erhabenen Winkels BAC'', das Maaß von $C'''D'''$ der Sinus des erhabenen Winkels BAC''; ferner das Maaß von AD' der Cosinus des Winkels BAC', eben so AD'' der Cosinus von BAC'', und AD''' der Cosinus von BAC'''. Dabei ist der Sinus, wie der Cosinus, nicht größer als Eins.

§. 518.

Man macht leicht die Bemerkung, daß wenn α ein spitzer Winkel ist, die Linien einander gleich sind, deren Maaße wir unter

$$\text{Sin}\,\alpha,\ \text{Sin}\,(2R-\alpha);\ \text{Sin}\,(2R+\alpha),\ \text{Sin}\,(4R-\alpha)$$

verstehen, und außerdem ist

$$\mathrm{Sin}\,\beta = \mathrm{Sin}\ (n \cdot 4R + \beta)$$

was auch β für ein Winkel sein mag, unter n aber eine ganze Zahl verstanden.

Ebenso sind die Linien einander gleich, deren Maaße wir uns unter

$$\mathrm{Cos}\,\alpha,\ \mathrm{Cos}\,(2R-\alpha),\ \mathrm{Cos}\,(2R+\alpha),\ \mathrm{Cos}\,(4R-\alpha)$$

vorstellen, und für jeden Winkel β ist

$$\mathrm{Cos}\,\beta = \mathrm{Cos}\,(n \cdot 4R + \beta)$$

unter n eine ganze Zahl gedacht.

Durch die Erweiterung sind keine neuen Zahlenwerthe für die Sinusse und Cosinusse von Winkeln, welche größer als ein rechter Winkel sind, hervorgegangen. Es hat jeder Winkel, der größer als ein rechter ist, seinen Sinus und seinen Cosinus gemeinschaftlich mit einem Winkel, welcher einen rechten nicht übersteigt.

§. 519.

Während die spitzen Winkel und ihre Sinusse, oder ihre Cosinusse, sich gegenseitig bestimmten, tritt jetzt eine Unbestimmtheit ein, insofern nicht mehr jeder Winkel seinen alleinigen Sinus und Cosinus, denselben im Gegentheil mit anderen Winkeln gemeinschaftlich hat, so daß verschiedene Winkel gleiche Sinusse und Cosinusse haben, und zu demselben Sinus oder Cosinus verschiedene Winkel gehören.

Diese Unbestimmtheit wird zum Theil gehoben durch einen Umstand, welcher sich im folgenden Paragraphen erörtert findet, und ist anderen Theils nothwendig, wie man in der Folge erkennen wird.

§. 520.

Es sei Fig. 226 YX eine gerade Linie. Die beiden Stücke B'A und AB erscheinen zunächst als zwei gleichgiltig neben einander befindliche Linien, und ihre Maaße sind absolute Zahlen. Nimmt man an, die Linie AB sei entstanden, indem der Punkt B sich von A aus in der Richtung AX bewegte, und die Linie AB', indem der Punkt B' sich bewegte von A in der Richtung AY, so sind die beiden Linien nicht mehr gleichgiltig, sondern haben eine Beziehung zu einander, nämlich die der Entstehung oder der Lage in entgegengesetzter Richtung. Es entsteht die Frage, ob und wie diese Beziehung sich an den Maaßen der Linien erkennbar macht.

Soll man von A aus auf YX eine Linie tragen, deren Maaß $p-q$ ist, so kann man, wenn $p-q=r$ ist, von A aus, etwa nach X hin r Einheiten auftragen, und dadurch die Linie AB erhalten. Dieselbe Linie ergiebt sich, wenn man zuerst von A aus nach X hin p Einheiten aufträgt, wobei man bis C kommen mag, und dann wieder von C aus nach A hin q Einheiten. Und sollte man in derselben Weise eine Linie auftragen, deren Maaß $p-q$ ist, während aber q um r größer ist als p, also $p-q=-r$, so könnte man nicht anders als zuerst p Einheiten von A aus nach X hin tragen, und dann q Einheiten von C aus nach der Richtung CA, wobei man zu einem Punkt B' gelangen würde, welcher um r Einheiten über A hinaus nach Y hin sich befindet. Das Maaß der Linie AB erscheint hierbei als die Zahl $+r$, das der Linie AB' als die Zahl $-r$.

Die Entstehung von Linien in entgegengesetzter Richtung, oder die entgegengesetzte Lage von Linien läßt demnach ihre Maaße, mit Beziehung darauf, zu positiven und negativen Zahlen werden. Ohne jene Beziehung sind die Maaße von Linien jedesmal absolut.

Derselbe Gegensatz tritt ein, wenn man in einer Ebene eine gerade Linie denkt, und auf den verschiedenen Seiten dieser Linie Normalen errichtet. Denn jede der Normalen, über die erste Linie hinaus verlängert, erscheint in zwei Theile getheilt, deren Lage entgegengesetzt ist.

§. 521.

Die Sinusse, welche im ersten und im zweiten Quadranten Fig. 225 sich befinden, haben dieselbe Lage in Bezug auf den Durchmesser BB', und die, welche im dritten und vierten Quadranten liegen, haben unter sich auch dieselbe Lage. Es ist aber die Lage der Sinusse im ersten und zweiten Quadranten der Lage der Sinusse im dritten und vierten Quadranten entgegengesetzt.

Daher sind die Sinusse im dritten und vierten Quadranten negativ, während wir die im ersten und zweiten Quadranten, welche zunächst als absolute Zahlen erscheinen, positiv nehmen müssen.

Hierdurch beseitigt sich, so viel es nöthig ist, die oben erwähnte Unbestimmtheit. Denn ist ein echter Bruch $+\frac{p}{q}$ als Sinus gegeben, so kann der dazu gehörige Winkel nur ein spitzer α, oder der stumpfe $2R-\alpha$ sein, oder einer der Winkel $4R+\alpha$, $6R-\alpha$ u. s. w.; ist aber $-\frac{p}{q}$ als Sinus gegeben, so kann der zugehörige Winkel nur $2R+\alpha$ sein, oder $4R-\alpha$, oder $6R+\alpha$ u. s. w.

§. 522.

Ist ferner gesagt, ein Winkel liege im nten Quadranten, so soll darunter verstanden werden, sein beweglicher Schenkel liege in diesem Quadranten. Auch werden wir sagen, eine Funktion liege im nten Quadranten, sobald der dazu gehörige Winkel im nten Quadranten sich befindet.

§. 523.

Die Cosinusse der Winkel, welche im ersten und vierten Quadranten liegen, haben einerlei Lage (von A nach B), eben so die, welche im zweiten und dritten Quadranten sich befinden (von A nach B'); und es ist die Lage der letzteren entgegengesetzt der Lage der ersteren, daher sind die Cosinusse im ersten und vierten Quadranten positiv, die im zweiten und dritten negativ.

§. 524.

Die Quotienten $\frac{\text{Sin}\,\alpha}{\text{Cos}\,\alpha}$ und $\frac{\text{Cos}\,\alpha}{\text{Sin}\,\alpha}$ nennt man die Tangente und die Cotangente des Winkels α, und bezeichnet sie durch

$$\text{Tg}\,\alpha \text{ und } \text{Cotg}\,\alpha$$

Außerdem pflegt man den Quotienten $\frac{1}{\text{Cos}\,\alpha}$ die Secante, den Quotienten $\frac{1}{\text{Sin}\,\alpha}$ die Cosecante, die Differenz $1-\text{Cos}\,\alpha$ den Sinusversus, die Differenz $1-\text{Sin}\,\alpha$ den Cosinusversus des Winkels α zu nennen, und durch

$$\text{Sec}\,\alpha,\ \text{Cosec}\,\alpha,\ \text{Sinv}\,\alpha,\ \text{Cosinv}\,\alpha$$

zu bezeichnen.

§. 525.

Sind α und β spitze Winkel, und ist α größer als β, so ist

$$\text{Sin}\,\alpha > \text{Sin}\,\beta$$
$$\text{Cos}\,\alpha < \text{Cos}\,\beta$$

also

$$\text{Tg}\,\alpha > \text{Tg}\,\beta$$
$$\text{Cotg}\,\alpha < \text{Cotg}\,\beta$$
$$\text{Sec}\,\alpha > \text{Sec}\,\beta$$
$$\text{Cosec}\,\alpha < \text{Cosec}\,\beta$$
$$\text{Sinv}\,\alpha > \text{Sin}\,\beta$$
$$\text{Cosinv}\,\alpha < \text{Cosinv}\,\beta.$$

Jeder spitze Winkel hat seine besondere Tangente, Cotangente, Secante u. s. w., so daß der spitze Winkel seine Tangente u. s. w., und umgekehrt die Tangente u. s. w. ihren spitzen Winkel bestimmt. Die Winkel, welche größer als ein rechter sind, haben diese Funktionen in absoluter Hinsicht gemeinschaftlich mit den Winkeln, welche einen rechten nicht übersteigen. Daraus entsteht auch hier eine Unbestimmtheit, die sich indeß in den Funktionen Tg, Cotg, Sec und

Cosec durch die positiven und negativen Werthe hinlänglich beseitigt.

Die Funktionen Tangente, Cotangente u. s. w. lassen sich ähnlich wie Sinus und Cosinus benutzen, um Linien und Winkel gegenseitig zu bestimmen. Die Funktionen Secante, Cosecante, Sinusversus und Cosinusversus sind ziemlich überflüssig. Mit Sinus, Cosinus, Tangente und Cotangente reicht man in den Anwendungen bequem aus; der Funktionen Sinusversus und Cosinusversus werden wir uns nicht bedienen.

§. 526.

Die Sinusse im ersten und zweiten Quadranten sind positiv, die im dritten und vierten negativ, die Cosinusse im ersten und vierten Quadranten sind positiv, die im zweiten und dritten negativ. Daher folgt aus den Erklärungen in §. 524, daß die Tangenten im ersten und dritten Quadranten positiv, die im zweiten und vierten negativ sind, eben so die Cotangenten. Die Secanten haben mit den Cosinussen, die Cosecanten mit den Sinussen einerlei Vorzeichen; und die Sinusversus sowohl als die Cosinusversus sind immer positiv, denn es ist $1 - \text{Cos}\,\alpha$ und $1 - \text{Sin}\,\alpha$ stets positiv, da $\text{Cos}\,\alpha$ nicht > 1, und $\text{Sin}\,\alpha$ nicht > 1.

Man hat demnach

Funktion	Quadrant			
	I	II	III	IV
Sin	+	+	−	−
Cos	+	−	−	+
Tg	+	−	+	−
Cotg	+	−	+	−
Sec	+	−	−	+
Cosec	+	+	−	−
Sinv	+	+	+	+
Cosinv	+	+	+	+

§. 527.

Es sei Fig. 227 der Halbmesser des Kreises gleich 1. Die Normale CD ist dann der Sinus, das Stück AD der Cosinus des Winkels BAC. Es sei ferner BE normal auf AB. Dann findet die Proportion Statt:

$$CD : AD = BE : AB$$

oder $\text{Sin BAC} : \text{Cos BAC} = \text{BE} : 1$

woraus folgt $\text{BE} = \frac{\text{Sin BAC}}{\text{Cos BAC}}$.

Das Maaß der Linie BE ist daher die Tangente des Winkels BAC. Eben so ist, wenn B'F normal auf AB' steht, das Maaß von B'F in absoluter Hinsicht die Tangente des Winkels BAF, B'G die des erhabenen Winkels BAG; und in BH hat man die Tangente des erhabenen Winkels BAH.

Wird die entgegengesetzte Lage berücksichtigt, so erscheinen bei dieser Construction die Tangenten im ersten und zweiten Quadranten positiv, die im dritten und vierten negativ, während die Tangenten im ersten und dritten Quadranten positiv sind, und die im zweiten und vierten negativ.

Nimmt man die Tangenten des zweiten und dritten Quadranten nicht auf der Normale, welche in dem Punkt B' steht, sondern auf der, welche in B errichtet ist, zu welchem Ende die beweglichen Schenkel der Winkel über den Scheitelpunkt hinaus verlängert werden müssen, so erhält man die Tangenten dieser Quadranten auch in Beziehung auf die Vorzeichen richtig. So ist z. B. BF' die richtig liegende Tangente des Winkels BAF, und BG' die des erhabenen Winkels BAG.

Will man daher eine Linie construiren, deren Maaß die Tangente irgend eines Winkels ist, so errichte man auf dem feststehenden Schenkel, in seinem Durchschnittspunkt mit der Peripherie, eine Normale, und verlängere den beweglichen Schenkel bis zum Durchschnitt mit dieser Normale. Das Stück derselben, welches zwischen den Durchschnittspunkten liegt, ist die Tangente des Winkels, vorausgesetzt, daß man die Tangenten des ersten Quadranten positiv nimmt.

Man hat ferner die Proportion

$$\text{AC} : \text{AD} = \text{AE} : \text{AB}$$

oder $1 : \text{Cos BAC} = \text{AE} : 1$

woraus folgt $\text{AE} = \frac{1}{\text{Cos BAC}}$.

Das Maaß von AE ist daher die Secante des Winkels BAC. Eben so sind AF', AG', AH die Secanten von dem Winkel BAF, und von den erhabenen Winkeln BAG und BAH, und es fällt in die Augen, daß die negativen Secanten in der Verlängerung der beweglichen Schenkel sich befinden.

Ferner ist BD gleich $1 - \text{Cos BAC}$, also Sinv BAC, u. s. w.

Die für Tangente u. s. f. construirten Linien haben in manchen Fällen der Anwendung ihren Nutzen.

Es lassen sich auch Linien construiren, deren Maaße die Cotangenten u. s. w. sind.

§. 528.

Wenn der bewegliche Schenkel in dem feststehenden sich befindet, so ist Null das Maaß des Winkels, welchen die Schenkel bilden.

§. 529.

Läßt man einen spitzen Winkel abnehmen, so wird nach §. 507 der Sinus fortwährend kleiner, und nach §. 512 der Cosinus größer. Fällt endlich der bewegliche Schenkel in den feststehenden, so verschwindet der Sinus, und der Cosinus wird zu Eins.

Läßt man einen spitzen Winkel wachsen, so wächst der Sinus, aber der Cosinus nimmt ab, bis bei 90° der Sinus zu Eins wird, und der Cosinus verschwindet.

Da der Sinus von 0° gleich 0, von 90° aber 1 ist, und der Cosinus von 0° gleich 1, von 90° gleich 0, so ist die Tangente von 0° gleich 0, von 90° gleich $\frac{1}{0}$ gleich ∞, die Cotangente von 0° gleich $\frac{1}{0}$ gleich ∞, von 90° gleich 0, die Secante von 0° gleich 1, von 90° gleich $\frac{1}{0}$ gleich ∞ u. s. w.

Zu den Werthen der Funktionen im ersten Quadranten sind durch die Erweiterung des Begriffs jener Funktionen für Sinus noch 0 und 1, für Cosinus 1 und 0, für Tangente noch 0 und ∞ u. s. w. hinzugetreten. In den übrigen Quadranten wiederholen sich in absoluter Hinsicht dieselben Werthe.

Der Sinus durchläuft im ersten Quadranten alle Werthe von 0 bis 1, der Cosinus alle Werthe von 1 bis 0, die Tangente alle Werthe von 0 bis ∞, die Secante alle Werthe von 1 bis ∞, u. s. w. Ueberhaupt aber durchläuft der Sinus alle Werthe zwischen $+1$ und -1, eben so der Cosinus, die Tangente alle Werthe zwischen $-\infty$ bis $+\infty$ u. s. f.

§. 530.

Es ist, unter n eine ganze Zahl verstanden:

1) $\sin 0 = 0$	11) $\cos R = 0$
2) $\sin R = 1$	12) $\cos 2R = -1$
3) $\sin 2R = 0$	13) $\cos 3R = -0 = 0$
4) $\sin 3R = -1$	14) $\cos 4R = 1$
5) $\sin 4R = -0 = 0$	15) $\cos (4n+1)R = 0$
6) $\sin (4n+1)R = 1$	16) $\cos (4n+2)R = -1$
7) $\sin (4n+2)R = 0$	17) $\cos (4n+3)R = -0 = 0$
8) $\sin (4n+3)R = -1$	18) $\cos 4nR = 1$
9) $\sin 4nR = -0 = 0$	19) $\mathrm{Tg}\, 0 = 0$
10) $\cos 0 = 1$	20) $\mathrm{Tg}\, R = \frac{1}{0} = \infty$

21) $\mathrm{Tg}\,2R = -0 = 0$
22) $\mathrm{Tg}\,3R = \frac{1}{0} = \infty$
23) $\mathrm{Tg}\,4R = -0 = 0$
24) $\mathrm{Tg}\,(2n+1)R = \infty$
25) $\mathrm{Tg}\,(2n+2)R = -0 = 0$
26) $\mathrm{Cotg}\,0 = \infty$
27) $\mathrm{Cotg}\,R = 0$
28) $\mathrm{Cotg}\,2R = -\infty$
29) $\mathrm{Cotg}\,3R = 0$
30) $\mathrm{Cotg}\,4R = -\infty$
31) $\mathrm{Cotg}\,(2n+1)R = 0$
32) $\mathrm{Cotg}\,(2n+2)R = -\infty$
33) $\mathrm{Sec}\,0 = 1$
34) $\mathrm{Sec}\,R = \infty$ u. s. w.

welches sich leicht ergiebt, wenn man den vorigen Paragraph, die Erklärung der Funktionen und ihre positiven und negativen Werthe beachtet.

§. 531.

Funktionen, welche nicht im ersten Quadranten liegen, sind in absoluter Hinsicht den Funktionen im ersten Quadranten gleich. Daher läßt sich jede Funktion, welche nicht im ersten Quadranten liegt, wiedergeben durch eine Funktion im ersten Quadranten. Zu dem Ende bestimme man zuvörderst den Winkel im ersten Quadranten, dessen Funktion in alsoluter Hinsicht gleich der gegebenen nicht im ersten Quadranten befindlichen ist, und gebe seiner Funktion das Vorzeichen, welches der gegebenen Funktion zukommt. Der Winkel im ersten Quadranten giebt sich leicht aus der Figur zu erkennen.

Ist α ein spitzer Winkel, so ist, unter n eine ganze Zahl verstanden,

1) $\mathrm{Sin}\,(2R - \alpha) = \mathrm{Sin}\,\alpha$
2) $\mathrm{Sin}\,(2R + \alpha) = -\mathrm{Sin}\,\alpha$
3) $\mathrm{Sin}\,(4R - \alpha) = -\mathrm{Sin}\,\alpha$
4) $\mathrm{Sin}\,(2n \cdot 2R + \alpha) = \mathrm{Sin}\,\alpha$
5) $\mathrm{Sin}\,(2n \cdot 2R - \alpha) = -\mathrm{Sin}\,\alpha$
6) $\mathrm{Sin}\,[(2n+1)\,2R + \alpha] = -\mathrm{Sin}\,\alpha$
7) $\mathrm{Sin}\,[(2n+1)\,2R - \alpha] = \mathrm{Sin}\,\alpha$
8) $\mathrm{Cos}\,(2R - \alpha) = -\mathrm{Cos}\,\alpha$
9) $\mathrm{Cos}\,(2R + \alpha) = -\mathrm{Cos}\,\alpha$
10) $\mathrm{Cos}\,(4R - \alpha) = \mathrm{Cos}\,\alpha$
11) $\mathrm{Cos}\,(2n \cdot 2R + \alpha) = \mathrm{Cos}\,\alpha$
12) $\mathrm{Cos}\,(2n \cdot 2R - \alpha) = \mathrm{Cos}\,\alpha$
13) $\mathrm{Cos}\,[(2n+1)\,2R + \alpha] = -\mathrm{Cos}\,\alpha$
14) $\mathrm{Cos}\,[(2n+1)\,2R - \alpha] = -\mathrm{Cos}\,\alpha$
15) $\mathrm{Tg}\,(2R - \alpha) = -\mathrm{Tg}\,\alpha$
16) $\mathrm{Tg}\,(2R + \alpha) = \mathrm{Tg}\,\alpha$
17) $\mathrm{Tg}\,(4R - \alpha) = -\mathrm{Tg}\,\alpha$
18) $\mathrm{Tg}\,(2n \cdot 2R + \alpha) = \mathrm{Tg}\,\alpha$
19) $\mathrm{Tg}\,(2n \cdot 2R - \alpha) = -\mathrm{Tg}\,\alpha$

20) $\mathrm{Tg}\,[(2n+1)\,2R+\alpha] = \mathrm{Tg}\,\alpha$
21) $\mathrm{Tg}\,[(2n+1)\,2R-\alpha] = -\mathrm{Tg}\,\alpha$
22) $\mathrm{Cotg}\,(2R-\alpha) = -\mathrm{Cotg}\,\alpha$
23) $\mathrm{Cotg}\,(2R+\alpha) = \mathrm{Cotg}\,\alpha$
24) $\mathrm{Cotg}\,(4R-\alpha) = -\mathrm{Cotg}\,\alpha$
25) $\mathrm{Cotg}\,(2n\cdot 2R+\alpha) = \mathrm{Cotg}\,\alpha$
26) $\mathrm{Cotg}\,(2n\cdot 2R-\alpha) = -\mathrm{Cotg}\,\alpha$
27) $\mathrm{Cotg}\,[(2n+1)\,2R+\alpha] = \mathrm{Cotg}\,\alpha$
28) $\mathrm{Cotg}\,[(2n+1)\,2R-\alpha] = -\mathrm{Cotg}\,\alpha$
29) $\mathrm{Sec}\,(2R-\alpha) = -\mathrm{Sec}\,\alpha$ u. s. w.

Es ist nämlich $\mathrm{Sin}\,(2R-\alpha)$, wie sich aus der Figur ersieht, in absoluter Hinsicht gleich $\mathrm{Sin}\,\alpha$, und beide sind positiv. Ferner ist $\mathrm{Sin}\,(2R+\alpha)$ in absoluter Hinsicht gleich $\mathrm{Sin}\,\alpha$, aber der erstere ist negativ, daher $\mathrm{Sin}\,(2R+\alpha) = -\mathrm{Sin}\,\alpha$ u. s. f. Die Formel 15) ergiebt sich durch Division von 1) durch 8) u. s. f.

Vermittelst dieser Formeln läßt sich der Sinus, der Cosinus, die Tangente, die Cotangente u. s. w. eines Winkels, der in irgend einem Quadranten liegt, und der nicht pR ist (dessen Funktionen der vorige Paragraph bestimmt) ausdrücken durch den Sinus, den Cosinus, die Tangente, die Cotangente eines Winkels im ersten Quadranten. Dabei muß das Maaß des Winkels auf die Form $p\cdot 2R \pm \alpha$, unter α einen spitzen Winkel verstanden, gebracht werden, welches leicht geschehen kann.

Am häufigsten kommen die Formeln 1), 8), 15), 22) in Anwendung. Nach ihnen ist, wenn zwei Winkel sich zu einem gestreckten ergänzen, der Sinus des einen gleich dem Sinus des anderen, der Cosinus des einen gleich dem Entgegengesetzten vom Cosinus des anderen, die Tangente und Cotangente des einen gleich dem Entgegengesetzten der Tangente und Cotangente des anderen. Die übrigen Formeln braucht man nicht dem Gedächtniß einzuprägen.

Zwei Winkel, die sich zu einem gestreckten Winkel ergänzen, nennt man **Supplementswinkel**.

§. 532.

Macht die Summe zweier spitzen Winkel einen rechten Winkel aus, so ist der Sinus des einen gleich dem Cosinus des anderen, die Tangente des einen gleich der Cotangente des anderen, die Secante des einen gleich der Cosecante des anderen, der Sinusversus des einen gleich dem Cosinusversus des anderen.

Denn ist Fig. 224 CB normal auf AB, also $\alpha+\beta = R$, so ist

$$\text{Sin}\,\alpha = \frac{CB}{AC} = \text{Cos}\,\beta$$

$$\text{Cos}\,\alpha = \frac{AB}{AC} = \text{Sin}\,\beta$$

und daraus folgt

$$\text{Tg}\,\alpha = \frac{\text{Sin}\,\alpha}{\text{Cos}\,\alpha} = \frac{\text{Cos}\,\beta}{\text{Sin}\,\beta} = \text{Cotg}\,\beta$$

$$\text{Cotg}\,\alpha = \frac{\text{Cos}\,\alpha}{\text{Sin}\,\alpha} = \frac{\text{Sin}\,\beta}{\text{Cos}\,\beta} = \text{Tg}\,\beta$$

$$\text{Sec}\,\alpha = \frac{1}{\text{Cos}\,\alpha} = \frac{1}{\text{Sin}\,\beta} = \text{Cosec}\,\beta$$

$$\text{Cosec}\,\alpha = \frac{1}{\text{Sin}\,\alpha} = \frac{1}{\text{Cos}\,\beta} = \text{Sec}\,\beta$$

$$\text{Sinv}\,\alpha = 1 - \text{Cos}\,\alpha = 1 - \text{Sin}\,\beta = \text{Cosinv}\,\beta$$

$$\text{Cosinv}\,\alpha = 1 - \text{Sin}\,\alpha = 1 - \text{Cos}\,\beta = \text{Sinv}\,\beta.$$

Winkel, deren Summe einen rechten Winkel ausmacht, nennt man **Complementswinkel**.

§. 533.

Ist α ein spitzer Winkel, so ist

1) $\text{Sin}\,(R+\alpha) = \text{Cos}\,\alpha$
2) $\text{Sin}\,(3R+\alpha) = -\text{Cos}\,\alpha$
3) $\text{Sin}\,[(4n+1)R+\alpha] = \text{Cos}\,\alpha$
4) $\text{Sin}\,[(4n+3)R+\alpha] = -\text{Cos}\,\alpha$
5) $\text{Cos}\,(R+\alpha) = -\text{Sin}\,\alpha$
6) $\text{Cos}\,(3R+\alpha) = \text{Sin}\,\alpha$
7) $\text{Cos}\,[(4n+1)R+\alpha] = -\text{Sin}\,\alpha$
8) $\text{Cos}\,[(4n+3)R+\alpha] = \text{Sin}\,\alpha$
9) $\text{Tg}\,(R+\alpha) = -\text{Cotg}\,\alpha$
10) $\text{Tg}\,(3R+\alpha) = -\text{Cotg}\,\alpha$
11) $\text{Tg}\,[(4n+1)R+\alpha] = -\text{Cotg}\,\alpha$
12) $\text{Tg}\,[(4n+3)R+\alpha] = -\text{Cotg}\,\alpha$
13) $\text{Cotg}\,(R+\alpha) = -\text{Tg}\,\alpha$
14) $\text{Cotg}\,(3R+\alpha) = -\text{Tg}\,\alpha$
15) $\text{Cotg}\,[(4n+1)R+\alpha] = -\text{Tg}\,\alpha$
16) $\text{Cotg}\,[(4n+3)R+\alpha] = -\text{Tg}\,\alpha$

u. s. w.

Man bezeichne den Complementswinkel zu α, welcher spitz sein muß, mit β, dann ist nach §. 531

$$\text{Sin}\,(2R-\beta) = \text{Sin}\,\beta$$

oder

$$\text{Sin}\,(R+R-\beta) = \text{Sin}\,\beta$$

oder, da $R - \beta = \alpha$, und $\operatorname{Sin}\beta = \operatorname{Cos}\alpha$ ist,

$$\operatorname{Sin}(R + \alpha) = \operatorname{Cos}\alpha$$

u. s. w.

Auch diese Formeln dienen, um Funktionen irgend eines Quadranten auf Funktionen des ersten Quadranten zu reduciren. Man braucht sie nicht dem Gedächtniß einzuprägen.

§. 534.

Ist α ein ganz beliebiger Winkel, so ist

$$\operatorname{Sin}(R + \alpha) = \operatorname{Cos}\alpha$$
$$\operatorname{Cos}(R + \alpha) = -\operatorname{Sin}\alpha.$$

Denn ist $\alpha = 0$, so ist

$$\operatorname{Sin}(R + \alpha) = \operatorname{Sin} R = 1$$

und $$\operatorname{Cos}\alpha = \operatorname{Cos} 0 = 1$$

also $$\operatorname{Sin}(R + \alpha) = \operatorname{Cos}\alpha.$$

Ferner ist

$$\operatorname{Cos}(R + \alpha) = \operatorname{Cos} R = 0$$

und $$-\operatorname{Sin}\alpha = -\operatorname{Sin} 0 = -0 = 0$$

daher auch $$\operatorname{Cos}(R + \alpha) = -\operatorname{Sin}\alpha.$$

Für α als spitzen Winkel sind die Formeln bereits im vorigen Paragraph erwiesen.

Ist $\alpha = pR$, unter p eine ganze Zahl verstanden, so ist, da p eine der Formen $4n+1$, $4n+2$, $4n+3$, $4n$ haben muß, entweder

$$\operatorname{Sin}(R + \alpha) = \operatorname{Sin}(4n+2)R = 0 \quad (\S.\ 530)$$
oder $$= \operatorname{Sin}(4n+3)R = -1$$
oder $$= \operatorname{Sin} 4nR = 0$$
oder $$= \operatorname{Sin}(4n+1)R = 1$$

und dabei entweder

$$\operatorname{Cos}\alpha = \operatorname{Cos}(4n+1)R = 0$$
oder $$= \operatorname{Cos}(4n+2)R = -1$$
oder $$= \operatorname{Cos}(4n+3)R = 0$$
oder $$= \operatorname{Cos} 4nR = 1$$

also jedesmal $$\operatorname{Sin}(R + \alpha) = \operatorname{Cos}\alpha.$$

Ferner ist

$$\operatorname{Cos}(R + \alpha) = \operatorname{Cos}(4n+2)R = -1$$
oder $$= \operatorname{Cos}(4n+3)R = 0$$
oder $$= \operatorname{Cos} 4nR = 1$$
oder $$= \operatorname{Cos}(4n+1)R = 0$$

und dabei $$-\operatorname{Sin}\alpha = -\operatorname{Sin}(4n+1)R = -1$$
oder $$= -\operatorname{Sin}(4n+2)R = 0$$
oder $$= -\operatorname{Sin}(4n+3)R = 1$$
oder $$= -\operatorname{Sin} 4nR = 0$$

daher auch $$\operatorname{Cos}(R + \alpha) = -\operatorname{Sin}\alpha.$$

Ist endlich α irgend ein anderer Winkel, so kann statt α gesetzt werden $pR + \gamma$, unter γ einen spitzen Winkel verstanden, und p muß eine der Formen $4n+1$, $4n+2$, $4n+3$, $4n$ haben. Daher ist entweder

$\text{Sin}(R+\alpha) = \text{Sin}[(4n+2)R+\gamma] = -\text{Sin}\,\gamma$ §. 531.
oder $= \text{Sin}[(4n+3)R+\gamma] = -\text{Cos}\,\gamma$ §. 533.
oder $= \text{Sin}[4nR+\gamma] = \text{Sin}\,\gamma$ §. 531.
oder $= \text{Sin}[(4n+1)R+\gamma] = \text{Cos}\,\gamma$ §. 533.

und dabei

$\text{Cos}\,\alpha = \text{Cos}[(4n+1)R+\gamma] = -\text{Sin}\,\gamma$ §. 533.
oder $= \text{Cos}[(4n+2)R+\gamma] = -\text{Cos}\,\gamma$ §. 531.
oder $= \text{Cos}[(4n+3)R+\gamma] = \text{Sin}\,\gamma$ §. 533.
oder $= \text{Cos}[4nR+\gamma] = \text{Cos}\,\gamma$ §. 531.

deshalb immer $\text{Sin}(R+\alpha) = \text{Cos}\,\alpha$
und eben so folgt, daß auch in diesem Fall
$\text{Cos}(R+\alpha) = -\text{Sin}\,\alpha$ ist.

Andere Fälle als die erwähnten können nicht eintreten.

§. 535.

Wir haben Fig. 225 den Schenkel, durch dessen Bewegung alle Winkel gebildet werden, sich in der Richtung BCC' bewegen lassen. Bilden wir einen Winkel, dessen Bogenmaaß $p-q$ sein soll, dadurch, daß wir den beweglichen Schenkel zuerst in der Richtung BC führen, bis er den Bogen p durchlaufen ist, und dann in der entgegengesetzten Richtung, bis er den Bogen q gemacht hat, so kommen wir, wenn $q > p$, und $p - q = -r$ ist, in der Richtung BC''' um den Bogen r über B hinaus, und das Maaß des Winkels, welcher durch Drehung in der Richtung BC''' gebildet wird, erscheint als negative Zahl.

Die Maaße der Winkel werden also zu positiven und negativen Zahlen, sobald wir die Winkel durch Drehungen in entgegengesetzten Richtungen hervorgehen lassen.

Und ist eine negative Zahl als Maaß eines Winkels gegeben, so werden wir denselben bilden, indem wir den beweglichen Schenkel zunächst in den vierten Quadranten rücken, und demgemäß die positiven und negativen Werthe seiner Funktionen beurtheilen.

§. 536.

Ist α ein beliebiger Winkel, so ist

1) $\text{Sin}(-\alpha) = -\text{Sin}\,\alpha$
2) $\text{Cos}(-\alpha) = \text{Cos}\,\alpha$
3) $\text{Tg}(-\alpha) = -\text{Tg}\,\alpha$
4) $\text{Cotg}(-\alpha) = -\text{Cotg}\,\alpha$
5) $\text{Sec}(-\alpha) = \text{Sec}\,\alpha$ u. s. w.

Die beiden ersten Formeln ergeben sich bei der Betrachtung der Figur, die übrigen folgen aus den ersten.

Die Formeln dienen, Funktionen negativer Winkel durch Funktionen positiver Winkel auszudrücken.

Wir werden die Funktionen negativer Winkel zunächst nicht weiter beachten. Ist daher von einem beliebigen Winkel α die Rede, so ist unter α eine positive Zahl zu verstehen.

§. 537.

Beim Potenziren trigonometrischer Funktionen hängt man ihnen den Exponenten unmittelbar an, ohne sie in Klammern zu schließen. Man schreibt z. B. $\mathrm{Sin}\,\varphi^m$ statt $(\mathrm{Sin}\,\varphi)^m$.

§. 538. Lehrsatz.

Es ist, unter α einen beliebigen Winkel verstanden,

$$\mathrm{Sin}\,\alpha^2 + \mathrm{Cos}\,\alpha^2 = 1.$$

Beweis. 1) Ist $\alpha = 0$, so ist $\mathrm{Sin}\,\alpha = 0$, aber $\mathrm{Cos}\,\alpha = 1$

daher $\mathrm{Sin}\,\alpha^2 + \mathrm{Cos}\,\alpha^2 = 0 + 1 = 1.$

2) Ist $\alpha = p \cdot R$, unter p eine ganze Zahl gedacht, so ist entweder $\mathrm{Sin}\,\alpha = \pm 1$ und dabei $\mathrm{Cos}\,\alpha = \pm 0$, oder es ist $\mathrm{Sin}\,\alpha = \pm 0$ und dabei $\mathrm{Cos}\,\alpha = \pm 1$, daher

$$\mathrm{Sin}\,\alpha^2 + \mathrm{Cos}\,\alpha^2 = 1 + 0 = 1$$

oder $\mathrm{Sin}\,\alpha^2 + \mathrm{Cos}\,\alpha^2 = 0 + 1 = 1.$

3) Ist α irgend ein anderer Winkel, so bilden $\mathrm{Sin}\,\alpha$, $\mathrm{Cos}\,\alpha$ und der Radius des Kreises ein rechtwinkliges Dreieck, in welchem der Radius als Hypotenuse erscheint, und deshalb ist, die Funktionen mögen positiv oder negativ sein,

$$\mathrm{Sin}\,\alpha^2 + \mathrm{Cos}\,\alpha^2 = 1.$$

§. 539.

Für jeden Winkel α ist $\mathrm{Tg}\,\alpha \cdot \mathrm{Cotg}\,\alpha = 1$.
Denn es ist

$$\mathrm{Tg}\,\alpha \cdot \mathrm{Cotg}\,\alpha = \frac{\mathrm{Sin}\,\alpha}{\mathrm{Cos}\,\alpha} \cdot \frac{\mathrm{Cos}\,\alpha}{\mathrm{Sin}\,\alpha} = 1$$

§. 540.

Zwischen den Funktionen $\mathrm{Sin}\,\alpha$, $\mathrm{Cos}\,\alpha$, $\mathrm{Tg}\,\alpha$, $\mathrm{Cotg}\,\alpha$, $\mathrm{Sec}\,\alpha$, $\mathrm{Cosec}\,\alpha$, $\mathrm{Sinv}\,\alpha$, $\mathrm{Cosinv}\,\alpha$ finden die Gleichungen Statt:

1) $\mathrm{Sin}\,\alpha^2 + \mathrm{Cos}\,\alpha^2 = 1$

2) $\mathrm{Tg}\,\alpha = \dfrac{\mathrm{Sin}\,\alpha}{\mathrm{Cos}\,\alpha}$

3) $\mathrm{Cotg}\,\alpha = \dfrac{\mathrm{Cos}\,\alpha}{\mathrm{Sin}\,\alpha}$

$$4)\ \mathrm{Sec}\,\alpha = \frac{1}{\mathrm{Cos}\,\alpha}$$
$$5)\ \mathrm{Cosec}\,\alpha = \frac{1}{\mathrm{Sin}\,\alpha}$$
$$6)\ \mathrm{Sinv}\,\alpha = 1 - \mathrm{Cos}\,\alpha$$
$$7)\ \mathrm{Cosinv}\,\alpha = 1 - \mathrm{Sin}\,\alpha.$$

Aus ihnen läßt sich, wenn eine der angeführten Funktionen gegeben ist, jede der übrigen entwickeln. Dabei werden durch eine Funktion alle übrigen ausgedrückt.

Nimmt man den Sinus als gegeben an, so folgt aus 1)
$$\mathrm{Cos}\,\alpha = \sqrt{1 - \mathrm{Sin}\,\alpha^2}$$
und dann aus den übrigen Gleichungen, indem man diesen Werth für $\mathrm{Cos}\,\alpha$ substituirt:
$$\mathrm{Tg}\,\alpha = \frac{\mathrm{Sin}\,\alpha}{\sqrt{1 - \mathrm{Sin}\,\alpha^2}},\quad \mathrm{Cotg}\,\alpha = \frac{\sqrt{1 - \mathrm{Sin}\,\alpha^2}}{\mathrm{Sin}\,\alpha}\ \text{u. s. w.}$$

Wäre der Cosinus gegeben, so hätte man aus 1)
$$\mathrm{Sin}\,\alpha = \sqrt{1 - \mathrm{Cos}\,\alpha^2}$$
und dann aus 2)
$$\mathrm{Tg}\,\alpha = \frac{\sqrt{1 - \mathrm{Cos}\,\alpha^2}}{\mathrm{Cos}\,\alpha}\ \text{u. s. w.}$$

Ist eine der anderen Funktionen gegeben, so suche man zunächst den Sinus und den Cosinus, weil sich alle übrigen Funktionen durch Sinus und Cosinus ausdrücken.

Sollten z. B. durch $\mathrm{Tg}\,\alpha$ die übrigen Funktionen ermittelt werden, so hätte man
$$\mathrm{Tg}\,\alpha = \frac{\mathrm{Sin}\,\alpha}{\mathrm{Cos}\,\alpha} = \frac{\mathrm{Sin}\,\alpha}{\sqrt{1 - \mathrm{Sin}\,\alpha^2}}$$
und daraus $\mathrm{Tg}\,\alpha^2 = \dfrac{\mathrm{Sin}\,\alpha^2}{1 - \mathrm{Sin}\,\alpha^2}$
$$\mathrm{Tg}\,\alpha^2 - \mathrm{Sin}\,\alpha^2\,\mathrm{Tg}\,\alpha^2 = \mathrm{Sin}\,\alpha^2$$
$$\mathrm{Tg}\,\alpha^2 = (1 + \mathrm{Tg}\,\alpha^2)\,\mathrm{Sin}\,\alpha^2$$
$$\mathrm{Sin}\,\alpha = \frac{\mathrm{Tg}\,\alpha}{\sqrt{1 + \mathrm{Tg}\,\alpha^2}}$$
Ferner
$$\mathrm{Cos}\,\alpha = \sqrt{1 - \mathrm{Sin}\,\alpha^2}$$
$$= \sqrt{1 - \frac{\mathrm{Tg}\,\alpha^2}{1 + \mathrm{Tg}\,\alpha^2}}$$
$$= \frac{1}{\sqrt{1 + \mathrm{Tg}\,\alpha^2}}$$

Für Cotg α hat man nach §. 539 $\frac{1}{\text{Tg}\,\alpha}$.

Die Secante ist gleich $\frac{1}{\text{Cos}\,\alpha} = \sqrt{1+\text{Tg}\,\alpha^2}$ u. s. w.

Wenn die Cotangente gegeben ist, folgt ähnlich

$$\text{Sin}\,\alpha = \frac{1}{\sqrt{1+\text{Cotg}\,\alpha^2}}$$

$$\text{Cos}\,\alpha = \frac{\text{Cotg}\,\alpha}{\sqrt{1+\text{Cotg}\,\alpha^2}}$$

u. s. f.

Der Inhalt dieses Paragraphen kommt in Anwendung, wenn aus einer Gleichung, welche verschiedene trigonometrische Funktionen desselben Winkels enthält, eine jener Funktionen zu entwickeln ist. Man drückt nämlich durch die zu entwickelnde Funktion die übrigen Funktionen aus, und löst die Gleichung nach der ersteren auf.

§. 541.

Nach §. 540 läßt sich, wenn der numerische Werth einer Funktion eines Winkels bekannt ist, der numerische Werth jeder anderen Funktion desselben Winkels bestimmen. So ist z. B. der Sinus von $30^\circ = \frac{1}{2}$, nämlich gleich der Hälfte der Sehne zu 60°, welche gleich dem Radius ist, und man findet nun den Cosinus von 30° gleich $\sqrt{1-\frac{1}{4}} = \frac{1}{2}\sqrt{3}$, die Tangente von 30° gleich $\frac{1}{\sqrt{3}} = \frac{1}{3}\sqrt{3}$, die Cotangente gleich $\sqrt{3}$ u. s. w. Die Tangente von 45° ist, wie aus der Figur leicht erhellet, gleich 1; daher der Sinus von 45° gleich $\frac{1}{\sqrt{2}} = \frac{1}{2}\sqrt{2}$, der Cosinus ebenfalls gleich $\frac{1}{2}\sqrt{2}$, die Cotangente gleich 1 u. s. w.

Die eben gefundenen Zahlenwerthe merke man, weil sie Winkel betreffen, die in der Anwendung häufig benutzt werden. Durch §. 532 folgt noch $\text{Sin}\,60^\circ = \frac{1}{2}\sqrt{3}$, $\text{Cos}\,60^\circ = \frac{1}{2}$, $\text{Tg}\,60^\circ = \sqrt{3}$, $\text{Cotg}\,60^\circ = \frac{1}{3}\sqrt{3}$ u. s. w.

§. 542.

Die numerischen Werthe der trigonometrischen Funktionen Sinus, Cosinus, Tangente und Cotangente sind berechnet. Man findet sie, oder ihre Logarithmen, in den trigonometrischen Tafeln, deren Einrichtung und Gebrauch aus ihrer Einleitung zu entnehmen ist. Die Berechnung der Funktionen ist nicht mit Hilfe der Linien, sondern durch Reihen geschehen. Diese

Reihen werden in der Zahlenlehre entwickelt, in welcher den trigonometrischen Funktionen überhaupt eine andere allgemeinere Bedeutung zu Theil wird.

§. 543. Lehrsätze.

Sind α und β zwei beliebige Winkel, so ist

1) $\text{Sin}(\alpha+\beta) = \text{Sin}\,\alpha\ \text{Cos}\,\beta + \text{Cos}\,\alpha\ \text{Sin}\,\beta$
2) $\text{Cos}(\alpha+\beta) = \text{Cos}\,\alpha\ \text{Cos}\,\beta - \text{Sin}\,\alpha\ \text{Sin}\,\beta$
3) $\text{Sin}(\alpha-\beta) = \text{Sin}\,\alpha\ \text{Cos}\,\beta - \text{Cos}\,\alpha\ \text{Sin}\,\beta$
4) $\text{Cos}(\alpha-\beta) = \text{Cos}\,\alpha\ \text{Cos}\,\beta - \text{Sin}\,\alpha\ \text{Sin}\,\beta$.

Beweis. I. Wenn der eine von den Winkeln α und β beliebig, der andere Null oder ein rechter Winkel ist, ersieht sich die Richtigkeit der Formeln vermittelst der Paragraphen 530 und 536. Es sei z. B. α gleich Null und β beliebig, so ist

$$\text{Sin}(\alpha+\beta) = \text{Sin}\,\beta$$
$$\text{Sin}\,\alpha\ \text{Cos}\,\beta = 0\cdot\text{Cos}\,\beta = 0$$
$$\text{Cos}\,\alpha\ \text{Sin}\,\beta = 1\cdot\text{Sin}\,\beta = \text{Sin}\,\beta$$

also $\text{Sin}(\alpha+\beta = \text{Sin}\,\alpha\ \text{Cos}\,\beta + \text{Cos}\,\alpha\ \text{Sin}\,\beta$

oder $\text{Sin}(\alpha-\beta) = \text{Sin}(-\beta) = -\text{Sin}\,\beta$

$$\text{Sin}\,\alpha\ \text{Cos}\,\beta = 0\cdot\text{Cos}\,\beta = 0$$
$$\text{Cos}\,\alpha\ \text{Sin}\,\beta = 1\cdot\text{Sin}\,\beta = \text{Sin}\,\beta$$

folglich $\text{Sin}(\alpha-\beta) = \text{Sin}\,\alpha\ \text{Cos}\,\beta - \text{Cos}\,\alpha\ \text{Sin}\,\beta$.

Aehnlich in den übrigen Fällen, welche hier eintreten können.

II. Es sei α sowohl als β ein spitzer Winkel.

a) Es sei Fig. 228 M Mittelpunkt des Kreises und der Durchmesser sei gleich Eins. Die Winkel ABC, ADC, BDE sind rechte. Deshalb und weil der Durchmesser Eins ist, hat man $BC = \text{Sin}\,\alpha$, $AB = \text{Cos}\,\alpha$, $CD = \text{Sin}\,\beta$, $AD = \text{Cos}\,\beta$, $BD = \text{Sin}\,BED = \text{Sin}(\alpha+\beta)$. [Denn BED und BAD stehen auf demselben Bogen]. Nach §. 266 ist aber

$AC\cdot BD$ d. h. $1\cdot\text{Sin}(\alpha+\beta) = \text{Sin}\,\alpha\ \text{Cos}\,\beta + \text{Cos}\,\alpha\ \text{Sin}\,\beta$.

Tritt die Lage Fig. 229 ein, so ist $BAD + BED = 2R$ nach §. 265, und $\text{Sin}\,BED = \text{Sin}(\alpha+\beta)$ nach §. 531.

b) Bei denselben Voraussetzungen hat man an Fig. 230

$$\text{Cos}\,\alpha\ \text{Cos}\,\beta = \text{Sin}\,\alpha\ \text{Sin}\,\beta + AD\cdot BC$$

oder, da $AD = 1$ ist,

$$BC = \text{Cos}\,\alpha\ \text{Cos}\,\beta - \text{Sin}\,\alpha\ \text{Sin}\,\beta.$$

Nun ist $BC = \text{Cos}\,BCE$, und BCE ist $\alpha+\beta$, denn ACM ist gleich α, weil $MC = MA$, und ACB ist gleich β, weil diese Winkel auf gleichem Bogen stehen. Man hat daher

$$\text{Cos}(\alpha+\beta) = \text{Cos}\,\alpha\ \text{Cos}\,\beta - \text{Sin}\,\alpha\ \text{Sin}\,\beta.$$

In der Lage Fig. 231 ist

$$\text{Sin}\,\alpha\ \text{Sin}\,\beta = \text{Cos}\,\alpha\ \text{Cos}\,\beta + AD\cdot BC$$

oder $-BC = \text{Cos}\,\alpha\ \text{Cos}\,\beta - \text{Sin}\,\alpha\ \text{Sin}\,\beta$.

Es ist BC = Cos EBC. Es ist MBA = α, weil MB = MA, und ABC + β = 2R, d. h. α + EBC + β = 2R, folglich $\text{Cos}(\alpha+\beta) = -\text{Cos EBC} = -\text{BC}$, daher hat man wiederum

$$\text{Cos}(\alpha+\beta) = \text{Cos}\,\alpha\,\text{Cos}\,\beta - \text{Sin}\,\alpha\,\text{Sin}\,\beta.$$

c) Fig. 232 ist unter gleichen Voraussetzungen

$$\text{Sin}\,\alpha\,\text{Cos}\,\beta = \text{Cos}\,\alpha\,\text{Sin}\,\beta + \text{AD}\cdot\text{BC}$$

oder, da AD = 1 ist

$$\text{BC} = \text{Sin}\,\alpha\,\text{Cos}\,\beta - \text{Cos}\,\alpha\,\text{Sin}\,\beta$$

und BC ist Sin BEC, während BEC = BAC = $\alpha - \beta$ ist.

d) Fig. 233 ist, M als Mittelpunkt, und den Durchmesser gleich Eins gedacht

$$1\cdot\text{BD} = \text{Cos}\,\alpha\,\text{Cos}\,\beta + \text{Sin}\,\alpha\,\text{Sin}\,\beta$$

und es ist BD = Cos EBD = $\text{Cos}(\alpha-\beta)$, denn MBA ist gleich α, da MB gleich MA, und DBA ist gleich β.

III. Um die allgemeine Giltigkeit zunächst der beiden ersten Formeln darzuthun, erweisen wir folgenden besondern Satz Ist für irgend zwei Winkel x und y

$$\text{Sin}(x+y) = \text{Sin}\,x\,\text{Cos}\,y + \text{Cos}\,x\,\text{Sin}\,y$$
$$\text{Cos}(x+y) = \text{Cos}\,x\,\text{Cos}\,y - \text{Sin}\,x\,\text{Sin}\,y$$

so ist auch

$$\text{Sin}[(R+x)+y] = \text{Sin}(R+x)\,\text{Cos}\,y + \text{Cos}(R+x)\,\text{Sin}\,y$$
$$\text{Cos}[(R+x)+y] = \text{Cos}(R+x)\,\text{Cos}\,y - \text{Sin}(R+x)\,\text{Sin}\,y.$$

Es ist nämlich nach §. 534

$$\text{Sin}(R+x+y) = \text{Cos}(x+y)$$

wofür wir setzen wollen

$$\text{Cos}\,x\,\text{Cos}\,y - \text{Sin}\,x\,\text{Sin}\,y$$

ferner $\text{Cos}(R+x+y) = -\text{Sin}(x+y)$

und dafür mag gesetzt werden

$$-\text{Sin}\,x\,\text{Cos}\,y - \text{Cos}\,x\,\text{Sin}\,y.$$

Wegen desselben Paragraphen ist

$$\text{Cos}\,x = \text{Sin}(R+x)$$
$$-\text{Sin}\,x = \text{Cos}(R+x)$$

also, wenn man substituirt,

$$\text{Sin}(R+x+y) = \text{Sin}(R+x)\,\text{Cos}\,y + \text{Cos}(R+x)\,\text{Sin}\,y$$
$$\text{Cos}(R+x+y) = \text{Cos}(R+x)\,\text{Cos}\,y - \text{Sin}(R+x)\,\text{Sin}\,y.$$

Dies ist richtig, so lange die Formeln für $\text{Sin}(x+y)$ und $\text{Cos}(x+y)$ gelten. Darin liegt, daß, wenn die Formeln gelten für $\text{Sin}(x+y)$ und $\text{Cos}(x+y)$, sie auch gelten für $\text{Sin}[(R+x)+y]$ und $\text{Cos}[(R+x)+y]$.

IV. Durch I. und II. ist erwiesen, daß die Formeln für $\text{Sin}(\alpha+\beta)$ und $\text{Cos}(\alpha+\beta)$ gelten, wenn α und β irgend zwei Winkel im ersten Quadranten vorstellen, 0° eingeschlossen. Dann gelten nach III. auch die Formeln für $\text{Sin}[(R+\alpha)+\beta]$

und $\text{Cos}[(R+\alpha)+\beta]$, (wobei $R+\alpha$ 90° und jeden Winkel des zweiten Quadranten repräsentirt). Deshalb gelten sie nach III. auch für $\text{Sin}[(2R+\alpha)+\beta]$ und $\text{Cos}[(2R+\alpha)+\beta]$, dann für $\text{Sin}[(3R+\alpha)+\beta]$ und $\text{Cos}[(3R+\alpha)+\beta]$ u. s. w. für $\text{Sin}[(nR+\alpha)+\beta]$ und $\text{Cos}[(nR+\alpha)+\beta]$; d. h. die ersten Formeln gelten, wenn der eine Winkel in irgend einem Quadranten, der andere im ersten liegt. Gelten die Formeln, wenn α ganz beliebig ist und β im ersten Quadranten sich befindet, so gelten sie wiederum nach III. für $\text{Sin}[\alpha+(R+\beta)]$ und $\text{Cos}[\alpha+(R+\beta)]$ u. s. f. u. s. f. für $\text{Sin}[\alpha+(nR+\beta)]$ und $\text{Cos}[\alpha+(nR+\beta)]$, d. h. für ganz beliebige Winkel.

Um die Formeln 3) und 4) unseres Satzes allgemein zu beweisen, setzen wir in

$$\text{Sin}(\alpha+\beta) = \text{Sin}\,\alpha\,\text{Cos}\,\beta + \text{Cos}\,\alpha\,\text{Sin}\,\beta$$
$$\text{Cos}(\alpha+\beta) = \text{Cos}\,\alpha\,\text{Cos}\,\beta - \text{Sin}\,\alpha\,\text{Sin}\,\beta$$

$\gamma-\beta$ statt α; dadurch entsteht

$$1)\quad \text{Sin}\,\gamma = \text{Sin}(\gamma-\beta)\,\text{Cos}\,\beta + \text{Cos}(\gamma-\beta)\,\text{Sin}\,\beta$$
$$2)\quad \text{Cos}\,\gamma = \text{Cos}(\gamma-\beta)\,\text{Cos}\,\beta - \text{Sin}(\gamma-\beta)\,\text{Sin}\,\beta$$

und entwickeln hieraus $\text{Sin}(\gamma-\beta)$ und $\text{Cos}(\gamma-\beta)$.

Wir multipliciren die Gleichung 1) mit $\text{Cos}\,\beta$, die andere mit $\text{Sin}\,\beta$, das liefert

$$\text{Cos}\,\beta\,\text{Sin}\,\gamma = \text{Sin}(\gamma-\beta)\,\text{Cos}\,\beta^2 + \text{Cos}(\gamma-\beta)\,\text{Sin}\,\beta\,\text{Cos}\,\beta$$
$$\text{Sin}\,\beta\,\text{Cos}\,\gamma = \text{Cos}(\gamma-\beta)\,\text{Cos}\,\beta\,\text{Sin}\,\beta - \text{Sin}(\gamma-\beta)\,\text{Sin}\,\beta^2$$

und wenn wir subtrahiren

$$\text{Sin}\,\gamma\,\text{Cos}\,\beta - \text{Cos}\,\gamma\,\text{Sin}\,\beta = \text{Sin}(\gamma-\beta)[\text{Cos}\,\beta^2 + \text{Sin}\,\beta^2]$$ oder

da nach §. 538 $\text{Cos}\,\beta^2 + \text{Sin}\,\beta^2 = 1$ ist

$$3)\quad \text{Sin}(\gamma-\beta) = \text{Sin}\,\gamma\,\text{Cos}\,\beta - \text{Cos}\,\gamma\,\text{Sin}\,\beta.$$

Wir multipliciren ferner die Gleichung 1) mit $\text{Sin}\,\beta$, die Gleichung 2) mit $\text{Cos}\,\beta$, so entsteht

$$\text{Sin}\,\gamma\,\text{Sin}\,\beta = \text{Sin}(\gamma-\beta)\,\text{Sin}\,\beta\,\text{Cos}\,\beta + \text{Cos}(\gamma-\beta)\,\text{Sin}\,\beta^2$$
$$\text{Cos}\,\gamma\,\text{Cos}\,\beta = \text{Cos}(\gamma-\beta)\,\text{Cos}\,\beta^2 - \text{Sin}(\gamma-\beta)\,\text{Sin}\,\beta\,\text{Cos}\,\beta.$$

Beides addirt liefert

$$\text{Sin}\,\gamma\,\text{Sin}\,\beta + \text{Cos}\,\gamma\,\text{Cos}\,\beta = \text{Cos}(\gamma-\beta)[\text{Cos}\,\beta^2 + \text{Sin}\,\beta^2]$$ oder

$$4)\quad \text{Cos}(\gamma-\beta) = \text{Cos}\,\gamma\,\text{Cos}\,\beta + \text{Sin}\,\gamma\,\text{Sin}\,\beta.$$

Und setzen wir in 3) und 4) statt γ, das jeder Winkel sein kann, lieber α, so haben wir allgemein giltig die beiden letzten Formeln des Satzes.

Vermittelst der Formeln dieses Paragraphen wird der Sinus und der Cosinus einer Summe oder einer Differenz zweier Winkel ausgedrückt durch den Sinus und den Cosinus der einzelnen Winkel.

§. 544.

Die Formeln

I) $\mathrm{Sin}\,\alpha^2 + \mathrm{Cos}\,\alpha^2 = 1$

II) $\mathrm{Sin}\,(\alpha+\beta) = \mathrm{Sin}\,\alpha\,\mathrm{Cos}\beta + \mathrm{Cos}\,\alpha\,\mathrm{Sin}\beta$

III) $\mathrm{Cos}(\alpha+\beta) = \mathrm{Cos}\,\alpha\,\mathrm{Cos}\beta - \mathrm{Sin}\,\alpha\,\mathrm{Sin}\beta$

IV) $\mathrm{Sin}\,(\alpha-\beta) = \mathrm{Sin}\,\alpha\,\mathrm{Cos}\beta - \mathrm{Cos}\,\alpha\,\mathrm{Sin}\beta$

V) $\mathrm{Cos}\,(\alpha-\beta) = \mathrm{Cos}\,\alpha\,\mathrm{Cos}\beta + \mathrm{Sin}\,\alpha\,\mathrm{Sin}\beta$

finden bei Berechnungen, welche vermittelst trigonometrischer Funktionen angestellt werden, vielfache Anwendung.

Aus ihnen lassen sich andere ableiten, entweder dadurch, daß man den Winkeln besondere Werthe beilegt, oder dadurch, daß man die Formeln verbindet, oder, indem beides geschieht. Die Ableitung der nothwendigsten Formeln mag hier folgen:

a) Man setze in den zweiten Formeln α statt β, und sie geht über in

$$\mathrm{Sin}\,2\alpha = 2\,\mathrm{Sin}\,\alpha\,\mathrm{Cos}\,\alpha$$

oder wenn man $\frac{\alpha}{2}$ statt α setzt

$$\mathrm{Sin}\,\alpha = 2\,\mathrm{Sin}\,\frac{\alpha}{2}\,\mathrm{Cos}\,\frac{\alpha}{2}$$

Diese Formeln dienen, den Sinus irgend eines Winkels durch den Sinus und den Cosinus des halben Winkels auszudrücken.

b) Wird in III) α statt β gesetzt, so entsteht

1) $\mathrm{Cos}\,2\alpha = \mathrm{Cos}\,\alpha^2 - \mathrm{Sin}\,\alpha^2$

oder wenn man $\frac{\alpha}{2}$ statt α setzt

$$\mathrm{Cos}\,\alpha = \mathrm{Cos}\,\frac{\alpha^2}{2} - \mathrm{Sin}\,\frac{\alpha^2}{2}$$

Hiernach läßt sich der Cosinus irgend eines Winkels durch den Sinus und den Cosinus des halben Winkels ausdrücken. Will man $\mathrm{Cos}\,2\alpha$ bloß durch $\mathrm{Sin}\,\alpha$ wiedergeben, so setze man nach I) $1-\mathrm{Sin}\,\alpha^2$ statt $\mathrm{Cos}\,\alpha^2$, und es entsteht

2) $\mathrm{Cos}\,2\alpha = 1 - \mathrm{Sin}\,\alpha^2 - \mathrm{Sin}\,\alpha^2 = 1 - 2\,\mathrm{Sin}\,\alpha^2$.

Und will man $\mathrm{Cos}\,2\alpha$ lediglich durch $\mathrm{Cos}\,\alpha$ ausdrücken, so schreibe man wegen I) $1-\mathrm{Cos}\,\alpha^2$ statt $\mathrm{Sin}\,\alpha^2$. Dadurch entsteht

3) $\mathrm{Cos}\,2\alpha = \mathrm{Cos}\,\alpha^2 - (1 - \mathrm{Cos}\,\alpha^2) = 2\,\mathrm{Cos}\,\alpha^2 - 1$.

Aus $\quad\mathrm{Cos}\,2\alpha = 1 - 2\,\mathrm{Sin}\,\alpha^2$

folgt $\quad 1 - \mathrm{Cos}\,2\alpha = 2\,\mathrm{Sin}\,\alpha^2$

und $\frac{\alpha}{2}$ statt α gesetzt

$$4)\quad 1 - \mathrm{Cos}\,\alpha = 2\,\mathrm{Sin}\,\frac{\alpha^2}{2}.$$

Aus $$\mathrm{Cos}\,2\alpha = 2\,\mathrm{Cos}\,\alpha^2 - 1$$
folgt $$1 + \mathrm{Cos}\,2\alpha = 2\,\mathrm{Cos}\,\alpha^2$$
und $\frac{\alpha}{2}$ statt α geschrieben

$$5)\quad 1 + \mathrm{Cos}\,\alpha = 2\,\mathrm{Cos}\,\frac{\alpha^2}{2}.$$

Die Formeln 4) und 5) finden sich auch sehr einfach, indem man
$$1 = \mathrm{Cos}\,\frac{\alpha^2}{2} + \mathrm{Sin}\,\frac{\alpha^2}{2}$$
und
$$\mathrm{Cos}\,\alpha = \mathrm{Cos}\,\frac{\alpha^2}{2} - \mathrm{Sin}\,\frac{\alpha^2}{2}$$
addirt und subtrahirt.

Ferner folgt, weil nach a) $\mathrm{Sin}\,\alpha = 2\,\mathrm{Sin}\,\frac{\alpha}{2}\,\mathrm{Cos}\,\frac{\alpha}{2}$ ist,

$$6)\quad \frac{1 - \mathrm{Cos}\,\alpha}{\mathrm{Sin}\,\alpha} = \frac{2\,\mathrm{Sin}\,\frac{\alpha^2}{2}}{2\,\mathrm{Sin}\,\frac{\alpha}{2}\,\mathrm{Cos}\,\frac{\alpha}{2}} = \mathrm{Tg}\,\frac{\alpha}{2}$$

$$7)\quad \frac{1 + \mathrm{Cos}\,\alpha}{\mathrm{Sin}\,\alpha} = \frac{2\,\mathrm{Cos}\,\frac{\alpha^2}{2}}{2\,\mathrm{Sin}\,\frac{\alpha}{2}\,\mathrm{Cos}\,\frac{\alpha}{2}} = \mathrm{Cotg}\,\frac{\alpha}{2}$$

c) Das Addiren der Formeln II) und IV) liefert
$$1)\quad \mathrm{Sin}\,(\alpha + \beta) + \mathrm{Sin}\,(\alpha - \beta) = 2\,\mathrm{Sin}\,\alpha\,\mathrm{Cos}\,\beta$$
das Subtrahiren der Formel IV) von der Formel II)
$$2)\quad \mathrm{Sin}\,(\alpha + \beta) - \mathrm{Sin}\,(\alpha - \beta) = 2\,\mathrm{Cos}\,\alpha\,\mathrm{Sin}\,\beta.$$
Die Summe der Formeln III) und V) ist
$$3)\quad \mathrm{Cos}\,(\alpha + \beta) + \mathrm{Cos}\,(\alpha - \beta) = 2\,\mathrm{Cos}\,\alpha\,\mathrm{Cos}\,\beta$$
die Differenz der Formel V) und III)
$$4)\quad \mathrm{Cos}\,(\alpha - \beta) - \mathrm{Cos}\,(\alpha + \beta) = 2\,\mathrm{Sin}\,\alpha\,\mathrm{Sin}\,\beta.$$

Man setze
$$\alpha + \beta = \gamma$$
$$\alpha - \beta = \delta$$
und es folgt
$$\alpha = \frac{\gamma + \delta}{2}$$
$$\beta = \frac{\gamma - \delta}{2}.$$

Diese Werthe substituire man, und es entsteht

$$5)\ \operatorname{Sin}\gamma+\operatorname{Sin}\delta=2\operatorname{Sin}\frac{\gamma+\delta}{2}\operatorname{Cos}\frac{\gamma-\delta}{2}$$

$$6)\ \operatorname{Sin}\gamma-\operatorname{Sin}\delta=2\operatorname{Cos}\frac{\gamma+\delta}{2}\operatorname{Sin}\frac{\gamma-\delta}{2}$$

$$7)\ \operatorname{Cos}\gamma+\operatorname{Cos}\delta=2\operatorname{Cos}\frac{\gamma+\delta}{2}\operatorname{Cos}\frac{\gamma-\delta}{2}$$

$$8)\ \operatorname{Cos}\delta-\operatorname{Cos}\gamma=2\operatorname{Sin}\frac{\gamma+\delta}{2}\operatorname{Sin}\frac{\gamma-\delta}{2}$$

Nach diesen Formeln läßt sich statt der Summe oder statt der Differenz zweier Sinusse oder Cosinusse ein Product setzen. Sie sind von besonderer Wichtigkeit.

Dividirt man die Formel 5) durch 7), so folgt

$$9)\ \frac{\operatorname{Sin}\gamma+\operatorname{Sin}\delta}{\operatorname{Cos}\gamma+\operatorname{Cos}\delta}=\operatorname{Tg}\frac{\gamma+\delta}{2}$$

und die Division von 7) in 6) liefert

$$10)\ \frac{\operatorname{Sin}\gamma-\operatorname{Sin}\delta}{\operatorname{Cos}\gamma+\operatorname{Cos}\delta}=\operatorname{Tg}\frac{\gamma-\delta}{2}$$

Wird 9) durch 10) dividirt, so entsteht

$$11)\ \frac{\operatorname{Sin}\gamma+\operatorname{Sin}\delta}{\operatorname{Sin}\gamma-\operatorname{Sin}\delta}=\frac{\operatorname{Tg}\frac{\gamma+\delta}{2}}{\operatorname{Tg}\frac{\gamma-\delta}{2}}$$

Das Product der beiden Formeln 5) und 6) giebt

$$\operatorname{Sin}\gamma^2-\operatorname{Sin}\delta^2=2\operatorname{Sin}\frac{\gamma+\delta}{2}\operatorname{Cos}\frac{\gamma-\delta}{2}\,2\operatorname{Cos}\frac{\gamma+\delta}{2}\operatorname{Sin}\frac{\gamma-\delta}{2}$$

$$=2\operatorname{Sin}\frac{\gamma+\delta}{2}\operatorname{Cos}\frac{\gamma+\delta}{2}\,2\operatorname{Sin}\frac{\gamma-\delta}{2}\operatorname{Cos}\frac{\gamma-\delta}{2}$$

oder, weil nach a) $\operatorname{Sin}\alpha=2\operatorname{Sin}\frac{\alpha}{2}\operatorname{Cos}\frac{\alpha}{2}$ ist,

$$12)\ \operatorname{Sin}\gamma^2-\operatorname{Sin}\delta^2=\operatorname{Sin}(\gamma+\delta)\operatorname{Sin}(\gamma-\delta).$$

Die Multiplication der Formeln 7) und 8) liefert eben so

$$13)\ \operatorname{Cos}\delta^2-\operatorname{Cos}\gamma^2=\operatorname{Sin}(\gamma+\delta)\operatorname{Sin}(\gamma-\delta).$$

d) Man dividire die zweite Formel durch die dritte, das liefert

$$\operatorname{Tg}(\alpha+\beta)=\frac{\operatorname{Sin}\alpha\operatorname{Cos}\beta+\operatorname{Cos}\alpha\operatorname{Sin}\beta}{\operatorname{Cos}\alpha\operatorname{Cos}\beta-\operatorname{Sin}\alpha\operatorname{Sin}\beta}$$

oder Zähler und Nenner durch $\text{Cos}\,\alpha\,\text{Cos}\,\beta$ dividirt und überall Tg statt $\frac{\text{Sin}}{\text{Cos}}$ gesetzt

$$1)\quad \text{Tg}\,(\alpha+\beta) = \frac{\text{Tg}\,\alpha + \text{Tg}\,\beta}{1 - \text{Tg}\,\alpha\,\text{Tg}\,\beta}$$

Dividirt man die vierte Formel durch die fünfte, so ergiebt sich eben so

$$2)\quad \text{Tg}\,(\alpha-\beta) = \frac{\text{Tg}\,\alpha - \text{Tg}\,\beta}{1 + \text{Tg}\,\alpha\,\text{Tg}\,\beta}$$

Wird die dritte Formel durch die zweite dividirt, so entsteht

$$\text{Cotg}\,(\alpha+\beta) = \frac{\text{Cos}\,\alpha\,\text{Cos}\,\beta - \text{Sin}\,\alpha\,\text{Sin}\,\beta}{\text{Sin}\,\alpha\,\text{Cos}\,\beta + \text{Cos}\,\alpha\,\text{Sin}\,\beta}$$

und daraus, wenn man Zähler und Nenner durch $\text{Sin}\,\alpha\,\text{Sin}\,\beta$ dividirt

$$3)\quad \text{Cotg}\,(\alpha+\beta) = \frac{\text{Cotg}\,\alpha\,\text{Cotg}\,\beta - 1}{\text{Cotg}\,\beta + \text{Cotg}\,\alpha}$$

Eben so findet sich durch Division von IV) in V)

$$4)\quad \text{Cotg}\,(\alpha-\beta) = \frac{\text{Cotg}\,\alpha\,\text{Cotg}\,\beta + 1}{\text{Cotg}\,\beta - \text{Cotg}\,\alpha}$$

Vermittelst dieser Formeln drückt man die Tangente und die Cotangente einer Summe oder einer Differenz zweier Winkel durch die Tangenten und die Cotangenten der einzelnen Winkel aus.

Setzt man in 1) und in 3) α statt β, so folgt

$$5)\quad \text{Tg}\,2\alpha = \frac{2\,\text{Tg}\,\alpha}{1 - \text{Tg}\,\alpha^2}$$

$$6)\quad \text{Cotg}\,2\alpha = \frac{\text{Cotg}\,\alpha^2 - 1}{2\,\text{Cotg}\,\alpha}$$

§. 545.

Zur besseren Uebersicht mögen die bisher entwickelten Formeln und einige leicht aus ihnen abzuleitende zusammengetragen werden:

$$1)\quad \text{Sin}\,\alpha^2 + \text{Cos}\,\alpha^2 = 1$$
$$\text{Sin}\,\alpha^2 = 1 - \text{Cos}\,\alpha^2$$
$$\text{Cos}\,\alpha^2 = 1 - \text{Sin}\,\alpha^2$$
$$\text{Sin}\,\alpha = \sqrt{1 - \text{Cos}\,\alpha^2}$$
$$\text{Cos}\,\alpha = \sqrt{1 - \text{Sin}\,\alpha^2}.$$

2) $\text{Tg}\,\alpha\,\text{Cotg}\,\alpha = 1$

$$\text{Tg}\,\alpha = \frac{1}{\text{Cotg}\,\alpha}$$

$$\text{Cotg}\,\alpha = \frac{1}{\text{Tg}\,\alpha}$$

3) $\text{Sin}\,(\alpha+\beta) = \text{Sin}\,\alpha\,\text{Cos}\,\beta + \text{Cos}\,\alpha\,\text{Sin}\,\beta$

4) $\text{Sin}\,(\alpha-\beta) = \text{Sin}\,\alpha\,\text{Cos}\,\beta - \text{Cos}\,\alpha\,\text{Sin}\,\beta$

5) $\text{Cos}\,(\alpha+\beta) = \text{Cos}\,\alpha\,\text{Cos}\,\beta - \text{Sin}\,\alpha\,\text{Sin}\,\beta$

6) $\text{Cos}\,(\alpha-\beta) = \text{Cos}\,\alpha\,\text{Cos}\,\beta + \text{Sin}\,\alpha\,\text{Sin}\,\beta$

7) $\text{Sin}\,2\alpha = 2\,\text{Sin}\,\alpha\,\text{Cos}\,\alpha$

$$\text{Sin}\,\alpha = 2\,\text{Sin}\,\frac{\alpha}{2}\,\text{Cos}\,\frac{\alpha}{2}$$

8) $\text{Cos}\,2\alpha = \text{Cos}\,\alpha^2 - \text{Sin}\,\alpha^2$

$$\text{Cos}\,\alpha = \text{Cos}\,\frac{\alpha^2}{2} - \text{Sin}\,\frac{\alpha^2}{2}$$

9) $\text{Cos}\,2\alpha = 1 - 2\,\text{Sin}\,\alpha^2$

$$\text{Cos}\,\alpha = 1 - 2\,\text{Sin}\,\frac{\alpha^2}{2}$$

10) $\text{Cos}\,2\alpha = 2\,\text{Cos}\,\alpha^2 - 1$

$$\text{Cos}\,\alpha = 2\,\text{Cos}\,\frac{\alpha^2}{2} - 1$$

11) $1 + \text{Cos}\,\alpha = 2\,\text{Cos}\,\frac{\alpha^2}{2}$

12) $1 - \text{Cos}\,\alpha = 2\,\text{Sin}\,\frac{\alpha^2}{2}$

13) $\frac{1+\text{Cos}\,\alpha}{\text{Sin}\,\alpha} = \text{Cotg}\,\frac{\alpha}{2}$

14) $\frac{1-\text{Cos}\,\alpha}{\text{Sin}\,\alpha} = \text{Tg}\,\frac{\alpha}{2}$

15) $\text{Sin}\,(\alpha+\beta) + \text{Sin}\,(\alpha-\beta) = 2\,\text{Sin}\,\alpha\,\text{Cos}\,\beta$

$$\text{Sin}\,\frac{\alpha+\beta}{2} + \text{Sin}\,\frac{\alpha-\beta}{2} = 2\,\text{Sin}\,\frac{\alpha}{2}\,\text{Cos}\,\frac{\beta}{2}$$

16) $\text{Sin}\,(\alpha+\beta) - \text{Sin}\,(\alpha-\beta) = 2\,\text{Cos}\,\alpha\,\text{Sin}\,\beta$

$$\text{Sin}\,\frac{\alpha+\beta}{2} - \text{Sin}\,\frac{\alpha-\beta}{2} = 2\,\text{Cos}\,\frac{\alpha}{2}\,\text{Sin}\,\frac{\beta}{2}$$

17) $\text{Cos}(\alpha+\beta) + \text{Cos}(\alpha-\beta) = 2\,\text{Cos}\,\alpha\,\text{Cos}\,\beta$

$$\text{Cos}\,\frac{\alpha+\beta}{2} + \text{Cos}\,\frac{\alpha-\beta}{2} = 2\,\text{Cos}\,\frac{\alpha}{2}\,\text{Cos}\,\frac{\beta}{2}$$

18) $\mathrm{Cos}(\alpha-\beta)-\mathrm{Cos}(\alpha+\beta) = 2\,\mathrm{Sin}\,\alpha\,\mathrm{Sin}\,\beta$

$\mathrm{Cos}\frac{\alpha-\beta}{2}-\mathrm{Cos}\frac{\alpha+\beta}{2} = 2\,\mathrm{Sin}\frac{\alpha}{2}\,\mathrm{Sin}\frac{\beta}{2}$

19) $\mathrm{Sin}\,\alpha+\mathrm{Sin}\,\beta = 2\,\mathrm{Sin}\frac{\alpha+\beta}{2}\,\mathrm{Cos}\frac{\alpha-\beta}{2}$

20) $\mathrm{Sin}\,\alpha-\mathrm{Sin}\,\beta = 2\,\mathrm{Cos}\frac{\alpha+\beta}{2}\,\mathrm{Sin}\frac{\alpha-\beta}{2}$

21) $\mathrm{Cos}\,\alpha+\mathrm{Cos}\,\beta = 2\,\mathrm{Cos}\frac{\alpha+\beta}{2}\,\mathrm{Cos}\frac{\alpha-\beta}{2}$

22) $\mathrm{Cos}\,\alpha-\mathrm{Cos}\,\beta = 2\,\mathrm{Sin}\frac{\alpha+\beta}{2}\,\mathrm{Sin}\frac{\beta-\alpha}{2}$

23) $\frac{\mathrm{Sin}\,\alpha+\mathrm{Sin}\,\beta}{\mathrm{Cos}\,\alpha+\mathrm{Cos}\,\beta} = \mathrm{Tg}\frac{\alpha+\beta}{2}$

24) $\frac{\mathrm{Sin}\,\alpha-\mathrm{Sin}\,\beta}{\mathrm{Cos}\,\alpha+\mathrm{Cos}\,\beta} = \mathrm{Tg}\frac{\alpha-\beta}{2}$

25) $\frac{\mathrm{Sin}\,\alpha+\mathrm{Sin}\,\beta}{\mathrm{Sin}\,\alpha-\mathrm{Sin}\,\beta} = \frac{\mathrm{Tg}\frac{\alpha+\beta}{2}}{\mathrm{Tg}\frac{\alpha-\beta}{2}}$

26) $\mathrm{Sin}\,\alpha^2-\mathrm{Sin}\,\beta^2 = \mathrm{Sin}(\alpha+\beta)\,\mathrm{Sin}(\alpha-\beta)$

27) $\mathrm{Cos}\,\alpha^2-\mathrm{Cos}\,\beta^2 = \mathrm{Sin}(\alpha+\beta)\,\mathrm{Sin}(\beta-\alpha)$

28) $\mathrm{Tg}(\alpha+\beta) = \frac{\mathrm{Tg}\,\alpha+\mathrm{Tg}\,\beta}{1-\mathrm{Tg}\,\alpha\,\mathrm{Tg}\,\beta}$

29) $\mathrm{Tg}(\alpha-\beta) = \frac{\mathrm{Tg}\,\alpha-\mathrm{Tg}\,\beta}{1+\mathrm{Tg}\,\alpha\,\mathrm{Tg}\,\beta}$

30) $\mathrm{Cotg}(\alpha+\beta) = \frac{\mathrm{Cotg}\,\alpha\,\mathrm{Cotg}\,\beta-1}{\mathrm{Cotg}\,\beta+\mathrm{Cotg}\,\alpha}$

31) $\mathrm{Cotg}(\alpha-\beta) = \frac{\mathrm{Cotg}\,\alpha\,\mathrm{Cotg}\,\beta+1}{\mathrm{Cotg}\,\beta-\mathrm{Cotg}\,\alpha}$

32) $\mathrm{Tg}\,2\alpha = \frac{2\,\mathrm{Tg}\,\alpha}{1-\mathrm{Tg}\,\alpha^2}$

33) $\mathrm{Cotg}\,2\alpha = \frac{\mathrm{Cotg}\,\alpha^2-1}{2\,\mathrm{Cotg}\,\alpha}$

Nummern, welche fernerhin angegeben sind, beziehen sich auf diese Formeln.

§. 546.

Die Reductionen, welche die Formeln in §. 531 und §. 533 bewirken, lassen sich leicht vermittelst der Formeln 3), 4), 5), 6) ausführen.

Es sei z. B. Sin(3R + α) gegeben. Es ist

$$\begin{aligned}\mathrm{Sin}(3R+\alpha) &= \mathrm{Sin}\,3R\,\mathrm{Cos}\,\alpha + \mathrm{Cos}\,3R\,\mathrm{Sin}\,\alpha\\ &= -1\cdot\mathrm{Cos}\,\alpha + 0\cdot\mathrm{Sin}\,\alpha\\ &= -\mathrm{Cos}\,\alpha\end{aligned}$$

Oder es sei gegeben Cos(5R − α). Es ist

$$\begin{aligned}\mathrm{Cos}(5R-\alpha) &= \mathrm{Cos}\,5R\,\mathrm{Cos}\,\alpha + \mathrm{Sin}\,5R\,\mathrm{Sin}\,\alpha\\ &= 0\cdot\mathrm{Cos}\,\alpha + 1\cdot\mathrm{Sin}\,\alpha = \mathrm{Sin}\,\alpha.\end{aligned}$$

Wäre gegeben Tg(R + α), so ist

$$\begin{aligned}\mathrm{Tg}(R+\alpha) &= \frac{\mathrm{Sin}(R+\alpha)}{\mathrm{Cos}(R+\alpha)}\\ &= \frac{\mathrm{Sin}\,R\,\mathrm{Cos}\,\alpha + \mathrm{Cos}\,R\,\mathrm{Sin}\,\alpha}{\mathrm{Cos}\,R\,\mathrm{Cos}\,\alpha - \mathrm{Sin}\,R\,\mathrm{Sin}\,\alpha}\\ &= \frac{\mathrm{Cos}\,\alpha}{-\mathrm{Sin}\,\alpha} = -\mathrm{Cotg}\,\alpha \qquad \text{u. s. w.}\end{aligned}$$

Zugleich erhellet, daß die auf dem gegenwärtigen Wege gewonnenen Resultate für jeden beliebigen Winkel α gelten.

In gleicher Weise ergiebt sich, daß für jeden Winkel α

$$\begin{aligned}\mathrm{Sin}\,(R-\alpha) &= \mathrm{Cos}\,\alpha\\ \mathrm{Cos}\,(R-\alpha) &= \mathrm{Sin}\,\alpha\end{aligned}$$

ist, also auch $\mathrm{Tg}\,(R-\alpha) = \mathrm{Cotg}\,\alpha$ u. s. w.

§. 547.

Ist $\alpha+\beta+\gamma = 2R$, so ist

1) $\mathrm{Sin}\,\alpha + \mathrm{Sin}\,\beta + \mathrm{Sin}\,\gamma = 4\,\mathrm{Cos}\,\tfrac{1}{2}\alpha\,\mathrm{Cos}\,\tfrac{1}{2}\beta\,\mathrm{Cos}\,\tfrac{1}{2}\gamma$

2) $\mathrm{Sin}\,\alpha + \mathrm{Sin}\,\beta - \mathrm{Sin}\,\gamma = 4\,\mathrm{Sin}\,\tfrac{1}{2}\alpha\,\mathrm{Sin}\,\tfrac{1}{2}\beta\,\mathrm{Cos}\,\tfrac{1}{2}\gamma$

Es ist

$$\begin{aligned}\mathrm{Sin}\,\alpha + \mathrm{Sin}\,\beta &= 2\,\mathrm{Sin}\,\tfrac{1}{2}(\alpha+\beta)\,\mathrm{Cos}\,\tfrac{1}{2}(\alpha-\beta) \qquad (19)\\ \mathrm{Sin}\,\gamma &= 2\,\mathrm{Sin}\,\tfrac{1}{2}\gamma\,\mathrm{Cos}\,\tfrac{1}{2}\gamma \qquad (7)\end{aligned}$$

also

$$\mathrm{Sin}\,\alpha+\mathrm{Sin}\,\beta+\mathrm{Sin}\,\gamma = 2[\mathrm{Sin}\,\tfrac{1}{2}(\alpha+\beta)\,\mathrm{Cos}\,\tfrac{1}{2}(\alpha-\beta)+\mathrm{Sin}\,\tfrac{1}{2}\gamma\,\mathrm{Cos}\,\tfrac{1}{2}\gamma].$$

Nach der Voraussetzung ist $\tfrac{1}{2}(\alpha+\beta)+\tfrac{1}{2}\gamma = R$, folglich

$\mathrm{Sin}\,\tfrac{1}{2}(\alpha+\beta) = \mathrm{Cos}\,\tfrac{1}{2}\gamma$, und $\mathrm{Sin}\,\tfrac{1}{2}\gamma = \mathrm{Cos}\,\tfrac{1}{2}(\alpha+\beta$.

Diese Werthe substituire man, und es entsteht

$$\begin{aligned}\mathrm{Sin}\,\alpha + \mathrm{Sin}\,\beta + \mathrm{Sin}\,\gamma &= 2\,\mathrm{Cos}\,\tfrac{1}{2}\gamma[\mathrm{Cos}\,\tfrac{1}{2}(\alpha-\beta) + \mathrm{Cos}\,\tfrac{1}{2}(\alpha+\beta)]\\ &= 4\,\mathrm{Cos}\,\tfrac{1}{2}\alpha\,\mathrm{Cos}\,\tfrac{1}{2}\beta\,\mathrm{Cos}\,\tfrac{1}{2}\gamma \qquad (17)\end{aligned}$$

Eben so ergiebt sich die zweite Formel.

§. 548.

Aus der Gleichung

$$a\,\mathrm{Sin}\,x + b\,\mathrm{Cos}\,x = c$$

läßt sich Sin x entwickeln, wenn $\sqrt{1-\mathrm{Sin}\,x^2}$ statt Cos x gesetzt wird; oder Cos x, wenn man Sin x durch $\sqrt{1-\mathrm{Cos}\,x^2}$ ersetzt. Im ersten Fall entsteht

$$a\,\mathrm{Sin}\,x + b\sqrt{1-\mathrm{Sin}\,x^2} = c$$

und hieraus folgt

$$\operatorname{Sin} x = \frac{ac \pm \sqrt{a^2c^2 + (a^2 + b^2)(b^2 - c^2)}}{a^2 + b^2}$$

Aehnlich im anderen Fall.

Für die Berechnung mit Logarithmen ist der gefundene Ausdruck unbequem. Kommt es nicht darauf an, gerade Sin x oder Cos x zu entwickeln, so kann man folgenden Weg einschlagen: Man dividire die Gleichung durch a oder durch b, etwa durch a, und es entsteht

$$\operatorname{Sin} x + \frac{b}{a} \operatorname{Cos} x = \frac{c}{a}$$

Die Tangenten durchlaufen alle Werthe von $-\infty$ bis $+\infty$; deshalb giebt es einen Winkel φ, dessen Tangente $\frac{b}{a}$ ist, und der in den trigonometrischen Tafeln kann gefunden werden. Man setze $\operatorname{Tg} \varphi$ statt $\frac{b}{a}$, und es entsteht

$$\operatorname{Sin} x + \operatorname{Tg} \varphi \operatorname{Cos} x = \frac{c}{a}$$

oder, mit $\operatorname{Cos} \varphi$ multiplicirt,

$$\operatorname{Cos} \varphi \operatorname{Sin} x + \operatorname{Sin} \varphi \operatorname{Cos} x = \frac{c}{a} \operatorname{Cos} \varphi$$

$$\operatorname{Sin} (\varphi + x) = \frac{c}{a} \operatorname{Cos} \varphi \qquad (3)$$

Durch den Werth für $\operatorname{Sin} (\varphi + x)$ findet man vermittelst der Tafeln den Winkel $\varphi + x$, und dann x, wenn man φ subtrahirt.

§. 549.

Es sei ein Winkel x durch eine von den sechs Funktionen Sin, Cos, Tg, Cotg, Sec, Cosec gegeben. Schließen wir die Winkel aus, welche 360° übersteigen, so bleibt der Winkel x insofern unbestimmt, als er in einem oder in einem anderen Quadranten liegen kann, denn jede der angeführten Funktionen ist in zwei Quadranten positiv und in zwei Quadranten negativ.

Den Winkel zu bestimmen sind zwei Funktionen erforderlich, welche nicht in zwei Quadranten dasselbe Vorzeichen gemeinschaftlich führen. Zwei bestimmende Funktionen sind

Sin	und	Cos	Cos	und	Cosec
Sin	„	Tg	Tg	„	Sec
Sin	„	Cotg	Tg	„	Cosec
Sin	„	Sec	Cotg	„	Sec
Cos	„	Tg	Cotg	„	Cosec
Cos	„	Cotg	Sec	„	Cosec

Es seien z. B. Sin und Cos gegeben. Sind beide Funktionen positiv, so liegt der Winkel im ersten Quadranten, sind beide negativ, im dritten. Ist der Sinus positiv, der Cosinus negativ, so befindet sich der Winkel im zweiten Quadranten; ist der Sinus negativ, der Cosinus positiv, so liegt der Winkel im vierten.

Häufig sind sonstige Umstände bekannt, welche zur Bestimmung eines Winkels beitragen. Vorzüglich zu beachten ist der Fall, daß der Winkel x nicht 180° erreichen kann, wie z. B. wenn er einem Dreieck angehört. In diesem Fall reicht jede Funktion zur Bestimmung des Winkels aus, welche in den beiden ersten Quadranten verschiedene Vorzeichen führt, also jede der Funktionen

Cos, Tg, Cotg, Sec.

Sin oder Cosec allein bestimmt den Winkel nicht, aber durch $\text{Sin}\,\frac{x}{2}$ oder $\text{Cosec}\,\frac{x}{2}$ ist der Winkel festgestellt, weil $\frac{x}{2} < 90^\circ$, so lange $x < 180^\circ$.

Sinv oder Cosinv, als stets positiv, läßt den Quadranten unentschieden. Auch kann eine dieser Funktionen in Verbindung mit einer der sechs oben angeführten nicht zur Bestimmung des Winkels dienen, weil dann immer beide Funktionen in zwei Quadranten dasselbe Zeichen (+) gemeinschaftlich führen. Sinv oder Cosinv ist nur brauchbar, wenn sonstige Umstände den Quadranten feststellen.

Aus den trigonometrischen Tafeln lassen sich die Funktionen Sin, Cos, Tg, Cotg eines jeden Winkels entnehmen, und umgekehrt, vermittelst der Tafeln kann jeder Winkel erhalten werden, für welchen bestimmende Funktionen ermittelt sind.

§. 550.

Uebungen und Praktisches.

1) Wie wird ein Winkel bestimmt? Wie wird ein Winkel betrachtet bei der Erweiterung des Begriffs?

2) Was versteht man unter dem Sinus und unter dem Cosinus eines spitzen Winkels? Weshalb ist durch den Sinus oder durch den Cosinus ein spitzer Winkel bestimmt? Wie sind die Begriffe des Sinus und des Cosinus erweitert worden? Sind bei der Erweiterung in absoluter Hinsicht neue Zahlenwerthe für Sinus und Cosinus hervorgegangen? Ist bei dem erweiterten Begriff des Sinus und des Cosinus durch den Sinus oder durch den Cosinus ein Winkel bestimmt? Welche Vorzeichen hat der Sinus, welche der

Cosinus? Wie viele Winkel gehören zu einem gegebenen Sinus, oder zu einem gegebenen Cosinus?

3) Was verstehen wir unter der Tangente, der Cotangente, der Secante, der Cosecante, dem Sinusversus und dem Cosinusversus eines Winkels? Wie wird die Tangente construirt, wie die Secante, der Sinusversus? Welche Vorzeichen haben Tangente, Cotangente, Secante, Cosecante, Sinusversus, Cosinusversus?

4) Welche Werthe durchläuft der Sinus, der Cosinus, die Tangente, u. s. w.?

5) Wenn zwei Winkel zusammengenommen einen gestreckten Winkel ausmachen, wie sind die Sinusse der Winkel beschaffen, wie die Cosinusse, die Tangenten u. s. w.?

6) Wenn die Summe zweier Winkel einen rechten Winkel beträgt, durch welche Funktionen des anderen Winkels drückt sich der Sinus, der Cosinus, die Tangente u. s. w. des einen Winkels aus?

7) Wie entsteht ein Winkel, dessen Maaß eine negative Zahl ist? Wie lassen sich die Funktionen negativer Winkel durch Funktionen positiver Winkel ausdrücken?

8) Welche Gleichungen finden zwischen den acht Funktionen eines Winkels Statt? Wenn eine Funktion eines Winkels gegeben ist, wie läßt sich jede der übrigen finden?

9) Was ist $\operatorname{Sin}(\alpha+\beta)$ und was ist $\operatorname{Sin}\alpha+\operatorname{Sin}\beta$? Was ist $\operatorname{Sin}(\alpha-\beta)$ und was ist $\operatorname{Sin}\alpha-\operatorname{Sin}\beta$? Was ist $\operatorname{Cos}(\alpha+\beta)$ und was ist $\operatorname{Cos}\alpha+\operatorname{Cos}\beta$? Was ist $\operatorname{Cos}(\alpha-\beta)$ und was ist $\operatorname{Cos}\alpha-\operatorname{Cos}\beta$? Was ist $\operatorname{Cos}\alpha^2+\operatorname{Sin}\alpha^2$ und was ist $\operatorname{Cos}\alpha^2-\operatorname{Sin}\alpha^2$? Was ist $\operatorname{Sin}2\alpha$, und welche Ausdrücke hat man für $\operatorname{Cos}2\alpha$? Was ist $1+\operatorname{Cos}\alpha$ und was ist $1-\operatorname{Cos}\alpha$? Was ist $\operatorname{Tg}(\alpha+\beta)$, $\operatorname{Tg}(\alpha-\beta)$, $\operatorname{Cotg}(\alpha+\beta)$, $\operatorname{Cotg}(\alpha-\beta)$, $\operatorname{Tg}2\alpha$, $\operatorname{Cotg}2\alpha$? Was ist $2\operatorname{Sin}\frac{\alpha+\beta}{2}\operatorname{Cos}\frac{\alpha-\beta}{2}$? Was ist $2\operatorname{Sin}\frac{\alpha+\beta}{2}\operatorname{Sin}\frac{\beta-\alpha}{2}$, und was ist $2\operatorname{Sin}\frac{\alpha+\beta}{2}\operatorname{Sin}\frac{\alpha-\beta}{2}$? U. s. w.

10) Wie lassen sich die nachstehenden Formeln herleiten? Ist $\alpha+\beta+\gamma=2R$, so ist

$$\operatorname{Cos}\alpha+\operatorname{Cos}\beta+\operatorname{Cos}\gamma=1+4\operatorname{Sin}\frac{\alpha}{2}\operatorname{Sin}\frac{\beta}{2}\operatorname{Sin}\frac{\gamma}{2}$$

$$\operatorname{Cos}\alpha+\operatorname{Cos}\beta-\operatorname{Cos}\gamma=1+4\operatorname{Cos}\frac{\alpha}{2}\operatorname{Cos}\frac{\beta}{2}\operatorname{Sin}\frac{\gamma}{2}$$

$$\text{Sin}\,\alpha+\text{Cos}\,\beta+\text{Cos}\,\gamma = 4\,\text{Sin}\,\frac{\alpha}{2}\,\text{Cos}\,\frac{\alpha+\beta-\gamma}{4}\,\text{Cos}\,\frac{\alpha-\beta+\gamma}{4}$$

$$\text{Sin}\,\alpha-\text{Cos}\,\beta-\text{Cos}\,\gamma = -\,4\,\text{Sin}\,\frac{\alpha}{2}\,\text{Sin}\,\frac{\alpha+\beta-\gamma}{4}\,\text{Sin}\,\frac{\alpha-\beta+\gamma}{4}$$

$$\text{Sin}\,\alpha^2+\text{Sin}\,\beta^2+\text{Sin}\,\gamma^2 = 2(1+\text{Cos}\,\alpha\,\text{Cos}\,\beta\,\text{Cos}\,\gamma)$$

$$\text{Cos}\,\alpha^2+\text{Cos}\,\beta^2+\text{Cos}\,\gamma^2 = 1-2\,\text{Cos}\,\alpha\,\text{Cos}\,\beta\,\text{Cos}\,\gamma$$

$$\text{Cos}\,\alpha^2+\text{Cos}\,\beta^2-\text{Cos}\,\gamma^2 = 1-2\,\text{Sin}\,\alpha\,\text{Sin}\,\beta\,\text{Cos}\,\gamma$$

$$\text{Sin}\,\alpha^2+\text{Sin}\,\beta^2+\text{Cos}\,\gamma^2 = 1+2\,\text{Sin}\,\alpha\,\text{Sin}\,\beta\,\text{Cos}\,\gamma$$

$$\text{Sin}\,\alpha^2+\text{Sin}\,\beta^2-\text{Cos}\,\gamma^2 = 1+2\,\text{Cos}\,\alpha\,\text{Cos}\,\beta\,\text{Cos}\,\gamma$$

$$\text{Sin}\,\alpha^2+\text{Cos}\,\beta^2+\text{Cos}\,\gamma^2 = 2(1-\text{Cos}\,\alpha\,\text{Sin}\,\beta\,\text{Sin}\,\gamma)$$

$$\text{Sin}\,\alpha^2-\text{Cos}\,\beta^2-\text{Cos}\,\gamma^2 = 2\,\text{Cos}\,\alpha\,\text{Cos}\,\beta\,\text{Cos}\,\gamma$$

$$\text{Sin}\,\alpha\,\text{Sin}\,\beta\,\text{Cos}\,\gamma+\text{Sin}\,\alpha\,\text{Cos}\,\beta\,\text{Sin}\,\gamma+\text{Cos}\,\alpha\,\text{Sin}\,\beta\,\text{Sin}\,\gamma$$
$$= 1+\text{Cos}\,\alpha\,\text{Cos}\,\beta\,\text{Cos}\,\gamma$$

$$\text{Sin}\,\frac{\alpha}{2}\,\text{Sin}\,\frac{\beta}{2}\,\text{Cos}\,\frac{\gamma}{2}+\text{Sin}\,\frac{\alpha}{2}\,\text{Cos}\,\frac{\beta}{2}\,\text{Sin}\,\frac{\gamma}{2}+\text{Cos}\,\frac{\alpha}{2}\,\text{Sin}\,\frac{\beta}{2}\,\text{Sin}\,\frac{\gamma}{2}$$
$$= \text{Cos}\,\frac{\alpha}{2}\,\text{Cos}\,\frac{\beta}{2}\,\text{Cos}\,\frac{\gamma}{2}$$

$$\text{Sin}\,\alpha\,\text{Cos}\,\beta\,\text{Cos}\,\gamma+\text{Cos}\,\alpha\,\text{Sin}\,\beta\,\text{Cos}\,\gamma+\text{Cos}\,\alpha\,\text{Cos}\,\beta\,\text{Sin}\,\gamma$$
$$= \text{Sin}\,\alpha\,\text{Sin}\,\beta\,\text{Sin}\,\gamma$$

$$\text{Sin}\,\frac{\alpha}{2}\,\text{Cos}\,\frac{\beta}{2}\,\text{Cos}+\frac{\gamma}{2}+\text{Cos}\,\frac{\alpha}{2}\,\text{Sin}\,\frac{\beta}{2}\,\text{Cos}\,\frac{\gamma}{2}+\text{Cos}\,\frac{\alpha}{2}\,\text{Cos}\,\frac{\beta}{2}\,\text{Sin}\,\frac{\gamma}{2}$$
$$= 1+\text{Sin}\,\frac{\alpha}{2}\,\text{Sin}\,\frac{\beta}{2}\,\text{Sin}\,\frac{\gamma}{2}$$

$$(\text{Sin}\,\alpha+\text{Sin}\,\beta+\text{Sin}\,\gamma)(\text{Sin}\,\alpha+\text{Sin}\,\beta-\text{Sin}\,\gamma)(\text{Sin}\,\alpha-\text{Sin}\,\beta+\text{Sin}\,\gamma)\times$$
$$(-\text{Sin}\,\alpha+\text{Sin}\,\beta+\text{Sin}\,\gamma) = 4\,\text{Sin}\,\alpha^2\,\text{Sin}\,\beta^2\,\text{Sin}\,\gamma^2$$

$$\text{Tg}\,\alpha+\text{Tg}\,\beta+\text{Tg}\,\gamma = \text{Tg}\,\alpha\,\text{Tg}\,\beta\,\text{Tg}\,\gamma$$

$$\text{Cotg}\,\frac{\alpha}{2}+\text{Cotg}\,\frac{\beta}{2}+\text{Cotg}\,\frac{\gamma}{2} = \text{Cotg}\,\frac{\alpha}{2}\,\text{Cotg}\,\frac{\beta}{2}\,\text{Cotg}\,\frac{\gamma}{2}$$

$$\text{Tg}\,\frac{\alpha}{2}\,\text{Tg}\,\frac{\beta}{2}+\text{Tg}\,\frac{\alpha}{2}\,\text{Tg}\,\frac{\gamma}{2}+\text{Tg}\,\frac{\beta}{2}\,\text{Tg}\,\frac{\gamma}{2} = 1$$

$$\text{Cotg}\,\alpha\,\text{Cotg}\,\beta+\text{Cotg}\,\alpha\,\text{Cotg}\,\gamma+\text{Cotg}\,\beta\,\text{Cotg}\,\gamma = 1$$

$$\text{Tg}\,\frac{\alpha}{2}+\text{Tg}\,\frac{\beta}{2}+\text{Tg}\,\frac{\gamma}{2} = \text{Tg}\,\frac{\alpha}{2}\,\text{Tg}\,\frac{\beta}{2}\,\text{Tg}\,\frac{\gamma}{2}+\text{Sec}\,\frac{\alpha}{2}\,\text{Sec}\,\frac{\beta}{2}\cdot\text{Sec}\,\frac{\gamma}{2}$$

$$\text{Cotg}\,\alpha+\text{Cotg}\,\beta+\text{Cotg}\,\gamma = \text{Cotg}\,\alpha\,\text{Cotg}\,\beta\,\text{Cotg}\,\gamma$$
$$+\,\text{Cosec}\,\alpha\,\text{Cosec}\,\beta\,\text{Cosec}\,\gamma$$

$$\text{Tg}\,\alpha\,\text{Tg}\,\beta+\text{Tg}\,\alpha\,\text{Tg}\,\gamma+\text{Tg}\,\beta\,\text{Tg}\,\gamma = 1+\text{Sec}\,\alpha\,\text{Sec}\,\beta\,\text{Sec}\,\gamma$$

$$\text{Cotg}\,\frac{\alpha}{2}\,\text{Cotg}\,\frac{\beta}{2}+\text{Cotg}\,\frac{\alpha}{2}\,\text{Cotg}\,\frac{\gamma}{2}+\text{Cotg}\,\frac{\beta}{2}\,\text{Cotg}\,\frac{\gamma}{2}$$
$$= 1+\text{Cosec}\,\frac{\alpha}{2}\,\text{Cosec}\,\frac{\beta}{2}\,\text{Cosec}\,\frac{\gamma}{2}.$$

Funfzehntes Kapitel.

Trigonometrische Berechnung der Dreiecke.

§. 551. Aufgabe.

Die Hypotenuse eines rechtwinkligen Dreiecks sei a, einer der spitzen Winkel sei α, man soll die Katheten und den Inhalt des Dreiecks berechnen.

Auflösung. Die dem Winkel α gegenüberliegende Kathete sei x, die andere y. Dann ist

$$\frac{x}{a} = \operatorname{Sin} \alpha$$

$$\frac{y}{a} = \operatorname{Cos} \alpha$$

folglich

$$1) \quad x = a \operatorname{Sin} \alpha$$

$$2) \quad y = a \operatorname{Cos} \alpha.$$

Der Inhalt des Dreiecks ist das halbe Product aus den Katheten, demnach gleich

$$\frac{a^2 \operatorname{Sin} \alpha \operatorname{Cos} \alpha}{2}.$$

Die Resultate unter 1) und 2) kommen oft zur Anwendung. Nach ihnen ist jede Kathete gleich dem Product aus der Hypotenuse in den Sinus des Winkels, welcher der Kathete gegenübersteht, oder in den Cosinus des an der Kathete liegenden spitzen Winkels.

§. 552. Aufgabe.

Eine Kathete eines rechtwinkligen Dreiecks sei a, der an ihr liegende spitze Winkel α, es soll die andere Kathete, die Hypotenuse und der Inhalt berechnet werden.

Auflösung. Es bezeichne x die andere Kathete, y die Hypotenuse. Dann ist

$$\frac{x}{y} = \operatorname{Sin} \alpha$$

$$\frac{a}{y} = \operatorname{Cos} \alpha$$

Man dividire die erste Gleichung durch die zweite, das liefert

$$1)\ \frac{x}{a} = \mathrm{Tg}\,\alpha$$

also $$2)\ x = a\,\mathrm{Tg}\,\alpha.$$

Aus der zweiten Gleichung folgt

$$3)\ y = \frac{a}{\mathrm{Cos}\,\alpha} = a\,\mathrm{Sec}\,\alpha.$$

Der Inhalt des Dreiecks ist das halbe Product aus den Katheten, also gleich

$$\frac{a^2\,\mathrm{Tg}\,\alpha}{2}$$

Wäre statt des an der Kathete a liegenden spitzen Winkels α der ihr gegenüberliegende Winkel β gegeben, so würde, weil $\mathrm{Tg}\,\alpha$ gleich $\mathrm{Cotg}\,\beta$ und $\mathrm{Cos}\,\alpha$ gleich $\mathrm{Sin}\,\beta$ ist, (§. 532)

$$\frac{x}{a} = \mathrm{Cotg}\,\beta$$

$$x = a\,\mathrm{Cotg}\,\beta$$

$$y = \frac{a}{\mathrm{Sin}\,\beta} = a\,\mathrm{Cosec}\,\beta$$

sein, und der Inhalt gleich

$$\frac{a^2\,\mathrm{Cotg}\,\beta}{2}.$$

Die Resultate unter 1), 2), 3) kommen oft zur Anwendung.

§. 553.

1) Wenn in einem Kreise, dessen Durchmesser d ist, eine beliebige Sehne a gedacht wird, und irgend ein Peripheriewinkel α der Sehne, so ist

$$a = d\,\mathrm{Sin}\,\alpha.$$

Ist Fig. 234 die Sehne nicht Durchmesser, so gehört zu ihr ein spitzer Peripheriewinkel, wie BGE, und ein stumpfer, BCE, und es ist $BGE + BCE = 2R$, also $\mathrm{Sin}\,BGE = \mathrm{Sin}\,BCE$. Man denke den Durchmesser BF und die Sehne EF, und es ist BEF ein rechter Winkel, deshalb nach §. 551

$$a = d\,\mathrm{Sin}\,BFE$$

mithin auch $a = d\,\mathrm{Sin}\,BGE = d\,\mathrm{Sin}\,BCE.$

Ist die Sehne Durchmesser, so ist jeder ihrer Peripheriewinkel ein rechter, also $d\,\mathrm{Sin}\,\alpha = d\,\mathrm{Sin}\,90^\circ = d \cdot 1 = d$.

2) Sind daher Fig. 235 a, b, c, die drei Seiten eines Dreiecks, α, β, γ die ihnen beziehlich gegenüberstehenden Win-

kel, und bezeichnet d den Durchmesser des Kreises, welcher um das Dreieck liegt, so ist

$$a = d \operatorname{Sin} \alpha, \quad b = d \operatorname{Sin} \beta, \quad c = d \operatorname{Sin} \gamma.$$

§. 554.

Es seien Fig. 236 a, b, c die drei Seiten irgend eines Dreiecks, α, β, γ die ihnen beziehlich gegenüberstehenden Winkel. Es ist

$$1) \quad a \operatorname{Sin} \beta = b \operatorname{Sin} \alpha$$

$$2) \quad a \operatorname{Cos} \beta + b \operatorname{Cos} \alpha = c.$$

Man hat

$$\operatorname{Sin} \alpha \operatorname{Sin} \beta = \operatorname{Sin} \beta \operatorname{Sin} \alpha.$$

Der Durchmesser des Kreises, welcher um das Dreieck liegt, sei d und es folgt

$$d \operatorname{Sin} \alpha \operatorname{Sin} \beta = d \operatorname{Sin} \beta \operatorname{Sin} \alpha$$

oder wegen des vorigen Paragraphen

$$a \operatorname{Sin} \beta = b \operatorname{Sin} \alpha.$$

Weiter ist

$$\operatorname{Sin} \alpha \operatorname{Cos} \beta + \operatorname{Cos} \alpha \operatorname{Sin} \beta = \operatorname{Sin} (\alpha + \beta) = \operatorname{Sin} \gamma$$

also $\quad d \operatorname{Sin} \alpha \operatorname{Cos} \beta + d \operatorname{Sin} \beta \operatorname{Cos} \alpha = d \operatorname{Sin} \gamma$

oder $\quad a \operatorname{Cos} \beta + b \operatorname{Cos} \alpha = c.$

Diese Herleitungen gelten, wie auch die Winkel α und β beschaffen sein mögen. Auch vermittelst §. 551 ergeben sich die Gleichungen einfach, wenn man aus dem Durchschnittspunkt der Seiten a und b eine Normale auf die Seite c fällt; man muß dann aber, je nachdem einer der Winkel an c, etwa β, ein spitzer, ein rechter oder ein stumpfer Winkel ist, drei Fälle besonders betrachten.

Aus der ersten Gleichung folgt die Proportion

$$a : b = \operatorname{Sin} \alpha : \operatorname{Sin} \beta$$

d. h. zwei Seiten eines Dreiecks verhalten sich, wie die Sinusse der Winkel, welche ihnen gegenüberstehen.

Ferner ist $\quad a : c = \operatorname{Sin} \alpha : \operatorname{Sin} \gamma$

daher folgt $\quad a : b : c = \operatorname{Sin} \alpha : \operatorname{Sin} \beta : \operatorname{Sin} \gamma$

d. h. die drei Seiten eines Dreiecks verhalten sich, wie die Sinusse der ihnen gegenüberstehenden Winkel.

§. 555.

Sind a, b, c die Seiten eines Dreiecks, α, β, γ die ihnen beziehlich gegenüberstehenden Winkel, so ist

$$1) \quad a + b : c = \operatorname{Cos} \frac{\alpha - \beta}{2} : \operatorname{Sin} \frac{\gamma}{2}$$

$$2) \quad a - b : c = \operatorname{Sin} \frac{\alpha - \beta}{2} : \operatorname{Cos} \frac{\gamma}{2}$$

oder, was dasselbe sagt

$$1)\ (a+b)\,\mathrm{Sin}\,\frac{\gamma}{2} = c\,\mathrm{Cos}\,\frac{\alpha-\beta}{2}$$

$$2)\ (a-b)\,\mathrm{Cos}\,\frac{\gamma}{2} = c\,\mathrm{Sin}\,\frac{\alpha-\beta}{2}$$

Nach dem vorigen Paragraph verhält sich

$$a:b:c = \mathrm{Sin}\,\alpha : \mathrm{Sin}\,\beta : \mathrm{Sin}\,\gamma.$$

Daraus folgt $a+b:c = \mathrm{Sin}\,\alpha + \mathrm{Sin}\,\beta : \mathrm{Sin}\,\gamma$

$$= 2\,\mathrm{Sin}\,\frac{\alpha+\beta}{2}\,\mathrm{Cos}\,\frac{\alpha-\beta}{2} : 2\mathrm{Sin}\,\frac{\gamma}{2}\,\mathrm{Cos}\,\frac{\gamma}{2}$$

Hier hebt sich $\mathrm{Sin}\frac{\alpha+\beta}{2}$ gegen $\mathrm{Cos}\,\frac{\gamma}{2}$, da $\frac{\alpha}{2}+\frac{\beta}{2}+\frac{\gamma}{2} = 90^\circ$ und man hat die Formel 1). Ferner folgt

$$a-b:c = \mathrm{Sin}\,\alpha - \mathrm{Sin}\,\beta : \mathrm{Sin}\,\gamma$$

$$= 2\,\mathrm{Cos}\,\frac{\alpha+\beta}{2}\,\mathrm{Sin}\,\frac{\alpha-\beta}{2} : 2\mathrm{Sin}\,\frac{\gamma}{2}\,\mathrm{Cos}\,\frac{\gamma}{2}$$

$$= \mathrm{Sin}\,\frac{\alpha-\beta}{2} : \mathrm{Cos}\,\frac{\gamma}{2}$$

und das ist die Formel 2).

Die Formeln 1) und 2) wollen wir die Gaußschen Gleichungen nennen. Sie lassen sich vortheilhaft anwenden.

§. 556. Aufgabe.

Zwei Seiten eines Dreiecks seien a und b, der von ihnen gebildete Winkel sei γ, man soll die dritte Seite, die anderen Winkel und den Inhalt des Dreiecks berechnen.

Auflösung. Es ist Fig. 237

$$x\,\mathrm{Sin}\,y = a\,\mathrm{Sin}\,\gamma$$

$$x\,\mathrm{Cos}\,y + a\,\mathrm{Cos}\,\gamma = b.$$

Um x zu entwickeln, müssen Sin y und Cos y eliminirt werden. Zu dem Ende setze man in der zweiten Gleichung $a\,\mathrm{Cos}\,\gamma$ rechts hinüber, und quadrire dann beide Gleichungen. Dadurch entsteht

$$x^2\,\mathrm{Sin}\,y^2 = a^2\,\mathrm{Sin}\,\gamma^2$$

$$x^2\,\mathrm{Cos}\,y^2 = b^2 - 2ab\,\mathrm{Cos}\,\gamma + a^2\,\mathrm{Cos}\,\gamma^2$$

und wenn man addirt

$$(\mathrm{Sin}\,y^2 + \mathrm{Cos}\,y^2)x^2 = (\mathrm{Sin}\,\gamma^2 + \mathrm{Cos}\,\gamma^2)a^2 + b^2 - 2ab\,\mathrm{Cos}\,\gamma$$

oder weil $\mathrm{Sin}^2 + \mathrm{Cos}^2 = 1$ ist

$$1)\ x^2 = a^2 + b^2 - 2ab\,\mathrm{Cos}\,\gamma$$

$$x = \sqrt{a^2+b^2-2ab\,\mathrm{Cos}\,\gamma}$$

Der Ausdruck für x ist zur Berechnung mit Logarithmen nicht bequem. Eine bessere Gestalt nimmt er an, wenn man $(a+b)^2-2ab$ statt a^2+b^2 setzt, und reducirt. Es entsteht

$$x^2 = (a+b)^2 - 2\,ab - 2ab\,\mathrm{Cos}\,\gamma$$
$$= (a+b)^2 - 2\,ab - (1+\mathrm{Cos}\,\gamma)$$

$$2)\ x^2 = (a+b)^2 - 4\,ab\,\mathrm{Cos}\,\frac{\gamma}{2}^2 \qquad (11)$$

Oder man setze $(a-b)^2 + 2ab$ statt a^2+b^2, und es entsteht

$$3)\ x^2 = (a-b)^2 + 4\,ab\,\mathrm{Sin}\,\frac{\gamma}{2}^2.$$

Der Winkel y wird aus den oberen Gleichungen erhalten, wenn man in der zweiten $a\,\mathrm{Cos}\,\gamma$ auf die rechte Seite setzt, und dann die erste durch die andere dividirt. Es entsteht

$$\mathrm{Tg}\,y = \frac{\alpha\,\mathrm{Sin}\,\gamma}{b - a\,\mathrm{Cos}\,\gamma}.$$

Der dritte Winkel findet sich, sobald y ermittelt ist, in der Differenz $2R-\gamma-y$.

Der Ausdruck für $\mathrm{Tg}\,y$ ist zur Berechnung mit Logarithmen nicht wohlgeeignet. Deshalb noch folgende Bestimmung der Winkel y und z. Es verhält sich

$$a : b = \mathrm{Sin}\,y : \mathrm{Sin}\,z$$

daher $$a+b : a-b = \mathrm{Sin}\,y + \mathrm{Sin}\,z : \mathrm{Sin}\,y - \mathrm{Sin}\,z$$

oder $$4)\ a+b : a-b = \mathrm{Tg}\,\frac{y+z}{2} : \mathrm{Tg}\,\frac{y-z}{2} \qquad (25)$$

oder da $$\mathrm{Tg}\,\frac{y+z}{2} = \mathrm{Cotg}\,\frac{\gamma}{2},\ \text{weil}\ \frac{y+z}{2} + \frac{\gamma}{2} = R,$$

$$a+b : a-b = \mathrm{Cotg}\,\frac{\gamma}{2} : \mathrm{Tg}\,\frac{y-z}{2}.$$

Hieraus folgt

$$5)\ \mathrm{Tg}\,\frac{y-z}{2} = \frac{a-b}{a+b}\,\mathrm{Cotg}\,\frac{\gamma}{2}.$$

Vermittelst der Tafeln findet man jetzt

$$\frac{y}{2} - \frac{z}{2} = n^0$$

und es ist $$\frac{y}{2} + \frac{z}{2} = 90^0 - \frac{\gamma}{2}$$

folglich $$y = 90^0 - \frac{\gamma}{2} + n^0$$

$$z = 90^0 - \frac{\gamma}{2} - n^0$$

Die Höhe des Dreiecks, welche zu b gehört, drückt sich aus durch $a \sin\gamma$; der Inhalt des Dreiecks ist daher

$$6) \quad \frac{ab \sin\gamma}{2}$$

Die Resultate unter 1), 4), 6) sind zu merken.

Andere Auflösung. Nach den Gaußischen Gleichungen ist

$$(a+b) \sin\frac{\gamma}{2} = x \cos\frac{y-z}{2}$$

$$(a-b) \cos\frac{\gamma}{2} = x \sin\frac{y-z}{2}$$

Man quadrire diese Gleichungen und addire sie, und es entsteht unter Anwendung der Formel §. 545 1)

$$7) \quad x^2 = (a+b)^2 \sin\frac{\gamma^2}{2} + (a-b)^2 \cos\frac{\gamma^2}{2}$$

ein Ausdruck, welcher bequemer zur numerischen Berechnung ist, als der unter 1). Ferner dividire man die untere Gleichung durch die obere, das liefert

$$\operatorname{Tg}\frac{y-z}{2} = \frac{a-b}{a+b} \operatorname{Cotg}\frac{\gamma}{2}$$

und das ist der Ausdruck unter 5). Aus der Gleichung 7) ergiebt sich die Gleichung 2), wenn man $\sin\frac{1}{2}\gamma^2$ durch $1 - \cos\frac{1}{2}\gamma^2$ ersetzt, die Gleichung 3) indem man Cos durch Sin ausdrückt, und die 1) wenn man die Klammern löst und §. 545 1) anwendet. Es entsteht

$$\begin{aligned} x^2 &= a^2 + b^2 - 2ab(\cos\tfrac{1}{2}\gamma^2 - \sin\tfrac{1}{2}\gamma^2) \\ &= a^2 + b^2 - 2ab \cos\gamma. \end{aligned} \qquad (8)$$

Sehr einfach ergiebt sich x mit Hilfe der Projection von einer der gegebenen Seiten auf der anderen. Ist nämlich v die Projection von a auf b, so ist nach §. 119 und §. 120

$$x^2 = a^2 + b^2 \mp 2bv$$

während $\pm v$ sich immer durch $-a \cos\gamma$ ausdrückt, daher also

$$x^2 = a^2 + b^2 - 2ab \cos\gamma.$$

§. 557.

Es seien a, b, c die Seiten eines Dreiecks, γ sei der Winkel, welcher der Seite c gegenübersteht, und h die Höhe zur Seite c; dann ist

$$1)\ (a+b+c)(a+b-c) = 4ab\,\mathrm{Cos}\,\frac{\gamma^2}{2}$$

$$2)\ (a-b+c)(-a+b+c) = 4ab\,\mathrm{Sin}\,\frac{\gamma^2}{2}$$

$$3)\ (a+b+c)(a+b-c) = 2ch\,\mathrm{Cotg}\,\frac{\gamma}{2}$$

$$4)\ [c+a-b][c-(a-b)] = 2ch\,\mathrm{Tg}\,\frac{\gamma}{2}$$

Die Gleichungen 1) und 2) sind Umformungen der Gleichungen 2) und 3) im vorigen Paragraphen; sie ergeben sich, wenn man c statt x setzt und die letzten Glieder rechts entwickelt. Nach 6) im vorigen Paragraph ist

$$ab\,\mathrm{Sin}\,\gamma = ch$$

also $$ab = \frac{ch}{\mathrm{Sin}\,\gamma} = \frac{ch}{2\,\mathrm{Sin}\,\frac{1}{2}\gamma\,\mathrm{Cos}\,\frac{1}{2}\gamma}.$$

Diesen Werth setze man in 1) und 2) für ab, und es entstehen die Gleichungen 3) und 4).

§. 558. Aufgabe.

Von einem Dreieck seien gegeben eine Seite und zwei Winkel, man soll die anderen Seiten, den dritten Winkel und den Inhalt berechnen.

Auflösung. Der dritte Winkel wird erhalten, wenn man von 2R die Summe der beiden gegebenen Winkel subtrahirt. Man bezeichne die gegebene Seite mit a, die an ihr liegenden Winkel mit β und γ, den ihr gegenüberliegenden Winkel mit α, die Seite, welche β gegenübersteht, mit x, die dritte Seite mit y. Dann verhält sich

$$x : a = \mathrm{Sin}\,\beta : \mathrm{Sin}\,\alpha$$

deshalb ist $$1)\ x = \frac{a\,\mathrm{Sin}\,\beta}{\mathrm{Sin}\,\alpha}$$

ferner $$y : a = \mathrm{Sin}\,\gamma : \mathrm{Sin}\,\alpha$$

und daraus ist $$2)\ y = \frac{a\,\mathrm{Sin}\,\gamma}{\mathrm{Sin}\,\alpha}$$

Der Inhalt drückt sich nach §. 556 6) aus durch

$$\frac{ax\,\mathrm{Sin}\,\gamma}{2}$$

oder, für x den Werth gesetzt, durch

$$3)\ \frac{a^2\,\mathrm{Sin}\,\beta\,\mathrm{Sin}\,\gamma}{2\,\mathrm{Sin}\,\alpha}$$

§. 559. Aufgabe.

Die drei Seiten eines Dreiecks seien a, b, c, man soll die Winkel und den Inhalt berechnen.

Auflösung. Der Winkel, welcher c gegenüberliegt, sei x, und man hat nach 1) in §. 557

$$\operatorname{Cos}\frac{x}{2} = \frac{1}{2}\sqrt{\frac{(a+b+c)(a+b-c)}{ab}}$$

oder nach 2)

$$\operatorname{Sin}\frac{x}{2} = \frac{1}{2}\sqrt{\frac{(a-b+c)(-a+b+c)}{ab}}$$

Die Wurzeln sind positiv zu nehmen, weil $\frac{1}{2}x$ kleiner ist als 90°.

Durch Vertauschung der Buchstaben ergeben sich die anderen Winkel.

Der Inhalt des Dreiecks ist

$$\frac{ab \operatorname{Sin} x}{2} = ab \operatorname{Sin}\frac{x}{2} \operatorname{Cos}\frac{x}{2}$$

oder, wenn man die oberen Werthe substituirt, gleich

$$\frac{1}{4}\sqrt{(a+b+c)(a+b-c)(a-b+c)(-a+b+c)}$$

welches bereits §. 445 gefunden wurde.

§. 560.

Zwei Seiten eines Dreiecks seien a und b, der Winkel, welcher a gegenüberliegt, sei α, man soll die dritte Seite, die anderen Winkel und den Inhalt berechnen.

Auflösung. Die dritte Seite werde mit x, der b gegenüberstehende Winkel mit y, der x gegenüberstehende mit z bezeichnet. Dann ist

$$\begin{aligned} a \operatorname{Sin} y &= b \operatorname{Sin}\alpha \\ x &= b \operatorname{Cos}\alpha + a \operatorname{Cos} y \\ a \operatorname{Sin} z &= x \operatorname{Sin}\alpha. \end{aligned}$$

Aus der ersten Gleichung folgt

$$1)\ \operatorname{Sin} y = \frac{b \operatorname{Sin}\alpha}{a}$$

daher ist

$$\operatorname{Cos} y = \sqrt{1 - \operatorname{Sin} y^2} = \sqrt{1 - \frac{b^2 \operatorname{Sin}\alpha^2}{a^2}}$$

$$= \frac{1}{a}\sqrt{a^2 - b^2 \operatorname{Sin}\alpha^2}$$

Man setze diesen Werth statt Cos y in der zweiten Gleichung. Das liefert

$$2)\quad x = b \operatorname{Cos} \alpha \pm \sqrt{(a + b \operatorname{Sin} \alpha)(a - b \operatorname{Sin} \alpha)}.$$

Die Wurzel muß positiv oder negativ genommen werden, je nachdem Cos y positiv oder negativ ist. Ist a größer als b, so ist y kleiner als R, und Cos y positiv, also auch die Wurzel. Ist a kleiner als b, so kann y sowohl spitz als stumpf sein, der Cosinus also positiv oder negativ, und dann gelten für die Wurzel beide Vorzeichen.

Aus der dritten Gleichung ergiebt sich

$$\operatorname{Sin} z = \frac{x \operatorname{Sin} \alpha}{a}$$

oder

$$3)\quad \operatorname{Sin} z = \frac{[b \operatorname{Cos} \alpha \pm \sqrt{(a + b \operatorname{Sin} \alpha)(a - b \operatorname{Sin} \alpha)}] \operatorname{Sin} \alpha}{a}$$

Der Inhalt drückt sich aus durch

$$\frac{bx \operatorname{Sin} \alpha}{2}$$

welches gleich ist

$$4)\quad \frac{[b \operatorname{Cos} \alpha \pm \sqrt{(a + b \operatorname{Sin} \alpha)(a - b \operatorname{Sin} \alpha)}]\, b \operatorname{Sin} \alpha}{2}$$

§. 561.

Uebungen und Praktisches.

1) Wenn die Hypotenuse eines rechtwinkligen Dreiecks a, einer der spitzen Winkel α ist, wie drücken sich die Katheten des Dreiecks aus, und wem ist der Inhalt gleich?
2) Wenn eine Kathete eines rechtwinkligen Dreiecks a ist, der daran liegende spitze Winkel α, wie drückt sich die andere Kathete aus, wie die Hypotenuse, wie der Inhalt? Und wie drücken sich die Seiten aus, wenn nicht der an der Kathete a liegende Winkel α, sondern der ihr gegenüberliegende Winkel β gegeben ist?
3) Welche Gleichungen finden zwischen den drei Seiten eines Dreiecks und den Funktionen der Winkel Statt?
4) Wenn zwei Seiten eines Dreiecks a und b sind, der Winkel, welchen sie bilden, α ist, wie drückt sich die dritte Seite aus, wie der Inhalt? Welche Gleichung findet außerdem Statt?
5) Wenn eine Seite eines Dreiecks a ist, und die daran liegenden Winkel β und γ sind, wie drückt sich der Inhalt aus?

6) Will man das Gesetz §. 556 4) aus der Figur ableiten, so schlage man Figur 238 mit der kleineren Seite b einen Halbkreis, ziehe die Sehne GE, und CH parallel mit GE. Alsdann ist CF $= a + b$, CG $= a - b$, $\angle FEG = R$, $\angle FHC = R$, $\angle FCH = \angle FGE = \frac{1}{2} \angle FDE = \frac{x+y}{2}$, $\angle ECH = \angle FCH - y = \frac{x+y}{2} - y = \frac{x-y}{2}$, und es verhält sich

$$CF : CG = HF : HE$$

oder
$$CF : CG = CH \cdot Tg \frac{x+y}{2} : CH \cdot Tg \frac{x-y}{2}$$

$$a + b : a - b = Tg \frac{x+y}{2} : Tg \frac{x-y}{2}$$

7) Zwei Seiten eines Dreiecks seien 305,9 und 216, der Winkel, welchen sie bilden, sei $63^0 10'$, man soll das Dreieck berechnen.

Zunächst bestimme man die Winkel x und y, von denen der erstere der Seite 305,9 gegenüberstehen mag. Dazu hat man

$$305{,}9 + 216 : 305{,}9 - 216 = Cotg \frac{63^0 10'}{2} : Tg \frac{x-y}{2}$$

$$521{,}9 : 89{,}9 = Cotg\, 31^0 35' : Tg \frac{x-y}{2}$$

$$Tg \frac{x-y}{2} = \frac{89{,}9}{521{,}9} Cotg\, 31^0 35'$$

Nun ist
$$\begin{aligned} Log\ 89{,}9 &= 1{,}9537597 \\ Log\ 1 - Log\ 521{,}9 &= 0{,}2824127 - 3 \\ Log\ Cotg\ 31^0 35' &= 0{,}2112639 \end{aligned}$$

also
$$Log\ Tg \frac{x-y}{2} = 0{,}4474363 - 1$$

$$\frac{x}{2} - \frac{y}{2} = 15^0 39' 6''$$

und da
$$\frac{x}{2} + \frac{y}{2} = 58^0 25'$$

$$x = 70^0 4' 6''$$
$$y = 42^0 45' 54''.$$

Jetzt hat man für die dritte Seite z

$$z : 216 = Sin\ 63^0 10' : Sin\ 42^0 45' 54''$$

$$z = \frac{216\ Sin\ 63^0 10'}{Sin\ 42^0 45' 54''}$$

Es ist aber

$$
\begin{aligned}
\text{Log}\,216 &= 2{,}3344538 \\
\text{Log}\,63^\circ 10' &= 0{,}9505223-1 \\
\text{Log}\,1-\text{Log Sin}\,42^\circ 45' 54'' &= 0{,}1681348 \\
\hline
\text{Log}\,z &= 5{,}4531109 \\
z &= 283{,}86.
\end{aligned}
$$

Der Inhalt ist $\dfrac{216 \cdot 305{,}9 \cdot \text{Sin}\,63^\circ 10'}{2}$

und man hat

$$
\begin{aligned}
\text{Log}\,216+\text{Log Sin}\,63^\circ 10' &= 2{,}2849761 \\
\text{Log}\,305{,}9 &= 2{,}4855795 \\
\hline
& \ 4{,}7705556 \\
\text{Log}\,2 &= 0{,}3010300 \\
\hline
& \ 4{,}4695256
\end{aligned}
$$

also ist der Inhalt gleich 29479,9.

8) Von einem Dreieck seien gegeben eine Seite gleich 658,5 und die daran liegenden Winkel gleich $120^\circ 15'$ und $26^\circ 10'$ man soll das Dreieck berechnen.

Der dritte Winkel ist $180^\circ - 146^\circ 25' = 33^\circ 35'$.

Es bezeichne x die Seite, welche dem stumpfen Winkel gegenübersteht; man hat

$$658{,}5 : x = \text{Sin}\,33^\circ 35' : \text{Sin}\,120^\circ 15'$$

$$x = \frac{658{,}5\ \text{Sin}\,120^\circ 15'}{\text{Sin}\,33^\circ 35'}$$

$$= \frac{658{,}5\ \text{Sin}\,59^\circ 45'}{\text{Sin}\,33^\circ 35'}$$

Es ist

$$
\begin{aligned}
\text{Log}\,658{,}5 &= 2{,}8185558 \\
\text{Log Sin}\,59^\circ 45' &= 0{,}9364311-1 \\
\text{Log}\,1-\text{Log Sin}\,33^\circ 35' &= 0{,}2571577 \\
\hline
\text{Log}\,x &= 3{,}0121446 \\
x &= 1028{,}35
\end{aligned}
$$

Für die dritte Seite y hat man

$$658{,}5 : y = \text{Sin}\,33^\circ 35' : \text{Sin}\,26^\circ 10'$$

also $$y = \frac{658{,}5\ \text{Sin}\,26^\circ 10'}{\text{Sin}\,33^\circ 35'}$$

und es ist

$$
\begin{aligned}
\text{Log}\,658{,}5 &= 2{,}8185558 \\
\text{Log Sin}\,26^\circ 10' &= 0{,}6444226-1 \\
\text{Log}\,1-\text{Log Sin}\,33^\circ 35' &= 0{,}2571577 \\
\hline
\text{Log}\,y &= 2{,}7201361 \\
y &= 524{,}97
\end{aligned}
$$

Der Inhalt ist

$$\frac{658{,}5^2 \operatorname{Sin} 120^\circ 15' \cdot \operatorname{Sin} 26^\circ 10'}{2 \operatorname{Sin} 33^\circ 35'}$$

und es ist

$$\begin{aligned} \operatorname{Log} 658{,}5^2 &= 5{,}6371116 \\ \operatorname{Log}\operatorname{Sin} 120^\circ 15' &= 0{,}9364311-1 \\ \operatorname{Log}\operatorname{Sin} 26^\circ 10' &= 0{,}6444226-1 \\ \operatorname{Log} 1 - \operatorname{Log} 2 \operatorname{Sin} 33^\circ 35' &= 0{,}9561277-1 \\ \hline & \quad 5{,}1740930 \end{aligned}$$

mithin der Inhalt 149311.

9) Die Seiten eines Dreiecks seien 65, 56, 28, man soll die Winkel berechnen.

Es bezeichne x den Winkel, welcher der Seite 65 gegenübersteht, dann ist

$$\operatorname{Cos} \frac{x}{2} = \tfrac{1}{2}\sqrt{\frac{(56+28+65)(56+28-65)}{56 \cdot 28}}$$

$$= \tfrac{1}{2}\sqrt{\frac{149 \cdot 19}{56 \cdot 28}}$$

und es ist

$$\begin{aligned} \operatorname{Log} 149 &= 2{,}1731863 \\ \operatorname{Log} 19 &= 1{,}2787536 \\ \operatorname{Log} 1 - \operatorname{Log} 56 &= 0{,}2518120-2 \\ \operatorname{Log} 1 - \operatorname{Log} 28 &= 0{,}5528420-2 \\ \hline \operatorname{Log} 149 + \operatorname{Log} 19 - (\operatorname{Log} 56 + \operatorname{Log} 28) &= 0{,}2565939 \\ \tfrac{1}{2}[\operatorname{Log} 149 + \operatorname{Log} 19 - (\operatorname{Log} 56 + \operatorname{Log} 28)] &= 0{,}1282969 \\ \operatorname{Log} 2 &= 0{,}3010300 \\ \hline \operatorname{Log} \operatorname{Cos} \frac{x}{2} &= 0{,}8272669-1 \end{aligned}$$

also $\frac{x}{2} = 47^\circ 47' 26''$

und $x = 95^\circ 34' 52''$

Für den Winkel y, welcher der Seite 28 gegenübersteht, hat man

$$\operatorname{Cos} \frac{y}{2} = \tfrac{1}{2}\sqrt{\frac{(65+56+28)(65+56+28)}{65 \cdot 56}}$$

$$= \tfrac{1}{2}\sqrt{\frac{149 \cdot 93}{65 \cdot 56}}$$

Und es ist

$$\begin{aligned}
\text{Log}\,149 &= 2{,}1731863 \\
\text{Log}\,93 &= 1{,}9684829 \\
\text{Log}\,1-\text{Log}\,65 &= 0{,}1870866-2 \\
\text{Log}\,1-\text{Log}\,56 &= 0{,}2518120-2 \\
\hline
\text{Log}\,149+\text{Log}\,93-(\text{Log}\,65+\text{Log}\,56) &= 0{,}5805678 \\
[\tfrac{1}{2}\text{Log}\,149+\text{Log}\,93-(\text{Log}\,65+\text{Log}\,56)] &= 0{,}2902839 \\
\text{Log}\,2 &= 0{,}3010300 \\
\hline
\text{Log}\,\text{Cos}\,\frac{y}{2} &= 0{,}9892539-1
\end{aligned}$$

daher $\frac{y}{2} = 12^\circ 41' 36''$

und $y = 25^\circ 23' 12''$

Der dritte Winkel ergiebt sich nun in $180^\circ - x - y = 59^\circ 1' 56''$.

10) Zwei Seiten eines Dreiecks seien 259,3 und 95,81, der Winkel, welcher der größeren gegenübersteht, sei $137^\circ 15'$, man soll das Dreieck berechnen.

Der Winkel, welcher der kleineren von den gegebenen Seiten gegenübersteht, sei y. Es verhält sich

$$259{,}3 : 95{,}81 = \text{Sin}\,137^\circ 15' : \text{Sin}\,y$$

daher ist

$$\text{Sin}\,y = \frac{95{,}81\,\text{Sin}\,137^\circ 15'}{259{,}3} = \frac{95{,}81\,\text{Sin}\,42^\circ 45'}{259{,}3}$$

und man hat

$$\begin{aligned}
\text{Log}\,95{,}81 &= 1{,}9814108 \\
\text{Log}\,\text{Sin}\,42^\circ 45' &= 0{,}8317423-1 \\
\text{Log}\,1-\text{Log}\,259{,}3 &= 0{,}5861975-3 \\
\hline
\text{Log}\,\text{Sin}\,y &= 0{,}3993506-1 \\
y &= 14^\circ 31' 32''
\end{aligned}$$

Der dritte Winkel ist $180^\circ - 137^\circ 15' - y = 28^\circ 13' 28''$.

Für die dritte Seite x hat man

$$x : 95{,}81 = \text{Sin}\,28^\circ 13' 28'' : \text{Sin}\,14^\circ 31' 32''$$

daraus

$$x = \frac{95{,}81\,\text{Sin}\,28^\circ 13' 28''}{\text{Sin}\,14^\circ 31' 32''}$$

und es ist

$$\begin{aligned}
\text{Log}\,95{,}81 &= 1{,}9814108 \\
\text{Log}\,28^\circ 13' 28'' &= 0{,}6747938-1 \\
\text{Log}\,1-\text{Log}\,14^\circ 31' 32'' &= 0{,}6006494 \\
\hline
\text{Log}\,x &= 2{,}2568540
\end{aligned}$$

deshalb $x = 180{,}65$

Der Inhalt des Dreiecks ist

$$\frac{259{,}3 \cdot 180{,}65 \operatorname{Sin} 14^\circ 31' 32''}{2}$$

und wir haben

$$\begin{aligned} \operatorname{Log} 259{,}3 &= 2{,}4138025 \\ \operatorname{Log} 180{,}65 &= 2{,}2568640 \\ \operatorname{Log} \operatorname{Sin} 14^\circ 31' 32'' &= 0{,}3993506-1 \\ \hline & 4{,}0700171 \\ \operatorname{Log} 2 &= 0{,}3010300 \\ \hline & 3{,}7689871 \end{aligned}$$

folglich ist der Inhalt gleich 5874,58.

11) Die Hypotenuse eines rechtwinkligen Dreiecks sei 59,87, einer der spitzen Winkel 37° 18′, man soll das Dreieck berechnen.

Der andere spitze Winkel ist 52° 42′, die Katheten sind 36,28 .... 47,62 ...., der Inhalt ist 863,93 ....

12) Eine Kathete eines rechtwinkligen Dreiecks sei 274,243, der an ihr liegende spitze Winkel 43° 18′ 20″, man soll das Dreieck berechnen.

Der andere spitze Winkel ist 46° 41′ 40″ die andere Kathete 258,483, die Hypotenuse 376,859.

13) Die Hypotenuse eines rechtwinkligen Dreiecks sei 376,8, die eine Kathete 324,36 man soll das Dreieck berechnen.

Die andere Kathete ist 191,75, der spitze Winkel, welcher an der gegebenen Kathete liegt, 30° 35′ 25″.

14) Die Katheten eines rechtwinkligen Dreiecks seien 159,3, 378,95, man soll das Dreieck berechnen.

Die Hypotenuse ist 411,07, der der kleineren Kathete anliegende spitze Winkel 67° 11′ 58″.

15) Zwei Seiten eines Dreiecks seien 678 und 429, der Winkel, welchen sie bilden, sei 53° 18′, man soll das Dreieck berechnen.

Die dritte Seite ist 544,12, die anderen Winkel sind 87° 29′ 31″ und 39° 12′ 29″.

16) Eine Seite eines Dreiecks sei 35,79, die daran liegenden Winkel seien 31° 37′ 46″, 108° 10′ 10″, man soll die anderen Seiten finden.

Sie sind 29,078, 52,683.

17) Die drei Seiten eines Dreiecks seien 360, 378, 400, man soll die Winkel finden.

Sie sind 55° 2′ 18″, 59° 22′ 26″, 65° 35′ 16″.

18) Zwei Seiten eines Dreiecks sind 568,91, 507,32, der Winkel, welcher der größeren dieser Seiten gegenübersteht,

ist 63°15′12″, man soll die dritte Seite und die Winkel finden.

Die dritte Seite ist 572,431, der Winkel, welcher 507,32 gegenübersteht, 52°46′51″.

19) Zwei Seiten eines Dreiecks sind 363, 489,87, der Winkel, welcher der kleineren Seite gegenübersteht, ist 38°12′, man soll den Winkel finden, welcher der größeren gegenübersteht.

Er ist entweder 56°34′6″ oder 123°25′54″.

Sechszehntes Kapitel.

Trigonometrische Berechnung der Vierecke und Vielecke.

§. 562. Aufgabe.

Zwei zusammenstoßende Seiten eines Parallelogramms seien a und b, der Winkel, welchen sie bilden, ist α, man soll die Diagonalen und den Inhalt berechnen.

Auflösung. Die Diagonale, welche dem Winkel α gegenüberliegt, ist nach §. 556 gleich

$$\sqrt{a^2 + b^2 - 2ab \operatorname{Cos} \alpha}$$

die andere Diagonale aus einem der Dreiecke, in welche sie das Parallelogramm zerlegt, gleich

$$\sqrt{a^2 + b^2 - 2ab \operatorname{Cos}(2R - \alpha)}$$
$$= \sqrt{a^2 + b^2 + 2ab \operatorname{Cos} \alpha}$$

Die Höhe des Parallelogramms, welche auf b steht, ist $a \operatorname{Sin} \alpha$, deshalb sein Inhalt

$$ab \operatorname{Sin} \alpha.$$

§. 563.

Die vier Seiten eines Vierecks, welches in einem Kreise liegt, seien a, b, c, d, man soll die Winkel und den Inhalt berechnen.

Auflösung. Der Winkel, welchen die Seiten a und b einschließen, sei x, dann bilden c und d den Winkel 2R—x. Das Quadrat der Diagonale, welche diesen Winkeln gegenübersteht, drückt sich nach §. 556 2) aus durch

$$(a+b)^2 - 4ab \operatorname{Cos} \tfrac{1}{2}x^2$$

und nach 3) desselben Paragraphen durch

$$(c-d)^2 + 4cd \operatorname{Sin}(R - \tfrac{1}{2}x)^2$$

Daher ist

$$(a+b)^2 - 4ab\,\mathrm{Cos}\,\tfrac{1}{2}x^2 = (c-d)^2 + 4cd\,\mathrm{Cos}\,\tfrac{1}{2}x^2$$

$$\mathrm{Cos}\,\frac{x}{2} = \tfrac{1}{2}\sqrt{\frac{(a+b+c-d)(a+b-c+d)}{ab+cd}}$$

Oder man drücke das Quadrat der Diagonale nach jenen Formeln aus durch

$$(a-b)^2 + 4ab\,\mathrm{Sin}\,\tfrac{1}{2}x^2$$

und durch $(c+d)^2 - 4cd\,\mathrm{Cos}\,(90-\tfrac{1}{2}x)^2$

und es entsteht

$$(a-b)^2 + 4ab\,\mathrm{Sin}\,\tfrac{1}{2}x^2 = (c+d)^2 - 4cd\,\mathrm{Sin}\,\tfrac{1}{2}x^2$$

$$\mathrm{Sin}\,\frac{x}{2} = \tfrac{1}{2}\sqrt{\frac{(a-b+c+d)(-a+b+c+d)}{ab+cd}}$$

Eben so finden sich die anderen Winkel.

Der Inhalt des Vierecks drückt sich aus durch

$$\frac{ab\,\mathrm{Sin}\,x}{2} + \frac{cd\,\mathrm{Sin}\,x}{2} = (ab+cd)\,\mathrm{Sin}\,\frac{x}{2}\,\mathrm{Cos}\,\frac{x}{2}$$

oder, wenn man die Werthe für $\mathrm{Sin}\,\frac{x}{2}$ und $\mathrm{Cos}\,\frac{x}{2}$ substituirt durch

$$\tfrac{1}{4}\sqrt{(a+b+c-d)(a+b-c+d)(a-b+c+d)(-a+b+c+d)}$$

§. 564.

Sind a, b, c, d die Seiten eines Vierecks Fig. 239, α, β, γ die Winkel desselben, welche von d und a, a und b, b und c gebildet werden, so ist

1) $a\,\mathrm{Sin}\,\alpha + b\,\mathrm{Sin}\,(\alpha+\beta-2R) + c\,\mathrm{Sin}\,(\alpha+\beta+\gamma-4R) = 0$

2) $a\,\mathrm{Cos}\,\alpha + b\,\mathrm{Cos}\,(\alpha+\beta-2R) + c\,\mathrm{Cos}\,(\alpha+\beta+\gamma-4R) = d$

Man fälle die Normalen FL, GM, FN, und man hat

$$FL = a\,\mathrm{Sin}\,\alpha$$

$$GN = b\,\mathrm{Sin}\,GFN = b\,\mathrm{Sin}\,(\alpha+\beta-2R)$$

daher $GM = a\,\mathrm{Sin}\,\alpha + b\,\mathrm{Sin}\,(\alpha+\beta-2R)$

Ferner ist $GM = c\,\mathrm{Sin}\,\delta$

also $-GM = -c\,\mathrm{Sin}\,\delta = c\,\mathrm{Sin}\,(-\delta)$

oder $-GM = c\,\mathrm{Sin}\,(\alpha+\beta+\gamma-4R)$

folglich ist

$$a\,\mathrm{Sin}\,\alpha + b\,\mathrm{Sin}(\alpha+\beta-2R) + c\,\mathrm{Sin}(\alpha+\beta+\gamma-4R) = GM - GM = 0.$$

Ferner hat man

$$EL = a\,\mathrm{Cos}\,\alpha$$

$$FN = b\,\mathrm{Cos}\,(\alpha+\beta-2R)$$

$$MH = c\,\mathrm{Cos}\,\delta = c\,\mathrm{Cos}\,(-\delta)$$

$$= c\,\mathrm{Cos}\,(\alpha+\beta+\gamma-4R)$$

folglich

$$a \operatorname{Cos} \alpha + b \operatorname{Cos}(\alpha + \beta - 2R) + c \operatorname{Cos}(\alpha + \beta + \gamma - 4R)$$
$$= EL + FN + MH = d.$$

Die Gleichungen gelten für jedes beliebige Viereck, und sie werden bei jedem einzelnen nachgewiesen vermittelst Normalen, die man construirt, wie es hier geschehen ist.

Es ist

$$\operatorname{Sin}(\alpha + \beta - 2R) = -\operatorname{Sin}(\alpha + \beta)$$
$$\operatorname{Cos}(\alpha + \beta - 2R) = -\operatorname{Cos}(\alpha + \beta)$$

und, wenn wir den vierten Winkel δ des Vierecks einführen,

$$\operatorname{Sin}(\alpha + \beta + \gamma - 4R) = \operatorname{Sin}(-\delta) = -\operatorname{Sin} \delta$$
$$\operatorname{Cos}(\alpha + \beta + \gamma - 4R) = \operatorname{Cos}(-\delta) = \operatorname{Cos} \delta.$$

Diese Werthe substituire man eben, und es entsteht

$$3)\quad a \operatorname{Sin} \alpha - b \operatorname{Sin}(\alpha + \beta) - c \operatorname{Sin} \delta = 0$$
$$4)\quad a \operatorname{Cos} \alpha - b \operatorname{Cos}(\alpha + \beta) + c \operatorname{Cos} \delta = d.$$

In der letzten Form werden wir uns der Gleichungen bedienen.

§. 565. Aufgabe.

Von einem Vierecke sind drei Seiten und zwei Winkel gegeben, man soll die vierte Seite, die anderen Winkel und den Inhalt berechnen.

Auflösung. Die Aufgabe bietet verschiedene Fälle dar nach der Lage der gegebenen Winkel zu den gegebenen Seiten.

I. Die gegebenen Winkel werden von den gegebenen Seiten gebildet Fig. 240.

Nach dem vorigen Paragraph hat man die Gleichungen

$$b \operatorname{Sin} \beta - c \operatorname{Sin}(\beta + \gamma) - x \operatorname{Sin} y = 0$$
$$b \operatorname{Cos} \beta - c \operatorname{Cos}(\beta + \gamma) + x \operatorname{Cos} y = a$$

oder

$$x \operatorname{Sin} y = b \operatorname{Sin} \beta - c \operatorname{Sin}(\beta + \gamma)$$
$$x \operatorname{Cos} y = a - b \operatorname{Cos} \beta + c \operatorname{Cos}(\beta + \gamma).$$

Man quadrire beide Gleichungen und addire; das liefert

$$x^2 = a^2 + b^2 + c^2 - 2ab \operatorname{Cos} \beta + 2ac \operatorname{Cos}(\beta + \gamma)$$
$$- 2bc [\operatorname{Cos} \beta \operatorname{Cos}(\beta + \gamma) + \operatorname{Sin} \beta \operatorname{Sin}(\beta + \gamma)]$$

oder

$$1)\quad x^2 = a^2 + b^2 + c^2 - 2ab \operatorname{Cos} \beta + 2ac \operatorname{Cos}(\beta + \gamma) - 2bc \operatorname{Cos} \gamma$$

und Division gewährt

$$2)\quad \operatorname{Tg} y = \frac{b \operatorname{Sin} \beta - c \operatorname{Sin}(\beta + \gamma)}{a - b \operatorname{Cos} \beta + c \operatorname{Cos}(\beta + \gamma)}$$

Der Inhalt des Vierecks ist

$$\tfrac{1}{2}[ax \operatorname{Sin} y + bc \operatorname{Sin}\gamma]$$

oder, für $x \operatorname{Sin} y$ den oberen Werth gesetzt,

$$3)\ \tfrac{1}{2}[ab \operatorname{Sin}\beta - ac \operatorname{Sin}(\beta+\gamma) + bc \operatorname{Sin}\gamma].$$

II. Die gegebenen Winkel befinden sich an der einen von den gegebenen Seiten, welche mit der unbekannten Seite zusammenstoßen, Fig. 241.

Man hat die Gleichungen

$$a \operatorname{Sin}\alpha - b \operatorname{Sin}(\alpha+\beta) - c \operatorname{Sin} y = 0$$
$$a \operatorname{Cos}\alpha - b \operatorname{Cos}(\alpha+\beta) + c \operatorname{Cos} y = x.$$

Aus der ersten Gleichung folgt

$$1)\ \operatorname{Sin} y = \frac{a \operatorname{Sin}\alpha - b \operatorname{Sin}(\alpha+\beta)}{c}$$

daher ist $\operatorname{Cos} y = \frac{1}{c}\sqrt{c^2 - [a \operatorname{Sin}\alpha - b \operatorname{Sin}(\alpha+\beta)]^2}$

Diesen Werth substituire man in der zweiten Gleichung, und es entsteht

$$2)\ x = a \operatorname{Cos}\alpha - b \operatorname{Cos}(\alpha+\beta) \pm \sqrt{c^2 - [a \operatorname{Sin}\alpha - b \operatorname{Sin}(\alpha+\beta)]^2}$$

Der Inhalt ist

$$\tfrac{1}{2}[ab \operatorname{Sin}\beta + cx \operatorname{Sin} y]$$

oder die Werthe aus 1) und 2) substituirt

$$\tfrac{1}{2}[ab \operatorname{Sin}\beta + [a \operatorname{Sin}\alpha - b \operatorname{Sin}(\alpha+\beta)](a \operatorname{Cos}\alpha - b \operatorname{Cos}(\alpha+\beta) \pm \sqrt{c^2 - [a \operatorname{Sin}\alpha - b \operatorname{Sin}(a+\beta)]^2})].$$

III. Die gegebenen Winkel liegen Fig. 242 an der unbekannten Seite.

Man hat die Gleichungen

$$a \operatorname{Sin}\alpha - b \operatorname{Sin}(\alpha+y) - c \operatorname{Sin}\delta = 0$$
$$a \operatorname{Cos}\alpha - b \operatorname{Cos}(\alpha+y) + c \operatorname{Cos}\delta = x.$$

Aus der ersten Gleichung folgt

$$\operatorname{Sin}(\alpha+y) = \frac{a \operatorname{Sin}\alpha - c \operatorname{Sin}\delta}{b}$$

daher ist $\operatorname{Cos}(\alpha+y) = \frac{1}{b}\sqrt{b^2 - (a \operatorname{Sin}\alpha - c \operatorname{Sin}\delta)^2}$

Diesen Werth substituire man in der zweiten Gleichung und es entsteht

$$1)\ x = a \operatorname{Cos}\alpha + c \operatorname{Cos}\delta \pm \sqrt{b^2 - (a \operatorname{Sin}\alpha - c \operatorname{Sin}\delta)^2}.$$

Man hat ferner die Gleichung

$$x \operatorname{Sin}\alpha - c \operatorname{Sin}(\alpha+\delta) - b \operatorname{Sin} y = 0$$

Hierin substituire man für x den Werth, und sie liefert

$$2)\ \operatorname{Sin} y = \frac{(a\operatorname{Sin}\alpha - c\operatorname{Sin}\delta)\operatorname{Cos}\alpha \pm \operatorname{Sin}\alpha\sqrt{b^2 - (a\operatorname{Sin}\alpha - c\operatorname{Sin}\delta)^2}}{b}$$

Der Inhalt des Vierecks ist nach I. 3) gleich

$$\tfrac{1}{2}[ax\operatorname{Sin}\alpha - ac\operatorname{Sin}(\alpha + \delta) + cx\operatorname{Sin}\delta]$$
$$= \tfrac{1}{2}[(a\operatorname{Sin}\alpha + c\operatorname{Sin}\delta)\,x - ac\operatorname{Sin}(\alpha + \delta)]$$

oder, wenn man für x den Werth setzt

$$= \tfrac{1}{2}[a^2\operatorname{Sin}\alpha\operatorname{Cos}\alpha + c^2\operatorname{Sin}\delta\operatorname{Cos}\delta$$
$$\pm (a\operatorname{Sin}\alpha + c\operatorname{Sin}\delta)\sqrt{b^2 - (a\operatorname{Sin}\alpha - c\operatorname{Sin}\delta)^2}]$$

IV. Die bekannten Winkel liegen Fig. 243 einander gegenüber.

Es ist $x^2 + a^2 - 2ax\operatorname{Cos}\alpha = b^2 + c^2 - 2bc\operatorname{Cos}\gamma$
und daraus

$$1)\ x = a\operatorname{Cos}\alpha \pm \sqrt{b^2 + c^2 - 2bc\operatorname{Cos}\gamma - a^2\operatorname{Sin} a^2}$$

Ferner ist

$$c\operatorname{Sin} z - b\operatorname{Sin}(\gamma + z) - a\operatorname{Sin}\alpha = 0$$

und daraus folgt

$$(c - b\operatorname{Cos}\gamma)\operatorname{Sin} z - a\operatorname{Sin}\alpha = b\operatorname{Sin}\gamma\operatorname{Cos} z$$

$$(c - b\operatorname{Cos}\gamma)^2\operatorname{Sin} z^2 - 2a\operatorname{Sin}\alpha(c - b\operatorname{Cos}\gamma)\operatorname{Sin} z + a^2\operatorname{Sin}\alpha^2$$
$$= b^2\operatorname{Sin}\gamma^2 - b^2\operatorname{Sin}\gamma^2\operatorname{Sin} z^2$$

$$(b^2 + c^2 - 2bc\operatorname{Cos}\gamma)\operatorname{Sin} z^2 - 2a\operatorname{Sin}\alpha(c - b\operatorname{Cos}\gamma)\operatorname{Sin} z$$
$$= b^2\operatorname{Sin}\gamma^2 - a^2\operatorname{Sin}\alpha^2$$

$$\operatorname{Sin} z = \frac{1}{b^2 + c^2 - 2bc\operatorname{Cos}\gamma}[a(c - b\operatorname{Cos}\gamma)\operatorname{Sin}\alpha$$
$$\pm \sqrt{a^2(a\text{-}b\operatorname{Cos}\gamma)^2\operatorname{Sin}\alpha^2 + (b^2\operatorname{Sin}\gamma^2\text{-}a^2\operatorname{Sin}\alpha^2)(b^2 + c^2\text{-}2bc\operatorname{Cos}\gamma)}]$$

oder

$$\operatorname{Sin} z = \frac{a(c - b\operatorname{Cos}\gamma)\operatorname{Sin}\alpha \pm b\operatorname{Sin}\gamma\sqrt{b^2 + c^2 - 2bc\operatorname{Cos}\gamma - a^2\operatorname{Sin}\alpha^2}}{b^2 + c^2 2bc\operatorname{Cos}\gamma}$$

Der Inhalt ist

$$\tfrac{1}{2}[ax\operatorname{Sin}\alpha + bc\operatorname{Sin}\gamma]$$

worin für x der Werth zu setzen.

§. 566. Aufgabe.

Von einem Viereck sind zwei Seiten gegeben und drei Winkel; man soll die beiden anderen Seiten und den Inhalt berechnen.

Auflösung. I. Die gegebenen Seiten stoßen zusammen, Fig. 244. Der vierte Winkel ist bekannt. Man hat die Gleichungen

$$a \operatorname{Sin} \alpha - b \operatorname{Sin}(\alpha + \beta) - x \operatorname{Sin} \delta = 0$$
$$b \operatorname{Sin} \gamma - a \operatorname{Sin}(\beta + \gamma) - y \operatorname{Sin} \delta = 0$$

und aus ihnen

$$1)\ x = \frac{a \operatorname{Sin} \alpha - b \operatorname{Sin}(\alpha + \beta)}{\operatorname{Sin} \delta}$$

$$2)\ y = \frac{b \operatorname{Sin} \gamma - a \operatorname{Sin}(\beta + \gamma)}{\operatorname{Sin} \delta}$$

Der Inhalt ist

$$\tfrac{1}{2}[ay \operatorname{Sin} \alpha + bx \operatorname{Sin} \gamma]$$
$$= \frac{ab\operatorname{Sin}\alpha\operatorname{Sin}\gamma - a^2\operatorname{Sin}\alpha\operatorname{Sin}(\beta+\gamma) + ab\operatorname{Sin}\alpha\operatorname{Sin}\gamma - b^2\operatorname{Sin}\gamma\operatorname{Sin}(\alpha+\beta)}{2\operatorname{Sin}\delta}$$

oder, wenn man $\operatorname{Sin}(\beta+\gamma)$ durch $-\operatorname{Sin}(\alpha+\delta)$ und $\operatorname{Sin}(a+\beta)$ durch $-\operatorname{Sin}(\gamma+\delta)$ ersetzt, gleich

$$3)\ \frac{a^2 \operatorname{Sin}\alpha \operatorname{Sin}(\alpha+\delta) + 2ab \operatorname{Sin}\alpha \operatorname{Sin}\gamma + b^2 \operatorname{Sin}\gamma \operatorname{Sin}(\gamma+\delta)}{2\operatorname{Sin}\delta}$$

III. Die gegebenen Seiten stehen Fig. 245 sich gegenüber, Es ist

$$a\operatorname{Sin}\alpha - x\operatorname{Sin}(\alpha+\beta) - c\operatorname{Sin}\delta = 0$$
$$c\operatorname{Sin}\gamma - y\operatorname{Sin}(\gamma+\delta) - a\operatorname{Sin}\beta = 0$$

$$x = \frac{a\operatorname{Sin}\alpha - c\operatorname{Sin}\delta}{\operatorname{Sin}(\alpha+\beta)}$$

$$y = \frac{c\operatorname{Sin}\gamma - a\operatorname{Sin}\beta}{\operatorname{Sin}(\gamma+\delta)} = \frac{a\operatorname{Sin}\beta - c\operatorname{Sin}\gamma}{\operatorname{Sin}(\alpha+\beta)}$$

Der Inhalt ist

$$\tfrac{1}{2}[ay\operatorname{Sin}\alpha + cx\operatorname{Sin}\gamma]$$
$$= \frac{a^2\operatorname{Sin}\alpha\operatorname{Sin}\beta - c^2\operatorname{Sin}\gamma\operatorname{Sin}\delta}{2\operatorname{Sin}(\alpha+\beta)}$$

Ist $\alpha + \beta = 180^0$, so sind x und y parallel, und das Viereck ist unbestimmt. Dann ist

$$a\operatorname{Sin}\alpha = c\operatorname{Sin}\delta$$
$$a\operatorname{Sin}\beta = c\operatorname{Sin}\gamma$$
$$\operatorname{Sin}(\alpha+\beta) = 0$$

und die Ausdrücke für x, y und den Inhalt erhalten die Form $\frac{0}{0}$.

§. 567. Aufgabe.

Von einem Viereck sind die vier Seiten gegeben und ein Winkel, man soll die übrigen Winkel und den Inhalt berechnen.

Auflösung. Es seien a, b, c, d die Seiten, der gegebene Winkel α werde gebildet von a und d. Der Winkel, welchen a und b bilden, sei durch x, der, welchen b und c bilden, durch y bezeichnet.

Die den Winkeln α und y gegenüberstehende Diagonale sei h. Nach §. 556 ist

$$h^2 = a^2 + d^2 - 2ad \operatorname{Cos} \alpha$$
$$= (a + d)^2 - 4ad \operatorname{Cos} \tfrac{1}{2}\alpha^2$$
$$= (a - d)^2 + 4ad \operatorname{Sin} \tfrac{1}{2}\alpha^2.$$

Nach §. 565 I. 1) hat man die Gleichung

$$c^2 = b^2 + a^2 + d^2 - 2ad \operatorname{Cos} \alpha + 2bd \operatorname{Cos}(\alpha + x) - 2ab \operatorname{Cos} x$$

Aus ihr folgt

$$a \operatorname{Cos} x - d \operatorname{Cos}(\alpha + x) = \frac{b^2 - c^2 + h^2}{2b}$$

und, wenn wir der Kürze wegen den Ausdruck rechts durch q bezeichnen

$$(a - d \operatorname{Cos} \alpha) \operatorname{Cos} x + d \operatorname{Sin} \alpha \operatorname{Sin} x = q$$
$$d^2 \operatorname{Sin} \alpha^2 - d^2 \operatorname{Sin} \alpha^2 \operatorname{Cos} x^2$$
$$= q^2 - 2q(a - d \operatorname{Cos} \alpha) \operatorname{Cos} x + (a - d \operatorname{Cos} \alpha)^2 \operatorname{Cos} x^2$$
$$h^2 \operatorname{Cos} x^2 - 2q(a - d \operatorname{Cos} \alpha) \operatorname{Cos} x = d^2 \operatorname{Sin} \alpha^2 - q^2$$
$$\operatorname{Cos} x = \frac{q(a - d \operatorname{Cos} \alpha) \pm \sqrt{q^2(a - d \operatorname{Cos} \alpha)^2 + (d^2 \operatorname{Sin} \alpha^2 - q^2)h^2}}{h^2}$$

Der Radicand ist

$$d^2h^2 \operatorname{Sin}\alpha^2 + q^2(a^2 - 2ad \operatorname{Cos}\alpha + d^2 \operatorname{Cos}\alpha^2 - a^2 - d^2 + 2ad \operatorname{Cos}\alpha)$$

oder $d^2 \operatorname{Sin} \alpha^2 (h^2 - q^2)$.

Demnach ist

$$\operatorname{Cos} x = \frac{q(a - d \operatorname{Cos} \alpha) \pm d \operatorname{Sin} \alpha \sqrt{h^2 - q^2}}{h^2}$$

Es ist aber

$$q = \frac{b^2 - c^2 + h^2}{2b}$$

also

$$(h + q)(h - q) = \frac{[(b + h)^2 - c^2][c^2 - (b - h)^2]}{4b^2}$$
$$= \frac{(b + h + c)(b + h - c)(c + b - h)(c - b + h)}{4b^2}$$
$$= \frac{[(b + c)^2 - h^2][h^2 - (b - c)^2]}{4b^2}$$

und man hat nunmehr

$$1)\ \operatorname{Cos} x = \frac{(b^2-c^2+h^2)(a-d\operatorname{Cos}\alpha)\pm d\operatorname{Sin}\alpha\sqrt{[(b+c)^2-h^2][h^2-(b-c)^2]}}{2bh^2}$$

Zur Bestimmung des Winkels y dient jede der Gleichungen

$$(b+c)^2-4bc\operatorname{Cos}\tfrac{1}{2}y^2=h^2$$
$$(b-c)^2+4bc\operatorname{Sin}\tfrac{1}{2}y^2=h^2$$

Aus der ersten folgt

$$2)\ \operatorname{Cos}\tfrac{1}{2}y=\sqrt{\frac{(b+c)^2-h^2}{4bc}}$$

aus der anderen

$$3)\ \operatorname{Sin}\tfrac{1}{2}y=\sqrt{\frac{h^2-(b-c)^2}{4bc}}$$

Der Inhalt des Vierecks drückt sich aus durch

$$\tfrac{1}{2}[ad\operatorname{Sin}\alpha+bc\operatorname{Sin}y]$$
$$=\tfrac{1}{2}[ad\operatorname{Sin}\alpha+2bc\operatorname{Sin}\tfrac{1}{2}y\operatorname{Cos}\tfrac{1}{2}y]$$
$$4)\ =\tfrac{1}{2}[ad\operatorname{Sin}\alpha+\tfrac{1}{2}\sqrt{[(b+c)^2-h^2][h^2-(b-c)^2]}]$$

Statt h^2 ist in 1) bis 4) einer der oberen Werthe zu setzen.

§. 568.

Ist EFHKL Fig. 246 ein beliebiges Fünfeck, so ist

$$1)\ a\operatorname{Sin}\alpha+b\operatorname{Sin}(\alpha+\beta-2R)+c\operatorname{Sin}(\alpha+\beta+\gamma-4R)$$
$$+d\operatorname{Sin}(\alpha+\beta+\gamma+\delta-6R)=0$$

$$2)\ a\operatorname{Cos}\alpha+b\operatorname{Cos}(\alpha+\beta-2R)+c\operatorname{Cos}(\alpha+\beta+\gamma-4R)$$
$$+d\operatorname{Cos}(\alpha+\beta+\gamma+\delta-6R)=g.$$

Man fälle die Normalen FM, HN, KS, FP, KQ, und überzeuge sich zunächst, daß

$$\angle HFP=\alpha+\beta-2R$$
$$\angle HKQ=4R-(\alpha+\beta+\gamma)$$
$$\angle KLE=6R-(\alpha+\beta+\gamma+\delta).$$

Dann ist aber $a\operatorname{Sin}\alpha+b\operatorname{Sin}(\alpha+\beta-2R)=HN$

$$c\operatorname{Sin}(\alpha+\beta+\gamma-4R)+d\operatorname{Sin}(\alpha+\beta+\gamma+\delta-6R)=-HN$$

und darin liegt die erste Gleichung.

Ferner ist

$$a\operatorname{Cos}\alpha+b\operatorname{Cos}(\alpha+\beta-2R)+c\operatorname{Cos}(\alpha+\beta+\gamma-4R)=ES$$
$$d\operatorname{Cos}(\alpha+\beta+\gamma+\delta-6R)=-LS$$

woraus die zweite Formel sich ergiebt.

Es ist $\text{Sin}\,(\alpha+\beta-2R) = -\text{Sin}(\alpha+\beta)$

$\text{Sin}\,(\alpha+\beta+\gamma-4R) = \text{Sin}(\alpha+\beta+\gamma)$

$\text{Sin}\,(\alpha+\beta+\gamma+\delta-6R) = \text{Sin}(-\varepsilon) = -\text{Sin}\,\varepsilon$

$\text{Cos}\,(\alpha+\beta-2R) = -\text{Cos}\,(\alpha+\beta)$

$\text{Cos}\,(\alpha+\beta+\gamma-4R) = \text{Cos}(\alpha+\beta+\gamma)$

$\text{Cos}(\alpha+\beta+\gamma+\delta-6R) = \text{Cos}(-\varepsilon) = \text{Cos}\,\varepsilon.$

Diese Werthe substituire man oben, und es entsteht

3) $a\,\text{Sin}\,\alpha - b\,\text{Sin}\,(\alpha+\beta) + c\,\text{Sin}\,(\alpha+\beta+\gamma) - d\,\text{Sin}\,\varepsilon = 0$

4) $a\,\text{Cos}\,\alpha - b\,\text{Cos}\,(\alpha+\beta) + c\,\text{Cos}(\alpha+\beta+\gamma) + d\,\text{Cos}\,\varepsilon = g.$

§. 569. Aufgabe.

Von einem Fünfeck Fig. 247 sind vier Seiten a, b, c, d und die von ihnen gebildeten Winkel β, γ, δ gegeben, man soll die fünfte Seite, die übrigen Winkel und den Inhalt berechnen.

Auflösung. Nach dem vorigen Paragraph hat man die Gleichungen

$$b\,\text{Sin}\,\beta - c\,\text{Sin}\,(\beta+\gamma) + d\,\text{Sin}\,(\beta+\gamma+\delta) - x\,\text{Sin}\,y = 0$$
$$b\,\text{Cos}\,\beta - c\,\text{Cos}\,(\beta+\gamma) + d\,\text{Cos}(\beta+\gamma+\delta) + x\,\text{Cos}\,y = a$$

oder

$$x\,\text{Sin}\,y = b\,\text{Sin}\,\beta - c\,\text{Sin}(\beta+\gamma) + d\,\text{Sin}\,(\beta+\gamma+\delta)$$
$$x\,\text{Cos}\,y = a - b\,\text{Cos}\,\beta + c\,\text{Cos}\,(\beta+\gamma) - d\,\text{Cos}\,(\beta+\gamma+\delta)$$

Man quadrire und addire diese Gleichungen, das liefert

1) $x^2 = a^2 + b^2 + c^2 + d^2 - 2ab\,\text{Cos}\,\beta + 2ac\,\text{Cos}\,(\beta+\gamma)$
$- 2ad\,\text{Cos}(\beta+\gamma+\delta) - 2bc\,\text{Cos}\,\gamma + 2bd\,\text{Cos}\,(\gamma+\delta) - 2cd\,\text{Cos}\,\delta$

Die Division gewährt

2) $\text{Tg}\,y = \dfrac{b\,\text{Sin}\,\beta - c\,\text{Sin}(\beta+\gamma) + d\,\text{Sin}\,(\beta+\gamma+\delta)}{a - b\,\text{Cos}\,\beta + c\,\text{Cos}\,(\beta+\gamma) - d\,\text{Cos}\,(\beta+\gamma+\delta)}$

Man denke die Diagonale NQ und der Inhalt des Fünfecks drückt sich aus, unter Anwendung von §. 565 I. 3), durch

$$\tfrac{1}{2}\,[ax\,\text{Sin}\,y + bc\,\text{Sin}\,\gamma - bd\,\text{Sin}\,(\gamma+\delta) + cd\,\text{Sin}\,\delta]$$

oder, wenn man für x Sin y den oberen Werth setzt, durch

$$\tfrac{1}{2}\,[ab\,\text{Sin}\,\beta - ac\,\text{Sin}\,(\beta+\gamma) + ad\,\text{Sin}\,(\beta+\gamma+\delta) + bc\,\text{Sin}\,\gamma$$
$$- bd\,\text{Sin}\,(\gamma+\delta) + cd\,\text{Sin}\,\delta].$$

§. 570.

Gleichungen und Resultate, ähnlich denen in §. 568 und §. 569 lassen sich für das Sechseck, Siebeneck u. s. f. für das n eck herleiten.

In Zahlenfällen führt man die Berechnung von n ecken oft dadurch aus, daß man sie in Dreiecke zerlegt, und diese vermittelst der gegebenen Stücke und der nach und nach gefundenen berechnet.

§. 571. Aufgabe.

Die Seite und den Inhalt eines regulären n ecks anzugeben, und den Radius des Kreises, um welchen es liegt, wenn r der Halbmesser des Kreises ist, in dem das n eck sich befindet.

Auflösung. Der zur Seite x des regulären n ecks gehörende Mittelpunktswinkel ist $\frac{4R}{n}$. Denkt man vom Mittelpunkt auf x eine Normale gefällt, so folgt

$$\frac{x}{2} = r \operatorname{Sin} \frac{2R}{n}$$

$$x = 2r \operatorname{Sin} \frac{2R}{n}$$

Der Inhalt eines der Dreiecke, in welche das n eck durch Radien zerlegt wird, die nach seinen Ecken gehen, ist $\frac{1}{2} r^2 \operatorname{Sin} \frac{4R}{n}$, daher der Inhalt des n ecks gleich

$$\frac{1}{2} n \cdot r^2 \operatorname{Sin} \frac{4R}{n}$$

Der Radius $r_{\prime}$ des Kreises, um welchen das n eck liegt, ist $r \operatorname{Cos} \frac{2R}{n}$.

§. 572. Aufgabe.

Die Seite und den Inhalt eines regulären n ecks zu berechnen, und den Radius des Kreises, in welchem es sich befindet, wenn $r_{\prime}$ der Radius des Kreises ist, um welchen das n eck liegt.

Auflösung. Man denke vom Mittelpunkt nach den Endpunkten einer Seite x gerade Linien gezogen, und fälle eine Normale vom Mittelpunkt auf diese Seite. Dann ist

$$\frac{x}{2} = r_{\prime} \operatorname{Tg} \frac{2R}{n}$$

also

$$x = 2 r_{\prime} \operatorname{Tg} \frac{2R}{n}$$

Der Inhalt des entstandenen Dreiecks ist $\frac{1}{2} r_{\prime} x$, mithin der des n ecks

$$n r_{\prime}^2 \operatorname{Tg} \frac{2R}{n}$$

Der Radius r des Kreises, in welchem das n eck liegt, ist

$$\frac{r_{\prime}}{\operatorname{Cos} \frac{2R}{n}}$$

§. 573. Aufgabe.

Die Seite eines regulären n ecks sei a, man soll den Radius des Kreises berechnen, in welchem das n eck liegt, den Radius des Kreises, um welchen es liegt, und den Inhalt des n ecks.

Auflösung. Es bezeichne x den Radius des ersteren Kreises, y den des anderen. Nach §. 571 hat man für x die Gleichung

$$a = 2x \operatorname{Sin} \frac{2R}{n}$$

und daraus

$$x = \frac{a}{2 \operatorname{Sin} \frac{2R}{n}}$$

Nach §. 572 ist

$$a = 2y \operatorname{Tg} \frac{2R}{n}$$

also

$$y = \frac{a}{2 \operatorname{Tg} \frac{2R}{n}}$$

Der Inhalt des n ecks drückt sich aus durch

$$\frac{na \cdot y}{2}$$

oder für y den Werth gesetzt, durch

$$\frac{na^2}{4 \operatorname{Tg} \frac{2R}{n}}$$

§. 574. Aufgabe.

Der Inhalt eines regulären n ecks sei q, man soll den Radius des Kreises finden, in welchem das n eck liegt, den Radius des Kreises, um welchen es liegt, und die Seite des n ecks.

Auflösung. Der Radius des ersteren Kreises sei x, der des anderen y. Es ist nach §. 571

$$q = \tfrac{1}{2} n x^2 \operatorname{Sin} \frac{4R}{n}$$

deshalb

$$x = \sqrt{\frac{2q}{n \operatorname{Sin} \frac{4R}{n}}}$$

Nach §. 572 hat man

$$q = ny^2 \operatorname{Tg} \frac{2R}{n}$$

also

$$y = \sqrt{\frac{q}{n \operatorname{Tg} \frac{2R}{n}}}$$

Bezeichnet z die Seite des necks, so ist

$$\frac{nz \cdot y}{2} = q$$

daraus

$$z = \frac{2q}{ny}$$

oder, für y den Werth gesetzt,

$$z = \frac{2}{n}\sqrt{nq \cdot \operatorname{Tg} \frac{2R}{n}}$$

§. 575.

Die Seiten und die Inhalte der regulären necke, welche in einem gegebenen Kreise, oder um ihn gedacht werden können, haben bestimmte Werthe. Deshalb giebt es nicht nothwendig in einem gegebenen Kreise ein reguläres neck, dessen Seite oder dessen Inhalt eine beliebig festgesetzte Zahl ist. So ist z. B. in einem gegebenen Kreise kein reguläres neck denkbar, dessen Seite größer ist, als die des regulären Sechsecks und zugleich kleiner, als die des regulären Fünfecks. Und da, wenn von regulären necken die Rede ist, unter n eine ganze Zahl verstanden werden muß, sich aber für n beliebige Zahlen ergeben können, wenn es aus Gleichungen entwickelt wird, so sind im Allgemeinen solche Aufgaben über reguläre necke nicht aufzulösen, in denen n als unbekannt erscheint.

Sollte aber die Zahl x bestimmt werden, so daß das reguläre xeck in dem Kreise, dessen Halbmesser r ist, die Seite a habe, so hätte man nach §. 571 für x die Gleichung

$$2r \operatorname{Sin} \frac{2R}{x} = a$$

und daraus

$$\operatorname{Sin} \frac{2R}{x} = \frac{a}{2r}$$

Hierin müßte man statt x nach und nach die Zahlen 3, 4, 5 .... substituiren, und zusehen, ob für eine dieser Zahlen $\operatorname{Sin} \frac{2R}{x} = \frac{a}{2r}$ wird. Ist das nicht der Fall, so giebt es keine Auflösung

Siebzehntes Kapitel.

Vermischte Aufgaben zu trigonometrische Berechnungen.

§. 576. Aufgabe.

Von einem Dreieck sind eine Höhe gleich h und zwei Winkel α und β gegeben, man soll die Seiten und den Inhalt des Dreiecks berechnen.

Auflösung. Der dritte Winkel ist $2R - \alpha - \beta$, und mag durch γ bezeichnet werden. Die zu h gehörige Seite sei x, die anderen seien y und z; den Seiten x, y, z mögen beziehlich die Winkel α, β, γ gegenüberstehen. Es ist dann

$$y = \frac{h}{\operatorname{Sin}\gamma}$$

$$z = \frac{h}{\operatorname{Sin}\beta}$$

$$x = h \operatorname{Cotg}\beta + h \operatorname{Cotg}\gamma$$

$$= h \cdot \frac{\operatorname{Cos}\beta \operatorname{Sin}\gamma + \operatorname{Sin}\beta \operatorname{Cos}\gamma}{\operatorname{Sin}\beta \operatorname{Sin}\gamma}$$

$$= h \cdot \frac{\operatorname{Sin}(\beta+\gamma)}{\operatorname{Sin}\beta \operatorname{Sin}\gamma} = h \cdot \frac{\operatorname{Sin}\alpha}{\operatorname{Sin}\beta \operatorname{Sin}\gamma}$$

Der Inhalt ist gleich

$$\frac{hx}{2} = \frac{h^2 \operatorname{Sin}\alpha}{2 \operatorname{Sin}\beta \operatorname{Sin}\gamma}.$$

§. 577. Aufgabe.

Von einem Dreieck sind zwei Höhen a und b und ein Winkel α gegeben, man soll die Seiten, die anderen Winkel und den Inhalt berechnen.

Auflösung. I. Es mag der Winkel α beiden Höhen gegenüberliegen. Die Seiten, welche zu a und b gehören, seien x und y, die dritte Seite sei z. Dann ist

$$x = \frac{b}{\operatorname{Sin}\alpha}$$

$$y = \frac{a}{\operatorname{Sin}\alpha}$$

$$z^2 = x^2 + y^2 - 2xy \operatorname{Cos}\alpha$$

$$= \frac{a^2 + b^2 - 2ab \operatorname{Cos}\alpha}{\operatorname{Sin}\alpha^2}$$

Der Inhalt ist

$$\frac{ax}{2} = \frac{ab}{2 \operatorname{Sin} \alpha}$$

Bezeichnet v den Winkel, welcher x gegenübersteht, w den y gegenüberliegenden, so ist

$$\operatorname{Sin} v = \frac{b}{z}, \quad \operatorname{Sin} w = \frac{a}{z}$$

oder für z den Werth gesetzt

$$\operatorname{Sin} v = \frac{b \operatorname{Sin} \alpha}{\sqrt{a^2 + b^2 - 2ab \operatorname{Cos} \alpha}}$$

$$\operatorname{Sin} w = \frac{a \operatorname{Sin} \alpha}{\sqrt{a^2 + b^2 - 2ab \operatorname{Cos} \alpha}}$$

II. Es liegt α einer Seite gegenüber, zu welcher eine der gegebenen Höhen, etwa a, gehört. Die Seiten, welche zu a und b gehören, seien x und y, die dritte z. Dann ist

$$x^2 = y^2 + z^2 - 2yz \operatorname{Cos} \alpha$$
$$ax = by$$
$$z \operatorname{Sin} \alpha = b$$

Die Werthe von y und z aus den letzten Gleichungen substituire man in der ersten; es entsteht

$$x^2 = \frac{a^2 x^2}{b^2} + \frac{b^2}{\operatorname{Sin}\alpha^2} - 2ax \operatorname{Cotg} \alpha$$

$$\frac{a^2 - b^2}{b^2} x^2 - 2ax \operatorname{Cotg} \alpha + \frac{b^2}{\operatorname{Sin} \alpha^2} = 0$$

$$x^2 - \frac{2ab^2 \operatorname{Cotg} \alpha}{a^2 - b^2} x + \frac{b^4}{(a^2 - b^2) \operatorname{Sin} \alpha^2} = 0$$

$$x = \frac{ab^2 \operatorname{Cotg} \alpha}{a^2 - b^2} \pm \sqrt{\frac{a^2 b^4 \operatorname{Cotg} \alpha^2}{(a^2 - b^2)^2} - \frac{b^4}{(a^2 - b^2) \operatorname{Sin} \alpha^2}}$$

$$= \frac{ab^2 \operatorname{Cos} \alpha}{(a^2 - b^2) \operatorname{Sin} \alpha} \pm \frac{b^2}{(a^2 - b^2) \operatorname{Sin} \alpha} \sqrt{a^2 \operatorname{Cos} \alpha^2 - a^2 + b^2}$$

$$= \frac{b^2}{(a^2 - b^2) \operatorname{Sin} \alpha} \left[a \operatorname{Cos} \alpha \pm \sqrt{b^2 - a^2 \operatorname{Sin} \alpha^2}\right]$$

Es ist ferner $\quad y = \frac{ax}{b}$

oder, wenn man für x den Werth setzt

$$y = \frac{ab}{(a^2 - b^2) \operatorname{Sin} \alpha} [a \operatorname{Cos} \alpha \pm \sqrt{b^2 - a^2 \operatorname{Sin} \alpha^2}]$$

Der Inhalt findet sich leicht durch x oder y.

Zur Bestimmung des Winkels v, welcher y gegenübersteht, hat man

$$\operatorname{Sin} v = \frac{a}{z}$$

oder, da $z = \frac{b}{\operatorname{Sin} \alpha}$ ist.

$$\operatorname{Sin} v = \frac{a \operatorname{Sin} \alpha}{b}$$

Die Auflösungen für x und y sind unbrauchbar, wenn $b = a$. In diesem Fall ist $x = y$, und wenn man in der Mitte von z eine Normale errichtet, so ergiebt sich

$$x = \frac{z}{2 \operatorname{Cos} \alpha} = \frac{b}{2 \operatorname{Sin} \alpha \operatorname{Cos} \alpha} = \frac{b}{\operatorname{Sin} 2\alpha} = \frac{a}{\operatorname{Sin} 2\alpha}$$

Für den Inhalt folgt hieraus $\frac{a^2}{2 \operatorname{Sin} 2\alpha}$.

§. 578. Aufgabe.

Es sind die Höhen eines Dreiecks gleich a, b, c gegeben, man soll die Winkel des Dreiecks berechnen.

Auflösung. Die Winkel, durch deren Scheitelpunkte die Höhen a, b, c gehen, mögen durch x, y, z bezeichnet sein. Die Produkte, welche hervorgehen, wenn man jede Seite eines Dreiecks mit der zu ihr gehörenden Höhe multiplicirt, sind gleich, denn jedes ist der doppelte Inhalt des Dreiecks. Daraus folgt, daß zwei Höhen eines Dreiecks sich umgekehrt verhalten, wie die Seiten, zu denen sie gehören, also auch umgekehrt, wie die Sinusse der Winkel, welche diesen Seiten gegenüberstehen. Hieraus folgt weiter, daß die Produkte gleich sind, welche man erhält, wenn man jede Höhe mit dem Sinus des Winkels multiplicirt, von dessen Scheitelpunkt sie ausgeht. Man hat demnach

1) $a \operatorname{Sin} x = b \operatorname{Sin} y$

2) $a \operatorname{Sin} x = c \operatorname{Sin} z = c \operatorname{Sin} (x + y)$

oder 3) $a \operatorname{Sin} x = c \operatorname{Sin} x \operatorname{Cos} y + c \operatorname{Cos} x \operatorname{Sin} y$.

Wird diese Gleichung mit b multiplicirt, und statt $b \operatorname{Sin} y$ nach der ersten Gleichung $a \operatorname{Sin} x$ gesetzt, so entsteht

$$ab \operatorname{Sin} x = bc \operatorname{Sin} x \operatorname{Cos} y + ac \operatorname{Sin} x \operatorname{Cos} x$$

$$ab = bc \operatorname{Cos} y + ac \operatorname{Cos} x$$

oder 4) $ab - ac \operatorname{Cos} x = bc \operatorname{Cos} y.$

Man quadrire diese Gleichung, multiplicire die Gleichung 1) mit c, quadrire sie ebenfalls, und addire die quadrirten Gleichungen; das liefert

$$a^2b^2 - 2a^2bc \operatorname{Cos} x + a^2c^2 = b^2c^2$$

also

$$5)\ \operatorname{Cos} x = \frac{a^2b^2 + a^2c^2 - b^2c^2}{2a^2bc}$$

Um zu reduciren, addire man zu beiden Seiten 1. Es entsteht

$$1 + \operatorname{Cos} x = \frac{2a^2bc + a^2b^2 + a^2c^2 - b^2c^2}{2a^2bc}$$

$$2 \operatorname{Cos} \frac{x^2}{2} = \frac{(ab + ac)^2 - b^2c^2}{2a^2bc}$$

$$6)\ \operatorname{Cos} \frac{x}{2} = \frac{1}{2a}\sqrt{\frac{(ab + ac + bc)(ab + ac - bc)}{bc}}$$

Ferner folgt, wenn man die Gleichung 5) von $1=1$ subtrahirt

$$1 - \operatorname{Cos} x = \frac{2a^2bc - a^2b^2 - a^2c^2 + b^2c^2}{2a^2bc}$$

$$2 \operatorname{Sin} \frac{x^2}{2} = \frac{b^2c^2 - (ab - ac)^2}{2a^2bc}$$

$$7)\ \operatorname{Sin} \frac{x}{2} = \frac{1}{2a}\sqrt{\frac{(bc + ab - ac)(bc - ab + ac)}{bc}}$$

§. 579. Aufgabe.

Von einem Dreieck ist eine Seite gleich c gegeben, die Höhe darauf gleich h und der Winkel γ, welcher c gegenübersteht, man soll die anderen Seiten berechnen.

Auflösung. Die unbekannten Seiten seien x und y. Nach §. 557 3) und 4) hat man die Gleichungen

$$(x + y)^2 - c^2 = 2ch \operatorname{Cotg} \tfrac{1}{2}\gamma$$
$$c^2 - (x - y)^2 = 2ch \operatorname{Tg} \tfrac{1}{2}\gamma$$

oder

$$x + y = \sqrt{c(c + 2h \operatorname{Cotg} \tfrac{1}{2}\gamma)}$$
$$x - y = \sqrt{c(c - 2h \operatorname{Tg} \tfrac{1}{2}\gamma)}$$

und die Addition und Subtraction dieser Gleichungen gewähren x und y.

§. 580. Aufgabe.

Eine Seite eines Dreiecks sei a, die Summe der anderen Seiten b, der von diesen gebildete Winkel α, man soll die anderen Seiten berechnen und die nicht gegebenen Winkel.

Auflösung. Die eine der unbekannten Seiten sei x, die andere ist dann $b - x$, die ihnen gegenüberstehenden Winkel seien y und z. Nach Gauß Gleichungen hat man

$$1)\ b \operatorname{Sin} \frac{\alpha}{2} = a \operatorname{Cos} \frac{y-z}{2}$$

$$2)\ (2x-b) \operatorname{Cos} \frac{\alpha}{2} = a \operatorname{Sin} \frac{y-z}{2}$$

Aus 1) folgt

$$3)\ \operatorname{Cos} \frac{y-z}{2} = \frac{b}{a} \operatorname{Sin} \frac{\alpha}{2}$$

wodurch sich die Winkel y und z bestimmen. Aus 3) folgt

$$\operatorname{Sin} \frac{y-z}{2} = \frac{1}{a} \sqrt{a^2 - b^2 \operatorname{Sin} \tfrac{1}{2} a^2}$$

Dies in 2) gesetzt liefert sofort

$$x = \tfrac{1}{2}\left[b \pm \frac{\sqrt{a^2 - b^2 \operatorname{Sin} \tfrac{1}{2}\alpha^2}}{\operatorname{Cos} \tfrac{1}{2}\alpha}\right].$$

§. 581. Aufgabe.

Von einem Dreieck sind gegeben eine Seite gleich c, die Höhe darauf gleich h, die Summe der anderen Seiten gleich a, man soll die anderen Seiten und die Winkel des Dreiecks berechnen.

Auflösung. Die eine der unbekannten Seiten sei x, dann ist die andere $a - x$; der Winkel, welcher c gegenüber steht, sei y. Man hat nach §. 557 3) und 4)

$$a^2 - c^2 = 2ch \operatorname{Cotg} \tfrac{1}{2} y$$

$$c^2 - (a - 2x)^2 = 2ch \operatorname{Tg} \tfrac{1}{2} y.$$

Aus der ersten Gleichung folgt

$$1)\ \operatorname{Cotg} \frac{y}{2} = \frac{a^2 - c^2}{2ch}$$

aus der zweiten

$$a - 2x = \sqrt{c^2 - 2ch \operatorname{Tg} \tfrac{1}{2} y}$$

und, wenn man für $\operatorname{Tg} \tfrac{1}{2} y$ den Werth aus 1) setzt

$$2)\ x = \tfrac{1}{2}\left[a \pm c \sqrt{1 - \frac{4h^2}{a^2 - c^2}}\right]$$

§. 582. Aufgabe.

Von einem Dreieck sind gegeben die Summe zweier Seiten a, der von ihnen gebildete Winkel γ und die Höhe h, welche zur dritten Seite gehört, man soll die Seiten des Dreiecks berechnen.

Auflösung. Eine der Seiten, deren Summe a ist, sei x, dann ist die andere a—x, die dritte Seite sei y. Man hat nach §. 557 3)

$$a^2 - y^2 = 2hy \operatorname{Cotg} \tfrac{1}{2}\gamma.$$

Daraus ist

$$1)\ y = -h \operatorname{Cotg} \tfrac{1}{2}\gamma + \sqrt{a^2 + h^2 \operatorname{Cotg} \tfrac{1}{2}\gamma^2}.$$

Den Inhalt zweimal ausdrückend erhält man die Gleichung

$$hy = (a-x)\, x \operatorname{Sin} \gamma$$

und aus ihr

$$x^2 - ax + \frac{hy}{\operatorname{Sin}\gamma} = 0$$

$$x = \frac{a}{2} \pm \sqrt{\frac{a^2}{4} - \frac{h}{\operatorname{Sin}\gamma}\, y}$$

oder für y den Werth gesetzt

$$2)\ x = \frac{a}{2} \pm \sqrt{\frac{a^2}{4} + \frac{h}{\operatorname{Sin}\gamma}\left(h \operatorname{Cotg}\frac{\gamma}{2} - \sqrt{a^2 + h^2 \operatorname{Cotg}\frac{\gamma^2}{2}}\right)}.$$

§. 583. Aufgabe.

Von einem Dreieck seien gegeben die eine Seite gleich a, der ihr gegenüberstehende Winkel α, und die Differenz der anderen Seiten gleich d, man soll diese Seiten berechnen und die Winkel an der Seite a.

Auflösung. Die den Seiten d+x und x gegenüberstehenden Winkel seien y und z. Nach Gauß Gleichungen ist

$$1)\ (d + 2x) \operatorname{Sin} \tfrac{1}{2}\alpha = a \operatorname{Cos} \tfrac{1}{2}(y - z)$$

$$2)\ d \operatorname{Cos} \tfrac{1}{2}\alpha = a \operatorname{Sin} \tfrac{1}{2}(y - z).$$

Aus 2) folgt

$$3)\ \operatorname{Sin}\frac{y-z}{2} = \frac{d}{a} \operatorname{Cos}\frac{\alpha}{2}.$$

Hieraus

$$\operatorname{Cos}\frac{y-z}{2} = \frac{1}{a}\sqrt{a^2 - d^2 \operatorname{Cos}\tfrac{1}{2}\alpha^2}$$

und jetzt aus 1)

$$x - \tfrac{1}{2}\left[-d \pm \frac{\sqrt{a^2 - d^2 \operatorname{Cos}\tfrac{1}{2}\alpha^2}}{\operatorname{Sin}\tfrac{1}{2}\alpha}\right]$$

§. 584. Aufgabe.

Von einem Dreieck sei gegeben eine Seite c, die Höhe darauf h, die Differenz der anderen Seiten d, man soll diese anderen Seiten und die Winkel des Dreiecks berechnen.

Auflösung. Die kleinere der unbekannten Seiten sei x, die andere ist dann d + x, der Winkel, welcher c gegenübersteht, sei y. Es ist nach §. 557 3) und 4)

$$(d+2x)^2 - c^2 = 2ch\,\mathrm{Cotg}\,\tfrac{1}{2}y$$
$$c^2 - d^2 = 2ch\,\mathrm{Tg}\,\tfrac{1}{2}y$$

Aus der zweiten Gleichung folgt

$$1)\quad \mathrm{Tg}\,\frac{y}{2} = \frac{c^2-d^2}{2ch}$$

aus der ersten

$$d + 2x = \sqrt{c^2 + 2ch\,\mathrm{Cotg}\,\tfrac{1}{2}y}$$

und, wenn man für $\mathrm{Cotg}\,\frac{1}{2}y$ den Werth nach 1) setzt,

$$x = \tfrac{1}{2}\left[-d + c\sqrt{1 + \frac{4h^2}{c^2-d^2}}\right].$$

§. 585. Aufgabe.

Von einem Dreieck sind gegeben die Differenz zweier Seiten gleich d, der von ihnen gebildete Winkel gleich γ, und die Höhe, welche zur dritten Seite gehört, gleich h, man soll die Seiten des Dreiecks berechnen.

Auflösung. Die kleinere der Seiten, deren Differenz d ist, sei x, die größere ist dann d + x, die dritte sei y. Alsdann ist nach §. 557 4)

$$y^2 - d^2 = 2hy\,\mathrm{Tg}\,\tfrac{1}{2}\gamma$$

und daraus

$$1)\quad y = h\,\mathrm{Tg}\,\tfrac{1}{2}\gamma + \sqrt{d^2 + h^2\,\mathrm{Tg}\,\tfrac{1}{2}\gamma^2}.$$

Ferner ist

$$(d+x)x\,\mathrm{Sin}\,\gamma = hy$$

also

$$x^2 + dx = \frac{hy}{\mathrm{Sin}\,\gamma}$$

$$x = -\frac{d}{4} + \sqrt{\frac{d^2}{4} + \frac{h}{\mathrm{Sin}\,\gamma}y}$$

oder

$$2)\quad x = -\frac{d}{2} + \sqrt{\frac{d^2}{2} + \frac{h}{\mathrm{Sin}\,\gamma}\left(h\,\mathrm{Tg}\,\frac{\gamma}{2} + \sqrt{d^2 + h^2\,\mathrm{Tg}\,\frac{\gamma^2}{2}}\right)}.$$

§. 586. Aufgabe.

Von einem Dreiecke sind gegeben eine Seite gleich b, die Differenz der daran liegenden Winkel gleich α, die Summe der anderen Seiten gleich a, man soll diese Seiten und die Winkel des Dreiecks finden.

Auflösung. Die eine von den Seiten, deren Summe a ist, sei x, die andere ist dann a — x, der Winkel, welchen diese Seiten bilden, sei z. Nach Gauß Gleichungen hat man

$$1) \qquad a \operatorname{Sin} \frac{z}{2} = b \operatorname{Cos} \frac{\alpha}{2}$$

$$2) \qquad (2x - a) \operatorname{Cos} \frac{z}{2} = \pm b \operatorname{Sin} \frac{\alpha}{2}$$

+, wenn x die größere, —, wenn x die kleinere der Seiten vorstellt, deren Summe a ist.

Aus 1) folgt sofort

$$\operatorname{Sin} \frac{z}{2} = \frac{b}{a} \operatorname{Cos} \frac{\alpha}{2}$$

deshalb ist

$$\operatorname{Cos} \frac{z}{2} = \frac{1}{a} \sqrt{a^2 - b^2 \operatorname{Cos} \frac{\alpha^2}{2}}$$

dies in 2) dividirt liefert

$$x = \frac{a}{2}\left[1 \pm \frac{b \operatorname{Sin} \frac{1}{2}\alpha}{\sqrt{a^2 - b^2 \operatorname{Cos} \frac{1}{2}\alpha^2}}\right].$$

§. 587. Aufgabe.

Von einem Dreieck ist eine Seite gleich a gegeben, die Differenz der an ihr liegenden Winkel gleich α, und die Differenz der anderen Seiten gleich d, es sollen die Winkel und die anderen Seiten des Dreiecks berechnet werden.

Auflösung. Die kleinere der Seiten, deren Differenz d ist, sei x, die andere ist dann d + x, der Winkel, welchen diese Seiten bilden, sei z. Nach Gauß Gleichungen ist

$$1) \quad (d + 2x) \operatorname{Sin} \frac{z}{2} = a \operatorname{Cos} \frac{\alpha}{2}$$

$$2) \qquad d \operatorname{Cos} \frac{z}{2} = a \operatorname{Sin} \frac{\alpha}{2}.$$

Aus 2) folgt

$$\operatorname{Cos} \frac{z}{2} = \frac{a}{d} \operatorname{Sin} \frac{\alpha}{2}$$

Daher ist $$\operatorname{Sin}\frac{z}{2} = \frac{1}{d}\sqrt{d^2 - a^2 \operatorname{Sin}\frac{\alpha^2}{2}}$$

Dies in 1) substituirt liefert

$$x = \frac{d}{2}\left[-1 + \frac{a \operatorname{Cos}\frac{1}{2}\alpha}{\sqrt{d^2 - a^2 \operatorname{Sin}\frac{1}{2}\alpha^2}}\right].$$

§. 588. Aufgabe.

Die Summe aller Seiten eines Dreiecks sei a, zwei Winkel seien α und β, man soll die Seiten und den Inhalt des Dreiecks berechnen.

Auflösung. Der dritte Winkel, welcher sich in $2R - \alpha - \beta$ ergiebt, werde mit γ bezeichnet, die Seiten mögen x, y, z sein. Diesen Seiten beziehlich gegenüber nehme man die Winkel α, β, γ an. Alsdann ist

$$x : y : z = \operatorname{Sin}\alpha : \operatorname{Sin}\beta : \operatorname{Sin}\gamma$$
$$x + y + z : x = \operatorname{Sin}\alpha + \operatorname{Sin}\beta + \operatorname{Sin}\gamma : \operatorname{Sin}\alpha$$

also, da $x + y + z = a$

$$x = \frac{a \operatorname{Sin}\alpha}{\operatorname{Sin}\alpha + \operatorname{Sin}\beta + \operatorname{Sin}\gamma}$$

oder, indem man §. 545 7) und §. 547 1) anwendet

$$x = \frac{a \operatorname{Sin}\frac{1}{2}\alpha}{2 \operatorname{Cos}\frac{1}{2}\beta \operatorname{Cos}\frac{1}{2}\gamma}$$

Eben so ergiebt sich

$$y = \frac{a \operatorname{Sin}\frac{1}{2}\beta}{2 \operatorname{Cos}\frac{1}{2}\alpha \operatorname{Cos}\frac{1}{2}\gamma} \quad z = \frac{a \operatorname{Sin}\frac{1}{2}\gamma}{2 \operatorname{Cos}\frac{1}{2}\alpha \operatorname{Cos}\frac{1}{2}\beta}.$$

Der Inhalt des Dreiecks ist

$$\frac{xy \operatorname{Sin}\gamma}{2} = xy \operatorname{Sin}\frac{\gamma}{2} \operatorname{Cos}\frac{\gamma}{2}$$
$$= \frac{1}{4} a^2 \operatorname{Tg}\frac{\alpha}{2} \operatorname{Tg}\frac{\beta}{2} \operatorname{Tg}\frac{\gamma}{2}$$

§. 589. Aufgabe.

Von einem Viereck sind zwei zusammenstoßende Seiten a und b gegeben, der Winkel α, welchen sie bilden, und die Winkel β und γ, welche die Diagonale, die durch die Spitze von α geht, mit den anderen Seiten macht; man soll das Viereck berechnen.

Auflösung. Man bezeichne Fig. 248 den einen unbekannten Winkel des Vierecks mit x, der andere ist dann

$4R - \alpha - \beta - \gamma - x$, wofür gesetzt werden mag $\varphi - x$. Es verhält sich

$$a : z = \operatorname{Sin}\beta : \operatorname{Sin} x$$
$$z : b = \operatorname{Sin}(\varphi - x) : \operatorname{Sin}\gamma.$$

Das Produkt dieser Gleichungen ist

$$a : b = \operatorname{Sin}\beta \operatorname{Sin}(\varphi - x) : \operatorname{Sin}\gamma \operatorname{Sin} x$$

und daraus folgt

$$a \operatorname{Sin}\gamma \operatorname{Sin} x = b \operatorname{Sin}\beta \operatorname{Sin}\varphi \operatorname{Cos} x - b \operatorname{Sin}\beta \operatorname{Cos}\varphi \operatorname{Sin} x$$
$$a \operatorname{Sin}\gamma = b \operatorname{Sin}\beta \operatorname{Sin}\varphi \operatorname{Cotg} x - b \operatorname{Sin}\beta \operatorname{Cos}\varphi$$
$$\operatorname{Cotg} x = \frac{a \operatorname{Sin}\gamma + b \operatorname{Sin}\beta \operatorname{Cos}\varphi}{b \operatorname{Sin}\beta \operatorname{Sin}\varphi}$$
$$= \frac{a \operatorname{Sin}\gamma}{b \operatorname{Sin}\beta \operatorname{Sin}\varphi} + \operatorname{Cotg}\varphi.$$

Durch den Winkel x hat man den Winkel $\varphi - x$, und das Viereck kann vermittelst der Dreiecke berechnet werden, in welche die Diagonale es theilt. Dies ist die Auflösung der Pothenotschen Aufgabe durch Rechnung.

Liegt das Viereck in einem Kreise, so ist $\varphi = 2R$, also $\operatorname{Sin}\varphi = 0$, $\operatorname{Cotg}\varphi = -\infty$, und es entsteht $\operatorname{Cotg} x = \infty - \infty$, welches unbestimmt ist. Vergl. §. 440.

§. 590. Aufgabe.

Von einem Viereck Fig. 249 sind gegeben die Seiten BE gleich a und die Winkel α, β, γ, δ, man soll die Seite CD, gleich x, berechnen.

Auflösung. Es verhält sich

$$CE : a = \operatorname{Sin}(\alpha + \beta) : \operatorname{Sin}(\alpha + \beta + \gamma)$$
$$DE : a = \operatorname{Sin}\beta : \operatorname{Sin}(\beta + \gamma + \delta)$$

hieraus folgt

$$CE = \frac{a \operatorname{Sin}(\alpha + \beta)}{\operatorname{Sin}(\alpha + \beta + \gamma)}$$
$$DE = \frac{a \operatorname{Sin}\beta}{\operatorname{Sin}(\beta + \gamma + \delta)}$$

Nun ist

$$x = \sqrt{CE^2 + DE^2 - 2\,CE \cdot DE \operatorname{Cos}\delta}$$

und wenn man die Werthe substituirt

$$x = a\sqrt{\frac{\operatorname{Sin}(\alpha+\beta)^2}{\operatorname{Sin}(\alpha+\beta+\gamma)^2} + \frac{\operatorname{Sin}\beta^2}{\operatorname{Sin}(\beta+\gamma+\delta)^2} - \frac{2\operatorname{Sin}(\alpha+\beta)\operatorname{Sin}\beta\operatorname{Cos}\delta}{\operatorname{Sin}(\alpha+\beta+\gamma)\operatorname{Sin}(\beta+\gamma+\delta)}}$$

§. 591. Aufgabe.

Von einem Viereck Fig. 249 sind gegeben die Seite CD gleich a, und die Winkel α, β, γ, δ, man soll die Seite BE, gleich x, berechnen.

Auflösung. Man hat wie im vorigen Paragraph, da a und x vertauscht sind, zunächst

$$a = x\sqrt{\frac{\operatorname{Sin}(\alpha+\beta)^2}{\operatorname{Sin}(\alpha+\beta+\gamma)^2} + \frac{\operatorname{Sin}\beta^2}{\operatorname{Sin}(\beta+\gamma+\delta)^2} - \frac{2\operatorname{Sin}(\alpha+\beta)\operatorname{Sin}\beta\operatorname{Cos}\delta}{\operatorname{Sin}(\alpha+\beta+\gamma)\operatorname{Sin}(\beta+\gamma+\delta)}}$$

und daraus

$$x = \frac{a}{\sqrt{\frac{\operatorname{Sin}(\alpha+\beta)^2}{\operatorname{Sin}(\alpha+\beta+\gamma)^2} + \frac{\operatorname{Sin}\beta^2}{\operatorname{Sin}(\beta+\gamma+\delta)^2} - \frac{2\operatorname{Sin}(\alpha+\beta)\operatorname{Sin}\beta\operatorname{Cos}\delta}{\operatorname{Sin}(\alpha+\beta+\gamma)\operatorname{Sin}(\beta+\gamma+\delta)}}}$$

§. 592. Aufgabe.

Von einem Viereck Fig. 249 sind gegeben die Seite BC, gleich a, und die Winkel α, β, γ, δ, man soll die Seite DE, gleich x finden, und die Seite CD.

Auflösung. Es verhält sich

$$a : BE = \operatorname{Sin}\gamma : \operatorname{Sin}(\alpha+\beta+\gamma)$$
$$BE : x = \operatorname{Sin}(\beta+\gamma+\delta) : \operatorname{Sin}\beta$$

oder, beide Proportionen mit einander multiplicirt,

$$a : x = \operatorname{Sin}\gamma\operatorname{Sin}(\beta+\gamma+\delta) : \operatorname{Sin}\beta\operatorname{Sin}(\alpha+\beta+\gamma)$$

woraus folgt $\quad x = \dfrac{a\operatorname{Sin}\beta\operatorname{Sin}(\alpha+\beta+\gamma)}{\operatorname{Sin}\gamma\operatorname{Sin}(\beta+\gamma+\delta)}$

Weiter ist

$$CE = \frac{a\operatorname{Sin}(\alpha+\beta)}{\operatorname{Sin}\gamma}$$

und aus CE, x und δ bestimmt sich CD.

§. 593. Aufgabe.

Von einem Viereck BCDE Fig. 250 sind die Diagonale BD gleich a und die an ihr liegenden Winkel α, β, γ, δ gegeben, man soll die andere Diagonale CE, gleich x, berechnen.

Auflösung. Man hat

1) $a : BC = \operatorname{Sin}(\alpha+\gamma) : \operatorname{Sin}\gamma$
2) $a : BE = \operatorname{Sin}(\beta+\delta) : \operatorname{Sin}\delta$
3) $x = \sqrt{BC^2 + BE^2 - 2\,BC \cdot BE\operatorname{Cos}(\alpha+\beta)}$.

Aus der ersten Gleichung entwickle man BC, aus der zweiten

BE, und substituire die Werthe in der dritten, das liefert

$$x = a\sqrt{\frac{\operatorname{Sin}\gamma^2}{\operatorname{Sin}(\alpha+\gamma)^2} + \frac{\operatorname{Sin}\delta^2}{\operatorname{Sin}(\beta+\delta)^2} - 2\frac{\operatorname{Sin}\gamma \operatorname{Sin}\delta \operatorname{Cos}(\alpha+\beta)}{\operatorname{Sin}(\alpha+\gamma)\operatorname{Sin}(\beta+\delta)}}$$

§. 594. Aufgabe.

Von einem Viereck BCDE Fig. 250 sind gegeben die Diagonale CE gleich a und die Winkel α, β, γ, δ, welche an der anderen Diagonale BD liegen, man soll die Diagonale BD, gleich x, berechnen.

Auflösung. Diese Aufgabe unterscheidet sich von der vorigen nur dadurch, daß a und x vertauscht sind, deshalb ist

$$x = \frac{a}{\sqrt{\frac{\operatorname{Sin}\gamma^2}{\operatorname{Sin}(\alpha+\gamma)^2} + \frac{\operatorname{Sin}\delta^2}{\operatorname{Sin}(\beta+\delta)^2} - 2\frac{\operatorname{Sin}\gamma \operatorname{Sin}\delta \operatorname{Cos}(\alpha+\beta)}{\operatorname{Sin}(\alpha+\gamma)\operatorname{Sin}(\beta+\delta)}}}$$

§. 595. Aufgabe.

Von einem Viereck sind die Diagonalen a und b und der Winkel, welchen sie bilden, gleich α gegeben, man soll den Inhalt des Vierecks bestimmen.

Auflösung. Durch die Ecken des Vierecks denke man Linien parallel mit den Diagonalen. Diese Linien bilden ein Parallelogramm, dessen zusammenstoßende Seiten gleich den Diagonalen, also gleich a und b sind, und die den Winkel α oder den Supplementswinkel zu α bilden. Das Parallelogramm ist noch einmal so groß, als das Viereck, und da der Inhalt des Parallelogramms $ab \operatorname{Sin}\alpha$ ist, so ist der des Vierecks gleich

$$\frac{ab \operatorname{Sin}\alpha}{2}$$

§. 596. Aufgabe.

Von einem Viereck Fig. 251 sind die Seiten a, b, c, d gegeben, und der Winkel α, welchen die Diagonalen bilden, man soll den Inhalt des Vierecks bestimmen.

Auflösung. Man bezeichne die Stücke, in welche die Diagonalen sich theilen, mit x, y, z, v. Es ist

$$1)\quad x^2 + y^2 - 2xy \operatorname{Cos}\alpha = a^2$$
$$2)\quad y^2 + z^2 + 2yz \operatorname{Cos}\alpha = d^2$$
$$3)\quad z^2 + v^2 - 2vz \operatorname{Cos}\alpha = c^2$$
$$4)\quad v^2 + x^2 + 2vx \operatorname{Cos}\alpha = b^2.$$

Von der Summe der Gleichungen 2) und 4) subtrahire man die Summe der Gleichungen 1) und 3); das liefert

$$2yz \operatorname{Cos}\alpha + 2vx \operatorname{Cos}\alpha + 2xy \operatorname{Cos}\alpha + 2vz \operatorname{Cos}\alpha = b^2 + d^2 - a^2 - c^2$$

daher ist

$$yz+vx+xy+vz = \frac{b^2+d^2-a^2-c^2}{2\cos\alpha}$$

Wenn man diese Gleichung mit $\frac{\sin\alpha}{2}$ multiplicirt, so entsteht links die Summe von den Inhalten der vier Dreiecke, in welche die Diagonalen das Viereck zerlegen. Die Summe jener Inhalte macht den Inhalt des Vierecks aus, und daher ist derselbe gleich

$$\tfrac{1}{4}(b^2+d^2-a^2-c^2)\,\mathrm{Tg}\,\alpha.$$

Die Aufgabe ist unbestimmt, wenn $\alpha = R$.

§. 597. Aufgabe.

Es sind Fig. 252 gegeben a, b, α, β, γ, man soll x bestimmen.

Auflösung. Es verhält sich

$$\begin{aligned} a : GD &= \sin\alpha : \sin C \\ GD : b+x &= \sin F : \sin(\beta+\gamma) \\ b : GE &= \sin\gamma : \sin F \\ GE : a+x &= \sin C : \sin(\alpha+\beta). \end{aligned}$$

Das Produkt dieser Proportionen ist

$$ab : (a+x)(b+x) = \sin\alpha\sin\gamma : \sin(\alpha+\beta)\sin(\beta+\gamma)$$

und daraus folgt

$$x^2+(a+b)x+ab - \frac{ab\sin(\alpha+\beta)\sin(\beta+\gamma)}{\sin\alpha\sin\gamma} = 0$$

$$x = -\frac{a+b}{2} \pm \sqrt{\frac{(a+b)^2}{4} - ab + \frac{ab\sin(\alpha+\beta)\sin(\beta+\gamma)}{\sin\alpha\sin\gamma}}$$

$$= -\frac{a+b}{2} \pm \sqrt{\left(\frac{a-b}{2}\right)^2 - \frac{ab\sin(\alpha+\beta)\sin(\beta+\gamma)}{\sin\alpha\sin\gamma}}.$$

§. 598. Aufgabe.

Den Inhalt eines Kreisabschnittes zu bestimmen, wenn der Radius r und der Mittelpunktswinkel α ist.

Auflösung. Der Inhalt wird, im Fall α kleiner als 2R ist, gefunden, wenn man von dem Kreisausschnitt das Dreieck subtrahirt; ist α gleich 2R, so ist der Kreisabschnitt gleich dem Kreisausschnitte, ist α größer als 2R, so ergiebt sich der Inhalt, wenn man zum Kreisausschnitt das Dreieck addirt. Der Inhalt des Kreisabschnitts drückt sich demnach jedesmal aus durch

$$\pi\frac{\alpha}{4R}\cdot r^2 - \frac{r^2\sin\alpha}{2}$$

welches einerlei ist mit

$$\frac{r^2}{2}\left(\pi \cdot \frac{\alpha}{2R} - \mathrm{Sin}\,\alpha\right)$$

§. 599. Aufgabe.

Der Radius des Kreises, in welchem ein Dreieck liegt, sei a, der Radius des Kreises, um den das Dreieck liegt, sei b, man soll die Centrale dieser Kreise berechnen.

Auflösung. Es sei Fig. 253 MN die Centrale. Der erhabene Winkel CME ist als Mittelpunktswinkel das Doppelte von dem Peripheriewinkel γ. Wird MQ normal auf CE gedacht, so ist daher $\angle VMC = \gamma$, deshalb $\angle QCM = \gamma - R$, und der Winkel NCM ist gleich

$$\frac{\alpha}{2} + \gamma - R = \frac{\alpha}{2} + \gamma - \frac{\alpha}{2} - \frac{\beta}{2} - \frac{\gamma}{2} = \frac{\gamma - \beta}{2}$$

Man hat jetzt

$$x^2 = a^2 + y^2 - 2ay\,\mathrm{Cos}\,\frac{\gamma - \beta}{2}$$

$$y\,\mathrm{Sin}\,\frac{\alpha}{2} = b$$

folglich

$$x^2\,\mathrm{Sin}\,\frac{\alpha}{2}^2 = a^2\,\mathrm{Sin}\,\frac{\alpha}{2}^2 + b^2 - 2ab\,\mathrm{Sin}\,\frac{\alpha}{2}\,\mathrm{Cos}\,\frac{\gamma - \beta}{2}$$

Wird x^2 aus dem Dreieck NEM ausgedrückt, so findet sich eben so

$$x^2\,\mathrm{Sin}\,\frac{\beta}{2}^2 = a^2\,\mathrm{Sin}\,\frac{\beta}{2}^2 + b^2 - 2ab\,\mathrm{Sin}\,\frac{\beta}{2}\,\mathrm{Cos}\,\frac{\gamma - \alpha}{2}$$

Man subtrahire diese Gleichung von der vorigen, das liefert

$$x^2\left(\mathrm{Sin}\,\frac{\alpha}{2}^2 - \mathrm{Sin}\,\frac{\beta}{2}^2\right)$$

$$= a^2\left(\mathrm{Sin}\,\frac{\alpha}{2}^2 - \mathrm{Sin}\,\frac{\beta}{2}^2\right) - 2ab\left(\mathrm{Sin}\,\frac{\alpha}{2}\,\mathrm{Cos}\,\frac{\gamma-\beta}{2} - \mathrm{Sin}\,\frac{\beta}{2}\,\mathrm{Cos}\,\frac{\gamma-\alpha}{2}\right)$$

$$= a^2\left(\mathrm{Sin}\,\frac{\alpha}{2}^2 - \mathrm{Sin}\,\frac{\beta}{2}^2\right) - ab\left(2\,\mathrm{Cos}\,\frac{\beta+\gamma}{2}\,\mathrm{Cos}\,\frac{\gamma-\beta}{2} - 2\,\mathrm{Cos}\,\frac{\alpha+\gamma}{2}\,\mathrm{Cos}\,\frac{\gamma-\alpha}{2}\right)$$

$$= a^2\left(\mathrm{Sin}\,\frac{\alpha}{2}^2 - \mathrm{Sin}\,\frac{\beta}{2}^2\right) - ab\,(\mathrm{Cos}\,\beta - \mathrm{Cos}\,\alpha) \qquad (21)$$

$$= a^2\left(\mathrm{Sin}\,\frac{\alpha}{2}^2 - \mathrm{Sin}\,\frac{\beta}{2}^2\right) - 2ab\,\mathrm{Sin}\left(\frac{\alpha}{2} + \frac{\beta}{2}\right)\mathrm{Sin}\left(\frac{\alpha}{2} - \frac{\beta}{2}\right) \qquad (22)$$

$$= a^2\left(\mathrm{Sin}\,\frac{\alpha}{2}^2 - \mathrm{Sin}\,\frac{\beta}{2}^2\right) - 2ab\left(\mathrm{Sin}\,\frac{\alpha}{2}^2 - \mathrm{Sin}\,\frac{\beta}{2}^2\right) \qquad (26)$$

daher

$$x^2 = a^2 - 2ab$$
$$x = \sqrt{a(a-2b)}$$

§. 600. Aufgabe.

Von einem Dreieck ist gegeben die Summe zweier Seiten gleich a, die dritte Seite b und das Verhältniß der Winkel an der dritten Seite gleich 2:3, man soll die Winkel des Dreiecks berechnen und die Seiten, deren Summe a ist.

Auflösung. Die Winkel an der dritten Seite seien 3x und 2x, die ihnen beziehlich gegenüberstehenden Seiten a—y und y; der dritte Winkel z drückt sich aus durch 2R—5x, also ist $\frac{1}{2}z = R - \frac{5}{2}x$, und deshalb hat man, indem man die Gaußschen Gleichungen ansetzt

$$1)\quad a \operatorname{Cos} \tfrac{5}{2}x = b \operatorname{Cos} \frac{x}{2}$$

$$2)\quad (a-2y) \operatorname{Sin} \tfrac{5}{2}x = b \operatorname{Sin} \frac{x}{2}$$

Aus 1) folgt

$$\operatorname{Cos} 2x \operatorname{Cos} \frac{x}{2} - \operatorname{Sin} 2x \operatorname{Sin} \frac{x}{2} = \frac{b}{a} \operatorname{Cos} \frac{x}{2}$$

$$3)\quad \operatorname{Cos} 2x - 4 \operatorname{Cos} x \operatorname{Sin} \frac{x^2}{2} = \frac{b}{a}$$

oder $2 \operatorname{Cos} x^2 - 1 - 2 \operatorname{Cos} x (1 - \operatorname{Cos} x) = \frac{b}{a}$

$$\operatorname{Cos} x^2 - \tfrac{1}{2} \operatorname{Cos} x = \frac{a+b}{4a}$$

$$\operatorname{Cos} x = \tfrac{1}{4} + \sqrt{\frac{1}{16} + \frac{a+b}{4a}}$$

$$= \tfrac{1}{4}\left[1 + \sqrt{\frac{5a+4b}{a}}\right] = \frac{a + \sqrt{a(5a+4b)}}{4a}$$

Aus der zweiten Gleichung entspringt

$$\operatorname{Sin} 2x \operatorname{Cos} \frac{x}{2} + \operatorname{Cos} 2x \operatorname{Sin} \frac{x}{2} = \frac{b}{a-2y} \operatorname{Sin} \frac{x}{2}$$

$$4 \operatorname{Cos} x \operatorname{Cos} \frac{x^2}{2} + \operatorname{Cos} 2x = \frac{b}{a-2y}$$

Hiervon subtrahire man die Gleichung 3) und es entsteht

$$2\,\mathrm{Cos}\,x = \frac{by}{a(a-2y)}$$

also

$$y = \frac{2a^2\,\mathrm{Cos}\,x}{b + 4a\,\mathrm{Cos}\,x}$$

oder den Werth von Cos x substituirt

$$y = \frac{a}{2} \cdot \frac{a(4a+3b) - b\sqrt{a(5a+4b)}}{2a(2a+b) - b^2}.$$

Dritter Abschnitt.

Theilungslehre.

Achtzehntes Kapitel.

Theilungen durch Construction.

§. 601. Lehrsatz.

Sind Fig. 254 die Linien BB' und CC' parallel, so sind die beiden Dreiecke ABC' und AB'C einander gleich.

Beweis. Die Dreiecke BB'C und BB'C' haben, wenn man BB' als Grundlinie nimmt, dieselbe Grundlinie und gleiche Höhe, sind daher einander gleich. Das Dreieck ABC' erscheint zusammengesetzt aus den Dreiecken ABB' und BB'C', und das Dreieck AB'C aus den Dreiecken ABB' und BB'C; daraus ersieht sich, daß das Dreieck ABC' gleich ist dem Dreieck AB'C.

§. 602. Lehrsatz.

Sind Fig. 255 die drei Linien AA', BB', CC' parallel, so sind die beiden Dreiecke ABC' und A'B'C einander gleich.

Beweis. Es sind die Dreiecke CC'A und CC'A' einander gleich, eben so die Dreiecke CC'B und CC'B'; daher ist

$$\triangle CC'A - \triangle CC'B = \triangle CC'A' - \triangle CC'B'$$

d. h.

$$\triangle ABC' = \triangle A'B'C.$$

Auch sind die Dreiecke AB'C und A'BC' gleich.

§. 603. Lehrsatz.

Sind Fig. 256 oder Fig. 257 die beiden Linien BB' und CC' parallel mit der Linie DA, so sind die Dreiecke ABC und AB'C' einander gleich.

Beweis. Es sind Fig. 256 die Dreiecke ADC und ADC' einander gleich, auch die Dreiecke ADB und ADB'; daher ist

$$\triangle ADC - \triangle ADB = \triangle ADC' - \triangle ADB'$$

d. h.

$$\triangle ABC = \triangle AB'C'.$$

Bei Fig. 257 sind die Dreiecke ADC und ADC', und ADB und ADB' einander gleich, deshalb

$$\triangle ADC + \triangle ADB = \triangle ADC' + \triangle ADB'$$

d. h.

$$\triangle ABC = \triangle AB'C'.$$

Und fällt Fig. 258 die Linie BB′ mit der Linie DA zusammen, so ist das Dreieck ADC gleich dem Dreieck ADC′.

§. 604. Lehrsatz.

Sind Fig. 259 oder Fig. 260 die Linien AB′ und DB parallel, auch die Linien AC′ und DC, so sind die beiden Dreiecke ABC und DB′C′ einander gleich.

Beweis. Bei Fig. 259 haben diese Dreiecke das Dreieck BDC gemeinschaftlich, während das Dreieck DCA gleich dem Dreieck DCC′ und das Dreieck DBA gleich dem Dreieck DBB′ ist.

Und bei Fig. 260 ist:

$$ABC = ADBC' - BDA - AC'C$$

und

$$DB'C' = ADBC' - BDB' - AC'D$$

während BDA gleich BDB′, und AC′C gleich AC′D ist.

Fällt Fig. 261 die Linie AB′ mit DB zusammen, so folgt nach §. 601 die Gleichheit der Dreiecke ABC und DBC′.

§. 605. Aufgabe.

Es ist Fig. 254 das Dreieck ABC′ gegeben und der Punkt C, man soll von C aus eine Linie CB′ ziehen, so daß das Dreieck AB′C gleich werde dem Dreieck ABC′.

Auflösung. Man ziehe CC′, damit parallel BB′. AB′C ist das verlangte Dreieck nach §. 601.

§. 606. Aufgabe.

Es ist Fig. 255 das Dreieck ABC′ gegeben und der Punkt C′, man soll von C aus die Linien CA′ und CB′ ziehen, so daß das Dreieck A′B′C gleich dem Dreieck ABC′ werde.

Auflösung. Man ziehe CC′, damit parallel BB′ und AA′. A′B′C ist das verlangte Dreieck wegen §. 602.

§. 607. Aufgabe.

Es ist Fig. 256 das Dreieck ABC gegeben und die Linie DC′, man soll die Linien AB′ und AC′ construiren, so daß das Dreieck AB′C′ gleich sei dem Dreieck ABC.

Auflösung. Man ziehe AD, damit parallel BB′ und CC′. AB′C′ ist das verlangte Dreieck nach §. 603.

§. 608. Aufgabe.

Es ist Fig. 259 oder Fig. 260 das Dreieck ABC und der Punkt D gegeben, man soll von D aus die Linien DB und DC′ ziehen, so daß das Dreieck DB′C′ gleich werde dem Dreieck ABC.

Auflösung. Man ziehe DB, damit parallel AB′, dann DC, und parallel damit AC′. Das Dreieck DB′C′ ist das verlangte wegen §. 604.

§. 609.

Wird Fig. 256 das Dreieck AB'C' construirt gleich dem Dreieck ABC, oder Fig. 259 oder 260 das Dreieck DB'C' gleich dem Dreieck ABC, so wollen wir im ersteren Fall sagen, das Dreieck ABC werde von der Linie DC auf die Linie DC', im anderen, das Dreieck werde von dem Punkt A auf den Punkt D übertragen.

Die Sätze und Constructionen in den Paragraphen 601 bis 608 begründen die Verwandlungen, welche bei der Auflösung der folgenden Aufgaben vorkommen.

§. 610. Aufgabe.

Ein Dreieck durch Linien, die von einer Ecke des Dreiecks ausgehen, in n Theile zu theilen, welche sich wie gegebene Zahlen verhalten.

Auflösung. Man theile die der Ecke gegenüberstehende Seite des Dreiecks in n Theile, welche das gegebene Verhältniß haben, und ziehe von der Ecke nach jedem Theilpunkt eine gerade Linie.

Das Dreieck wird dadurch in n Dreiecke zerlegt, welche gleiche Höhe haben, sich also verhalten wie ihre Grundlinien, und diese stehen in dem gegebenen Verhältniß.

§. 611. Aufgabe.

Ein Dreieck ABC durch Linien, welche von einem in einer Seite AC gegebenen Punkt D ausgehen, in n Theile zu theilen, die ein gegebenes Verhältniß haben.

Auflösung. Man theile Fig. 262 zuerst die Seite AC, in welcher der Punkt D sich befindet, in n Theile nach dem gegebenen Verhältniß.

2) Ziehe man von D nach der gegenüberstehenden Ecke die Linie DB, und von den Theilpunkten M, P, Q, ···· parallel mit DB die Linien MM', PP', QQ', ···,

3) die Linien DM', DP', DQ'···, und die Theilung ist geschehen.

Denn werden die Linien BM, BP, BQ ··· gedacht, so entstehen die Dreiecke ABM, MBP, PBQ u. s. w., welche das gegebene Verhältniß haben, und die erhaltenen Theile sind diesen Dreiecken gleich. Es ist nämlich DQ'C gleich BQC nach §. 601, DQ'P' gleich BPQ nach §. 602 u. s. w. Endlich ist DP'BM' gleich BMP, weil DBP' gleich DBP ist und DBM' gleich DBM.

§. 612.

Soll das Dreieck ABC von D aus in n gleiche Theile getheilt werden, so theile man AC in n gleiche Theile, ziehe von den äußersten Theilpunkten M und Q die Linien MM' und QQ' parallel mit DB, trage CQ' so oft auf CB, als es angeht, AM' so oft auf AB, als es angeht, und ziehe von D nach den Theilpunkten in CB und in CA gerade Linien.

Denn ist CQ'D gleich $\frac{1}{n}$ ABC, so ist, wenn man Q'P' gleich CQ' gemacht hat, auch Q'P'D gleich $\frac{1}{n}$ ABC, und das Viereck DP'BM' muß ebenfalls $\frac{1}{n}$ ABC sein, sobald jeder der übrigen Theile $\frac{1}{n}$ ABC ist.

§. 613.

Liegt der Punkt D in einem der Theilungspunkte M, P, Q, so ist DB Theilungslinie, und alle Theile werden Dreiecke.

Soll man daher in der Seite AC einen Punkt angeben, von welchem aus das Dreieck ABC in n Dreiecke zerlegt werden kann, die ein gegebenes Verhältniß haben, so theile man die Seite AC in n Theile nach dem gegebenen Verhältniß, und jeder Theilpunkt ist ein solcher Punkt.

§. 614. Aufgabe.

Ein Dreieck ABC in n Theile zu theilen, welche ein gegebenes Verhältniß haben, durch Linien, welche von einem innerhalb des Dreiecks gegebenen Punkt D ausgehen.

Auflösung. Man theile zuerst eine der Seiten, etwa AC Fig. 263 in n Theile nach dem gegebenen Verhältniß;

2) ziehe man durch D und die der getheilten Seite gegenüberliegende Ecke B, die Linie BE, von den Theilpunkten M, P und R, parallel mit AB, die Linien MM', PP' und RR', von den Theilpunkten Q und S dagegen, parallel mit CB, die Linien QQ' und SS';

3) ziehe man die Linie DA, parallel damit die Linien M'M'', P'P'' und R'R'', ferner CD und damit parallel die Linien Q'Q'', S'S'';

4) ziehe man DM'', DP'', DR'', DQ'', DS''.

Durch diese Linien und durch DB ist das Dreieck in der verlangten Weise getheilt.

Werden die Linien BM, BP, BR, BQ, BS gedacht, so entstehen die Dreiecke ABM, MBP, PBR u. s. w., welche das gegebene Verhältniß haben, und es läßt sich nachweisen, daß die erhaltenen Theile diesen Dreiecken gleich sind.

Es ist nämlich BDM″ gleich ABM. Denn wenn man noch AM′ denkt, so ist ABM gleich ABM′; ABM′ und BDM″ haben aber BM′M″ gemeinschaftlich, und M′M″A ist gleich M′M″D.

Ferner ist M″DP″A gleich MBP. Um dies zu beweisen, zeigt man, daß ABDP″ gleich ABP ist, dann muß M″DP″A gleich MBP sein, weil BDM″ gleich ist ABM. Es ist aber, wenn man AP′ denkt, ABP gleich ABP′, und ABDP″ und ABP′ haben ABD gemeinschaftlich, während ADP″ gleich ADP′ ist.

Um zu zeigen, daß P″DR″ gleich PBR ist, beweist man, daß ABDR″ gleich ist ABR; weil nämlich ABDP″ gleich ABP ist, so muß dann P″DR″ gleich PBR sein. Wird AR′ gedacht, so ist ABR gleich ABR′; ABDR″ und ABR′ haben aber ABD gemeinschaftlich, und ADR″ ist gleich ADR′ u. s. w.

§. 615.

Soll das Dreieck ABC Fig. 264 von D aus in n gleiche Theile getheilt werden, so theile man eine Seite, etwa AC in n gleiche Theile, ziehe durch D die Linie BE, von den äußersten Theilpunkten M und S die Linien MM′ parallel mit AB, und SS′ parallel mit CB, ferner M′M″ parallel mit DA, und S′S″ parallel mit DC, trage das Stück BS″ so oft es angeht auf BC, und BM″ auf BA, und ziehe endlich nach den Theilpunkten in AB und BC von D aus gerade Linien. Jedes von den erhaltenen Dreiecken BDS″, S″DT, BDM″, M″DP u. s. w. ist $\frac{1}{n}$ ABC.

Um die Theilungslinien zu bekommen, welche von D nach der Seite AC hingehen, verlängere man eine der anderen Seiten, etwa BA, und trage von dem letzten Theilpunkt P aus das Stück BM″ zweimal auf, wodurch man die Punkte Q und R erhalten mag. Die Dreiecke PDQ und QDR sind richtige Theile. Um sie in das Dreieck ABC zu bringen, übertrage man die Dreiecke ADQ und QDR von der Linie AR auf die Seite AC. Dies geschieht, indem man QQ′ und RR′ parallel mit AD, und DQ′ und DR′ zieht. PDQA sowohl, als Q′DR′ ist dann $\frac{1}{n}$ ABC. Wenn man daher das Stück Q′R′ von R′ aus nach C hin aufträgt, so oft es angeht, so erhält man die übrigen Punkte in der Seite AC, nach denen von D aus Theilungslinien zu ziehen sind.

§. 616. Aufgabe.

Es ist ein Dreieck ABC gegeben und außerhalb desselben ein Punkt D, man soll das Dreieck in n Theile theilen, die ein gegebenes Verhältniß haben, durch Linien, welche von dem Punkt D ausgehen.

Auflösung. Man theile zuerst das Dreieck von einer Ecke aus in n proportionale Theile, ABM, MBP u. s. w. Fig. 265. Dann construire man nach §. 501 durch den Punkt D eine Linie M'M'', welche von der Winkelebene des Winkels bei A ein Dreieck AM'M'' abschneidet, gleich dem Dreieck ABM, ferner durch D eine Linie P'P'', die von derselben Winkelebene ein Dreieck abschneidet, welches gleich ist dem Dreieck ABP u. s. f. Fangen die Theilungslinien an die Verlängerung von AC zu treffen, so schneide man von der Winkelebene des Winkels bei B vermittelst einer durch D gehenden Linie R'R'' ein Dreieck R'BR'' ab, das gleich dem Dreieck RBC ist u. s. w.

§. 617. Aufgabe.

Ein Dreieck ABC Fig. 266 durch Linien, welche mit der einen Seite BC parallel sind, in n Theile zu theilen, die ein gegebenes Verhältniß haben.

Auflösung. Stellt man sich vor, das Dreieck ABC sei von einem der Endpunkte der Linie BC, etwa von B aus, in n proportionale Theile ABM, MBQ ···· getheilt, so würde man nur nöthig haben, in den Dreiecken ABM, ABQ, ABP ··· die Seiten BM, BQ, BP nach §. 497 mit BC parallel zu legen.

Man theile daher eine der anderen Seiten, etwa AC in n Theile nach dem gegebenen Verhältniß, beschreibe über AC einen Halbkreis, errichte in dem Theilpunkt M die Normale MM', mache AM'' gleich AM' und ziehe M''M''' parallel mit BC, so ist M''M''' eine Theilungslinie; ferner errichte man in dem zweiten Theilpunkt Q die Normale QQ', mache AQ'' gleich AQ' und ziehe Q''Q''' parallel mit BC, so ist Q''Q''' die zweite Theilungslinie u. s. w.

§. 618. Aufgabe.

Ein Dreieck ABC Fig. 267 durch Linien, welche mit einer gegebenen Linie DE parallel sind, in n Theile zu theilen, die ein gegebenes Verhältniß haben.

Auflösung. Wäre das Dreieck ABC von B aus in n Theile ABM, MBP, ··· getheilt nach dem gegebenen Verhältniß, so würde man nur nöthig haben, in den Dreiecken

ABM, ABP, CBS, CBQ ⋯ die Seiten BM, BP, BS, BQ nach §. 497 parallel mit DE zu legen.

Man theile daher AC nach dem gegebenen Verhältniß in n Theile, ziehe BF parallel DE, beschreibe über AF einen Halbkreis, errichte in dem Theilpunkt M die Normale MM′, mache AM″ gleich AM′ und ziehe M″M‴ parallel mit BF, so ist M″M‴ eine Theilungslinie; eben so verfährt man bei jedem der übrigen Theilpunkte in AF. Dann beschreibe man auch über FC einen Halbkreis, errichte in dem Theilpunkt S die Normale SS′, mache CS″ gleich CS′ und ziehe S″S‴ parallel mit BF u. s. f.

§. 619.

Die Theilung eines Vierecks oder Vielecks geschieht hauptsächlich, indem man es in ein Dreieck verwandelt, dasselbe von einer Ecke aus theilt, und dann die erhaltenen Theile, welche Dreiecke sind, durch Uebertragen in das Viereck oder Vieleck und in die vorgeschriebene Lage bringt, wenn sie nicht schon ganz und den gegebenen Bedingungen gemäß in dem Viereck oder Vieleck sich befinden sollten.

§. 620. Aufgabe.

Ein Viereck ABCD in n Theile zu theilen, welche ein gegebenes Verhältniß haben, durch Linien, die von einer Ecke, etwa B, ausgehen.

Auflösung. Man verwandle Fig. 268 zuerst das Viereck in ein Dreieck, dessen eine Ecke B ist. Zu dem Ende ziehe man BD, parallel mit BD die Linie CE, und wenn man noch BE denkt, so ist ABE das dem Viereck gleiche Dreieck;

2) theile man die der Ecke B gegenüberliegende Seite AE des Dreiecks nach dem gegebenen Verhältniß in n Theile;

3) ziehe man nach den in AD liegenden Theilpunkten M, P von B aus Linien, und die Dreiecke ABM, MBP sind verlangte Theile des Vierecks.

4) Zöge man von B nach den übrigen Theilpunkten Q, S gerade Linien, so würden die Dreiecke PBQ, QBS zwar verlangte Theile sein, aber nicht ganz innerhalb des Vierecks sich befinden. Von dem Dreieck PBQ liegt das Dreieck PBD innerhalb des Vierecks; um DBQ hineinzubringen, übertrage man es von AE auf BC, welches geschieht, indem man QQ′ parallel DB zieht, und dann BQ′. Hierauf übertrage man das folgende Dreieck QBS von AE auf BC, welches aus-

geführt wird, indem man SS′ parallel DB und dann BS′ zieht u. s. w.

Dasselbe gilt für Fig. 269.

§. 621. Aufgabe.

Ein Viereck ABCD in n Theile zu theilen, deren Verhältniß bestimmt ist, so, daß alle Theilungslinien von einem in einer Seite gegebenen Punkt E ausgehen.

Auflösung. Man verwandle zuerst das Viereck in ein Dreieck, dergestalt, daß die Seite des Vierecks, in welcher der Punkt E gegeben ist, in eine Seite des Dreiecks fällt, oder selbst Seite des Dreiecks wird. Um dies auszuführen, ziehe man Fig. 270 BD und damit parallel CF; ABF ist dann das Dreieck.

2) theile man die Seite AF des Dreiecks, in welcher der Punkt E liegt, nach dem gegebenen Verhältniß in n Theile.

3) ziehe man von E nach der gegenüberstehenden Ecke des Dreiecks die Linie EB, und mit dieser parallel aus jedem Theilpunkt eine Linie, wodurch man die Linien MM′, PP′, QQ′, VV′, SS′ erhält.

4) ziehe man nach den Punkten M′, P′, Q′, welche in den Seiten des Vierecks liegen, von E aus Linien. Dies sind verlangte Theilungslinien. Denn es ist AEM′ gleich ABM nach §. 601, M′BP′E gleich MBP, weil EBM′ gleich EBM und EBP′ gleich EBP, und P′EQ′ ist gleich PBQ nach §. 602.

5) Werden die Linien EV′, ES′ gedacht, so sind die Dreiecke Q′EV′, V′ES′ verlangte Theile des Vierecks, weil sie wegen §. 602 gleich QBV, VBS sind. Da sie zum Theil außerhalb des Vierecks liegen, so müssen sie durch Uebertragen von BC auf CD in das Viereck gebracht werden. Das geschieht, indem man EC, parallel mit V′V″ und S′S″, und dann EV″ und ES″ zieht.

§. 622. Aufgabe.

Ein Viereck ABCD durch Linien, welche von einem innerhalb des Vierecks gegebenen Punkt E ausgehen, in n Theile zu theilen, deren Verhältniß gegeben ist.

Auflösung. Man verwandle zuerst das Viereck in ein Dreieck. Zu dem Ende ziehe man Fig. 271 BD, parallel damit CF; ABF ist dann dem Viereck gleich.

2) theile man eine Seite AF des Dreiecks in n Theile nach dem gegebenen Verhältniß, wodurch sich die Theilpunkte M, P, Q ···· ergeben mögen;

3) bringe man die Dreiecke ABM, MBP, PBQ .... in das Viereck, der Bedingung gemäß, daß alle Theilungslinien von E ausgehen.

Zieht man BE, EM, BM' parallel mit EM, und EM', so ist EBAM' gleich dem Theil ABM, denn beide haben ABM' gemeinschaftlich, und BM'E ist gleich BM'M.

Zieht man EP, parallel damit BP' und dann EP', so ist M'EP' gleich MBP nach §. 604.

Zieht man EQ, parallel damit BQ', und zöge man noch EQ', so würde wegen §. 604 P'EQ' gleich PBQ sein. Von P'EQ' liegt P'ED im Viereck. Um DEQ' hineinzubringen, übertrage man DEQ' von AQ' nach DC, welches geschieht, indem man Q'Q'' parallel DE zieht. Von EDQ'' liegt wieder nur EDC im Viereck, und um noch ECQ'' hineinzubringen, übertrage man es von DQ'' nach CB, wodurch man endlich EQ''' erhält.

Andere Auflösung. Man verwandle Fig. 272 das Viereck ABCD in das Dreieck ABF, theile das Dreieck von E aus nach dem gegebenen Verhältniß in n Theile und bringe die Theile, welche nicht schon die gehörige Lage erhalten, in dieselbe.

Hätte man die Theilungslinien EB, EM, EP, EQ, ES, ET, EV erhalten, so müßten die Linien ES, ET, EV anders gelegt werden. Um ES richtig zu legen, hat man das Dreieck EDS von AF nach DC zu übertragen, wodurch man ES' erhält. Um EV nach der verlangten Weise zu legen, ziehe man VV' parallel mit EB, und EV', wodurch EVB nach BC übertragen ist. Endlich übertrage man EBT von BF nach BC, und ECT' von BC auf CD, wodurch ET'' sich ergiebt.

§. 623. Aufgabe.

Ein Viereck ABCD durch Linien, welche von einem außerhalb desselben liegenden Punkte E ausgehen, in n Theile zu theilen, die ein gegebenes Verhältniß haben.

Auflösung. Man verwandle zuerst das Viereck in ein Dreieck und theile dasselbe. Die erhaltenen Theile mögen durch q, q', q'', q''' .... bezeichnet sein. Durch den Punkt E Fig. 273 lege man eine Linie, welche von dem Winkel ADC ein Dreieck gleich q abschneidet, dann eine zweite, die von demselben Winkel ein Dreieck gleich q+q' abschneidet u. s. f. Schnitte die jetzt folgende Theilungslinie die Verlängerung von DC, so verlängere man AD und BC bis F, und schneide von dem Winkel F ein Dreieck ab gleich DFC+q+q'+q'', dann eins gleich DFC+q+q'+q''+q''' u. s. w.; und fangen die Theilungslinien an die Verlängerung von DA zu treffen, so schneide man von dem Winkel ABC ein Dreieck gleich q^x ab u. s. w.

§. 624. Aufgabe.

Ein Viereck ABCD durch Linien, welche mit einer Seite AB desselben parallel sind, in n Theile zu theilen, deren Verhältniß bestimmt ist.

Auflösung. Man verwandle das Viereck ABCD Fig. 273 in das Dreieck DCG, und theile dessen Seite DG nach dem gegebenen Verhältniß in n Theile.

Dann lege man in dem Dreieck DCM die Seite CM parallel mit AB, eben so in dem Dreieck DCP die Seite CP parallel mit AB u. s. f.

Schneiden die parallel mit AB gelegten Linien die Verlängerung von DC, so lege man in den Dreiecken FCP, FCQ ··· die Seiten CP, CQ parallel mit AB.

§. 625. Aufgabe.

Ein Viereck ABCD durch Linien, welche mit einer gegebenen Linie HK parallel sind, in n Theile zu theilen, die ein gegebenes Verhältniß haben Fig. 273.

Auflösung. Man verfahre wie bei der vorigen Aufgabe, nur daß man die Linien CM, CP, CQ ···· parallel mit HK legt.

§. 626.

Nach den hier ausgeführten Theilungen wird man das Verfahren entnehmen können, welches bei der Theilung von Fünfecken und von Vielecken anzuwenden ist.

Im Allgemeinen wird man das neck in ein Dreieck verwandeln, dieses theilen, und die Theile, welche nicht schon die gehörige Lage haben, durch Uebertragen in dieselbe bringen, wenn die Theilung von einer Ecke, von einem Punkt in einer Seite, oder von einem Punkt innerhalb geschehen soll; und wenn sie von einem Punkt außerhalb oder parallel mit einer gegebenen Linie auszuführen ist, wird man die Paragraphen 497 und 501 benutzen, um die Theilungslinien sich zu verschaffen.

Neunzehntes Kapitel.

Theilungen durch Rechnung.

§. 627. Aufgabe.

Ein Dreieck DEF durch Linien, welche von der Ecke D ausgehen, in n Theile zu theilen, die sich verhalten wie

$$t:t':t'':\cdots$$

Auflösung. Ist a das Maaß der Seite EF, welche der Ecke D gegenübersteht, so trage man Fig. 274 auf EF Stücke EG, GH, HL, ... ab, gleich $\frac{a}{t+t'+t''+\cdots}t$, $\frac{a}{t+t'+t''+\cdots}t'$, $\frac{a}{t+t'+t''+\cdots}t''$, ..., dadurch bestimmen sich die Punkte in EF, nach denen von D aus Theilungslinien zu ziehen sind. Bei diesem Verfahren wird ein Fehler, der bei der Bestimmung eines Theilpunktes etwa begangen wird, auf alle übrigen Theilpunkte übertragen. Das zu vermeiden, trage man lieber die Stücke EG, EH, EL, ... auf, gleich $\frac{a}{t+t'+t''+\cdots}t$, $\frac{a}{t+t'+t''+\cdots}(t+t')$, $\frac{a}{t+t'+t''+\cdots}(t+t'+t'')\cdots$

Oder man theile den Inhalt f des Dreiecks in der verlangten Weise, und wenn q, q', q'', ... die erhaltenen Theile sind, so hat man die Gleichungen

$$bEG\,\mathrm{Sin}\,\alpha = 2q$$
$$bEH\,\mathrm{Sin}\,\alpha = 2(q+q')$$
$$bEL\,\mathrm{Sin}\,\alpha = 2(q+q'+q'') \text{ u. s. f.}$$

aus welchen folgt

$$EG = \frac{2}{b\,\mathrm{Sin}\,\alpha}q,\; EH = \frac{2}{b\,\mathrm{Sin}\,\alpha}(q+q'),\; EL = \frac{2}{b\,\mathrm{Sin}\,\alpha}(q+q'+q'')$$

§. 628. Aufgabe.

Ein Dreieck DEF Fig. 275 durch Linien, welche von einem in einer Seite EF gegebenen Punkt G ausgehen, in n Theile zu theilen, die sich verhalten wie $t:t':t''\cdots$

Auflösung. Die Seiten des Dreiecks mögen a, b, c sein, der Punkt G sei bestimmt durch GF gleich p; die Summe $t+t'+t''+\cdots$ bezeichne s. Man betrachte GH, GK, GL als Theilungslinien, dann ist

$$p\cdot FH:ab = t:s$$

$$FH : HK = t : t'$$
$$FH : KL = t : t'' \text{ u. s. f.}$$

und daher

$$FH = \frac{ab}{ps} t, \quad HK = \frac{ab}{ps} t', \quad KL = \frac{ab}{ps} t'' \text{ u. s. f.}$$

Oder man setze

$$pFH : ab = t : s$$
$$pFK : ab = t + t' : s$$
$$pFL : ab = t + t' + t'' : s \text{ u. s. f.}$$

und entwickele daraus

$$FH = \frac{ab}{ps} t, \quad FK = \frac{ab}{ps}(t + t') \text{ u. s. f.}$$

Oder man theile den Inhalt f des Dreiecks, und wenn die Theile q, q′, q″ sind, so hat man

$$pFH \operatorname{Sin} \alpha = 2q$$
$$pFK \operatorname{Sin} \alpha = 2(q + q')$$
$$pFL \operatorname{Sin} \alpha = 2(q + q' + q'') \text{ u. s. f.}$$

und daraus

$$FH = \frac{2}{p \operatorname{Sin} \alpha} q, \quad FK = \frac{2}{p \operatorname{Sin} \alpha}(q + q') \text{ u. s. f.}$$

Eben so bestimmen sich die Theilpunkte auf ED.

§. 629. Aufgabe.

Ein Dreieck DEF Fig. 276 durch Linien, welche von einem innerhalb desselben gegebenen Punkt G ausgehen, in n Theile zu theilen, die sich verhalten wie $t : t' : t'' : \cdots$

Auflösung. Der Punkt G sei bestimmt durch die Normale a′ und das Stück a″. Man berechne den Inhalt f des Dreiecks, und theile ihn in n Theile nach dem gegebenen Verhältniß. Die Theile mögen q, q′, q″, ···· sein. Nach EF ziehe man eine beliebige Linie als Theilungslinie, etwa GE. Zur Bestimmung der anderen Theilungslinien GH, GK, ····, welche nach EF gehen, hat man

$$EH \cdot a' = 2q$$

daraus

$$EH = \frac{2}{a'} q \text{ u. s. f.}$$

Kommt man mit den Theilungslinien auf die Verlängerung von EF, so müssen die Theilungslinien nach FD hin bestimmt werden, so daß man zunächst das hinaus gefallene Dreieck GFV und dann die folgenden Theile erhält. Die nach FD gehenden Theilungslinien bestimmen sich eben so wie die zu CF gehörenden, wenn die Normale b′ bekannt ist. Diese drückt sich aus durch $a'' \operatorname{Sin} \gamma - a' \operatorname{Cos} \gamma$. Kennt man die Höhe h auf a und die Projection p von b auf a, so läßt sich $\frac{h}{b}$ statt $\mathrm{Sin}\,\gamma$ setzen und $\frac{p}{b}$ statt $\mathrm{Cos}\,\gamma$, wodurch entsteht

$$b' = \frac{a''h - a'p}{b}.$$

Die Theilpunkte auf ED findet man wie die auf DF.

§. 630.

Soll ein Dreieck getheilt werden durch Linien, die von einem Punkt ausgehen, welcher außerhalb des Dreiecks gegeben ist, so berechne man den Inhalt des Dreiecks, theile ihn und bringe §. 501 in Anwendung, behalte aber q in dem Ausdruck für x bei und berechne denselben numerisch.

§. 631. Aufgabe.

Ein Dreieck DEF Fig. 277 durch Linien, welche mit einer Seite EF parallel sind, in n Theile zu theilen, die sich verhalten wie $t : t' : t'' : \cdots$

Auflösung. Eine der anderen Seiten, etwa DF, sei a, die Summe $t + t' + t'' + \cdots$ bezeichne s. Sind GG', HH', LL', ···· Theilungslinien, so hat man

$$DG^2 : a^2 = t : s$$
$$DH^2 : a^2 = t + t' : s$$
$$DL^2 : a^2 = t + t' + t'' : s \text{ u. f. f.}$$

Deshalb ist

$$DG = a\sqrt{\frac{1}{s}t},\ DH = a\sqrt{\frac{1}{s}(t+t')},\ DL = a\sqrt{\frac{1}{s}(t+t'+t'')}$$

u. f. f. Oder man berechne den Inhalt des Dreiecks, theile ihn, und wenn $q, q', q'', \cdots$ die Theile sind, so hat man

$$\frac{DG^2 \mathrm{Sin}\,\alpha\, \mathrm{Sin}\,\beta}{2\,\mathrm{Sin}\,\gamma} = q$$
$$\frac{DH^2 \mathrm{Sin}\,\alpha\, \mathrm{Sin}\,\beta}{2\,\mathrm{Sin}\,\gamma} = q + q' \text{ u. f. f.}$$

und daraus

$$DG = \sqrt{\frac{2\,\mathrm{Sin}\,\gamma}{\mathrm{Sin}\,\alpha\,\mathrm{Sin}\,\beta}q},\ DH = \sqrt{\frac{2\,\mathrm{Sin}\,\gamma}{\mathrm{Sin}\,\alpha\,\mathrm{Sin}\,\beta}(q+q')} \text{ u. f. f.}$$

§. 632. Aufgabe.

Ein Dreieck DEF Fig. 278 durch Linien, welche mit einer gegebenen Linie parallel sind, in n Theile zu theilen, die sich wie $t : t' : t'' : \cdots$ verhalten.

Auflösung. Man ziehe DQ parallel mit der gegebenen Linie und bestimme QF gleich m. Die Seite EF sei a, die Summe $t+t'+t''+\cdots$ sei s. Sind GG', HH', LL' Theilungslinien, so verhält sich

$$FGG' : DEF = t : s$$
$$FHH' : DEF = t+t' : s \text{ u. s. f.}$$

Man hat aber

$$DEF : DQF = a : m$$

deshalb
$$DEF = \frac{a}{m} DQF$$

und dies substituirt

$$FGG' : \frac{a}{m} DQF = t : s$$

$$FHH' : \frac{a}{m} DQF = t+t' : s \text{ u. s. f.}$$

oder mit $\frac{a}{m}$ multiplicirt

$$FGG' : DQF = \frac{a}{m} t : s$$

$$FHH' : DQF = \frac{a}{m} (t+t') : s \text{ u. s. f.}$$

Nun sind die Dreiecke FGG', FHH' u. s. f. ähnlich dem Dreieck DQF, also folgt

$$FG^2 : m^2 = \frac{a}{m} t : s$$

$$FH^2 : m^2 = \frac{a}{m} (t+t') : s \text{ u. s. f.}$$

und daraus

$$FG = \sqrt{\frac{ma}{s} t}, \quad FH = \sqrt{\frac{ma}{s}(t+t')} \text{ u. s. f.}$$

Man kann auch den Inhalt f des Dreiecks theilen, und hat dann, wenn die Theile q, q', q'', ... sind, die Gleichungen

$$\frac{FG^2 \operatorname{Sin}\alpha \operatorname{Sin}\delta}{2\operatorname{Sin}(\alpha+\delta)} = q$$

$$\frac{FH^2 \operatorname{Sin}\alpha \operatorname{Sin}\delta}{2\operatorname{Sin}(\alpha+\delta)} = q+q' \text{ u. s. f.}$$

also

$$FG = \sqrt{\frac{2\operatorname{Sin}(\alpha+\delta)}{\operatorname{Sin}\alpha \operatorname{Sin}\delta} q}, \quad FH = \sqrt{\frac{2\operatorname{Sin}(\alpha+\delta)}{\operatorname{Sin}\alpha \operatorname{Sin}\delta} (q+q')} \text{ u. s. f.}$$

§. 633. Aufgabe.

Ein Viereck ABCD durch Linien, welche von einer Ecke E ausgehen, in n Theile zu theilen, die sich verhalten wie $t : t' : t'' : \cdots$

Auflösung. Man berechne den Inhalt f des Vierecks und theile ihn nach dem gegebenen Verhältniß. Die Theile mögen q, q', q'', $\cdots$ sein. Um die Theilungslinien zu erhalten, welche Fig. 279 nach FG gehen, bestimme man die Normale EV gleich a, und hat alsdann

$$FK \cdot a = 2q \text{ u. s. f.}$$

deshalb
$$FK = \frac{2}{a} \cdot q \text{ u. s. f.}$$

oder man benutze die Seite b und den Winkel α, und hat

$$b \cdot FK \operatorname{Sin} \alpha = 2q \text{ u. s. f.}$$

daraus
$$FK = \frac{2}{b \operatorname{Sin} \alpha} \cdot q \text{ u. s. f.}$$

Ebenso bestimmen sich die Theilpunkte auf HG.

§. 634.

Ist ein Viereck zu theilen durch Linien, welche von einem Punkt ausgehen, der in einer Seite gegeben ist, so verfahre man wie bei der vorigen Aufgabe. Soll ein Vieleck getheilt werden durch Linien, welche von einem Punkt ausgehen, der innerhalb desselben liegt, so geschieht die Theilung wie in §. 629.

§. 635. Aufgabe.

Ein Viereck zu theilen durch Linien, welche von einem Punkt ausgehen, der außerhalb des Vierecks gegeben ist.

Auflösung. Sind keine Seiten des Vierecks parallel, oder hat es zwei parallele Seiten, der Punkt aber eine solche Lage, daß keine der Theilungslinien beide parallele Seiten schneidet, so berechne man den Inhalt des Vierecks, theile ihn, und bringe §. 501 in Anwendung, wie es §. 623 geschehen ist, nur behalte man q in dem Ausdruck für x, und berechne denselben numerisch.

Hat aber Fig. 280 das Viereck parallele Seiten und der Punkt H eine solche Lage, daß Theilungslinien beide parallele Seiten scheiden, so berechne man den Inhalt des Vierecks, theile ihn, und schneide zunächst von dem Winkel EFG nach §. 501 Theile ab, bis die Theilungslinien die Verlängerung von FG treffen. Ist HP die letzte Theilungslinie nach FG, so ziehe man HG, und ermittele den Inhalt RPGS, um zu finden, welchen Inhalt p das Viereck SGKT erhalten muß, damit es das vorgenannte zu dem Theil ergänze, der durch die Linien HP und HK abzuschneiden ist. Man fälle die Normale HV und ermittle deren Stücke a und b. Zur Bestimmung der Theilungslinie HK dienen dann die Gleichungen

$$1)\ (x+y)a = 2p$$

$$2)\ x:y = a+b:b.$$

Aus der zweiten folgt

$$3)\ x+y:x = a+2b:a+b$$

und dividirt man 1) durch 3), so entsteht

$$x = \frac{2(a+b)}{a(a+2b)}p.$$

Wäre q der nächste Theil, so hätte man

$$(x'+y')a = 2q$$

$$x':y' = a+b:b$$

und daraus $$x' = \frac{2(a+b)}{a(a+2b)}q$$

oder, wenn man lieber GM ermittelte, aus ähnlichen Gleichungen

$$GM = \frac{2(a+b)}{a(a+2b)}(p+q)$$ u. s. f.

§. 636. Aufgabe.

Ein Viereck zu theilen durch Linien, welche mit einer Seite desselben parallel sind.

Auflösung. Man berechne den Inhalt f des Vierecks und theile ihn. Die Theile mögen $q, q', q'', \cdots$ sein. Sollen Fig. 281 die Theilungslinien parallel mit der Seite a gehen, so bestimme man die Normale h und die mit a parallele Linie b. Für die Theilungslinie HH' ist alsdann

$$1)\ (a+y)x = 2q$$

und, wenn von E eine Linie parallel mit FG gedacht wird,

$$2)\ a-b:y-b = h:h-x.$$

Aus 2) folgt $$y = \frac{ah-ax+bx}{h}$$

dies in 1) substituirt giebt

$$2ahx-ax^2+bx^2 = 2hq$$

$$x^2-\frac{2ah}{a-b}x+\frac{2hq}{a-b} = 0$$

$$x = \frac{ah}{a-b} \pm \sqrt{\frac{a^2h^2}{(a-b)^2}-\frac{2hq}{a-b}} = \frac{ah \pm \sqrt{a^2h^2-2(a-b)hq}}{a-b}$$

Die Wurzel ist negativ zu nehmen.

Um x' zu finden, darf man nur in dem für x gefundenen Ausdruck $q+q'$ statt q setzen. Zuletzt kann noch das Dreieck EFL zu theilen sein.

Die Theilungslinie HH' läßt sich auch durch DH, gleich z, bestimmen. Nach §. 566 I. 3) hat man für z die Gleichung

$$\frac{a^2 \operatorname{Sin}\alpha \operatorname{Sin}(\alpha+\delta)+2az \operatorname{Sin}\alpha \operatorname{Sin}\beta+z^2 \operatorname{Sin}\beta \operatorname{Sin}(\beta+\delta)}{2\operatorname{Sin}\delta} = q$$

weil aber HH' parallel mit DG, so ist

$$\begin{aligned} \operatorname{Sin}(\alpha+\delta) &= \operatorname{Sin}2R = 0 \\ \operatorname{Sin}\beta &= \operatorname{Sin}\gamma \\ \operatorname{Sin}(\beta+\delta) &= \operatorname{Sin}[4R-(\alpha+\gamma)] = -\operatorname{Sin}(\alpha+\gamma) \qquad (4) \\ \operatorname{Sin}\delta &= \operatorname{Sin}\alpha. \end{aligned}$$

Diese Werthe, oben gesetzt, liefern

$$2az \operatorname{Sin}\alpha \operatorname{Sin}\gamma - z^2 \operatorname{Sin}\gamma \operatorname{Sin}(\alpha+\gamma) = 2q \operatorname{Sin}\alpha$$

$$z^2 - \frac{2a\operatorname{Sin}\alpha}{\operatorname{Sin}(\alpha+\gamma)} z + \frac{2q\operatorname{Sin}\alpha}{\operatorname{Sin}\gamma \operatorname{Sin}(\alpha+\gamma)} = 0$$

$$z = \frac{a\operatorname{Sin}\alpha}{\operatorname{Sin}(\alpha+\gamma)} \pm \sqrt{\frac{a^2\operatorname{Sin}\alpha^2}{\operatorname{Sin}(\alpha+\gamma)^2} - \frac{2q\operatorname{Sin}\alpha}{\operatorname{Sin}\gamma \operatorname{Sin}(\alpha+\gamma)}}$$

$$= \frac{a\operatorname{Sin}\alpha \pm \sqrt{[a^2\operatorname{Sin}\alpha \operatorname{Sin}\gamma - 2q\operatorname{Sin}(\alpha+\gamma)]\frac{\operatorname{Sin}\alpha}{\operatorname{Sin}\gamma}}}{\operatorname{Sin}(\alpha+\gamma)}.$$

Sollte das Trapez DEFG Fig. 282 getheilt werden durch Linien, die parallel sind mit einer der nicht parallelen Seiten, etwa mit DE, so ziehe man durch die Mitten M und Q der nicht parallelen Seiten die Linie MQ $\left(\text{sie ist gleich } \frac{b+c}{2}\right)$, theile sie nach dem gegebenen Verhältniß und construire durch die Theilpunkte Linien parallel mit DE. Die Richtigkeit des Verfahrens erhellet, wenn man F'G' parallel mit DE denkt, wodurch ein Parallelogramm DEF'G' hervorgeht, das gleich dem Trapez ist, und das in der verlangten Weise getheilt erscheint.

§. 637. Aufgabe.

Ein Viereck DEFG Fig. 283 durch Linien, welche mit einer gegebenen Linie parallel sind, in n Theile zu theilen, die sich wie gegebene Zahlen verhalten.

Auflösung. Man berechne den Inhalt des Vierecks, und theile denselben in die verlangten Theile $q, q', q'', \ldots$

ziehe FH parallel der gegebenen Linie, schneide von dem Dreieck GFH parallel mit FH Stücke ab gleich q, $q+q' \cdots$, dann von dem Viereck HFED parallel mit FH zuerst das Stück, welches den letzten Streifen des Dreiecks zu einem verlangten Theil ergänzt, wenn er nicht selbst ein solcher wäre, und darauf die übrigen Theile.

§. 638. Aufgabe.

Es sind Fig. 283 die Seite a und die daran liegenden Winkel α und γ gegeben, man soll durch eine Linie KK', welche mit der Linie DG den Winkel β bildet, ein Viereck DKK'E abschneiden, dessen Inhalt q ist.

Auflösung. Nach §. 566 I. 3) ist

$$\frac{a^2 \operatorname{Sin}\alpha \operatorname{Sin}(\alpha+\delta) + 2ax \operatorname{Sin}\alpha \operatorname{Sin}\beta + x^2 \operatorname{Sin}\beta \operatorname{Sin}(\beta+\delta)}{2 \operatorname{Sin}\delta} = q$$

daraus folgt

$$x^2 + \frac{2a \operatorname{Sin}\alpha}{\operatorname{Sin}(\beta+\delta)} x + \frac{a^2 \operatorname{Sin}\alpha \operatorname{Sin}(\alpha+\delta) - 2q \operatorname{Sin}\delta}{\operatorname{Sin}\beta \operatorname{Sin}(\beta+\delta)} = 0$$

$$x = -\frac{a \operatorname{Sin}\alpha}{\operatorname{Sin}(\beta+\delta)} \pm \sqrt{\frac{a^2 \operatorname{Sin}\alpha^2}{\operatorname{Sin}(\beta+\delta)^2} - \frac{a^2 \operatorname{Sin}\alpha \operatorname{Sin}(\alpha+\delta) - 2q \operatorname{Sin}\delta}{\operatorname{Sin}\beta \operatorname{Sin}(\beta+\delta)}}$$

$$= \frac{1}{\operatorname{Sin}(\beta+\delta)}\Bigg[-a \operatorname{Sin}\alpha$$

$$\pm \sqrt{\frac{[\operatorname{Sin}\alpha \operatorname{Sin}\beta - \operatorname{Sin}(\alpha+\delta) \operatorname{Sin}(\beta+\delta)]\, a^2 \operatorname{Sin}\alpha + 2q \operatorname{Sin}\delta \operatorname{Sin}(\beta+\delta)}{\operatorname{Sin}\beta}}\Bigg]$$

Es ist aber

$$\operatorname{Sin}\alpha \operatorname{Sin}\beta - \operatorname{Sin}(\alpha+\delta) \operatorname{Sin}(\beta+\delta)$$
$$= \tfrac{1}{2}[\operatorname{Cos}(\alpha-\beta) - \operatorname{Cos}(\alpha+\beta) - \operatorname{Cos}(\alpha-\beta) + \operatorname{Cos}(\alpha+\beta+2\delta)] \quad (18)$$
$$= \tfrac{1}{2} \cdot 2 \operatorname{Sin}(\alpha+\beta+\delta) \operatorname{Sin}(-\delta) \quad (22) \quad = \operatorname{Sin}\gamma \operatorname{Sin}\delta$$

so daß entsteht

$$x = \frac{-a \operatorname{Sin}\alpha \pm \sqrt{[a^2 \operatorname{Sin}\alpha \operatorname{Sin}\gamma + 2q \operatorname{Sin}(\beta+\delta)] \frac{\operatorname{Sin}\delta}{\operatorname{Sin}\beta}}}{\operatorname{Sin}(\beta+\delta)}$$

§. 639. Aufgabe.

Es sind Fig. 284 die Linie DE gleich a, das Stück EF gleich b und die Winkel α und γ gegeben, man soll den Winkel x finden, so daß das Viereck DEFG den Inhalt q erhalte.

Auflösung. Man hat nach §. 566 I. 3)

$$\frac{a^2 \operatorname{Sin}\alpha \operatorname{Sin}(\alpha+y) + 2ab \operatorname{Sin}\alpha \operatorname{Sin}x + b^2 \operatorname{Sin}x \operatorname{Sin}(x+y)}{2 \operatorname{Sin}y} = q$$

und es ist $y = 4R - \alpha - \gamma - x$, wofür gesetzt werden mag $\varphi - x$. Substituirt man dies statt y in der oberen Gleichung, so entsteht

$$a^2 \operatorname{Sin}\alpha \operatorname{Sin}(\alpha+\varphi-x) + 2ab \operatorname{Sin}\alpha \operatorname{Sin}x + b^2 \operatorname{Sin}x \operatorname{Sin}\varphi = 2q \operatorname{Sin}(\varphi - x)$$

$$a^2 \operatorname{Sin}\alpha \operatorname{Sin}(\alpha+\varphi) \operatorname{Cos}x - a^2 \operatorname{Sin}\alpha \operatorname{Cos}(\alpha+\varphi) \operatorname{Sin}x + 2ab \operatorname{Sin}\alpha \operatorname{Sin}x$$
$$+ b^2 \operatorname{Sin}\varphi \operatorname{Sin}x = 2q \operatorname{Sin}\varphi \operatorname{Cos}x - 2q \operatorname{Cos}\varphi \operatorname{Sin}x$$

$$a^2 \operatorname{Sin}\alpha \operatorname{Sin}(\alpha+\varphi) \operatorname{Cotg}x - a^2 \operatorname{Sin}\alpha \operatorname{Cos}(\alpha+\varphi) + 2ab \operatorname{Sin}\alpha + b^2 \operatorname{Sin}\varphi$$
$$= 2q \operatorname{Sin}\varphi \operatorname{Cotg}x - 2q \operatorname{Cos}\varphi$$

$$\operatorname{Cotg}x = \frac{a^2 \operatorname{Sin}\alpha \operatorname{Cos}(\alpha+\varphi) - 2ab \operatorname{Sin}\alpha - b^2 \operatorname{Sin}\varphi - 2q \operatorname{Cos}\varphi}{a^2 \operatorname{Sin}\alpha \operatorname{Sin}(\alpha+\varphi) - 2q \operatorname{Sin}\varphi}$$

§. 640. Aufgabe.

Es sind Fig. 284 die Seite DE gleich a, das Stück EF gleich b und die Winkel α und γ gegeben, man soll das Stück DG gleich z bestimmen, so daß das Viereck DEFG den Inhalt q habe.

Auflösung. Nach §. 565 I. 3) hat man

$$\frac{az \operatorname{Sin}\alpha - bz \operatorname{Sin}(\alpha+\gamma) + ab \operatorname{Sin}\gamma}{2} = q$$

und daraus folgt

$$z = \frac{2q - ab \operatorname{Sin}\gamma}{a \operatorname{Sin}\alpha - b \operatorname{Sin}(\alpha+\gamma)}.$$

§. 641.

Die drei vorstehenden Paragraphen finden bei Theilungen Anwendung, der erstere, wenn die Theilungslinien parallel mit einer gegebenen Linie sein, die anderen, wenn sie von Punkten ausgehen sollen, welche in Seiten sich befinden.

Es sei z. B. ein neck ABCDE Fig. 285 nach einem vorgeschriebenen Verhältniß zu theilen durch Linien, welche mit der Linie PQ parallel sind. — Man berechne den Inhalt des necks und theile ihn nach dem gegebenen Verhältniß. Die Theile des Inhaltes mögen sich gleich t, t′, t″, ... ergeben Man ziehe aus jeder von den Ecken B, E, C eine Linie parallel mit PQ, und berechne die Inhalte der Figuren ABF BGEF, GCHE u. s. w. Je nachdem der Inhalt von ABF größer oder kleiner ist als t, muß die erste Theilungslinie links oder rechts von BF fallen. Ist ABF größer als t, so schneide man ein Dreieck AMN ab von dem Inhalt t. Ist t größer als ABF und kleiner als ABGE, so schneide man ein Viereck BM′N′F ab von dem Inhalt t — ABF u. s. f., welches nach den vorstehenden Sätzen sich ausführen läßt.

Nach dem, was bisher vorgekommen ist, dürfte man im Stande sein, die Theilung von Vielecken auszuführen.

§. 642. Aufgabe.

Das Viereck BCDE Fig. 286 ist durch die Linie HK in zwei Theile getheilt, man soll die Linie FG ziehen, so daß jedes von den Vierecken EFNH und HNGB einen gegebenen Inhalt bekomme.

Auflösung. Man verlängere die Linie HK bis zu den Durchschnitten mit den Verlängerungen der Seiten DE und BC. Die Linie LM und die Dreiecke ELH und KCM erscheinen als gegeben. LM sei gleich a. Man ermittle den Inhalt p, welchen das Dreieck LNF, und den Inhalt q, den GNM haben muß, damit jedem der Vierecke EFNH und HNGB der bestimmte Inhalt werde. Alsdann hat man für LN, gleich x, und für den Winkel y, wodurch sich GL vollkommen bestimmt, die Gleichungen

$$1) \qquad \frac{x^2 \operatorname{Sin}\alpha \operatorname{Sin} y}{2 \operatorname{Sin}(\alpha + y)} = p$$

$$2) \qquad \frac{(a-x)^2 \operatorname{Sin}\beta \operatorname{Sin} y}{2 \operatorname{Sin}(\beta + y)} = q.$$

Aus ihnen folgt

$$3) \qquad x^2 = \frac{2p \operatorname{Sin}(\alpha + y)}{\operatorname{Sin}\alpha \operatorname{Sin} y} = 2p(\operatorname{Cotg} y + \operatorname{Cotg}\alpha)$$

$$4) \quad (a-x)^2 = \frac{2q \operatorname{Sin}(\beta + y)}{\operatorname{Sin}\beta \operatorname{Sin} y} = 2q \operatorname{Cotg} y + \operatorname{Cotg}\beta).$$

Man dividire 3) durch 2p, 4) durch 2q und subtrahire dann 3) von 4), das liefert

$$\frac{(a-x)^2}{2q} - \frac{x^2}{2p} = \operatorname{Cotg}\beta - \operatorname{Cotg}\alpha = \frac{\operatorname{Sin}(\alpha - \beta)}{\operatorname{Sin}\alpha \operatorname{Sin}\beta} \qquad (4)$$

und hieraus ergiebt sich

$$p(a-x)^2 - qx^2 = \frac{2pq \operatorname{Sin}(\alpha - \beta)}{\operatorname{Sin}\alpha \operatorname{Sin}\beta}$$

$$5) \quad (p-q)x^2 - 2apx + a^2p - \frac{2pq \operatorname{Sin}(\alpha - \beta)}{\operatorname{Sin}\alpha \operatorname{Sin}\beta} = 0$$

$$x = \frac{ap}{p-q} \pm \sqrt{\frac{a^2p^2}{(p-q)^2} - \frac{a\,p}{p-q} + \frac{2pq \operatorname{Sin}(\alpha - \beta)}{(p-q) \operatorname{Sin}\alpha \operatorname{Sin}\beta}}$$

$$= \frac{ap}{p-q} \pm \sqrt{\frac{a^2pq}{(p-q)^2} - \frac{2pq \operatorname{Sin}(\alpha - \beta)}{(p-q) \operatorname{Sin}\alpha \operatorname{Sin}\beta}}$$

$$= \frac{a}{p-q}\left[p \pm \sqrt{\left(1 + \frac{2(p-q) \operatorname{Sin}(\alpha - \beta)}{a^2 \operatorname{Sin}\alpha \operatorname{Sin}\beta}\right) pq}\right]$$

Aus 3) findet man

$$\operatorname{Cotg} y = \frac{x^2}{2p} - \operatorname{Cotg} \alpha$$

worin noch für x der Werth zu setzen ist.

Ist $p = q$, so ist der Ausdruck für x unbrauchbar. Alsdann geht aber 5) über in

$$-2apx + a^2p - \frac{2p^2 \operatorname{Sin}(\alpha - \beta)}{\operatorname{Sin}\alpha \operatorname{Sin}\beta} = 0$$

und daraus ist

$$x = \frac{a}{2} - \frac{p \operatorname{Sin}(\alpha - \beta)}{a \operatorname{Sin}\alpha \operatorname{Sin}\beta}.$$

Sind die Seiten BC und DE parallel, so sind β und α einander gleich, und der erstere Ausdruck für x geht über in $\frac{a}{p-q} \pm (p\sqrt{pq})$, der andere in $\frac{a}{2}$.

Schneiden die Verlängerungen von ED und BC beide die eine Verlängerung von HK, etwa Fig. 287 die über K hinausliegende, so ermittle man wie vorher den Inhalt von LNF gleich p, den von MNG gleich q, und es finden die Gleichungen Statt

$$\frac{x^2 \operatorname{Sin}\alpha \operatorname{Sin} y}{2 \operatorname{Sin}(\alpha + y)} = p$$

$$\frac{(a + x)^2 \operatorname{Sin}\beta \operatorname{Sin} y}{2 \operatorname{Sin}(y - \beta)} = q$$

aus denen die Unbekannten sich ähnlich wie oben entwickeln lassen.

Ist Fig. 288 die Seite ED parallel mit der Linie HK, so verlängere man ED und HK bis zum Durchschnitt mit der Verlängerung von BC. Als bekannt lassen sich betrachten das Stück MV gleich a, der Winkel α, die Dreiecke CKM, CDV. Man bestimme den Inhalt p des Dreiecks VFG, so daß EFGB die Summe der gegebenen Inhalte von EFNH und HNGB zum Inhalte habe, und den Inhalt q des Dreiecks MNG, so daß für HNGB der bestimmte Inhalt bleibt. Die Linie FG bestimmt sich durch die Stücke x und y. Es verhält sich aber

$$(a+x)^2 : x^2 = p : q$$

woraus folgt

$$a+x : x = \sqrt{p} : \sqrt{q}$$

$$a : x = \sqrt{p} - \sqrt{q} : \sqrt{q}$$

$$x = \frac{a\sqrt{q}}{\sqrt{p} - \sqrt{q}} = \frac{a}{p-q}(q + \sqrt{pq})$$

Ferner ist $$xy \operatorname{Sin}\beta = 2q$$

$$y = \frac{2q}{x \operatorname{Sin}\beta} = \frac{2q(\sqrt{p}-\sqrt{q})}{a\sqrt{q}\operatorname{Sin}\beta} = \frac{2}{a \operatorname{Sin}\beta}(-q+\sqrt{qp}).$$

Sind endlich Fig. 289 die beiden Seiten ED und BC mit HK parallel, und bezeichnet p den Inhalt, welchen HNFE, q den, welchen BGHN bekommen soll, so hat man

$$1)\ (x+y)a = 2q$$
$$2)\ (y+z)b = 2p$$
$$3)\ z-y : y-x = b : a.$$

Aus 3) folgt

$$bz-by : ay-ax = b^2 : a^2$$

und substituirt man hier die Werthe von ax und bz aus 1) und 2), so entsteht

$$2p-2by : 2ay-2q = b^2 : a^2$$

woraus folgt

$$ab^2y-b^2q = a^2p - a^2by$$
$$(a^2b+ab^2)y = a^2p + b^2q$$
$$y = \frac{a^2p + b^2q}{ab(a+b)}$$

Nach 1) ist noch

$$x = \frac{2q - ay}{a} = \frac{2abq + b^2q - a^2p}{ab(a+b)}$$

Durch x und y bestimmt sich aber FG.

§. 643.

Uebungsaufgaben zu den Theilungen.

1) In einer Seite eines Dreiecks ist ein Punkt gegeben, man soll vermittelst einer Linie, welche durch diesen Punkt geht, das Dreieck in zwei gleiche Theile theilen, oder in zwei Theile, welche sich verhalten wie p : q.
2) Innerhalb eines Dreiecks ist ein Punkt gegeben, man soll das Dreieck vermittelst einer Linie, welche durch diesen Punkt geht, in zwei gleiche Theile theilen, oder in zwei Theile, welche sich verhalten wie p : q.
   Wird durch §. 502 ausgeführt.
3) In einer Seite, oder innerhalb eines Trapezes, oder eines Parallelogramms, oder eines Trapezoids ist ein Punkt gegeben, man soll dasselbe in zwei gleiche Theile theilen, oder in zwei Theile, welche sich verhalten wie p : q, vermittelst einer Linie, welche durch jenen Punkt geht.

4) Ein Dreieck ABC Fig. 290 in drei gleiche Theile zu theilen, so daß der eine Theil FGH ein dem Dreieck ABC ähnliches Dreieck und jeder der anderen Theile ein Trapez werde.

Man hat

$$\triangle ABC : \triangle FGH = BC^2 : GH^2 = 3 : 1$$

also

$$GH = \sqrt{BC \cdot \frac{BC}{3}}.$$

Ist CD gleich $\frac{1}{3}$BC und DE normal auf BC, so ist $CE = \sqrt{BC \cdot \frac{BC}{3}}$. Man mache CM gleich CE und ziehe MN parallel mit CA. Wird von irgend einem Punkt G der Linie MN die Linie GH parallel mit BC und GF parallel mit BA gezogen, so ist immer FGH ähnlich mit ABC und dabei $\frac{1}{3}$ von ABC. Nimmt man aber G in der Mitte von MN, so werden die Bedingungen der Aufgabe erfüllt, weil dann NGFA gleich GMCH und NGB gleich GBM, also BGFA gleich BGHC, mithin jedes ein Drittel von ABC wird.

5) Das Dreieck ABC Fig. 291 durch die mit AC parallele Linie DE und durch die auf AC normale Linie FG in drei gleiche Theile zu theilen.

Man nehme BE gleich $\sqrt{BC \cdot \frac{BC}{3}}$ und ziehe DE parallel mit AC, so ist BDE ein Drittel von ABC. Man ziehe ferner durch die Mitte P von AD parallel mit AC die Linie PQ, halbire diese und construire durch die Mitte M die Normale FG. FG theilt das Trapez in zwei gleiche Theile, welches sichtbar wird, wenn man QV parallel mit AD zieht.

6) Man soll Fig. 292 den Punkt D bestimmen, so daß die Dreiecke ABD, BCD und ACD einander gleich werden.

Man theile eine Seite, etwa AC, in drei gleiche Theile, ziehe von dem Theilpunkt M die Linie MD parallel mit AB, von N die Linie ND parallel mit CB; D ist der Punkt.

7) Wie wird man verfahren, wenn in den drei vorstehenden Aufgaben sich die Theile wie m : n : p verhalten sollen?

8) Das Parallelogramm ABCD Fig. 293 durch Linien, welche von den Punkten E, F, G ausgehen, in vier Theile zu theilen, deren Verhältniß gegeben ist.

Man theile AD in vier Theile, die das gegebene Verhältniß haben. Von den Theilpunkten M, N, Q ziehe man

MM', NN', QQ' parallel mit AB. Die Parallelogramme, in welche ABCD durch diese Linien zerlegt wird, haben das vorgeschriebene Verhältniß. Zieht man jetzt durch die Mitte H von MM' die Linie EE', so ist dies eine richtige Theilungslinie: denn da die Dreiecke E'HM' und EHM gleich sind, so ist AEE'B gleich AMM'B. Eben so erhält man FF' und GG'. Da aber GG' die Theilungslinie FF' schneidet, so ziehe man GF', parallel damit G'G'', und dann GG'', wodurch GF'G'' gleich GF'G' wird, also GG'' brauchbare Theilungslinie.

Wie würde man verfahren müssen, wenn ABCD ein Trapezoid wäre?

Anhang.

1.

Die Mitten X, Y, Z der Diagonalen eines vollständigen Vierecks Fig. 294 befinden sich in gerader Linie.

Beweis. Man ziehe durch X die Linie PQ parallel mit CD, und es ist P die Mitte von AE, Q die Mitte von AD. Man ziehe ferner PZ, so ist, da P und Z die Mitten von AE und EF sind, PZ parallel mit AF, und R die Mitte von DE. Deshalb geht QR durch Y und ist parallel mit AE. Die Seite BF, mit welcher keine von diesen Linien parallel ist, betrachte man als Transversale für das Dreieck ADE aus den drei übrigen Seiten, und es ist

$$AB \cdot CE \cdot DF = BE \cdot CD \cdot AF$$

oder, was dasselbe sagt

$$2QY \cdot 2PX \cdot 2RZ = 2RY \cdot 2QT \cdot 2PZ$$

d. h.

$$PX \cdot QY \cdot RZ = QX \cdot RY \cdot PZ$$

und deshalb befinden sich X, Y, Z in gerader Linie.

2.

Bei jedem vollständigen Viereck ABCDEF Fig. 295 finden die Gleichungen Statt

$$\text{I.} \quad \frac{AC \cdot AD}{AE \cdot AF} = \frac{BC \cdot BD}{BE \cdot BF}$$

$$\text{II.} \quad \frac{CA \cdot CB}{CE \cdot CF} = \frac{DA \cdot DB}{DE \cdot DF}$$

$$\text{III.} \quad \frac{EA \cdot EB}{EC \cdot ED} = \frac{FA \cdot FB}{FC \cdot FD}$$

Beweis. Jede Seite des vollständigen Vierecks betrachte man als Transversale des Dreiecks aus den drei übrigen Seiten. Das gewährt die Gleichungen

1) AD·CE·BF = DF·AE·BC
2) AC·BE·DF = CE·BD·AF
3) BC·DE·AF = CF·BE·AD
4) BD·AE·CF = DE·AC·BF

und die Producte aus den Gleichungen 1) und 2), 1) und 4), 1) und 3) liefern die Gleichungen I, II, III.

3.

Wird Fig. 296 ein vollständiges Viereck ABCDEF durch eine Transversale geschnitten, so finden folgende Gleichungen Statt

I. AX·BZ·CY·DT = BX·CZ·DY·AT
II. AX·EY·CZ·FT = EX·CY·FZ·AT
III. BX·EY·DT·FZ = EX·BZ·FT·DY

die man zur besseren Uebersicht der Reihe nach auf die einfachen Vierecke ABCD, AECF und BEDF beziehen möge, und dann leicht in Worten aussprechen kann.

Beweis. Aus den Dreiecken ABC und ACD ist

AX·BZ·CV = BX·CZ·AV
AV·CY·DT = CV·DY·AT.

Das Product beider Gleichungen liefert die Gleichung I.

Aus den Dreiecken AEC und AFC hat man

AX·EY·CV = EX·CY·AV
AV·CZ·FT = CV·FZ·AT

und das Product dieser Gleichungen gewährt die Gleichung II.

Aus den Dreiecken BEF und DEF entspringt

BX·EQ·FZ = EX·FQ·BZ
FQ·EY·DT = EQ·DY·FT

und das Product liefert III.

Zusatz.

Geht Fig. 297 die Transversale durch die Ecke E, so fallen die Punkte X und Y mit E zusammen, und die Gleichung I.

geht über in

$$AE \cdot BZ \cdot CE \cdot DT = BE \cdot CZ \cdot DE \cdot AT$$

wofür wir setzen

$$\frac{AE \cdot CE}{BE \cdot DE} = \frac{AT \cdot CZ}{BZ \cdot DT}.$$

Die Gleichungen II. und III. aber fallen aus.

4.

Wenn man Fig. 298 aus den Eckpunkten E und F auf einer Diagonale EF eines vollständigen Vierecks ABCDEF Transversalen EXY und FZU zieht, und durch ihre Durchschnittspunkte X, Y, Z, U mit den Seiten die geraden Linien XU, ZY, XZ, UY legt, so befinden sich deren Durchschnittspunkte auf den anderen Diagonalen.

Beweis. Es ist nach dem vorstehenden Zusatz

$$\frac{EA \cdot EC}{EB \cdot ED} = \frac{AY \cdot CX}{BX \cdot DY}$$

und

$$\frac{FA \cdot FC}{FB \cdot FD} = \frac{AU \cdot CZ}{BU \cdot DZ}.$$

Nach 2 sind die beiden Quotienten zur Linken einander gleich, folglich sind die rechts gleich, und das liefert

$$1)\ AU \cdot BX \cdot CZ \cdot DY = BU \cdot CX \cdot DZ \cdot AY.$$

Aus dem Dreieck BDC ist

$$2)\qquad BX \cdot CZ \cdot DQ = CX \cdot DZ \cdot BQ.$$

Man dividire 1) durch 2); es entsteht

$$AU \cdot DY \cdot BQ = BU \cdot AY \cdot DQ$$

und deshalb befinden sich U, Y, Q in gerader Linie.

Aus dem Dreieck ABC ist

$$3)\qquad AU \cdot BX \cdot CP = BU \cdot CX \cdot AP$$

1) durch 3) dividirt liefert

$$CZ \cdot DY \cdot AP = DZ \cdot AY \cdot CP$$

und deshalb befinden sich Z, Y, P in gerader Linie.

Darin liegt der Satz.

Der Satz bleibt giltig, wenn einer der Punkte E und F in die Unendlichkeit rückt, oder wenn beide in die Unendlichkeit rücken. Dann werden die von solchem Punkt ausgehenden drei Linien parallel. — Deshalb befindet sich z. B. Fig. 34 der Durchschnittspunkt der Linien EG und HF auf der Diagonale AC, und eben so schneiden sich HE, FG und BD in einem Punkt.

5.

Wenn Fig. 298 drei Linien, welche von einem Punkt E ausgehen, geschnitten werden durch drei Linien, welche von einem Punkt F herkommen, so geschieht das in neun Punkten, durch welche sich achtzehn neue Linien legen lassen, und diese zerfallen in sechsmal drei Linien, welche sich schneiden in einem Punkt.

Nach der vorigen Nummer.

Erweiterungen, indem man einen oder mehrere der Punkte E, F, A, B .... in die Unendlichkeit rückt.

6.

Von einem Punkt N Fig. 299 gehen drei Linien aus. Auf jeder derselben sind zwei Punkte A, A', B, B', C, C', beliebig genommen, und durch gerade Linien verbunden. Die Seiten der Dreieckspaare ABC und A'B'C', AB'C und A'BC', ABC' und A'B'C,* A'BC und AB'C' schneiden sich dergestalt, daß die drei Durchschnittspunkte analoger Seitenpaare in gerader Linie liegen.

Beweis. Aus den Dreiecken NAB, NBC, NAC hat man, die Linien A'B', B'C', A'C' als Transversalen nehmend

$$NA' \cdot BB' \cdot AX = AA' \cdot NB' \cdot BX$$
$$CC' \cdot NB' \cdot BY = NC' \cdot BB' \cdot CY$$
$$AA' \cdot NC' \cdot CZ = NA' \cdot CC' \cdot AZ.$$

Das Product der Gleichungen ist

$$AX \cdot BY \cdot CZ = BX \cdot CY \cdot AZ$$

und deshalb befinden sich X, Y, Z in gerader Linie.

Aus den Dreiecken NAB', NCB' und NAC hat man

$$AA' \cdot B'T \cdot NB = NA' \cdot AT \cdot B'B$$
$$B'B \cdot NC' \cdot CU = NB \cdot CC' \cdot B'U$$
$$NA' \cdot CC' \cdot AZ = AA' \cdot NC' \cdot CZ.$$

Das Product dieser Gleichungen gewährt

$$B'T \cdot CU \cdot AZ = AT \cdot B'U \cdot CZ.$$

Deshalb liegen T, U, Z in gerader Linie.

Aus den Dreiecken NAC', NBC' und NAB hat man

$$NC \cdot AA' \cdot C'V = C'C \cdot NA' \cdot AV$$
$$C'C \cdot NB' \cdot BU = NC \cdot BB' \cdot C'U$$
$$BB' \cdot NA' \cdot AX = NB' \cdot AA' \cdot BX$$

also

$$AX \cdot BU \cdot C'V = BX \cdot C'U \cdot AV$$

und deshalb befinden sich X, V, U in gerader Linie.

Aehnlich für die Punkte T, V, Y.

Das Gesetz bleibt giltig, wenn N in die Unendlichkeit rückt, d. h. die Linien AA', BB', CC' parallel sind.

7.

Werden zwei convergirende Linien AQ, A'Q Fig. 300 von beliebig vielen Linien geschnitten, welche von einem Punkt N ausgehen, und zieht man die Transversalen AB', A'B, BC', B'C u. s. w., AC', A'C, BD', B'D u. s. w., AD', A'D u. s. w., u. s. w., so befinden sich deren Durchschnittspunkte X, Y u. s. w. in gerader Linie mit dem Punkt Q.

Beweis. In dem vollständigen Viereck QBXB' ist die Diagonale AA' durch die Diagonalen B'B und QX harmonisch getheilt; deshalb ist QX vierter harmonischer Strahl zu QA', QA und QN. In dem Viereck QCYC' ist die Diagonale BB' harmonisch getheilt; deshalb QY vierter harmonischer Strahl zu denselben Strahlen QA', QA, QN. U. s. w. Die Linien QX, QY, QZ u. s. w. fallen demnach zusammen, und darin liegt der Satz.

Jeder der Punkte Q und N kann in die Unendlichkeit rücken, und das Gesetz behält Giltigkeit.

8.

In einem Kreise Fig. 301 sei ein Viereck ABCD beschrieben. Durch die Ecken lege man Tangenten. Sie bilden ein um den Kreis liegendes Vierecks EFGH. Die inneren Diagonalen beider Vierecke schneiden sich in demselben Punkt N, sie sind die Polaren der Ecken X, Y, Z, T, diese befinden sich deshalb in gerader Linie, und ihre Lage ist harmonisch.

Beweis. Es ist NY Polare zu X, NX Polare zu Y (§. 323). E ist Pol zu DA, G Pol zu CB, also EC Polare zu X. Es fallen deshalb NY und EG zusammen, eben so NX und FH. Die Diagonalen beider Vierecke schneiden sich demnach in demselben Punkt N. Nun ist Z Pol zu AC, T Pol zu BD. Die Polaren der Punkte X, Y, Z, T schneiden sich in demselben Punkt, also befinden sich die Punkte in gerader Linie. EG, HF, ZT sind die Diagonalen des um den Kreis liegenden Vierecks, deshalb X, Y, Z, T harmonische Punkte.

Legt man durch die Ecken X und Y des Vierecks ABCD Tangenten an den Kreis, so bilden sie ein Viereck, dessen innere Diagonalen gleichfalls durch den Punkt N gehen. — Die Punkte P, Q, R, S sind die Berührungspunkte dieser Tangenten. Das Vierecks PQRS und das aus unseren Tangenten stehen in denselben Beziehungen zu einander, wie die Vierecke ABCD und EFGH. Daraus erhellet die Behauptung. Ferner erhellet, daß der fünfte und sechste Eckpunkt des Vierecks PQRS sich auf der Polare XY des Punktes N befinden. — Eben so, wenn man die Vierecke in Betracht zieht, welche die Tangentenpaare an den Endpunkten der Diagonalen AC und BD bilden mit den Tangentenpaaren aus X oder aus Y.

9.

Zu zweien Kreisen M und M′ Fig. 302 seien Q und S die Aehnlichkeitspunkte und es sei über QS ein Kreis geschlagen. Wird aus irgend einem Punkt P der Peripherie dieses Kreises ein Tangentenpaar an den Kreis M und ein zweites an den Kreis M′ gelegt, so ist der Winkel, welchen die Tangenten des einen Paares bilden, gleich dem Winkel, den die des anderen Paares bilden. Aus jedem Punkte der Peripherie des Kreises über QS werden also die Kreise M und M′ unter gleichen Winkeln gesehen.

Beweis. Es genügt, zu zeigen, daß der Winkel MPA gleich ist dem Winkel M′PB. Die Radien der Kreise M und M′ seien r und r′. Die Linien PM, PQ, PM′ und PS sind harmonische Strahlen, und PQ und PS stehen auf einander rechtwinklig, deshalb ist der Winkel MPM′ durch PQ halbirt. Es verhält sich demnach

$$PM : PM' = MQ : M'Q = r : r' = MA : M'B$$

zugleich sind MAP und M′BP rechte Winkel, folglich die Dreiecke MAP und M′BP ähnlich, und deshalb $\angle APM = \angle BPM'$.

10.

Es sei Fig. 303 die Sehne AB des Quadranten in drei gleiche Theile getheilt, und durch die Theilpunkte N und Q seien die Radien ME und MF gelegt. Zieht man EF, normal darauf EH und FG, endlich HG, so ist EFGH ein Quadrat.

Beweis. MC halbire den Winkel AMB. Zunächst erhellet, daß EFGH ein Rechteck, und MD gleich DH ist. Es verhält sich

$$EH:MD = PH:DP = NA:VN = 2:1$$

folglich ist

$$EH = 2MD = 2DH = GH$$

also das Viereck ein Quadrat.

11.

Der Durchmesser AB des Kreises Fig. 304 sei in n gleiche Theile getheilt. Mit AB seien aus A und B Bogen geschlagen, welche sich in N und Q schneiden. Aus N und Q seien durch den 2ten, 4ten, 6ten u. s. w. Theilpunkt Linien gelegt; diese theilen die Peripherie des Kreises genau oder näherungsweise in n gleiche Theile.

Wir wollen den Mittelpunktswinkel x der ersten Seite AC bestimmen. Der Radius des Kreises sei 1. Es verhält sich

$$QM:CD = ME:DE = ME:MD-ME.$$

Es ist $ME = MA - AE = 1 - \frac{4}{n} = \frac{n-4}{n}$

und dieser Ausdruck werde durch q bezeichnet. Die obere Proportion geht über in

$$\sqrt{3}:\operatorname{Sin}x = q:\operatorname{Cos}x - q$$

und hieraus folgt

$$q^2 - q^2\operatorname{Cos}x^2 = 3\operatorname{Cos}x^2 - 6q\operatorname{Cos}x + 3q^2$$
$$(3+q^2)\operatorname{Cos}x^2 - 6q\operatorname{Cos}x + 2q^2 = 0$$

oder durch $2q^2\operatorname{Cos}x^2$ dividirt

$$\operatorname{Sec}x^2 - \frac{3}{q}\operatorname{Sec}x + \frac{3+q^2}{2q^2} = 0$$

$$\operatorname{Sec}x = \frac{3-\sqrt{3-2q^2}}{2q}$$

oder, indem man für q den Werth setzt,

$$\mathrm{Cos}\, x = \frac{2(n-4)}{3n - \sqrt{n^2 + 16n - 32}}.$$

Setzt man hierin 3, 4, 6 statt n, so erhält man, genau zutreffend, den Mittelpunktswinkel des regulären Dreiecks, Vierecks, Sechsecks; werden andere Zahlen statt n gesetzt, so ergiebt sich für x nur näherungsweise der Mittelpunktswinkel des n ecks; die Abweichungen sind beim Fünfeck, Siebeneck, u. s. w. gering, und nehmen zu, während n zunimmt. Die Seite des Fünfecks erhält man ein Geringes zu klein, die des Siebenecks und alle folgenden zu groß. Man kann sich begnügen, die erste Seite AC vermittelst eines der Punkte N oder Q zu construiren und AC im Kreise herumtragen; es findet indeß eine Ausgleichung Statt, wenn man verfährt, wie oben ist angegeben worden.

12.

Die Seite des regulären Siebenecks im Kreise zum Halbmesser 1 ist gleich 0,86776 ····, der Sinus von 60° ist 0,86602 ····, also mit einer Differenz von 0,0017 ··· gleich der Seite des Siebenecks. Die Höhe des gleichseitigen Dreiecks zur Seite r giebt demnach näherungsweise die Seite des regelmäßigen Siebenecks im Kreise dessen Radius r ist, mit der Differenz 0,0017 ···· r.

13.

Ueber einer gegebenen Linie AB werde ein gleichseitiges Dreieck ACB beschrieben, und es ist C Mittelpunkt, ACB Mittelpunktswinkel des regulären Sechsecks aus der Seite AB. Man construire CD normal auf AB, verlängere CD über C hinaus, und nehme die Verlängerung CE gleich CA. Dann ist E Mittelpunkt des regulären Zwölfecks aus AB. Theilt man CE in sechs gleiche Theile, so sind die Theilpunkte näherungsweise die Mittelpunkte des regulären Siebenecks, Achtecks, Neunecks u. s. w. aus AB. Man verlängere CE über E hinaus und nehme die Verlängerung EF gleich EA. Dann ist F Mittelpunkt des regulären Vierundzwanzigecks über AB. Und wird EF in zwölf gleiche Theile getheilt, so sind die Theilpunkte näherungsweise die Mittelpunkte des regelmäßigen Dreizehnecks, Vierzehnecks u. s. w. über AB. U. s. w.

14.

Der Umfang eines Kreises ist näherungsweise gleich dem Umfang des rechtwinkligen Dreiecks, dessen eine Kathete $\frac{3}{5}$ vom Durchmesser, und dessen andere das Doppelte der ersten, also $\frac{6}{5}$ vom Durchmesser ist.

Der Umfang des Dreiecks ist um 0,000096 $\cdots$ r größer als der des Kreises, unter r den Radius verstanden.

Zur Trigonometrie.

I.

Ist $\alpha+\beta+\gamma = 180^\circ$ so ist

1) $\operatorname{Sin}\alpha\operatorname{Cos}\beta+\operatorname{Cos}\alpha\operatorname{Sin}\beta = \operatorname{Sin}\gamma$

2) $\operatorname{Sin}\alpha+\operatorname{Sin}\beta : \operatorname{Sin}\gamma = \operatorname{Cos}\frac{1}{2}(\alpha-\beta) : \operatorname{Sin}\frac{1}{2}\gamma$

3) $\operatorname{Sin}\alpha-\operatorname{Sin}\beta : \operatorname{Sin}\gamma = \operatorname{Sin}\frac{1}{2}(\alpha-\beta) : \operatorname{Cos}\frac{1}{2}\gamma$

4) $(\operatorname{Sin}\alpha+\operatorname{Sin}\beta+\operatorname{Sin}\gamma)(\operatorname{Sin}\alpha+\operatorname{Sin}\beta-\operatorname{Sin}\gamma)$
$= 4\operatorname{Sin}\alpha\operatorname{Sin}\beta\operatorname{Cos}\frac{1}{2}\gamma^2$

5) $(\operatorname{Sin}\alpha-\operatorname{Sin}\beta+\operatorname{Sin}\gamma)(-\operatorname{Sin}\alpha+\operatorname{Sin}\beta+\operatorname{Sin}\gamma)$
$= 4\operatorname{Sin}\alpha\operatorname{Sin}\beta\operatorname{Sin}\frac{1}{2}\gamma^2$

6) $\operatorname{Sin}\alpha^2+\operatorname{Sin}\beta^2-\operatorname{Sin}\gamma^2 = 2\operatorname{Sin}\alpha\operatorname{Sin}\beta\operatorname{Cos}\gamma$

Beweis. Die Gleichung 1) liegt darin, daß $\operatorname{Sin}(\alpha+\beta) = \operatorname{Sin}\gamma$.

2) Es ist $\operatorname{Sin}\alpha+\operatorname{Sin}\beta = 2\operatorname{Sin}\frac{1}{2}(\alpha+\beta)\operatorname{Cos}\frac{1}{2}(\alpha-\beta)$ $= 2\operatorname{Cos}\frac{1}{2}\gamma\operatorname{Cos}\frac{1}{2}(\alpha-\beta)$ und $\operatorname{Sin}\gamma$ ist gleich $2\operatorname{Sin}\frac{1}{2}\gamma\operatorname{Cos}\frac{1}{2}\gamma$. Aehnlich ergiebt sich 3)

4) ist das Product der Gleichungen 1) und 2) in §. 547.

5) Nach §. 547 2) ist

$$\operatorname{Sin}\alpha-\operatorname{Sin}\beta+\operatorname{Sin}\gamma = 4\operatorname{Sin}\tfrac{1}{2}\alpha\operatorname{Sin}\tfrac{1}{2}\gamma\operatorname{Cos}\tfrac{1}{2}\beta$$
$$-\operatorname{Sin}\alpha+\operatorname{Sin}\beta+\operatorname{Sin}\gamma = 4\operatorname{Sin}\tfrac{1}{2}\beta\operatorname{Sin}\tfrac{1}{2}\gamma\operatorname{Cos}\tfrac{1}{2}\alpha$$

und das Product dieser Gleichungen giebt unsere Gleichung 5).

6) Aus 4) folgt

$$(\operatorname{Sin}\alpha+\operatorname{Sin}\beta)^2-\operatorname{Sin}\gamma^2 = 4\operatorname{Sin}\alpha\operatorname{Sin}\beta\operatorname{Cos}\tfrac{1}{2}\gamma^2$$
$$\operatorname{Sin}\alpha^2+\operatorname{Sin}\beta^2-\operatorname{Sin}\gamma^2 = 4\operatorname{Sin}\alpha\operatorname{Sin}\beta\operatorname{Cos}\tfrac{1}{2}\gamma^2-2\operatorname{Sin}\alpha\operatorname{Sin}\beta$$
$$= 2\operatorname{Sin}\alpha\operatorname{Sin}\beta(2\operatorname{Cos}\tfrac{1}{2}\gamma^2-1)$$
$$= 2\operatorname{Sin}\alpha\operatorname{Sin}\beta\operatorname{Cos}\gamma.$$

II.

Es seien a, b, c die Seiten eines Dreiecks, α, β, γ die ihnen beziehlich gegenüberstehenden Winkel, d sei der Durchmesser des Kreises, welcher um das Dreieck liegt. Für den Inhalt des Dreiecks ergeben sich folgende Ausdrücke

1) $\frac{1}{2} d^2 \operatorname{Sin}\alpha \operatorname{Sin}\beta \operatorname{Sin}\gamma$

2) $\frac{1}{2} ab \operatorname{Sin}\gamma$

3) $\frac{a^2 \operatorname{Sin}\beta \operatorname{Sin}\gamma}{2 \operatorname{Sin}\alpha}$

4) $\frac{1}{4}\sqrt{(a+b+c)(a+b-c)(a-b+c)(-a+b+c)}$.

Der Inhalt des Dreiecks ist nach §. 264 gleich

$$\frac{abc}{2d}$$

und nach §. 553 ist $a = d \operatorname{Sin}\alpha$, $b = d \operatorname{Sin}\beta$, $c = d \operatorname{Sin}\gamma$. Wenn man diese Werthe substituirt, entsteht der erste Ausdruck; der zweite geht hervor, wenn man bloß für c den Werth setzt. Der dritte Ausdruck entspringt aus dem ersten, indem man ihn mit $\operatorname{Sin}\alpha$ multiplicirt und dividirt, und a^2 setzt statt $d^2 \operatorname{Sin}\alpha^2$. Das Product der Formeln 4) und 5) in der vorangehenden Nummer ist

$$(\operatorname{Sin}\alpha+\operatorname{Sin}\beta+\operatorname{Sin}\gamma)(\operatorname{Sin}\alpha+\operatorname{Sin}\beta-\operatorname{Sin}\gamma)(\operatorname{Sin}\alpha-\operatorname{Sin}\beta+\operatorname{Sin}\gamma)$$
$$(-\operatorname{Sin}\alpha+\operatorname{Sin}\beta+\operatorname{Sin}\gamma) = 4 \operatorname{Sin}\alpha^2 \operatorname{Sin}\beta^2 \operatorname{Sin}\gamma^2.$$

Diese Gleichung werde mit $\frac{1}{16} d^4$ multiplicirt, und es entsteht

$$\frac{1}{16}(a+b+c)(a+b-c)(a-b+c)(-a+b+c)$$
$$= \frac{1}{4} d^4 \operatorname{Sin}\alpha^2 \operatorname{Sin}\beta^2 \operatorname{Sin}\gamma^2.$$

Der Ausdruck rechts ist nach 1) das Quadrat vom Inhalt des Dreiecks, also ist der Inhalt gleich dem Ausdruck unter 4).

III.

Sind a, b, c die Seiten eines Dreiecks, α, β, γ die ihnen beziehlich gegenüberstehenden Winkel, und ist h die Höhe auf der Seite c, so ist

1) $a : b = \operatorname{Sin}\alpha : \operatorname{Sin}\beta$

2) $a \operatorname{Cos}\beta + b \operatorname{Cos}\alpha = c$

3) $a+b : c = \operatorname{Cos}\frac{1}{2}(\alpha-\beta) : \operatorname{Sin}\frac{1}{2}\gamma$

4) $a-b : c = \mathrm{Sin}\,\frac{1}{2}(\alpha-\beta) : \mathrm{Cos}\,\frac{1}{2}\gamma$

5) $\mathrm{Tg}\,\frac{1}{2}(\alpha-\beta) = \frac{a-b}{a+b}\,\mathrm{Cotg}\,\frac{1}{2}\gamma$

6) $a^2+b^2-c^2 = 2ab\,\mathrm{Cos}\,\gamma$

7) $(a+b+c)(a+b-c) = 4ab\,\mathrm{Cos}\,\frac{1}{2}\gamma^2$

8) $(a-b+c)(-a+b+c) = 4ab\,\mathrm{Sin}\,\frac{1}{2}\gamma^2$

9) $(a+b+c)(a+b-c) = 2ch\,\mathrm{Cotg}\,\frac{\gamma}{2}$

10) $(c+a-b)[c-(a-b)] = 2ch\,\mathrm{Tg}\,\frac{\gamma}{2}$

11) $c = b\,\mathrm{Cos}\,\alpha \pm \sqrt{a^2-b^2\,\mathrm{Sin}\,\alpha^2}$.

Der Durchmesser des Kreises, in welchem das Dreieck liegt, sei d. Die Gleichung 1) folgt daraus, daß $a = d\,\mathrm{Sin}\,\alpha$, $b = d\,\mathrm{Sin}\,\beta$ ist. Die Gleichung 2) entsteht, wenn man die Gleichung 1) in I. mit d multiplicirt. Die Gleichungen 3) und 4) gehen hervor, wenn man in den Gleichungen I. 2) und 3) die Verhältnisse zur Linken im Zähler und Nenner mit d multiplicirt. Die Gleichung 5) ergiebt sich durch Division der Gleichung 3) in die Gleichung 4). Die Gleichungen 6), 7), 8) entstehen, indem man die Gleichungen I. 6), 4), 5) multiplicirt mit d^2. Es ist

$$ab\,\mathrm{Sin}\,\gamma = ch$$

also
$$ab = \frac{ch}{\mathrm{Sin}\,\gamma}$$

und die Gleichungen 9) und 10) werden erhalten, wenn man in den Gleichungen 7) und 8) ab durch diesen Werth ersetzt. Es ist

$$\begin{aligned}\mathrm{Sin}\,\gamma &= \mathrm{Sin}\,\beta\,\mathrm{Cos}\,\alpha + \mathrm{Cos}\,\beta\,\mathrm{Sin}\,\alpha \\ &= \mathrm{Sin}\,\beta\,\mathrm{Cos}\,\alpha + \sqrt{\mathrm{Sin}\,\alpha^2 - \mathrm{Sin}\,\beta^2\,\mathrm{Sin}\,\alpha^2}\end{aligned}$$

oder, mit d multiplicirt

$$c = b\,\mathrm{Cos}\,\alpha \pm \sqrt{a^2 - b^2\,\mathrm{Sin}\,\alpha^2}$$

und das ist die Formel 11).

IV.

Sind nun gegeben zwei Seiten a und b eines Dreiecks und der Winkel γ, welchen sie bilden, so ergeben sich die fehlenden Winkel vermittelst der Gleichung 5) der vorigen Nummer, die dritte Seite c wird durch jede der Gleichungen 6), 7), 8) dargeboten. Hat man die drei Seiten eines Dreiecks, so erlangt man die Winkel durch die Gleichung 7) oder 8). U. s. w. Anwendungen der Gleichungen 3), 4), 9), 10) bietet das siebzehnte Kapitel.

Aus den Gleichungen 9) und 10) ergeben sich für den Inhalt des Dreiecks die Ausdrücke

$$\tfrac{1}{4}(a+b+c)(a+b-c)\,\mathrm{Tg}\,\tfrac{1}{2}\gamma$$
$$\tfrac{1}{4}(a-b+c)(-a+b+c)\,\mathrm{Cotg}\,\tfrac{1}{2}\gamma$$

deren Product den Ausdruck II. 4) gewährt. Derselbn Ausdruck wird durch das Product der Gleichungen 7), 8) gewonnen.

Es sollte hier der Schluß eintreten. Einigen Raum, der auf dem Bogen bleibt, zu nutzen, möge eine Betrachtung Platz nehmen, welche sich auf die Sätze in den Paragraphen 205 bis 208 bezieht, und ihren Zusammenhang aufdeckt.

Man denke ein Dreieck ABC, die Seiten desselben unendlich. Auf der Linie AB werde ein Punkt X beliebig angenommen, auf BC ein Punkt Y, und AC ein Punkt Z. Ferner werde zu den Punkten A, B und X der vierte harmonische Punkt X′ gedacht, zu B, C und Y der vierte harmonische Y′, zu A, C, Z der vierte harmonische Z′. Man hat alsdann die Gleichungen

$$1)\quad AX : BX = AX' : BX'$$
$$2)\quad BY : CY = BY' : CY'$$
$$3)\quad CZ : AZ = CZ' : AZ'$$

und ihr Product liefert

$$AX \cdot BY \cdot CZ : BX \cdot CY \cdot AZ = AX' \cdot BY' \cdot CZ' : BX' \cdot CY' \cdot AZ'.$$

Wird vorausgesetzt, es sei

$$4)\quad AX \cdot BY \cdot CZ = BX \cdot CY \cdot AZ$$

so ist auch

$$5)\quad AX' \cdot BY' \cdot CZ' = BX' \cdot CY' \cdot AZ'$$

Aus 1) folgt

$$AX : AX' = BX : BX'$$

hierdurch dividire man die Gleichung 4), und es entsteht

$$6)\ AX' \cdot BY \cdot CZ = BX' \cdot CY \cdot AZ.$$

Vermittelst 2) und 3) folgt in gleicher Weise

$$7)\ AX \cdot BY' \cdot CZ = BX \cdot CY' \cdot AZ$$

$$8)\ AX \cdot BY \cdot CZ' = BX \cdot CY \cdot AZ'.$$

Und ähnlich ergiebt sich aus 5)

$$9)\ AX \cdot BY' \cdot CZ' = BX \cdot CY' \cdot AZ'$$

$$10)\ AX' \cdot BY \cdot CZ' = BX' \cdot CY \cdot AZ'$$

$$11)\ AX' \cdot BY' \cdot CZ = BX' \cdot CY' \cdot AZ.$$

Setzen wir also die Gleichung 4) voraus, so treten die Gleichungen 5) bis 11) ein.

In Bezug auf die Lage der Punkte X, Y, Z sind nachstehende Fälle zu unterscheiden.

α) die Punkte X, Y, Z befinden sich auf den Seiten des Dreiecks selbst, und dann liegen die zugeordneten Punkte X', Y', Z' auf den Verlängerungen.

β) es befinden sich zwei der Punkte etwa X und Y auf den Seiten, der dritte Z auf der Verlängerung, und dann X', Y' auf den Verlängerungen, Z' auf der Seite.

γ) es liegt ein Punkt X auf der Seite, die beiden Y und Z befinden sich auf den Verlängerungen, und dann liegt X' auf der Verlängerung, und es befinden sich Y' und Z' auf den Seiten.

δ) es befinden sich die drei Punkte X, Y, Z auf den Verlängerungen, also die zugeordneten X', Y', Z' auf den Seiten.

Aus jeder Ecke des Dreiecks denke man die harmonischen Strahlen nach den harmonischen Punkten auf der ihr gegenüberstehenden Seite. Zwei Strahlen aus jeder Ecke fallen mit Dreiecksseiten zusammen, und es entstehen sechs neue Linien, nämlich AY, AY', BZ, BZ', CX und CX'.

Die Strahlen nach den Punkten X, Y, Z können nur in den Fällen α) und γ) sich in einem Punkt schneiden, und die Punkte selbst können nur in den Fällen β) und δ) in gerader Linie sich befinden.

Nach diesen Erörterungen und nach den Paragraphen 206 und 208 geben sich folgende Gesetze zu erkennen:

Schneiden sich die Strahlen nach den Punkten X, Y, Z in einem Punkt, so liegen die zugeordneten Punkte X', Y', Z' in gerader Linie; es befinden sich ferner je zwei der Punkte

X, Y, Z und der zugeordnete des dritten in gerader Linie, und die Strahlen nach je einem der Punkte X, Y, Z und nach den zugeordneten der beiden übrigen schneiden sich in einem Punkt.

Befinden sich die Punkte X, Y, Z in gerader Linie, so schneiden sich die Strahlen nach den zugeordneten Punkten X', Y', Z' in einem Punkt; es schneiden sich ferner die Strahlen zu je zweien der Punkte X, Y, Z und dem zugeordneten des dritten in einem Punkt, und jeder der Punkte X, Y, Z liegt mit den zugeordneten Punkten der beiden übrigen in gerader Linie.

Die Strahlen CX, AY, BZ mögen sich in einem Punkt schneiden, und er sei durch N bezeichnet. Dann schneiden sich die Strahlen CX, AY', BZ', die Strahlen CX', AY, BZ' und die CX', AY', BZ gleichfalls in einem Punkt, und die Punkte seien beziehlich R, P, Q. Die Punkte N und P befinden sich auf demselben Strahl AY, also in gerader Linie mit A, eben so N und Q in gerader Linie mit B, N und R in gerader Linie mit C; ferner liegen Q und R mit A in gerader Linie, R und P mit B, P und Q mit C. Die Strahlen der Punkte X', Y', Z' bilden also ein Dreieck PQR, auf dessen Seiten die Punkte A, B, C sich vorfinden, und die Strahlen CX, AY, BZ gehen durch die Ecken des Dreiecks PQR und schneiden sich in einem Punkt N; auf den Seiten des Dreiecks erscheinen also harmonische Punkte, und die zugeordneten zu A, B, C sind Y', Z', X'.

Wenn die Strahlen CX, AY, BZ die Winkel des Dreiecks ABC halbiren, so sind dieselben Strahlen die Höhen des Dreiecks PQR. Und wenn man in einem Dreieck die Fußpunkte der Höhen durch gerade Linien verbindet, so geht ein Dreieck hervor, in welchem jene Höhen als Halbirungslinien der Winkel auftreten.

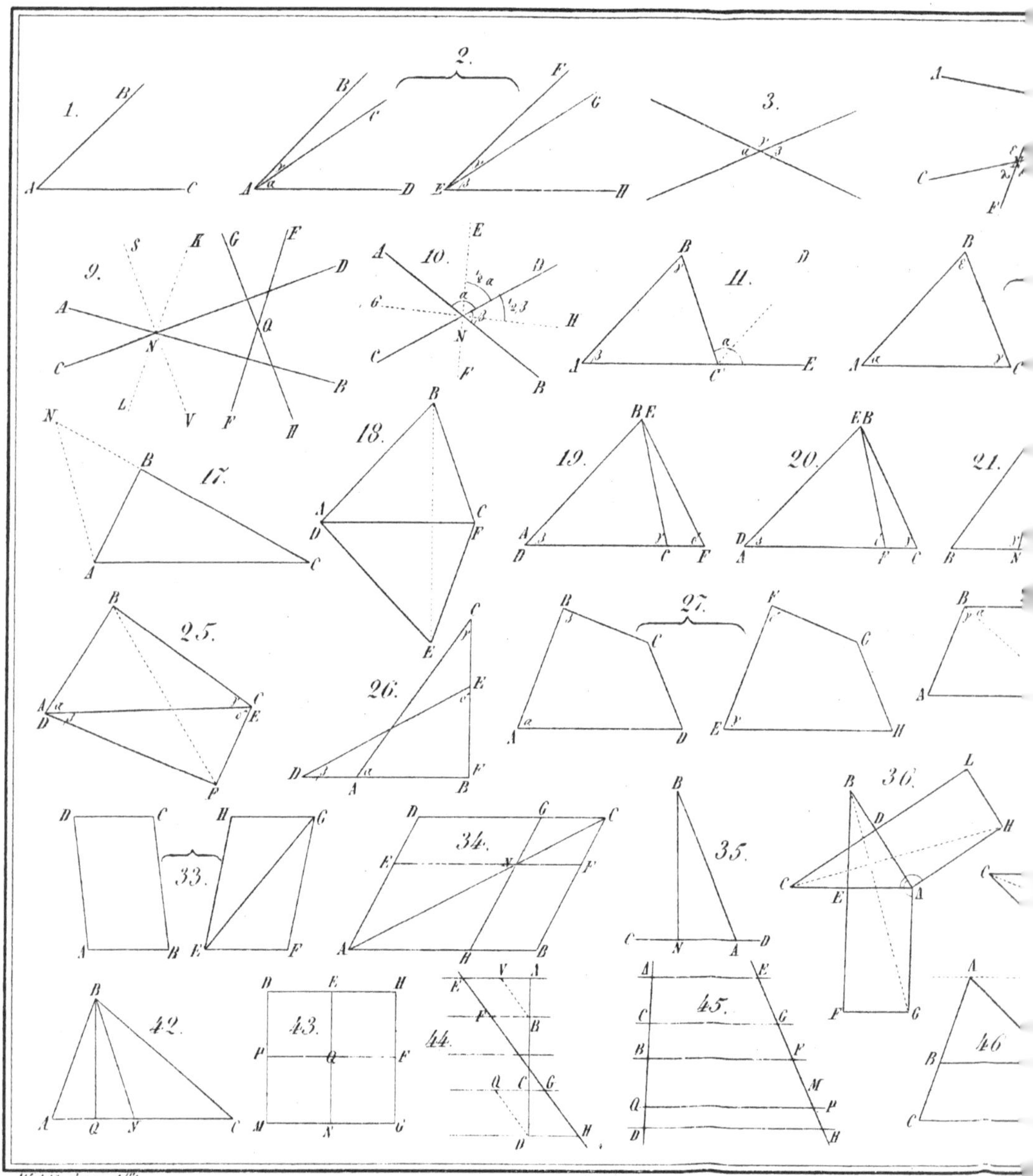

Wolff, Geom. I Th.

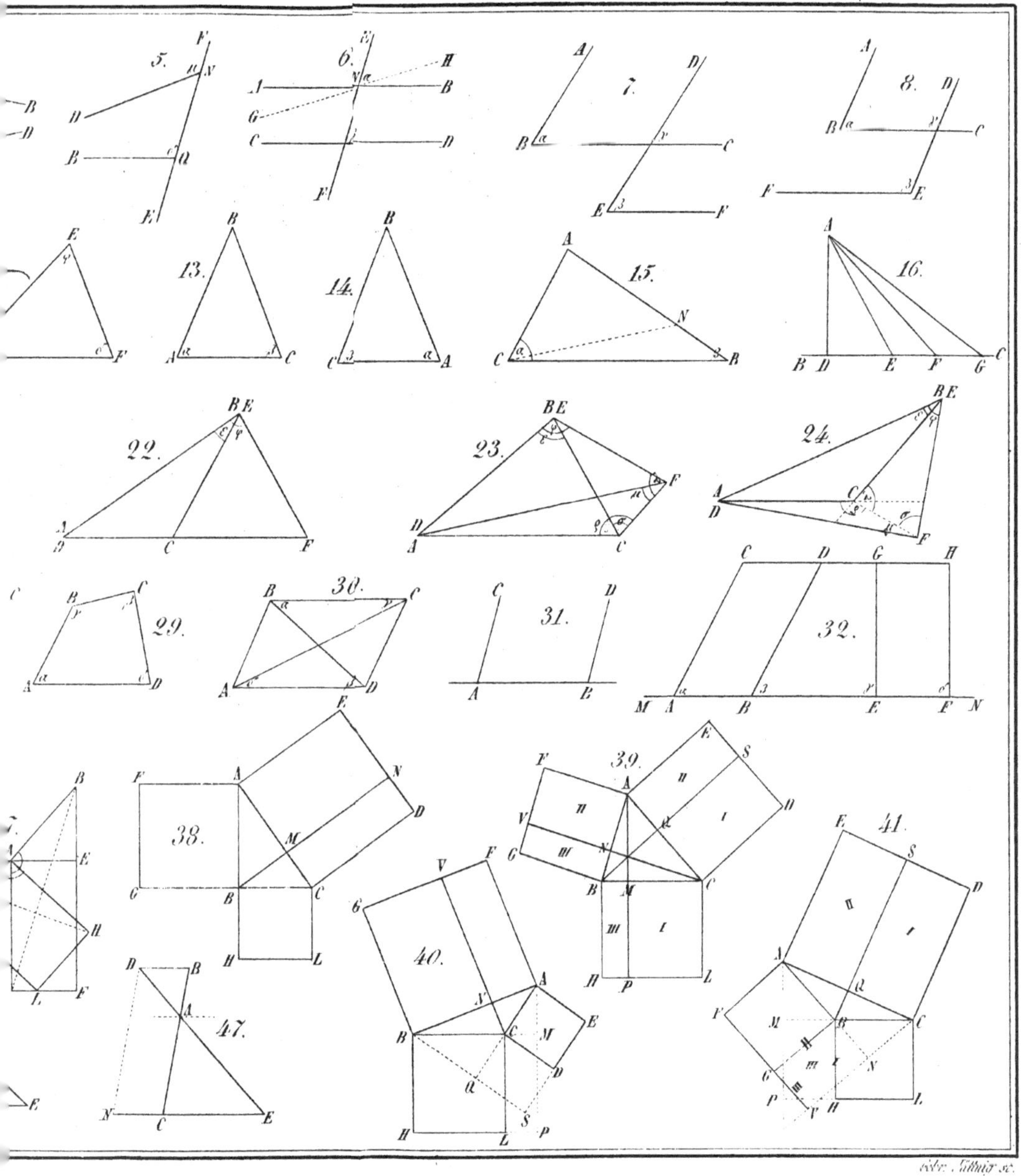

Gebr. Tillmir sc.

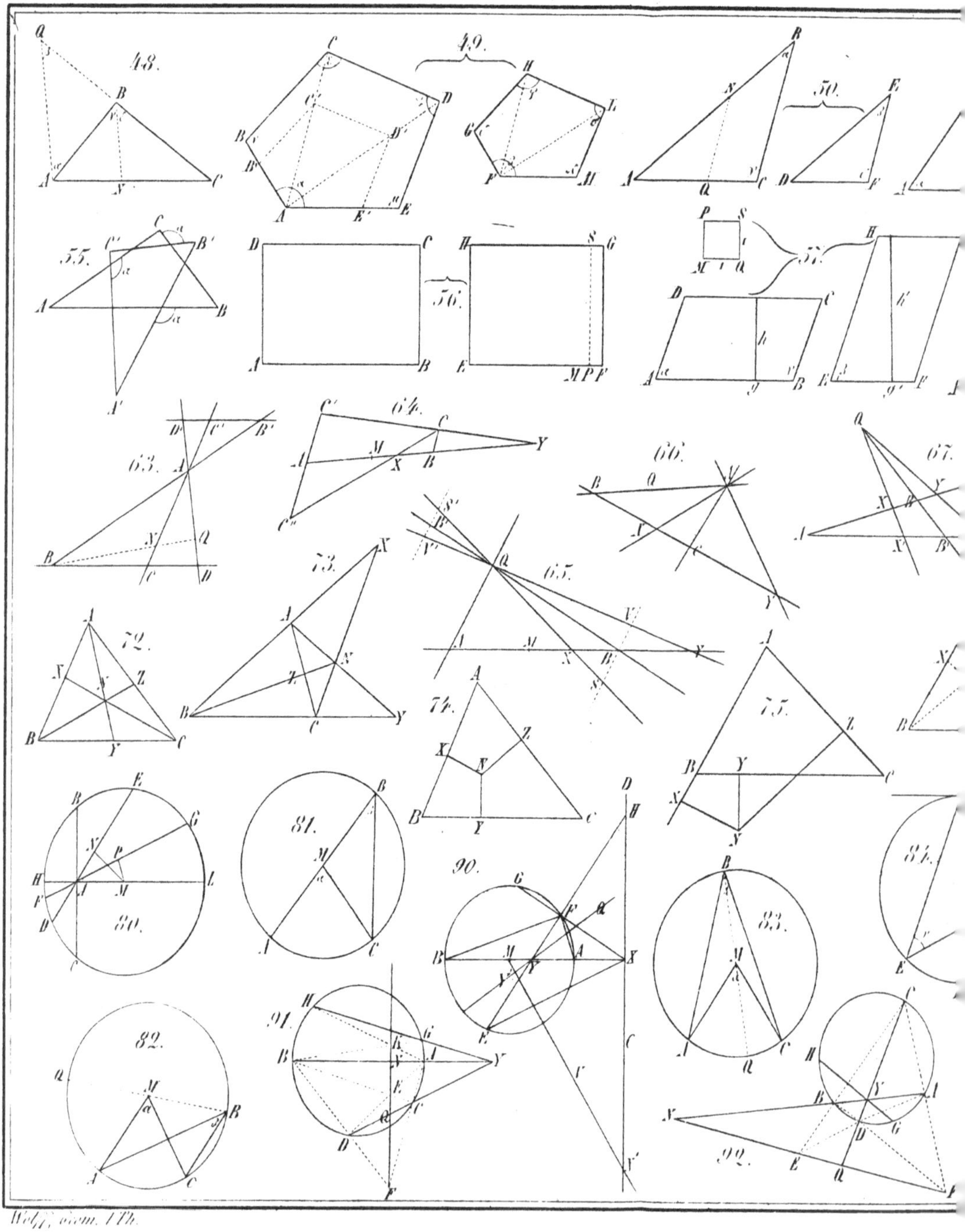

Wolff, elem. I Th.

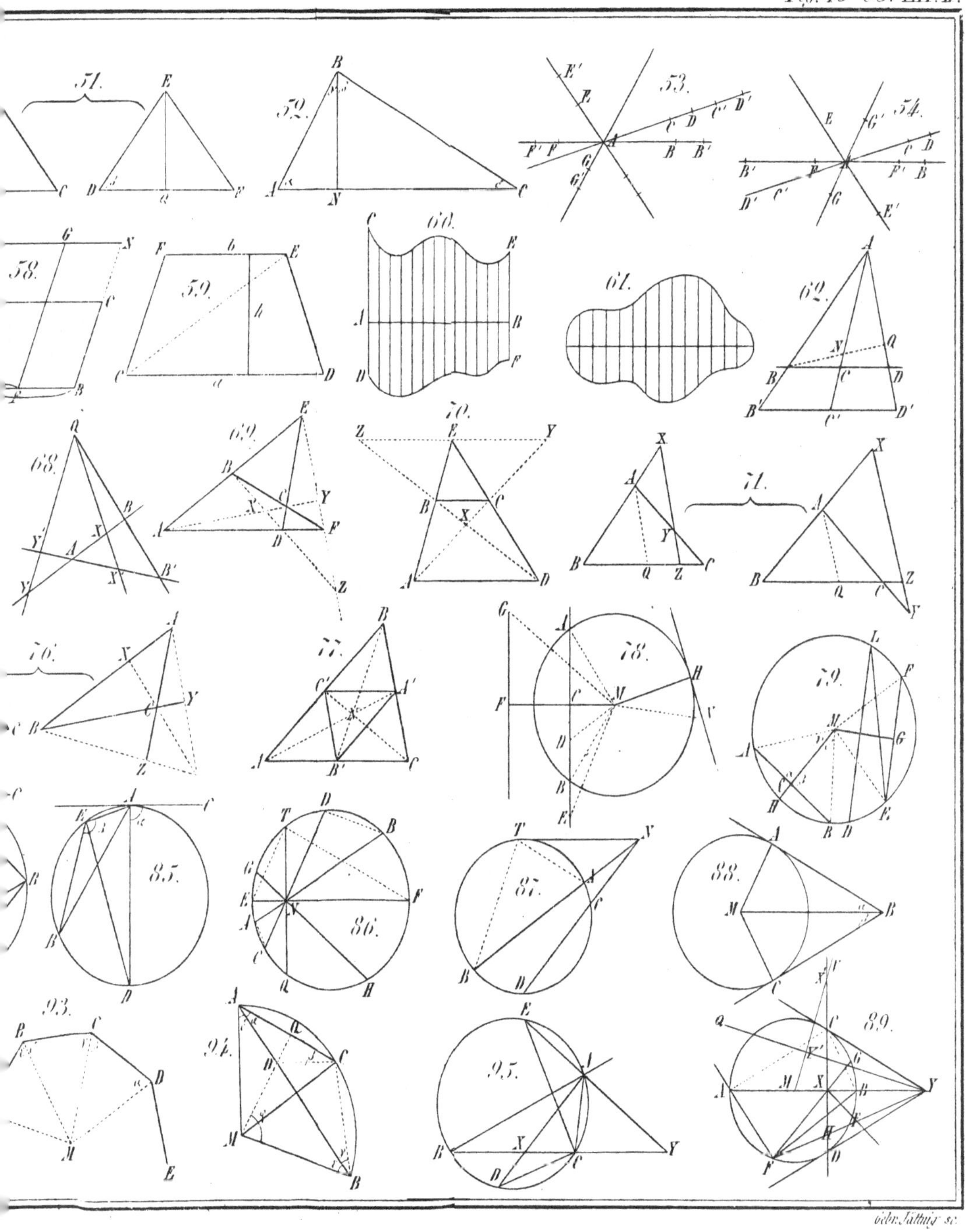

Gebr. Jättnig sc.

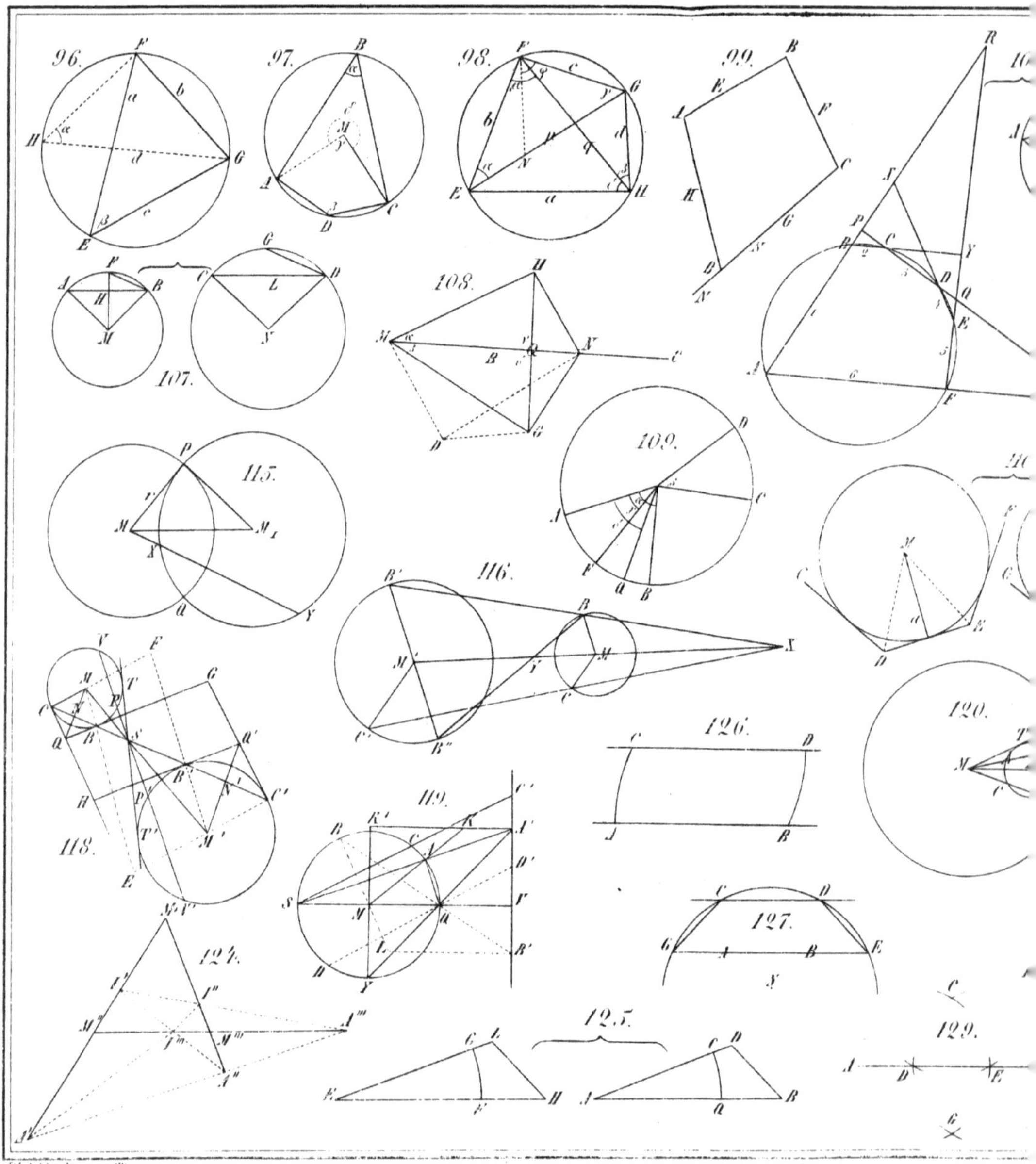

Wolff, Geom. I Th.

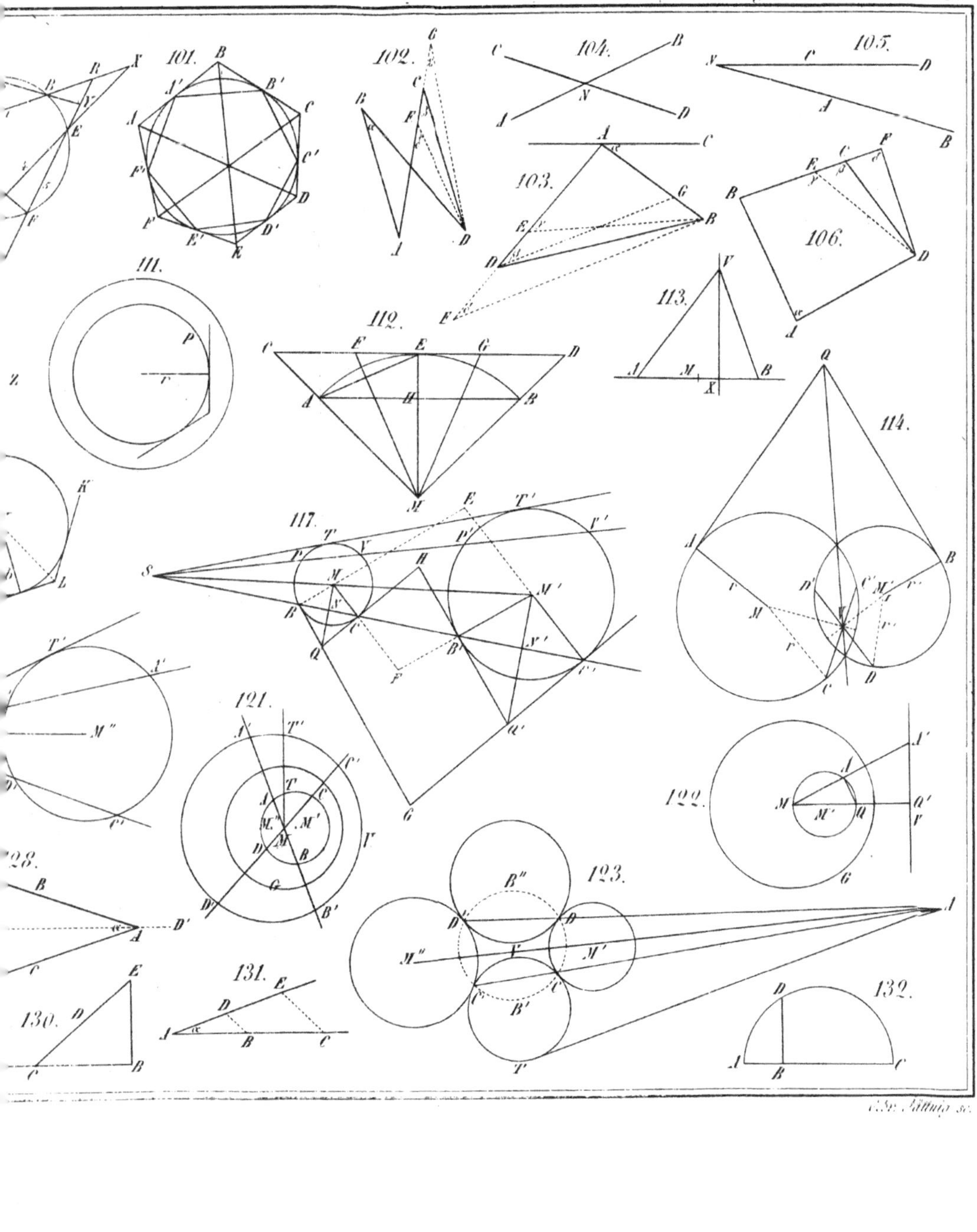
101.
102.
103.
104.
105.
106.
111.
112.
113.
114.
117.
121.
122.
123.
128.
130.
131.
132.

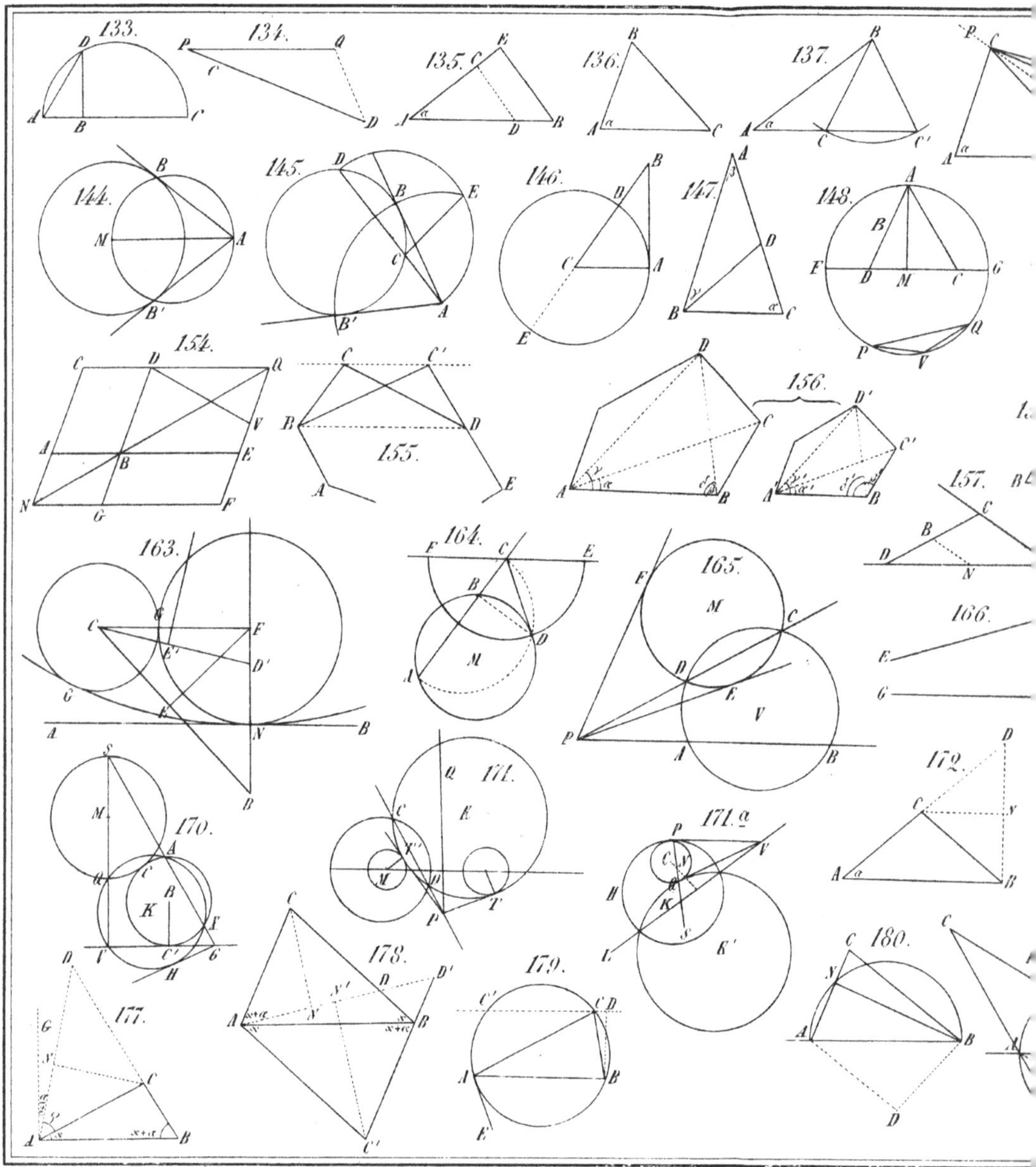

Wolff, Geom. I Th.

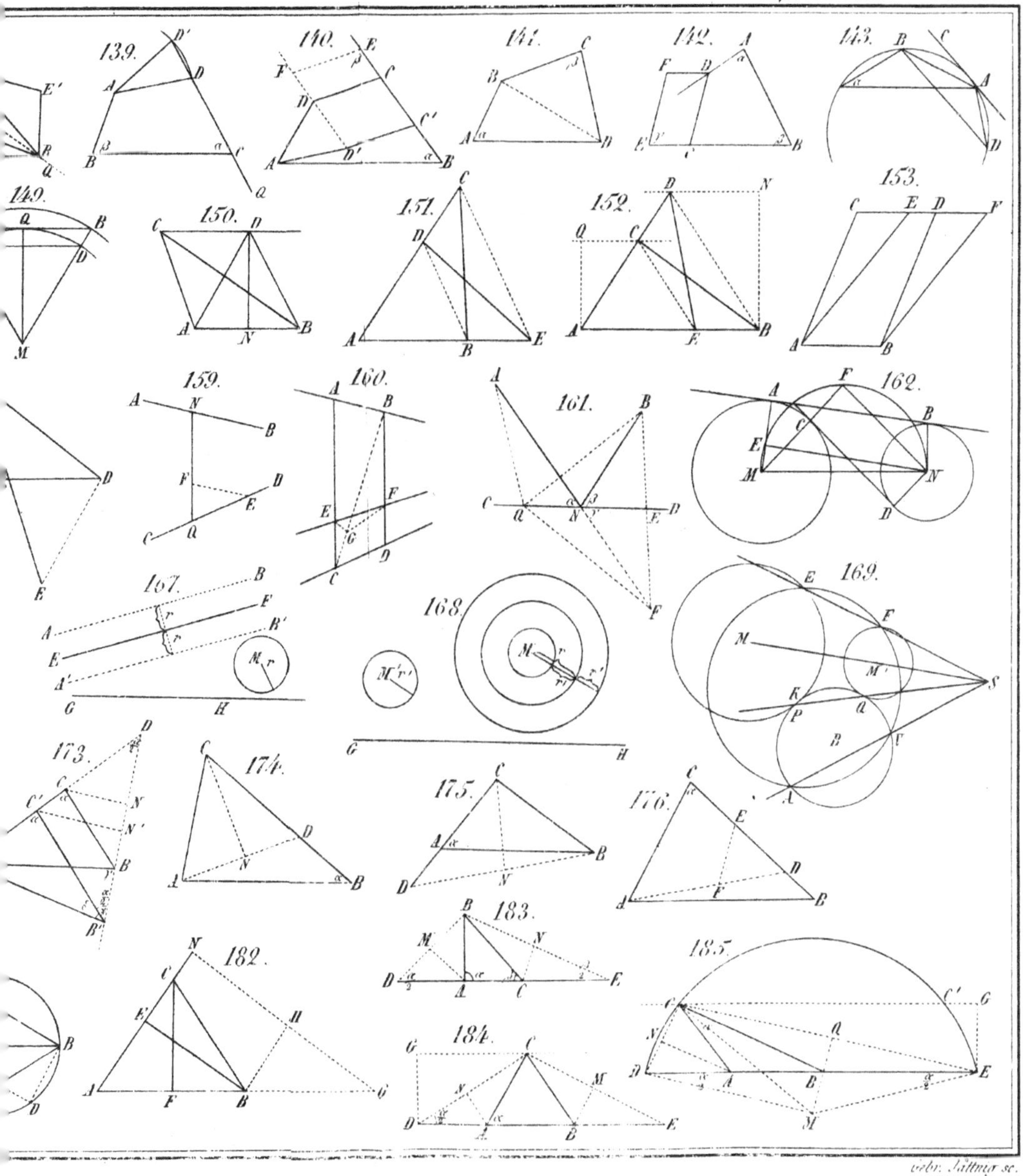

Gebr. Jättnig sc.

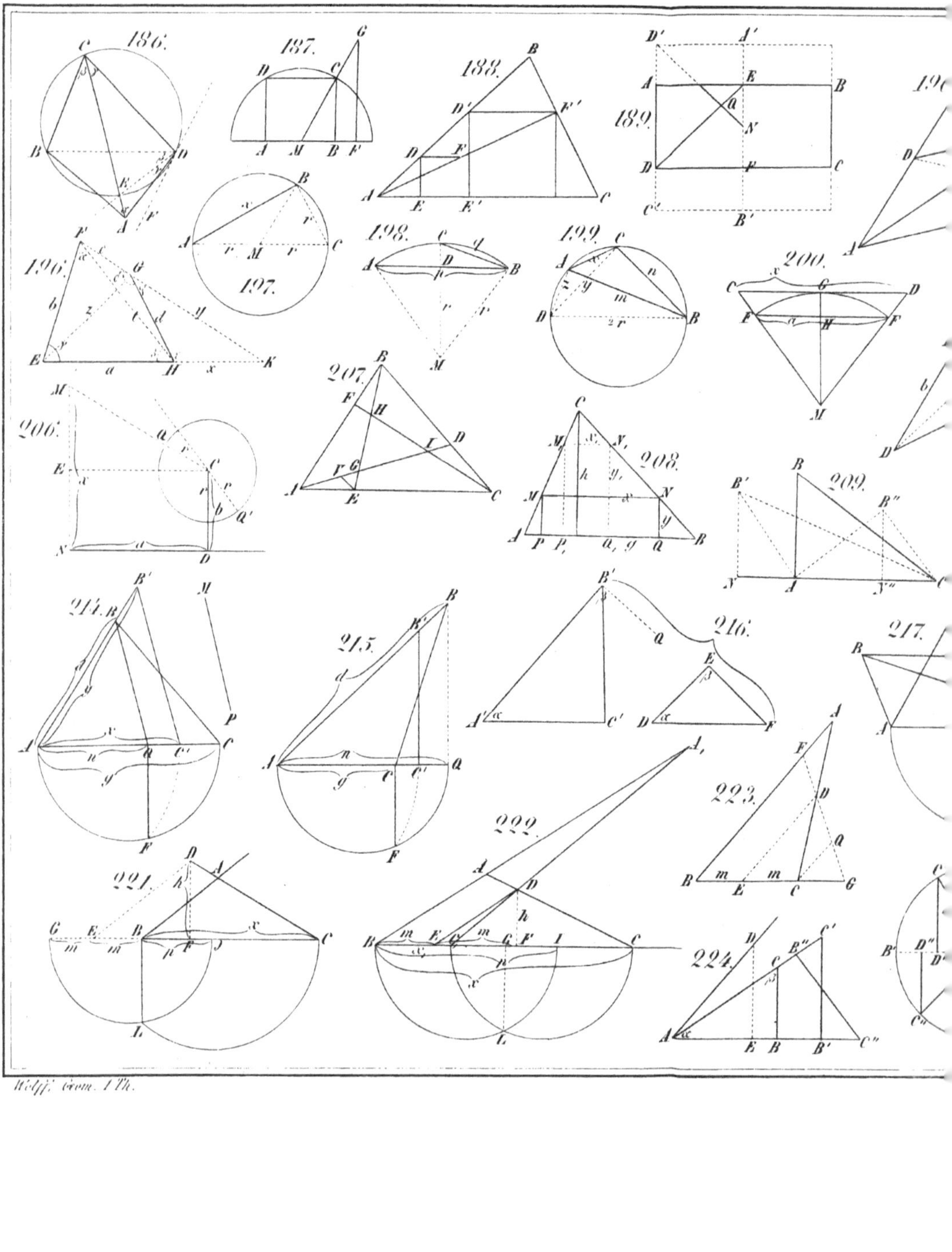

Wolff, Geom. I Th.

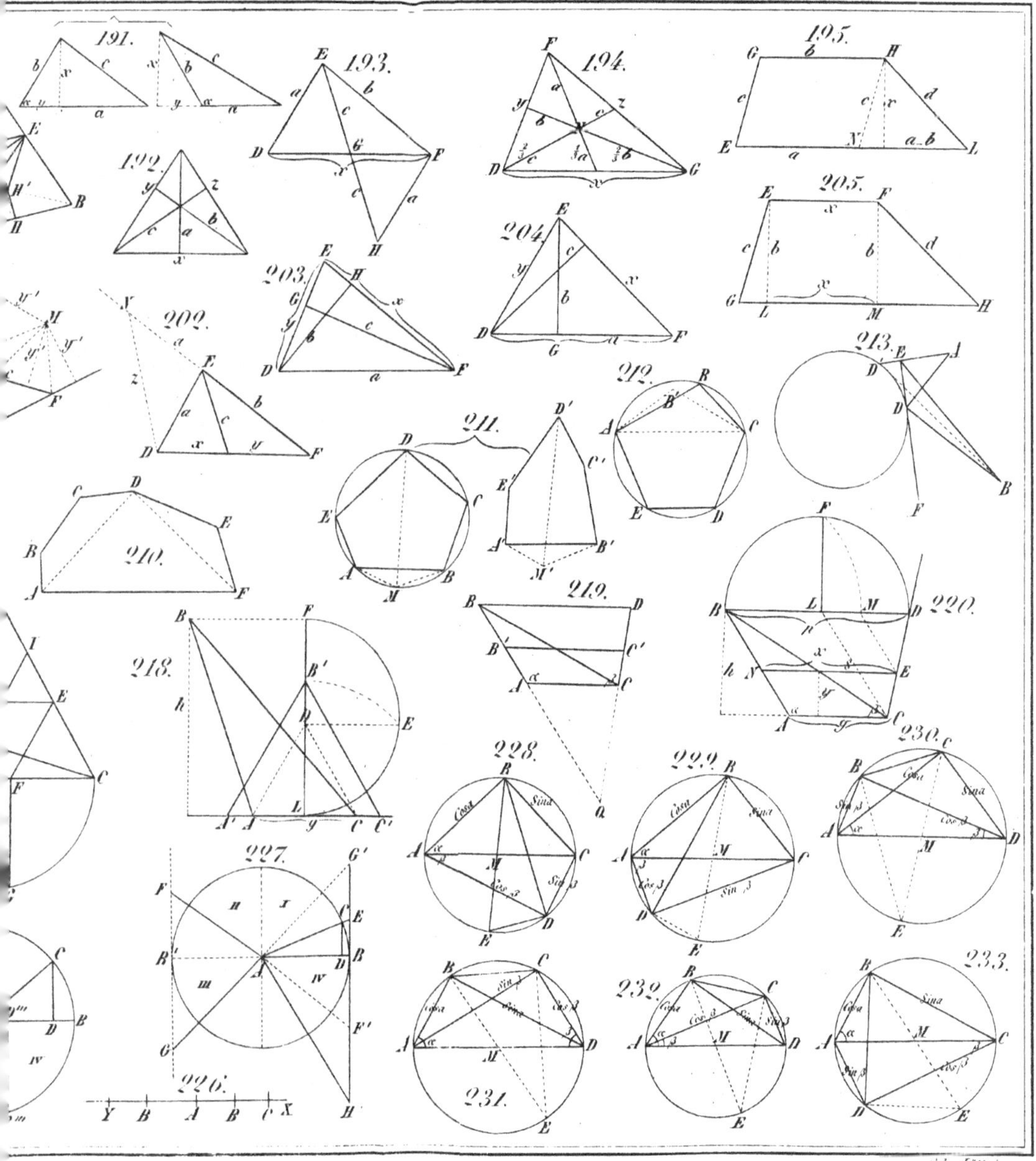

Gebr. Jättnig sc.

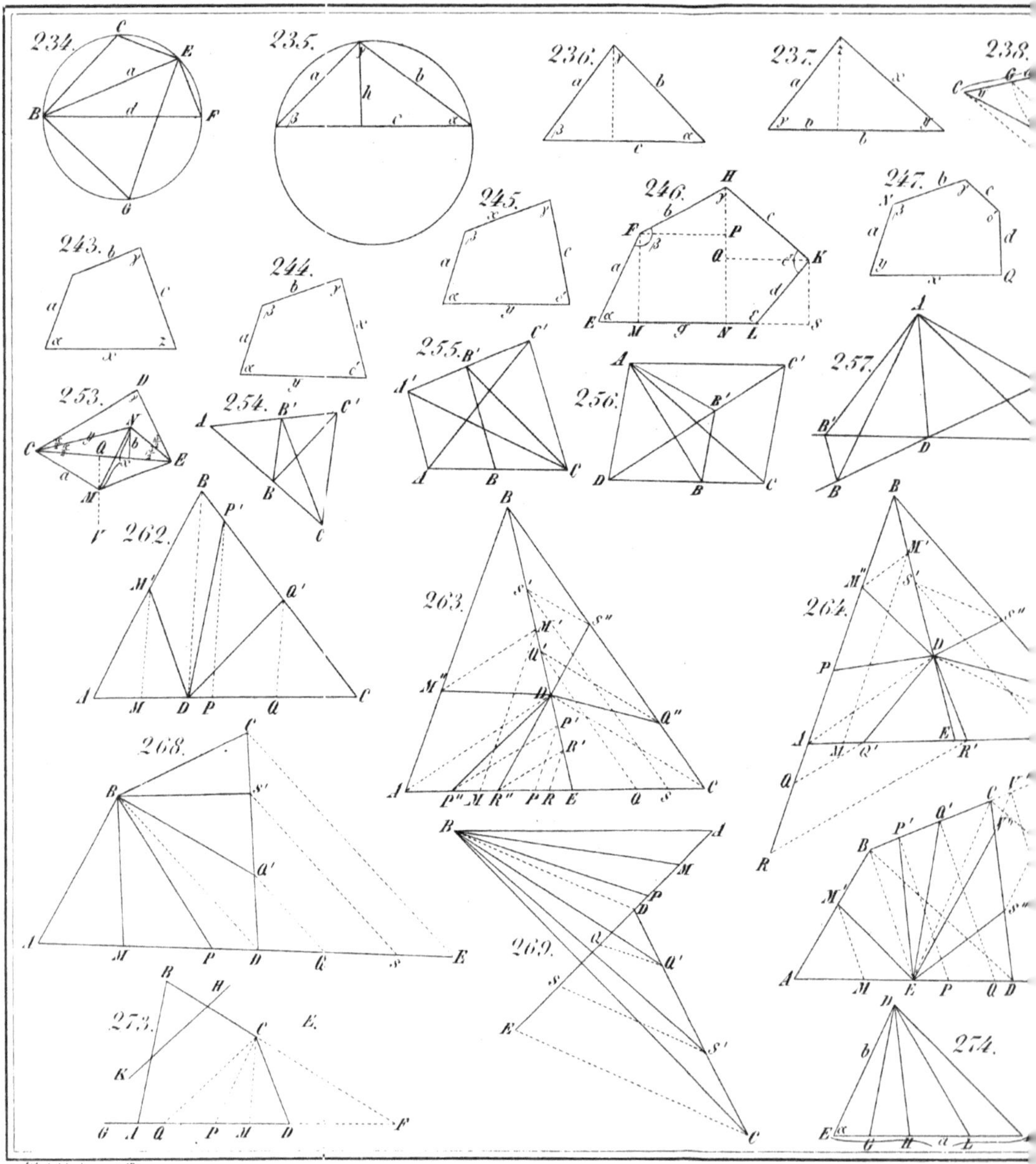

Wolff, Geom. 1 Th.

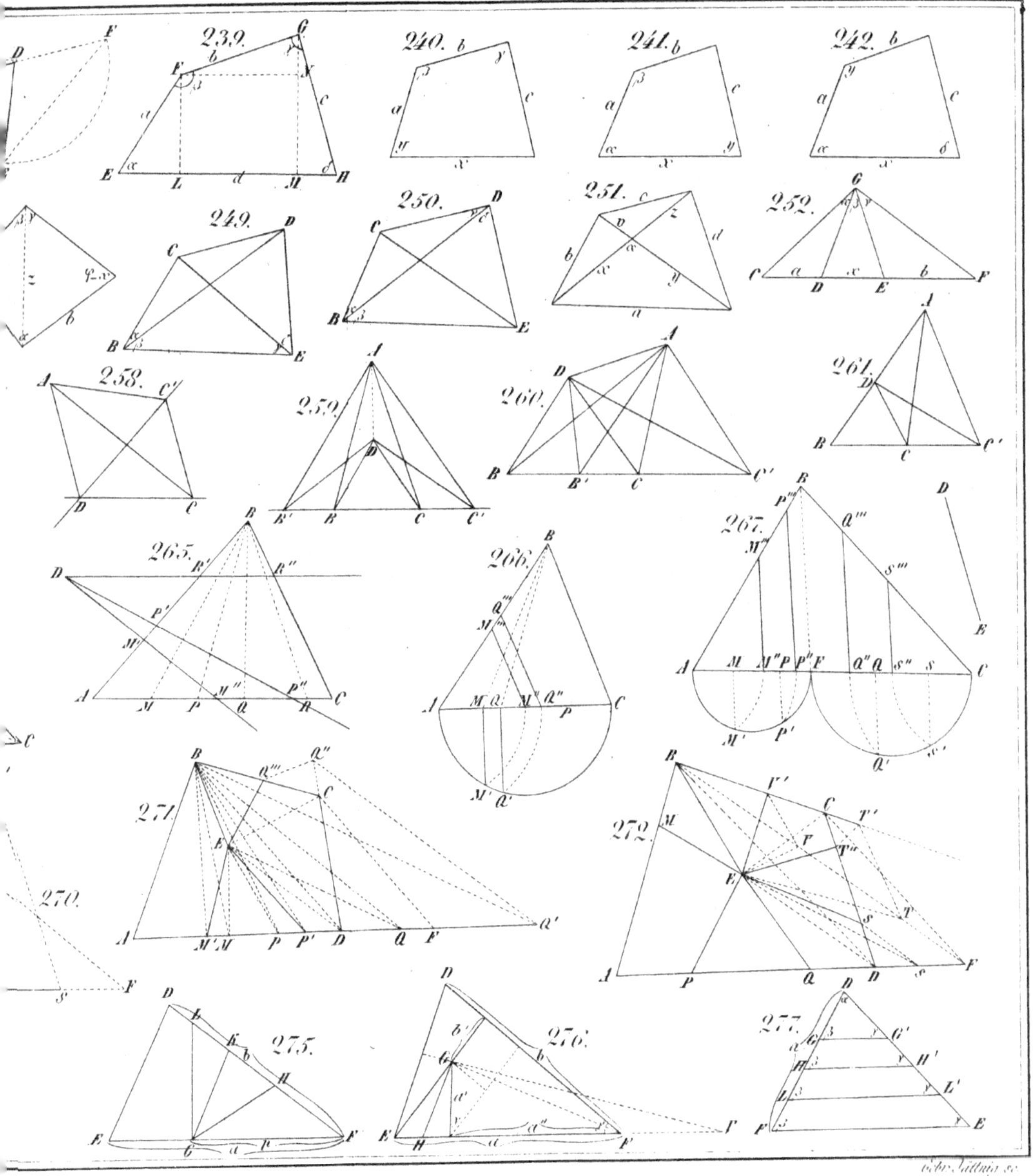

Gebr. Jüttnig sc.

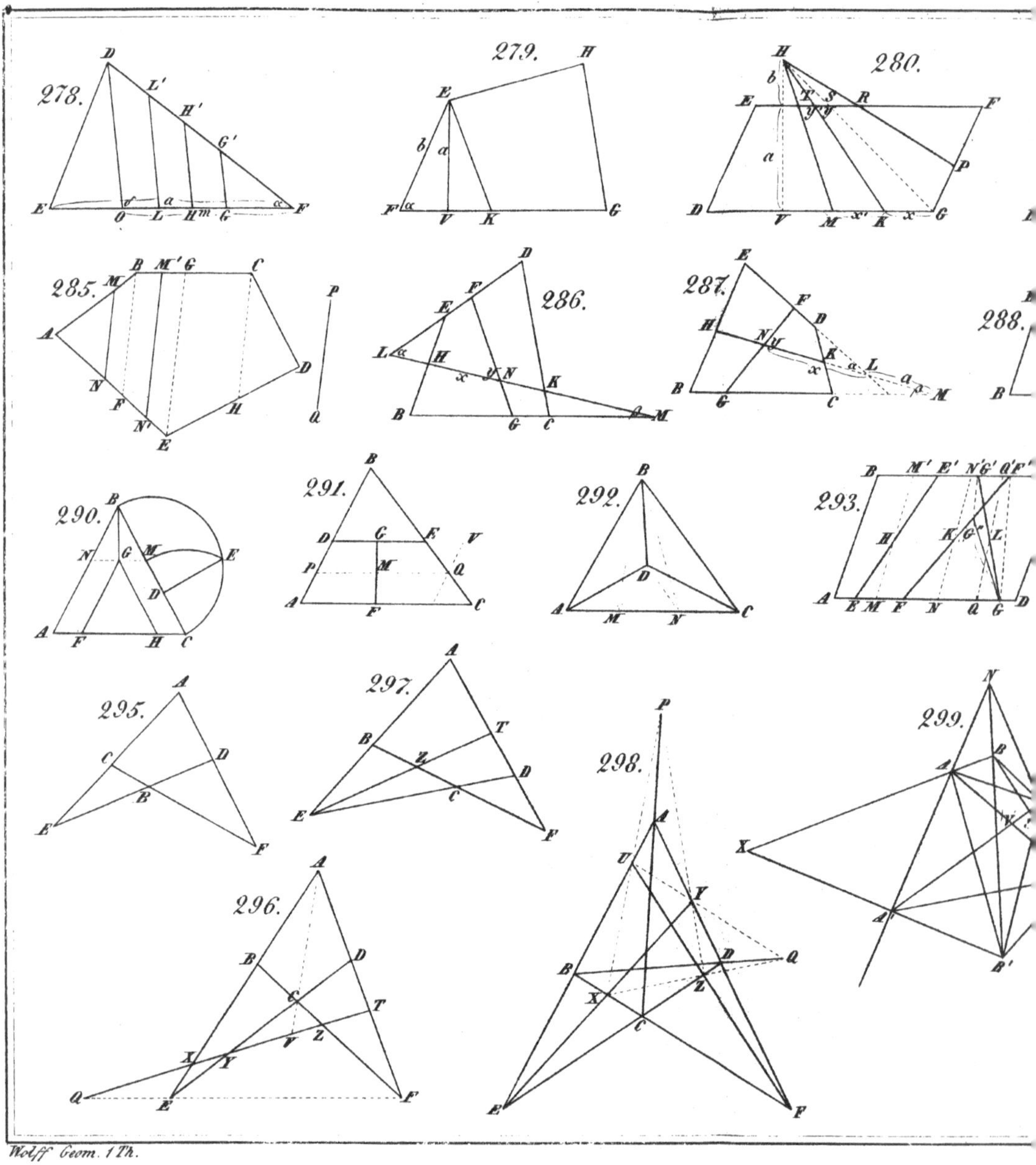

Wolff Geom. 1 Th.

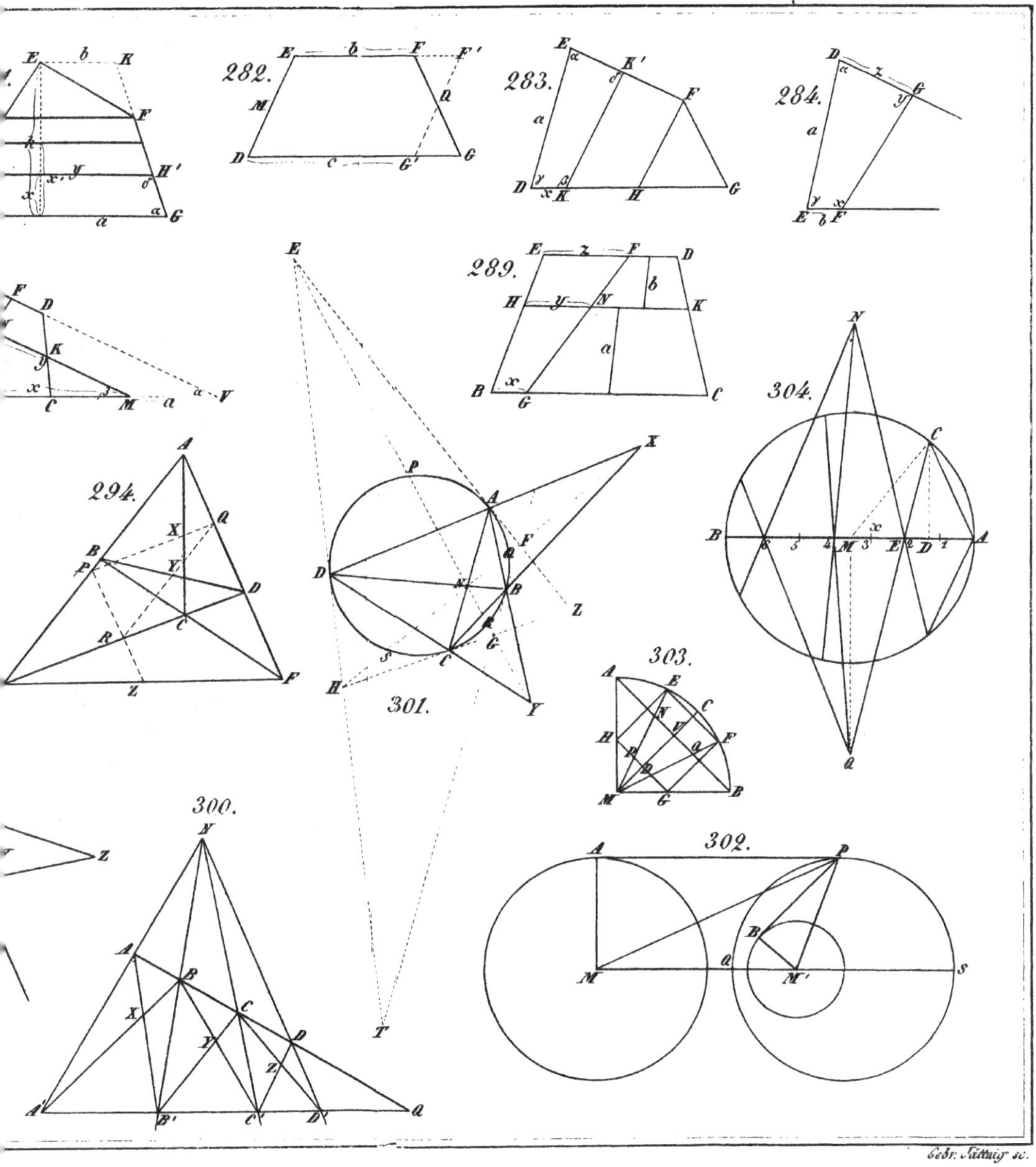

Gebr. Kittnig sc.

FSC
www.fsc.org
MIX
Papier | Fördert gute Waldnutzung
FSC® C083411

Kolibri 360 GmbH
Ferdinand-Jühlke-Straße 7
99095 Erfurt, Deutschland
produktsicherheit@kolibri360.de